Thomas Læssøe

PILZE

DK NATURBIBLIOTHEK

Thomas Læssøe

PILZE

Mit mehr als 500 Arten
und 2300 Abbildungen

Fotos:
NEIL FLETCHER

Übersetzung:
JOACHIM MAYER, VERA OLBRICHT

DORLING KINDERSLEY
London, New York, München, Melbourne und Delhi

Wichtiger Hinweis
Die Informationen und Ratschläge in diesem Buch sind von den Autoren und vom Verlag sorgfältig erwogen und geprüft, dennoch kann eine Garantie nicht übernommen werden. Wer Pilze sammelt und isst, handelt auf eigene Verantwortung. Der Speisewert der vorgestellten Pilze wurden nach bestem Wissen und aktuellem Kenntnisstand angegeben. Das Prädikat „essbar" bezieht sich dabei stets auf den zubereiteten Pilz, soweit nichts anderes vermerkt ist. Wir warnen ausdrücklich vor dem Verzehr zu alter oder nicht frisch verarbeiteter Pilze, generell vor dem Rohverzehr.
Eine Haftung der Autoren bzw. des Verlags und seiner Beauftragten für Personen-, Sach- und Vermögensschäden (z.B. durch Verwechslung von Pilzen oder missbräuchliche Anwendung) ist ausgeschlossen.

Projektbetreuung Jo Weeks
Bildbetreuung Colin Walton
Herstellung Michelle Thomas
Bildrecherche Mollie Gillard, Sean Hunter
Reihenbetreuung Jonathan Metcalf
Reihenbildbetreuung Peter Cross

Für die deutsche Ausgabe:
Programmleitung Monika Schlitzer
Herstellungsleitung Dorothee Whittaker
Covergestaltung Petra Schneider
Coveridee Klaus Meyer, München

Bibliografische Information Der Deutschen Bibliothek
Die Deutsche Bibliothek verzeichnet diese Publikation in der Deutschen Nationalbibliografie; detaillierte bibliografische Daten sind im Internet über http://dnb.ddb.de abrufbar.

Titel der englischen Originalausgabe:
Eyewitness Handbooks: Mushrooms

Übersetzung Joachim Mayer, Vera Olbricht, Berliner Buchwerkstatt
Redaktion Joachim Mayer, Vera Olbricht, Berliner Buchwerkstatt
Satz Britta Dieterle, Berliner Buchwerkstatt

ISBN 3-8310-0839-6

Printed and bound by South China Printing Company, China

Besuchen Sie uns im Internet
www.dk.com

INHALT

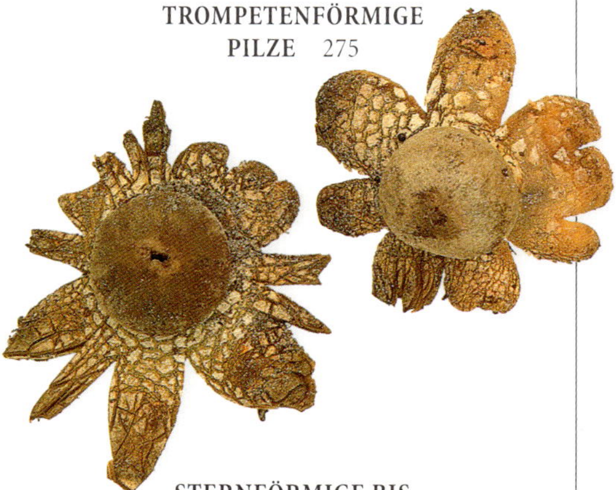

EINFÜHRUNG

Das Reich der Pilze ist gewaltig und über die ganze Erde verbreitet. Ihre Erscheinungsformen reichen von mikroskopisch kleinen Hefen bis zu großen Speisepilzen. Manche gehen nützliche Verbindungen mit Pflanzen ein, andere machen als Parasiten ihren Wirten zu schaffen. Doch alle spielen bei den Vorgängen, die das Leben auf unserem Planeten bestimmen, eine wichtige Rolle.

△ ***Fliegenpilz***
Wohl die bekannteste Pilzart überhaupt: der farbenprächtige, aber giftige Amanita muscaria

Mit der Erforschung des Reiches der Pilze beschäftigt sich die Mykologie. Es ist noch nicht allzu lange her, dass die Pilze als eine niedrige Form pflanzlichen Lebens angesehen wurden und deshalb Gegenstand der Botanik waren. So manchem waren sie wohl auch etwas suspekt, da sie oft nach einem Regen quasi aus dem Nichts auftauchen. Vielleicht liegt es mit daran, dass bisher so viele Pilze noch nicht identifiziert wurden, obwohl sich dies natürlich auch aus der gewaltigen Zahl der Arten erklärt. Nach gängigen Schätzungen sollen es etwa 1,5 Millionen sein, während z. B. die Blütenpflanzen nur ca. 250 000 Arten umfassen. Mykologen glauben, dass erst ca. 80 000 Pilzarten exakt erfasst sind – weniger als 5 % der insgesamt geschätzten Artenzahl. Die bislang nicht beschriebenen Arten dürften zum Großteil im tropischen Regenwald beheimatet sein. Doch selbst in wesentlich leichter zugänglichen und recht eingehend erforschten Regionen wie Nordeuropa werden immer wieder neue Pilzarten entdeckt, darunter auch große, fleischige Spezies.

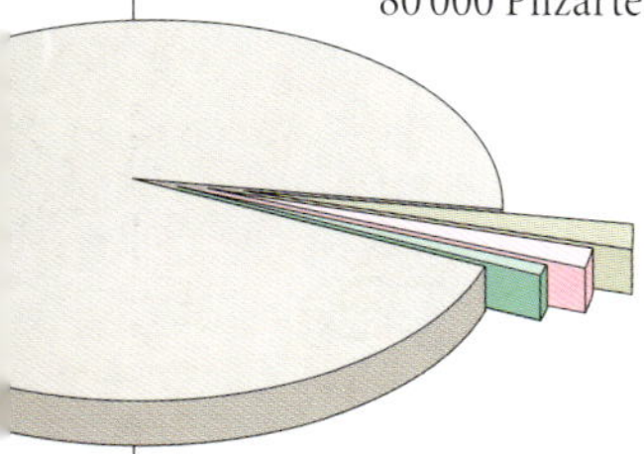

◁ ***Artenfülle***
Der Kreis steht für die weltweit 1,5 Millionen Pilzarten. Die „Schnittchen" veranschaulichen, wie viel Arten bisher identifiziert wurden: 287 000 Großpilze (sichtbare Fruchtkörper), 24 000 Rost-, Brand- und Schimmelpilze, 13 500 Flechten.

Verborgenes Leben

Bei dem Wort „Pilze" denken die meisten Menschen an die vertrauten, in herbstlichen Wäldern anzutreffenden Gebilde mit Hut und Stiel. Wenigen ist jedoch bewusst, dass es sich dabei lediglich um die Fruchtkörper viel größerer Organismen handelt. Diese leben verborgen in der Erde, in Holz oder anderem Substrat, auf

Flechten ▷
Eine Flechte ist ein zusammengesetzter Organismus, eine Lebensgemeinschaft aus Pilz und Alge. Flechten leben von aus der Luft gefilterten Nährstoffen, dazu kommen Photosyntheseprodukte der jeweiligen Alge. Da Flechten auch Luftschadstoffe aufnehmen, sind sie wichtige Umweltindikatoren. Das Bild zeigt die Krustenflechte Xanthoria parietina.

Nützliche Pilze ▷
Pilze spielen in vielen Lebensbereichen eine wichtige Rolle. Man verwendet sie als Nahrungsmittel, zum Würzen und zur Alkoholherstellung. Sie liefern Antibiotika oder auch Enzyme, die in Waschmitteln genutzt werden.

Waschmittel
Die waschaktiven Substanzen in Waschpulvern enthalten Enzyme, die aus Pilzen extrahiert werden.

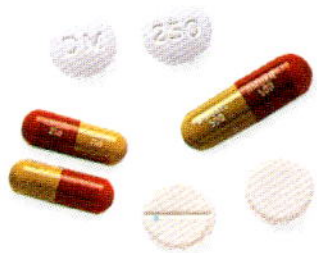

Penicillin
Penicillium-*Pilze bilden einen Bakterien tötenden Stoff, der als Antibiotikum dient.*

Blauschimmelkäse
Für das besondere Aroma von Edelschimmelkäse sorgt der Pilz Penicillium roqueforti.

Salami
Der Pilz Penicillium nalgiovense *fördert bei Salami Geschmack und Haltbarkeit.*

dem schließlich der Fruchtkörper heranwächst. Er dient der Verbreitung der Sporen, mit deren Hilfe sich die Pilze vermehren. Es gibt allerdings zahlreiche Arten, die keine Fruchtkörper bilden, vor allem verschiedene Schimmelpilze wie z. B. jene, die sich auf alten Lebensmitteln breit machen, aber auch sehr nützliche Spezies (vgl. Abbildung rechts).

Bier
Zum Bierbrauen sind Hefepilze nötig, z. B. Saccharomyces carlsbergensis.

Brot
Das Aufgehen von Brotteig wird durch Hefepilze (Saccharomyces) *bewirkt.*

Großpilze

In diesem Buch werden nur Pilze vorgestellt, die mehr oder weniger auffällige Fruchtkörper ausbilden. Diese bezeichnet man teils auch als „Großpilze“. Hierunter findet man wiederum sehr unterschiedliche Gestalten, von den bekannten gestielten Hüten bis hin zu Arten mit flach ausgebreiteten Fruchtkörpern (s. S. 12 f.). Trotz dieser Vielfalt können die Fruchtkörper nahe verwandter Pilze sehr ähnlich aussehen und lassen sich nur nach sorgfältiger Untersuchung exakt bestimmen. Dabei hilft dieses Buch; zugleich möchte es Ihnen das faszinierende Reich der Pilze näherbringen.

Essbare Pilze

Seit alters sammeln Menschen Pilze für Nahrungszwecke. Zudem wurden einige Speisepilze schon vor langer Zeit in Kultur genommen, so der Shiitakepilz *(Lentinula edodes)* in China und Japan und der Champignon (S. 161) in Europa. Heute werden auch Austernseitlinge (S. 178 f.) und einige andere Arten angebaut, außerdem große Mengen von wild wachsenden Morcheln, Pfifferlingen und Steinpilzen für den Verkauf gesammelt.
Bevor Sie in der Natur gesammelte Pilze essen, versichern Sie sich unbedingt, ob es sich tatsächlich um essbare Arten handelt (vgl. auch S. 23). Suchen Sie bei Verdacht auf Vergiftung umgehend einen Arzt auf und nehmen Sie eine Probe des betreffenden Pilzes mit.

Shiitakepilze

Kulturchampignons

Austernseitlinge

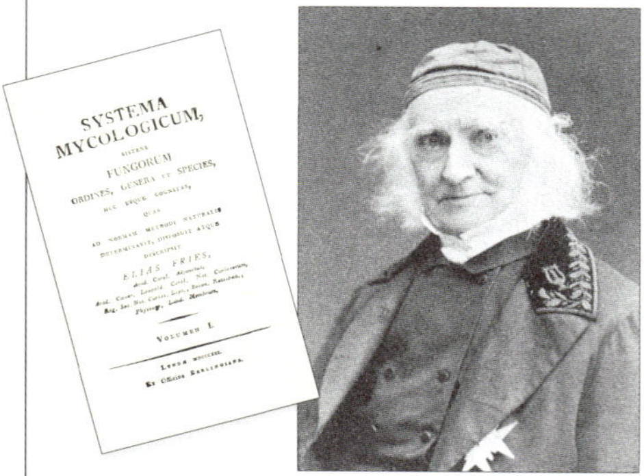

△ ***Elias Fries (1794–1878)***
Elias Fries, ein herausragender Mykologe, schuf mit seiner Systema Mycologicum *(1832) schon früh die Grundlagen für die heutige Pilzklassifizierung.*

Sammeln von Speisepilzen

Der Porträtteil dieses Buchs erleichtert nicht nur die Pilzbestimmung, sondern macht auch genaue Angaben zur Essbarkeit wild wachsender Pilze. Trotzdem wird dringend empfohlen, Speisepilze anfangs nur in Begleitung erfahrener Pilzsucher zu sammeln, da einige essbare Arten leicht mit Giftpilzen verwechselt werden können (s. S. 23). In den Pilzbeschreibungen wird jeweils auf solche Gefahren hingewiesen. Giftige Pilze können nicht nur Magenstörungen verursachen, sondern teils auch ernsthafte oder gar tödliche Leberschäden; deshalb gilt: keine Experimente!

◁ ***Tödliche Arten***
Die Knollenblätterpilze Amanita virosa *(ganz links) und* Amanita phalloides *(links) sind hochgiftig, bei Verzehr droht akute Lebensgefahr.*

Klassifizierung der Pilze

Zum besseren Verständnis der natürlichen Lebenswelt wird diese in der Biologie in mindestens fünf große Reiche unterteilt, wovon eines das Reich der Pilze ist. Innerhalb jedes Reiches gibt es weitere Unterteilungen in zahlreiche kleinere Gruppen.

Das Reich der Pilze (Fungi) ist in drei Abteilungen untergliedert (s. S. 11). Diese umfassen jeweils verschiedene Klassen, die wiederum in Ordnungen unterteilt sind. Innerhalb dieser werden Pilze mit ähnlichen Merkmalen zu Familien zusammengefasst, nahe verwandte Arten bilden eine Gattung. Jede dieser Rangstufen trägt einen wissenschaftlichen Namen. Der Name einer speziellen Art besteht aus dem lateinischen Gattungsnamen, gefolgt von der Artbezeichnung. Für viele verbreitete Arten gibt es auch deutsche Namen, die so genannten Trivialnamen.

Als Beispiel hier die komplette wissenschaftliche Klassifizierung des bekannten Pfifferlings (*Cantharellus cibarius*, S. 28):

Reich
Fungi (Pilze)

Abteilung
Basidiomycota

Klasse
Hymenomycetes

Ordnung
Cantharellales

Familie
Cantharellaceae

Gattung
Cantharellus

Art
Cantharellus cibarius

Cantharellus cibarius ▷

AUFBAU DER PILZPORTRÄTS

Im Porträtteil ab S. 28 werden die Pilze nach ihren auffälligsten Merkmalen 16 verschiedenen Hauptgruppen zugeordnet (vgl. S. 24 ff.). Detailliertere Unterscheidungen führen dann zu Untergruppen, die die Bestimmung erleichtern. Die meisten Bilder zeigen die Pilze etwas kleiner als in natura, einige wenige sind vergrößert abgebildet.

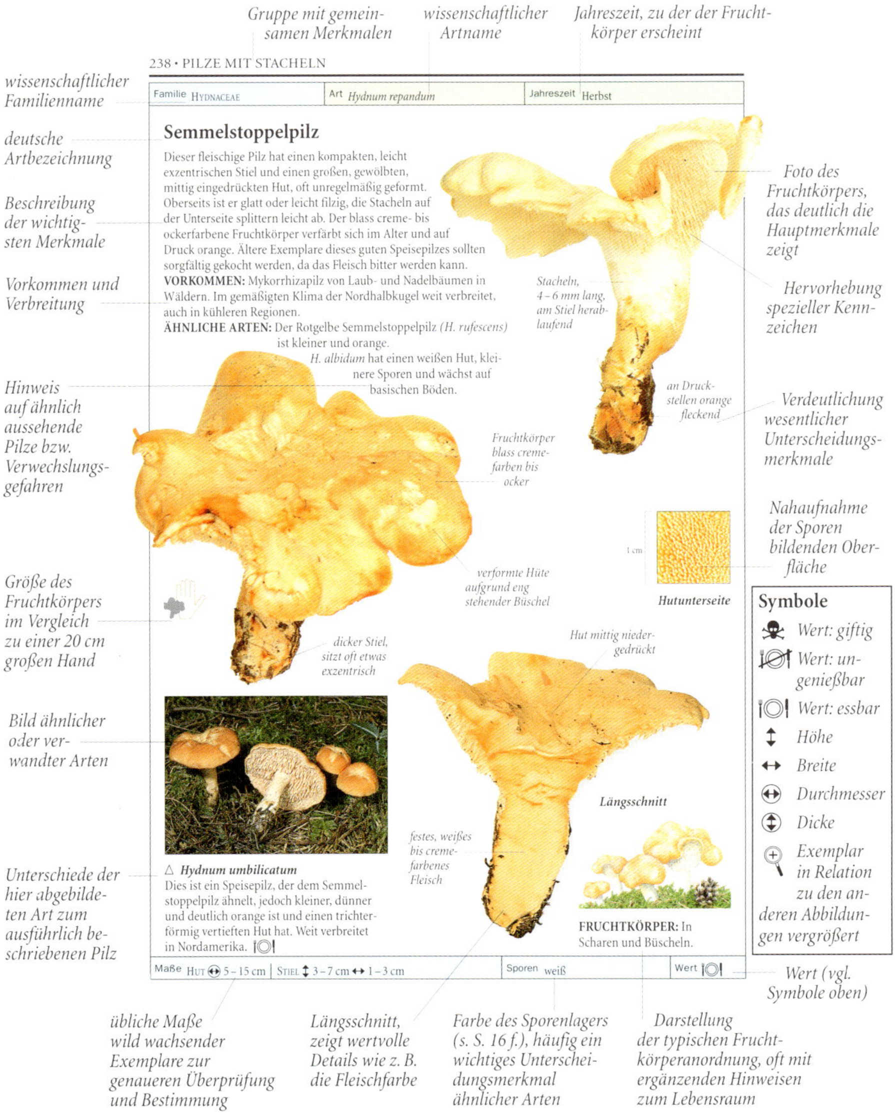

WAS IST EIGENTLICH EIN PILZ?

Unter den Pilzen mit erkennbaren Fruchtkörpern sind die Hutpilze, wie hier abgebildet, wohl am bekanntesten. Doch auch die Fruchtkörper, die einzig sichtbaren Teile von Pilzen, können sehr verschieden gestaltet sein (vgl. S. 12 f.). Sie dienen der Produktion geschlechtlicher Vermehrungssporen. Je nachdem, wie diese vor sich geht, werden die Pilze in drei große Gruppen, die Abteilungen, unterschieden (S. 11). Der Großteil der in diesem Buch vorgestellten Arten gehört zu den Ständerpilzen, ansonsten zu den Schlauchpilzen. Von den Jochpilzen sind nur zwei Pilzparasiten behandelt.

Anatomie eines Fruchtkörpers

Jeder Pilz, einschließlich seines Fruchtkörpers, besteht aus unzähligen winzigen Fäden, Hyphen genannt. Die im Substrat verborgenen Hyphen bilden ein Geflecht, das Myzel, das unter günstigen Bedingungen Fruchtkörper hervorbringt. Alle Fruchtkörper haben eine Sporen bildende Fruchtschicht, meist als so genanntes Hymenium, die oft durch fleischiges Gewebe, z. B. eines Huts, geschützt ist.

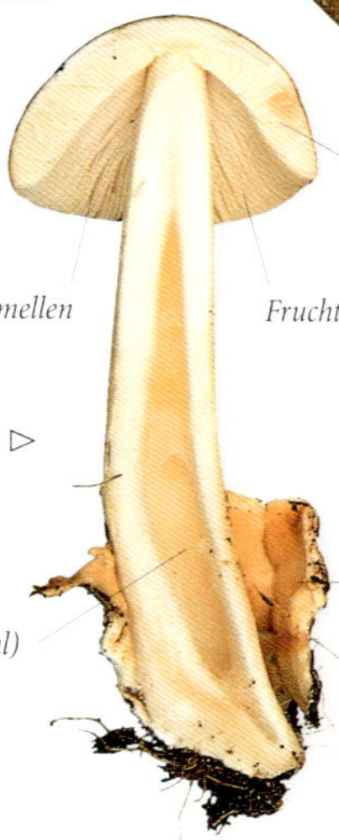

Rotbrauner* ▷ *Streifling

◁ ***Gedrungener Wulstling***

Besonderheiten

Hülle ▷
Teils wird der junge Fruchtkörper ganz oder partiell von einer Hülle (Velum) geschützt. Spätere Überreste sind z. B. Hutschuppen, Scheide oder Stielring.

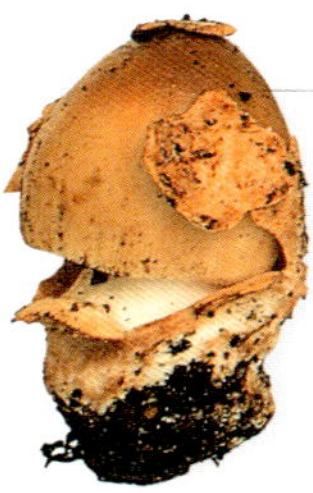

◁ ***Rotbrauner Scheidenstreifling***

Myzelstränge ▷
Bei einigen Arten sind die Fruchtkörper über dicke Stränge mit dem im Substrat verborgenen Myzel verbunden.

Breitblättriger Rübling ▷

Schlauchpilze *(Ascomycota)*

Bei den Schlauchpilzen reifen meist jeweils acht Sporen in winzigen „Schläuchen", den Asci, heran. Diese Asci sind in die Fruchtschicht eingebettet, dabei entweder im Fruchtkörper verteilt, z. B. bei den Trüffeln, oder an dessen Oberfläche platziert, wie bei den Morcheln. Viele Schlauchpilze bilden allerdings gar keine Fruchtkörper, sondern vermehren sich über ungeschlechtliche Sporen (Konidien).

***Speisemorchel* ▷**
Morchella esculenta *bildet ihre Sporen in Asci innerhalb der wabenartigen Zellen des Huts.*

***Asci eines Becherpilzes* ▷**
Hier haben bereits einige der Asci ihre Sporen entlassen, während andere noch unreife Sporen enthalten.

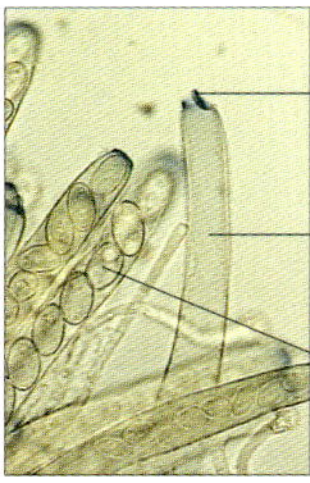

***Asci in Fruchtkörperhöhlungen* ▷**
Sobald die Sporen in diesen Asci reif sind, werden sie durch eine Öffnung an der Spitze entlassen.

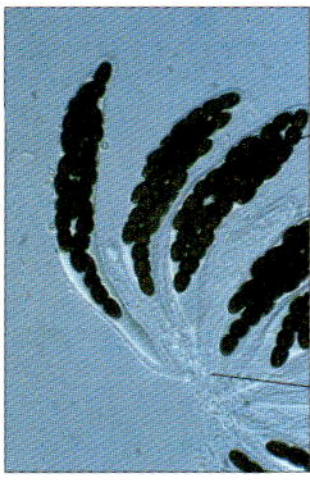

Ständerpilze *(Basidiomycota)*

Fast alle Ständerpilze bilden Fruchtkörper. Das Hymenium besteht aus keulenförmigen Zellen, den Basidien, mit „Stielchen" (Sterigmen) am Ende, an denen die Sporen sitzen. An jeder Basidie findet man in der Regel vier Sterigmen mit jeweils einer Spore. Eine Besonderheit vieler Ständerpilze ist die Schnallenbildung, durch die das Myzel „zweigeschlechtlich" bleibt.

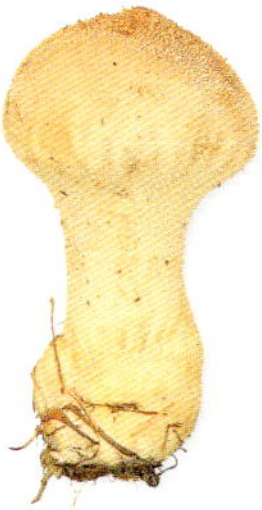

***Flaschenstäubling* ▷**
Bei Lycoperdon perlatum *finden sich die sporenbildenden Basidien im oberen Teil des Fruchtkörpers.*

***Lamelle* ▷**
Hier sieht man an der Lamellenoberfläche Basidien mit Sporen unterschiedlicher Reife.

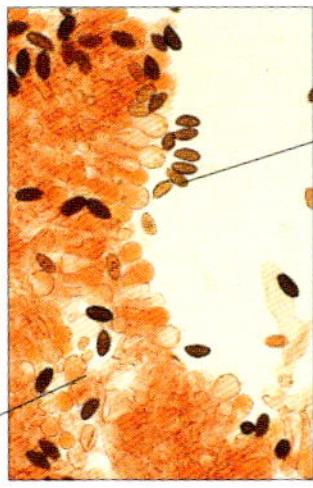

***Schnalle* ▷**
Schnallenverbindungen zwischen den Hyphen sind ein typisches Merkmal vieler Ständerpilze.

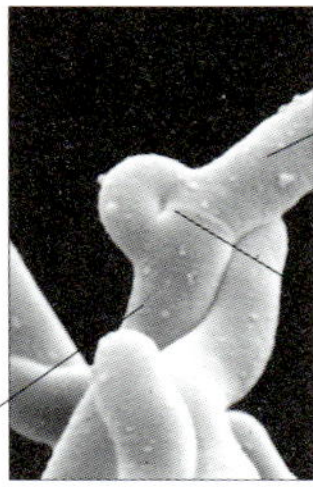

Jochpilze *(Zygomycota)*

Jochpilze haben keine Fruchtkörper. Ihre langlebigen geschlechtlichen Zygosporen keimen erst dann, wenn die Bedingungen optimal sind. Daneben bilden sie auch ungeschlechtliche Sporen in so genannten Sporangien, die am Ende fadenartiger Träger sitzen und teils als Köpfchenschimmel, z. B. auf altem Brot, sichtbar werden.

***Spinellus fusiger* ▷**
Dieser Pilzparasit bildet zahlreiche fadenartige Sporangienträger.

FRUCHTKÖRPERFORMEN

Pilzliche Fruchtkörper präsentieren sich in reicher Formenvielfalt, wobei die Sporen bildende Fruchtschicht unterschiedlich angeordnet sein kann: an Lamellen, in Röhren, an der Fruchtkörperoberfläche oder auch im Innern verborgen. Nach der Reifung des Fruchtkörpers werden die Sporen entweder aktiv oder passiv verbreitet (vgl. S. 16 f.). Darüber kann bereits die Form des Fruchtkörpers Aufschluss geben. Knollenartige, unterirdisch wachsende Fruchtkörper z. B. (S. 258 f.) umschließen die Sporen, die passiv verbreitet werden.

Hut und Stiel ▷
Die Fruchtschicht sitzt an den Lamellenseiten unter dem Hut. Aktive Sporenverbreitung

Stiel nicht mittig oder fehlend ▷
Die Fruchtschicht sitzt an den Lamellenseiten unter dem Hut. Aktive Sporenverbreitung

Sattelförmiger Hut ▷
Die Fruchtschicht überzieht die Falten des Huts. Aktive Sporenverbreitung

Wabenartiger Hut ▷
Die Fruchtschicht überzieht die Höhlungen im Hut. Aktive Sporenverbreitung

Konsolenartig ▷
Die Unterseite ist glatt oder hat Röhren, von der Fruchtschicht überzogen. Aktive Sporenverbreitung

Haut-, krustenartig oder flach wachsend ▽
Die Fruchtschicht überzieht den größten Teil der Oberfläche. Aktive Sporenverbreitung

◁ ***Keulenförmig***
Die Fruchtschicht überzieht die Oberfläche oder ist in kugelige Fruchtkörper (Perithecien) eingebettet. Aktive Sporenverbreitung

Phallusartig ▷
Die Fruchtschicht entsteht in einem eiförmigen Gebilde, das sich dann auf einem Stiel erhebt. Verbreitung der Sporenmasse durch Fliegen

◁ ***Geweihartig***
Die Fruchtschicht überzieht den größten Teil der Oberfläche. Aktive Sporenverbreitung

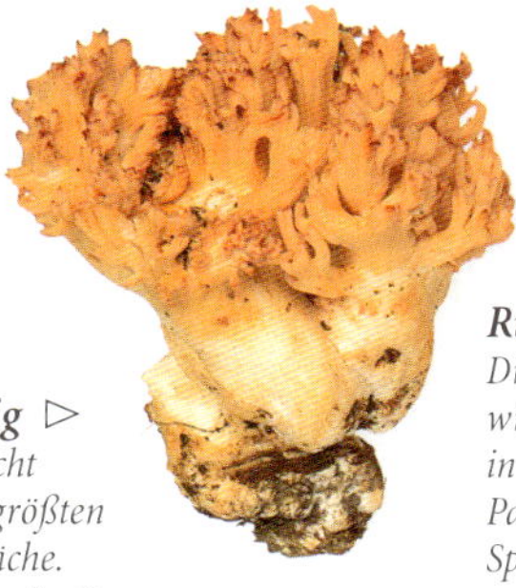

Korallenartig ▷
Die Fruchtschicht überzieht den größten Teil der Oberfläche. Aktive Sporenverbreitung

Rundlich ▷
Die Fruchtschicht wird im Innern oder in Perithecien angelegt. Passive oder aktive Sporenverbreitung

◁ ***Birnen- oder mörserförmig***
Die Fruchtschicht wird im Innern gebildet. Passive Sporenverbreitung, oft über Regentropfen

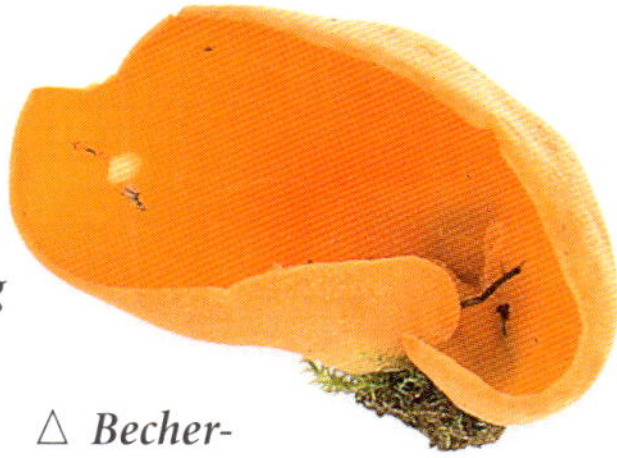

△ ***Becher- oder scheibenförmig***
Die Fruchtschicht überzieht die Innen- bzw. Oberseite. Aktive Sporenverbreitung

Becherförmig mit „Eiern“ △
Die Fruchtschicht befindet sich in den „Eiern“, die als Ganzes durch Regenspritzer verstreut werden.

◁ ***Trompetenförmig***
Die Fruchtschicht überzieht die glatte oder runzelige Außenseite. Aktive Sporenverbreitung

Sternförmig ▷
Die Fruchtschicht entsteht in einem geschlossenen Gebilde, das aufreißt. Sporenverbreitung durch Regenspritzer oder Fliegen

Gitterartig ▷
Die Fruchtschicht entsteht in einem eiförmigen Gebilde, das zu einem Netz aufreißt. Sporenverbreitung durch Insekten

Ohrförmig ▷
Die Fruchtschicht überzieht die Oberfläche der „Läppchen“. Aktive Sporenverbreitung

Gelappt und gallertartig ▷
Die Fruchtschicht überzieht die Oberfläche der Falten. Aktive Sporenverbreitung

HUTMERKMALE

Der Hut liefert wichtige Anhaltspunkte für die Bestimmung: zunächst seine Form sowie besondere Merkmale der Oberfläche, etwa Schuppen oder am Hutrand sitzende Fäden (beides Reste der Fruchthülle). Weitere entscheidende Kennzeichen sind Lamellen, Poren o. Ä. auf der Hutunterseite sowie deren Verbindung zum Stiel.

Hutformen und -oberflächen

Hutform und Oberflächenstruktur können sich im Lauf der Fruchtkörperreife ändern. Bei trockenem Wetter können zudem sonst klebrige Oberflächen diese Eigenschaft verlieren. Mit dem „Kusstest" lässt sich überprüfen, ob der Hut normalerweise klebrig ist: Dann haftet die Oberfläche bei Berührung an der angefeuchteten Lippe.

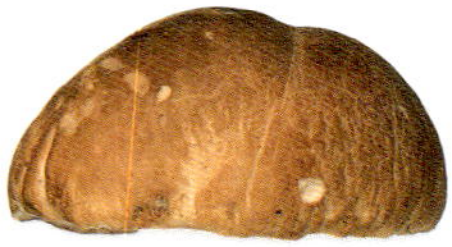

Gewölbt
Hut konvex bis halbkugelig

Kegelig
Hut annähernd kegelförmig bzw. konisch

Trichterförmig
Hut mit eingedrückter Mitte

Gebuckelt
Erhöhter Buckel in der Hutmitte

Lose haftende Schuppen
Leicht ablösbare Hüllenreste

Plisseeartig
Hutoberfläche mit radial angeordneten Falten

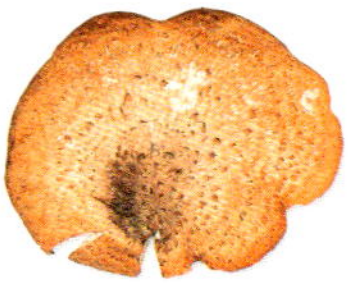

Schuppig
Hut mit fest haftenden Schuppen bzw. Flocken

Gerieft
Lamellen als Riefen auf der Hutoberseite sichtbar

Gefurchter Rand
Deutlich radiale Furchen am Hutrand

Konzentrische Zonen
Verschiedenfarbige Bereiche

Faserschuppig
Hut dicht mit faserigen Schuppen überzogen

Klebrig
Huthaut klebrig bis schleimig (kann abtrocknen)

Eingerollter Rand
Nach innen gerollter Hutrand

Gefaltet
Hut aus vielen fleischigen Falten bestehend

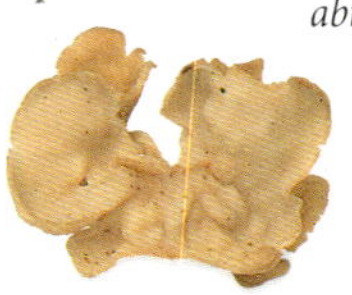

Sattelförmig
Mehr oder weniger gefalteter Hut, sattelartig geformt

Wabenförmig
Hut mit zellenartigen Vertiefungen, bienenstockähnlich

Lamellen im Längsschnitt

Bei Pilzen mit Lamellen ist es entscheidend, ob und wie diese mit dem Stiel verbunden sind. Nach Längsschnitt mit einem scharfen Messer lässt sich das gut erkennen. Freie Lamellen ohne Stielkontakt können oft durch Drehen des Huts gelöst werden. Bei ausgebuchteten Lamellen läuft manchmal noch ein kleiner Teil, der „Zahn", am Stiel herab.

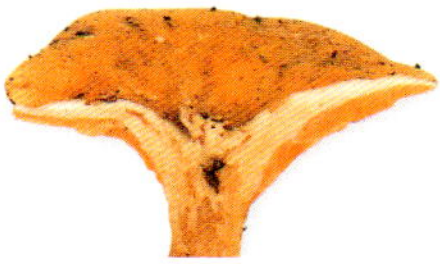

Herablaufend
Lamellen laufen am Stiel herab

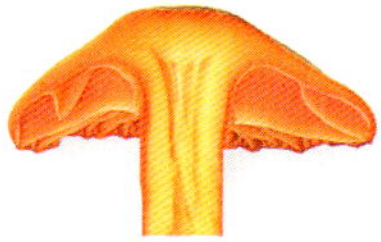

Angewachsen
Breit angewachsene Lamellen

Angeheftet
Schmal angewachsen, fast frei erscheinend

Frei
Lamellen nicht mit dem Stiel verbunden, ablösbar

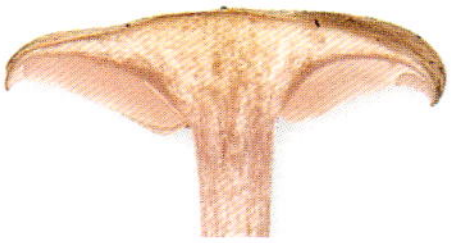

Ausgebuchtet
Lamellen eingekerbt, kurz bevor sie den Stiel erreichen

Geschweift und gebuchtet
Geschweiftbogige, am Stiel ausgebuchtete Lamellen

Lamellenaufsicht

Beim Betrachten der Hutunterseite zeigen sich weitere Unterscheidungsmerkmale. Hierzu zählen z. B. das Verhältnis zwischen langen und kürzeren Lamellen, die Lamellenanzahl und der Abstand zwischen ihnen.

Gleichmäßig
Alle Lamellen erreichen den Stiel und sind gleich lang

Ungleichmäßig
Voll ausgebildete Lamellen sind mit kürzeren vermischt

Gegabelt
Lamellen sind ein- oder mehrfach verzweigt

Eng stehend
Lamellen stehen sehr nah zusammen

Weit stehend
Große Zwischenräume zwischen den Lamellen

Mit Kollar-Ring
Lamellen laufen an einem Innenring zusammen

Radial
Strahlenförmiger Verlauf vom Hutrand aus

Andere Sporen bildende Oberflächen

Bei manchen Hut- und Stielpilzen sowie konsolenförmigen Arten sitzt die Fruchtschicht nicht in Lamellen, sondern an teils speziell strukturierten Oberflächen oder in Röhren. Letztere erkennt man an runden bis eckigen Poren an der Fruchtkörperunterseite.

Lamellenähnliche Leisten
Fruchtschicht überzieht Falten und Runzeln auf der Hutunterseite

Röhren mit Poren
Fruchtschicht in senkrechten Röhren mit porenähnlichen Öffnungen

Stacheln
Fruchtschicht überzieht stachelförmige Gebilde

SPOREN UND IHRE VERBREITUNG

Ein einziger Pilzfruchtkörper kann Billionen von Vermehrungssporen produzieren, die dann geeignetes Substrat besiedeln. Dabei keimen geschlechtliche Sporen zu einem Myzel aus, das meist mit dem Myzel einer zweiten Spore verschmelzen muss, um zügig weiterzuwachsen und neue Fruchtkörper zu bilden. Ungeschlechtliche Sporen (Konidien) dagegen bilden ein Myzel, das sich durch Teilung vermehren kann.

Wie Sporen verbreitet werden

Die passive Sporenverbreitung erfolgt über Tiere, Wind oder Wasser. Für eine aktive Verbreitung muss der Fruchtkörper über einen speziellen Mechanismus verfügen, um die Sporen nach der Reife auszustreuen oder auszuschleudern.

Aktives Ausstreuen
Kernpilze wie diese Xylaria *schleudern die reifen Sporen durch die Öffnungen der winzigen Fruchtkörper ein gutes Stück weit aus.*

Durch Tiere
Bei Pilzen wie dieser Phallus-*Art verzehren Insekten die klebrige Sporenmasse. Einige Sporen bleiben an ihnen haften und werden so verbreitet.*

Mit Wasser und Wind
Bei Stäublingen wie diesem Lycoperdon *werden die Sporen durch aufprallenden Regen freigesetzt und mit dem Wind verbreitet.*

Sporenlager

Eine gute Methode zur Bestimmung der Pilzgattung ist das Feststellen der Sporenlagerfarbe. Bei Blätterpilzen kann man das Sporenlager einfach untersuchen und dabei Faszinierendes entdecken, da Lamellenmuster wie Sporenfarbe sichtbar werden. Dazu schneidet man den Hut eines frischen Exemplars ab und legt ihn mit der Lamellenseite auf ein Blatt Papier. Nehmen Sie bei hellen Sporenlagern schwarzes Papier; bei unbekannter Farbe legt man den Hut je zur Hälfte auf ein schwarzes und weißes Blatt.

1 ***Abdecken des Huts***
Entfernen Sie den Stiel und legen Sie den Hut (Lamellen nach unten) auf das Papier. Dann den Hut mit einem Wassertropfen benetzen, das Ganze mit einer Glasschale abdecken und über Nacht stehen lassen.

2 ***Entfernen des Huts***
Heben Sie zunächst das Glas und dann den Hut sachte an, um das Sporenlager freizulegen. Je dicker dies ist, desto besser erkennt man die Sporenfarbe; unbedingt bei natürlichem Tageslicht prüfen.

Sporenfarbe

Meist haben die Arten einer Gattung mehr oder weniger die gleiche Sporenlagerfarbe, sodass sich die Gattung dadurch bestimmen lässt. Bei allen *Agaricus*-Arten z. B. zeigen die Sporen dunkle Brauntöne. In manchen Gattungen wie *Russula* (S. 120 ff.) können die Sporenfarben auch helfen, ähnliche Arten zu unterscheiden. Sporenlager sind gewöhnlich schwarz, weiß bis cremefarben, rot, purpurn oder braun gefärbt. Zu den Ausnahmen zählt der Grünblättrige Schirmpilz (S. 166) mit grünem Sporenlager.

blassrosa bis rot

ocker bis bräunlich

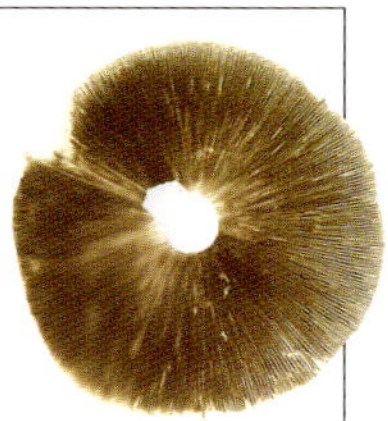

schwarz

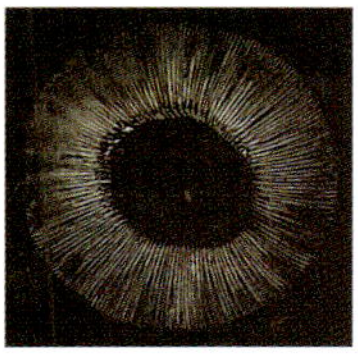

weiß bis creme

purpurbraun

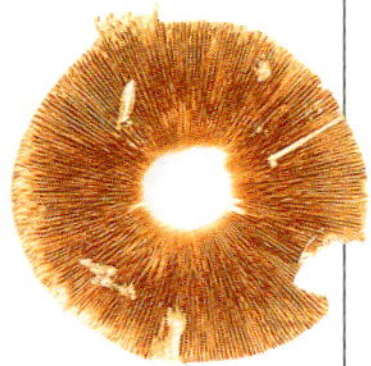

rostbraun

Sporenform und -größe

Sporenform und -größe können für die genaue Identifizierung einer Art sehr wichtig sein. Zwar erreichen manche Sporen 2 mm Durchmesser, doch die meisten sind kürzer als 20 Mikrometer (µm) und höchstens 0,02 mm breit, viele sogar kleiner als 5 µm. Die Sporenform variiert je nach Verbreitungsart: Während passiv verbreitete Sporen oft symmetrisch sind, zeigen aktiv verstreute meist eine asymmetrische Form. In der Sporenübersicht ab S. 284 sind Sporenformen, Durchschnittsgrößen und weitere Details der im Buch vorgestellten Arten aufgeführt.

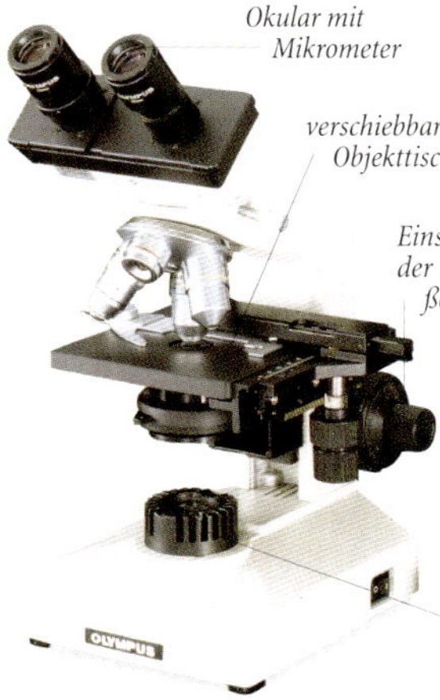

◁ ***Mikroskop***
Um Sporenformen und -größen zu identifizieren, braucht man ein gutes Mikroskop, das wenigstens 400fache Vergrößerung ermöglicht, im Idealfall sogar eine Vergrößerung mit Faktor 1000. Eine eingebaute Lichtquelle ist sehr sinnvoll.

alle Nahaufnahmen in 2000facher Vergrößerung

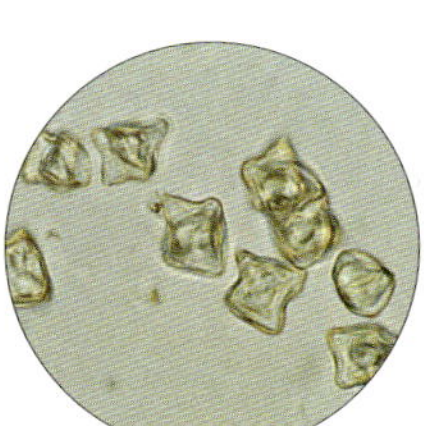

Kreuzsporiger Rötling
Rötlinge haben eckige Sporen, die bei dieser Art unterm Mikroskop kreuz- oder sternähnlich aussehen.

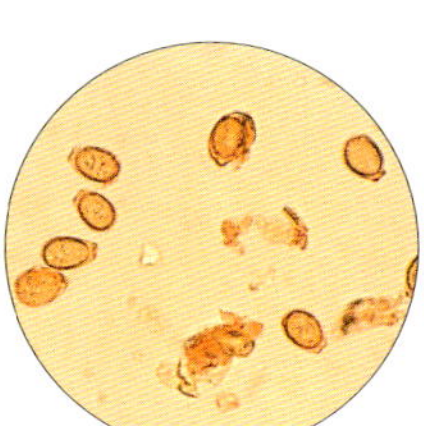

Flacher Lackporling
Der Pilz hat doppelhäutige Sporen mit rauer Oberfläche, die am einen Ende abgestumpft bzw. abgeflacht sind.

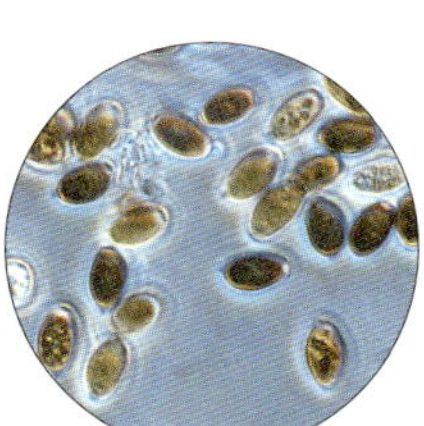

Faltentintling
Viele Tintlinge, so auch diese Art, haben an jeder Spore eine winzige Pore, aus der die Hyphen keimen.

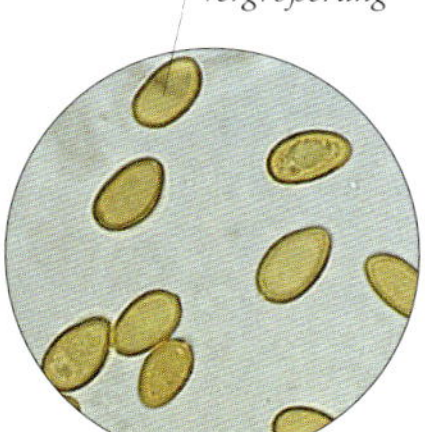

Kellerschwamm
Die elliptischen Sporen des Kellerschwamms haben eine glatte Oberfläche und sind von gelblich brauner Färbung.

LEBENSFORMEN DER PILZE

Sobald sich ein Pilz durch Bildung eines Myzels angesiedelt hat, braucht er Nährstoffe zum Leben und Wachsen. Da Pilze keine Photosynthese betreiben können, mussten sie andere Methoden der Ernährung entwickeln. Manche gehen Symbiosen, also Gemeinschaften zum gegenseitigen Nutzen, mit anderen Lebewesen ein, so etwa die Mykorrhizapilze mit Bäumen. Andererseits gibt es Pilze, die ihren pflanzlichen oder tierischen Wirten schaden oder sie gar abtöten. Die Saprophythen dagegen leben von abgestorbenen Pflanzenresten u. Ä. und leisten durch Abbau toten Materials einen wichtigen Beitrag zum ökologischen Gleichgewicht.

◁ ***Bäume als Wirte***
Schon eine Baumart, wie die abgebildete Fichte, kann verschiedenen Pilzen als Lebensgrundlage dienen. Sie ernährt Mykorrhizapilze, Saprophyten leben von ihrer Streu; Nekrophyten können sie abtöten und zersetzen.

Mykorrhizapilze
Die Mykorrhiza, eine enge Lebensgemeinschaft mit Bäumen, findet man bei den meisten Röhrlingen und einigen Blätterpilzen. Dabei liefert der Baum dem Pilz u. a. Kohlenhydrate, dafür versorgt ihn der Pilz optimal mit Wasser und Nährsalzen aus dem Boden. Die Symbiose entsteht, indem die Pilzhyphen die Baumwurzeln umspinnen, teils auch in sie eindringen.

Fichte als Wirtspflanze

Mykorrhiza-partner Fliegenpilz

Spezielle Partnerschaft ▷
Fruchtkörper von Fliegenpilzen (S. 146) wachsen gern unter Fichten, die mit dieser Pilzart eine Mykorrhiza bilden können. Auch Birken, Eichen und andere Bäume gehen solche Symbiosen ein.

gegabelte Spitzen

Kiefern-wurzeln

typische Kiefern-mykorrhiza mit heller, gegabelter Pilzhülle

Unter der Erde ▷
Der Mykorrhizapilz umhüllt die Baumwurzeln mit dichtem Geflecht und bildet ein Netz von Hyphen zwischen den äußeren Wurzelzellen. So können die Partner über ein komplexes biochemisches Wechselspiel Nährstoffe austauschen.

Saprophyten

Mit Hilfe von Enzymen, die sie nach außen abgeben, zersetzen Saprophyten vielerlei totes organisches Material, auch tote Pilze oder Tiere. Manche Saprophyten sind auf ein bestimmtes Substrat spezialisiert (vgl. Abb. rechts), andere nutzen ein größeres Nahrungsangebot. Einige saprophytische Pilzarten können schon in lebenden Pflanzen existieren, werden aber erst aktiv, nachdem diese abgestorben sind.

△ ***Fichtenzapfenrübling*** (S. 133)
Dieser spezialisierte Saprophyt zersetzt ausschließlich zu Boden gefallene Fichtenzapfen und bildet dann auf oder neben ihnen seine Fruchtkörper.

Nekrophyten

Nekrophyten töten ihre pflanzlichen Wirte in Teilen oder ganz ab, entweder durch toxische Stoffe oder indem sie mit ihren Hyphen bzw. speziellen Zellbildungen den Wasser- und Nährstofftransport der Pflanze lahm legen. Nach dem Abtöten seines Wirts zersetzt der Nekrophyt dann das abgestorbene Gewebe. Beispiele für diese Lebensweise sind der Zunderschwamm (S. 219) und einige *Armillaria*-Arten (S. 42, S. 80).

△ ***Wurzelschwamm*** (S. 222)
Dieser Pilz breitet sich über die Wurzeln von Baum zu Baum aus und verursacht große Schäden in Fichtenpflanzungen. Beim Zersetzen der abgetöteten Bäume bildet er konsolenförmige Fruchtkörper.

Parasiten

Parasiten wie Rost- und Mehltaupilze sind auf lebende Pflanzen angewiesen. Oft bilden solche Pilze spezielle Hyphen aus, die in die Wirtszellen eindringen und ihnen Nährstoffe entziehen. Anders als bei den Nekrophyten wird die Wirtspflanze nicht abgetötet, jedoch in ihren Lebensprozessen beeinträchtigt. Die Sporen solcher Parasiten können bereits die Samen befallen und dann in den Sämlingen heranreifen.

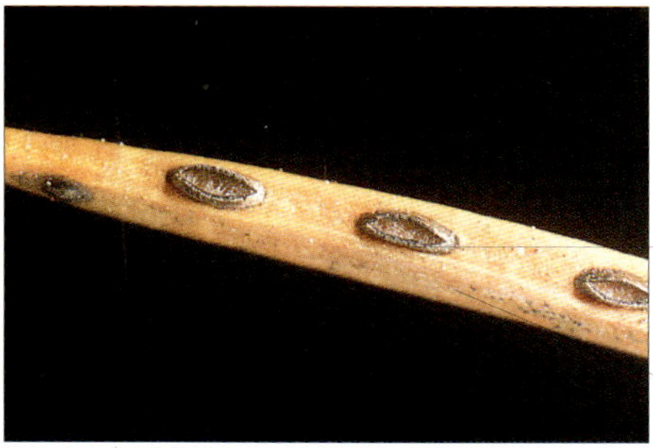

△ ***Fichtenteerfleckenkrankheit***
Lophodermium piceae *überzieht Fichtennadeln mit schwarzen Flecken. Verwandte Arten verursachen z. B. die Kiefernnadelschütte, also starken Nadelfall.*

LEBENSRÄUME DER PILZE

Pilze findet man überall auf der Erde, doch die in diesem Buch vorgestellten Arten wachsen vorwiegend in der gemäßigten Klimazone der Nordhalbkugel. Manche sind weit verbreitet, kommen in Nordamerika ebenso vor wie in Europa und in Asien; andere treten nur in eng begrenzten Regionen auf. Die meisten Arten sind an ganz bestimmte Lebensräume bzw. Biotope gebunden, deren Kenntnis das Identifizieren von Pilzen wesentlich erleichtert.

Wälder

Die Art der pilzlichen Lebensformen hängt stark vom jeweiligen Waldstandort ab. Auf basischen Lehmböden, oft mit Eschen bewachsen, treten vorwiegend Pilze wie die Schirmlinge auf, die keine Mykorrhiza bilden. In Nadelbaum- oder Birkenbeständen an sauren Standorten findet man dagegen viele Mykorrhizapilze wie Täublinge und Röhrlinge. Auf Böden mit relativ geringem organischem Anteil, etwa an Wegen, gedeihen z. B. manche Becherlinge und Faserlinge.

△ ***Kiefernwald***
Unter Kiefern, vor allem auf Sandböden, wachsen zahlreiche Pilze wie Röhrlinge, z. B. der Kuhröhrling (S. 200), und Täublinge (S. 120 ff.).

△ **Kuhröhrling**

◁ ***Eichenwald***
In Eichenbeständen findet man verschiedene Mykorrhizapilze und – ganz typisch – die Ochsenzunge (S. 213), ein meist als harmlos eingestufter Parasit.

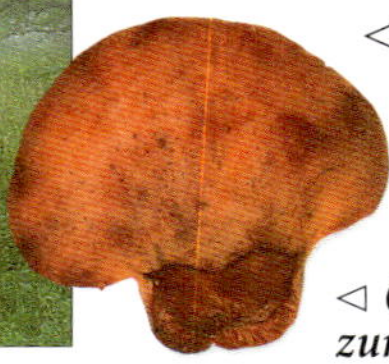

◁ **Ochsenzunge**

Nadelbäume

Die meisten Nadelbäume leben in Mykorrhiza mit Pilzen. Häufig handelt es sich um sehr spezielle Gemeinschaften, sodass man verschiedene Pilzarten nur unter ganz bestimmten Bäumen findet. Die Kenntnis der wichtigsten Nadelbäume (vgl. Abbildung) erleichtert deshalb auch die Pilzbestimmung.

Lärche (Larix)

Fichte (Picea)

Kiefer (Pinus)

Wiesen, Weiden, Felder

Getreidemonokulturen, nährstoffreiche Weiden oder naturnahes, extensiv bewirtschaftetes Grünland: Landwirtschaftliche Flächen können sehr unterschiedliche Bedingungen bieten. Die Pilze solcher Lebensräume treten oft in Gesellschaft bestimmter Gräser oder anderer Pflanzen auf. Manche Arten wachsen auch auf dem Dung der Weidetiere. Welche Pilze hier auftreten, hängt zudem von der jeweiligen Bodenreaktion ab, z. B. ob es sich um saure Wiesen oder neutrale bis kalkhaltige (basische) Standorte handelt.

△ *Gedüngte Weiden*

Intensiv genutzte Weiden sind durch Düngung und Hinterlassenschaften der Weidetiere nährstoffreich und setzen sich oft nur aus wenigen Grasarten zusammen. Hier gedeihen gern Champignon-Arten, Tintlinge und Düngerlinge.

△ *Wiesenchampignon*

◁ *Ungedüngtes Grünland*

Solche Flächen bieten oft eine große Artenvielfalt an Pflanzen wie an Pilzen. Hier dominieren Rötlinge, Saftlinge und Keulenpilze, die auf nährstoffreichem Grünland nicht gedeihen, wohl auch, weil sie dort durch die Dung liebenden Pilzarten schnell verdrängt werden.

◁ *Granatroter Saftling*

Laubbäume

Vor allem die hier im Bild vorgestellten Baumarten leben häufig in Mykorrhiza mit Pilzen. Andere wichtige Laubbäume der Wälder, wie Esche, Ulme oder Ahorn, gehen solch ausgeprägte Verbindungen mit Pilzen seltener ein.

Birke (Betula)

Buche (Fagus)

Eiche (Quercus)

WILDPILZE SAMMELN

Neben äußerster Vorsicht in Bezug auf Giftpilze gilt beim Sammeln eine weitere Grundregel: Entnehmen Sie nur das Nötigste, ernten Sie Bestände nicht restlos ab. Das Überprüfen auf Pilzmaden am Fundort erspart unbrauchbares Sammelgut und unnötige Ernten.

flacher Korb

Ausrüstung

Ein scharfes Messer sowie ein Korb oder eine abgeteilte Sammelbox zählen zur Grundausrüstung. Für detaillierte Untersuchungen sind Pinzette und Lupe hilfreich, mit Hilfe von Kamera und Notizbuch kann man Funde wie Fundort dokumentieren.

Sammelbox mit Fächern

Messer

Pinzette

Handlupe

Kamera mit Makroobjektiv

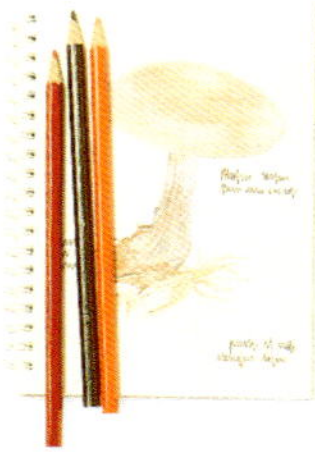

Notizbuch und Stifte

Pilzernte

Meist lassen sich Pilze gut mit einem Messer ablösen, bei auf Bäumen wachsenden Exemplaren kann jedoch auch eine Gartenschere oder kleine Astsäge nützlich sein. Nach dem Aufsammeln bewahrt man die Pilze in geschlossenen Behältern auf, damit sie nicht austrocknen und wichtige Merkmale möglichst erhalten bleiben. Völliger Luftabschluss ist jedoch nicht ratsam, weil sich die Pilze dann schnell zersetzen; Plastiktüten sind als Sammelbehälter ungeeignet.

Das Abschneiden

Schneiden Sie den Pilz dicht über der Erdoberfläche ab; dies möglichst ohne ihn zu verletzen oder zu quetschen, damit nicht versehentlich wichtige Erkennungsmerkmale zerstört werden.

Zur Identifizierung

- **Verfärbung:** Feststellbar durch Kratzen mit dem Fingernagel.
- **Struktur:** Zur Prüfung das Fleisch zwischen den Fingern zerreiben.
- **Geruch:** Prüfen Sie auf auffällige Gerüche.
- **Geschmack:** Nur an winzigem Stück testen, immer gleich ausspucken.
- **Im Zweifelsfall:** Wenden Sie sich bei allen Zweifelsfällen unbedingt an die nächste Pilzberatungsstelle.

Das Ausmessen

Die Abbildungen zeigen, wo und wie bei verschiedenen Pilzen die Maße ermittelt werden. Obwohl diese je nach Standort und Alter der Pilze variieren können, geben sie doch einen wichtigen Anhaltspunkt für die Bestimmung. Die in den Porträts angegebenen Zahlen beziehen sich auf durchschnittlich reife Exemplare.

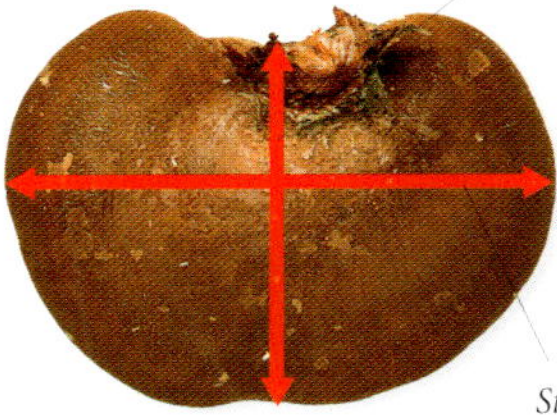

Konsolenformen: Breite x Tiefe

Dicke bei Konsolenformen

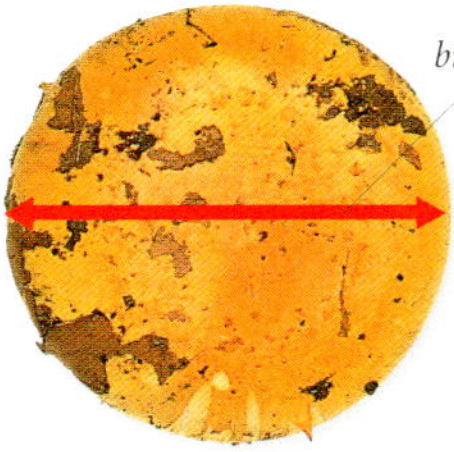

Hutdurchmesser

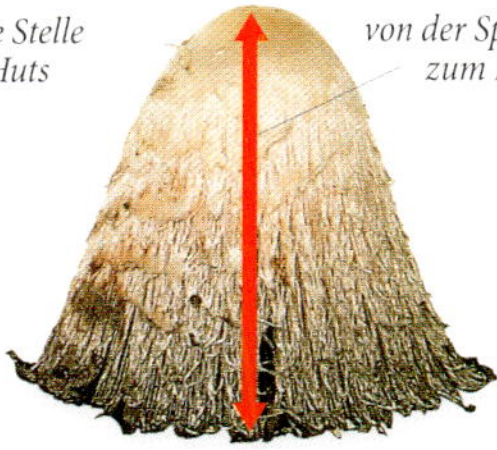

Höhe des Huts

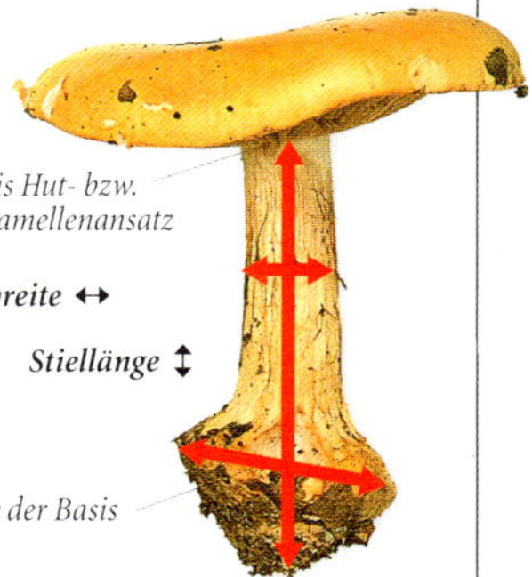

Giftig oder essbar?

Bei einigen Speisepilzen besteht Verwechslungsgefahr mit ähnlich aussehenden Giftpilzen. Unbedingt kennen sollte man die hier abgebildeten Arten. Prägen Sie sich außerdem folgende Giftpilze ein, die Champignons bzw. Pfifferlingen ähneln:
Grüner und Kegelhütiger Knollenblätterpilz (S. 151 und 150), Spitzbuckliger und Orangefuchsiger Raukopf (S. 72 und 73). Essen Sie niemals einen Pilz, den Sie nicht hundertprozentig bestimmen konnten! Bei Verdacht auf Vergiftung umgehend einen Arzt aufsuchen und eine Probe des Pilzes mitnehmen.

Pantherpilz (S. 149)

Perlpilz (S. 147)

Buchen-Speitäubling (S. 129)

Heringstäubling (S. 127)

Karbolchampignon (S. 159)

Schafchampignon (S. 158)

PILZBESTIMMUNG

Der Bestimmungsschlüssel auf diesen Seiten bietet eine wichtige Hilfestellung. Beantworten Sie zunächst die einfache Frage (rechts), und folgen Sie dann den Hinweisen und Illustrationen, bis Sie die Gruppe gefunden haben, zu der „Ihr" Pilz vermutlich gehört. Die Porträtbeschreibungen helfen schließlich bei der genauen Identifikation. Wie mehrfach erwähnt: Speisepilze nur essen, wenn sie absolut sicher bestimmt werden konnten!

HAT DER PILZ HUT UND STIEL ?

JA

WEITER AUF DIESER SEITE ▽

NEIN

WEITER AUF **S. 26** ▷▷

Hut- und Stielpilze: Hauptgruppen

Unser erstes Augenmerk gilt dem Hut bzw. der Frage, ob darunter Lamellen zu sehen sind. Untersuchen Sie – gegebenenfalls anhand eines Längsschnitts – ob und wie die Lamellen am Stiel befestigt sind. Anstelle von Lamellen können Poren oder Stacheln zu sehen sein (vgl. S. 15). Überprüfen Sie auch, ob der Stiel mittig steht. Der Vergleich mit den nachfolgenden Abbildungen hilft bei der Einordnung in die richtige Gruppe und führt zum nächsten Schritt. Achtung, Formen und Farben können naturgemäß abweichen.

Mit herablaufenden Lamellen
Weiter auf S. 25

Mit angehefteten bis angewachsenen Lamellen
Weiter auf S. 25

Mit freien Lamellen
Weiter auf S. 25

Stiel nicht mittig
Weiter auf S. 178

Mit Poren
Weiter auf S. 25

Waben-, hirn- oder sattelartiger Hut
Weiter auf S. 207

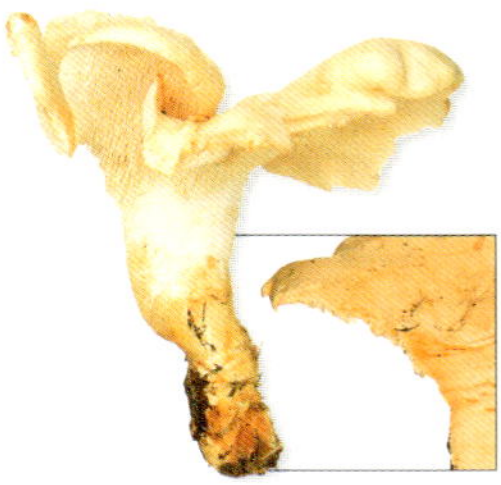

Mit Stacheln
Weiter auf S. 234

HUT- UND STIELPILZE: UNTERGRUPPEN

In diesem Buch werden Hut- und Stielpilze mit Lamellen oder Poren in die nachfolgenden Untergruppen eingeteilt. Wählen Sie die Abbildung und Beschreibung, die dem zu bestimmenden Pilz am nächsten kommt, und folgen Sie dann der Seitenzahl. Eventuell müssen Sie mehrere Möglichkeiten prüfen, da manche Fruchtkörper in verschiedene Kategorien passen.

HERABLAUFENDE LAMELLEN

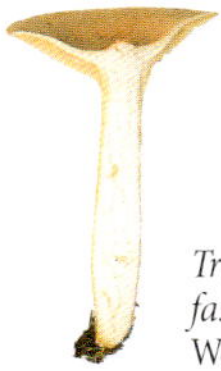

Trichterförmig mit faserigem Fleisch
Weiter auf S. 28

Mit gewölbtem Hut und faserigem Fleisch
Weiter auf S. 37

Brüchiges, Milch absonderndes Fleisch
Weiter auf S. 43

ANGEHEFTETE BIS ANGEWACHSENE LAMELLEN

Fleischig, ohne deutliche Hüllenreste
Weiter auf S. 56

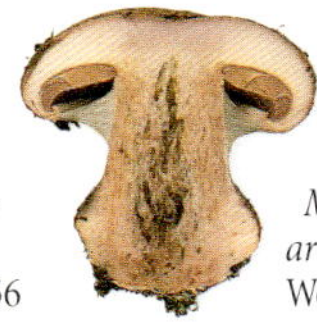

Mit spinnwebartiger Hülle
Weiter auf S. 69

Mit Stielring oder Ringzone
Weiter auf S. 78

Mit faserigem Hut und dunklen Sporen
Weiter auf S. 98

Mittelgroß mit glattem Hut
Weiter auf S. 103

Mit brüchigem Fleisch
Weiter auf S. 120

Sehr klein mit glattem Hut
Weiter auf S. 132

Sehr klein, Hut nicht glatt
Weiter auf S. 142

FREIE LAMELLEN

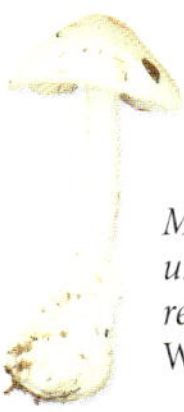

Mit Scheide und / oder Hüllrestschuppen
Weiter auf S. 145

Mit Stielring oder Ringzone
Weiter auf S. 156

Ohne Scheide
Weiter auf S. 171

Im Alter tintenartig
Weiter auf S. 174

Lamellen zu Kollar verbunden
Weiter auf S. 177

MIT POREN

Mit weichem Fleisch
Weiter auf S. 184

Mit zähem Fleisch
Weiter auf S. 202

Andere Pilze: Hauptgruppen

In diese Großgruppe fallen alle Pilze, deren Fruchtkörper nicht die „übliche“ Form mit Stiel und Hut zeigen. Zur Bestimmung ordnen wir sie zunächst gemäß ihrer Erscheinung einer Formgruppe zu, um dann nach weiteren Details die jeweilige Untergruppe herauszufinden (S. 27). Wieder hilft der Vergleich des zu bestimmenden Pilzes mit den nachfolgenden Abbildungen. Da sich die Form- und Farbgebung der Natur kaum in ein Schema pressen lässt, gibt es vielfältige Variationen. Lassen Sie sich davon nicht verwirren oder gar entmutigen. Selbst in Zweifelsfällen kommen nur wenige Untergruppen in Frage. Die detaillierten Abbildungen der einzelnen Arten, zu denen die Seitenzahlen verweisen, helfen dann weiter.

Konsolen- oder hautartig
Weiter auf S. 27

Hut ohne Stiel
Weiter auf S. 178

Keulenförmig
Weiter auf S. 27

Geweih- oder korallenartig
Weiter auf S. 248
Geweih- oder korallenartig mit Stacheln
Weiter auf S. 239

Rundlich
Weiter auf S. 27

Birnen- bis mörserförmig
Weiter auf S. 260

Becher- bis scheibenförmig
Weiter auf S. 27

Trompetenförmig
Weiter auf S. 275

Sternförmig
Weiter auf S. 277

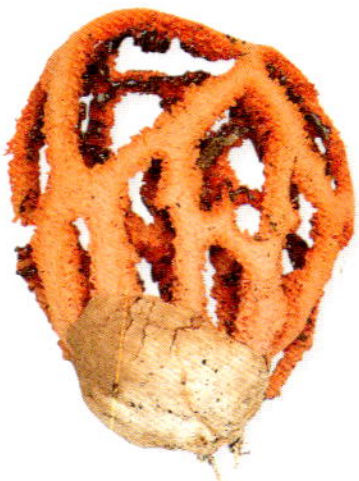

Gitterartig
Weiter auf S. 277

Hirn- oder ohrenförmig
Weiter auf S. 281

ANDERE PILZE: UNTERGRUPPEN

Wie bereits die Hut- und Stielpilze auf S. 25 werden hier die sonstigen Fruchtkörperformen in Untergruppen unterteilt. Richten Sie sich wieder nach den Bildern und Beschreibungen, um zu den entsprechenden Einzelporträts zu gelangen. Gerade bei den Konsolenpilzen ist eine Lupe hilfreich, um zu prüfen, ob die Unterseite glatt ist oder winzige Poren aufweist. In allen Zweifelsfällen empfiehlt sich, nochmals von vorn zu beginnen. Hinweis: Die Abbildungsgrößen entsprechen nicht den realen Größenverhältnissen.

KONSOLEN- ODER HAUTARTIG

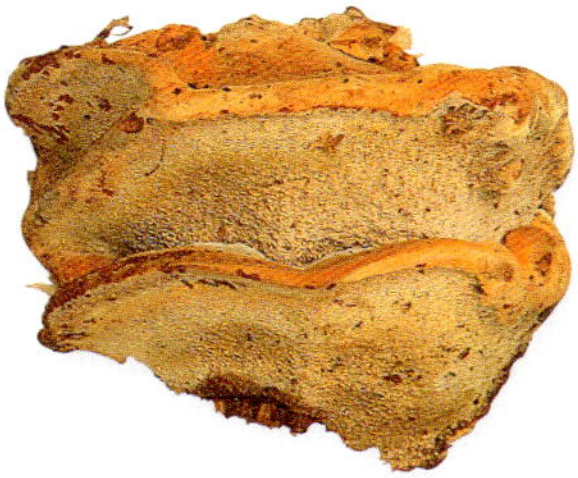

Mit Poren
Weiter auf S. 211

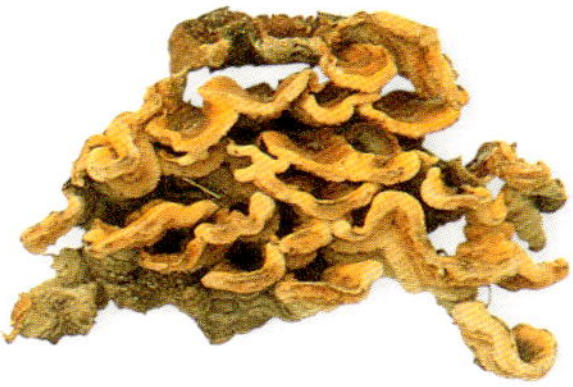

Unterseits runzelig oder glatt
Weiter auf S. 228

Hautartig, flach oder krustenartig
Weiter auf S. 232

KEULENFÖRMIG

Glatt oder behaart
Weiter auf S. 240

Mit Pusteln oder mehliger Oberfläche
Weiter auf S. 244

Phallusartig
Weiter auf S. 246

RUNDLICH

Oberirdisch wachsend
Weiter auf S. 253

Unterirdisch wachsend
Weiter auf S. 258

BECHER- BIS SCHEIBENFÖRMIG

Ohne „Eier“
Weiter auf S. 264

Becherförmig mit „Eiern“
Weiter auf S. 274

HUT- UND STIELPILZE MIT HERABLAUFENDEN LAMELLEN

Pilze mit Stiel, Hut und Lamellen nennt man Blätterpilze. Am Stiel herablaufende Lamellen kennzeichnen die hier vorgestellte Gruppe, die auch Pfifferlingsartige mit lamellenähnlichen herablaufenden Leisten einschließt.

Trichterförmige Pilze mit faserigem Fleisch

Besonderes Merkmal dieser Untergruppe ist ein trichterförmiger bis eingedrückter Hut. Anders als bei den Milchlingen (S. 43 ff.) oder Täublingen (S. 120 ff.) ist ihr Fleisch nicht brüchig, sondern deutlich faserig. Die Kombination Trichterform – Faserfleisch findet man auch bei entfernt verwandten Familien; andere Merkmalsgruppen sind oft enger verwandt.

Familie	Art	Jahreszeit
Familie CANTHARELLACEAE	Art *Cantharellus cibarius*	Jahreszeit Sommer – Herbst

Pfifferling, Eierschwamm

Diese hervorragenden Speisepilze sind meist gelb bis gelborange und riechen oft nach getrockneten Aprikosen. Der Hut, häufig mit welligem Rand, ist in der Mitte eingedrückt. Darunter sitzen dicke, lamellenähnliche, weit am Stiel herablaufende Leisten. Das helle Hutfleisch färbt sich bei Druck rötlich.

VORKOMMEN: Mykorrhizapilz von Fichten und Kiefern sowie von Laubbäumen wie Eichen. In der kühl- bis warmgemäßigten Klimazone der Nordhalbkugel weit verbreitet, je nach Region häufig bis selten.

ÄHNLICHE ARTEN: Der Falsche Pfifferling ist kein Mykorrhizapilz. Der Ölbaumpilz leuchtet im Dunkeln und wächst auf Totholz (beide S. 29).

FRUCHTKÖRPER: Gesellig auf durchlässigen Böden.

△ ***Cantharellus subalbidus***
Diese in Wäldern lebende Art ist fleischig und weißlich bis cremefarben.

Maße	Sporen	Wert
Maße HUT ↔ 2–12 cm | STIEL ↕ 2–10 cm ↔ 0,4–1,5 cm	Sporen blass cremefarben	Wert

Familie PAXILLACEAE	Art *Omphalotus olearius*	Jahreszeit Sommer – Herbst

Ölbaumpilz

Die Lamellen dieses hellorangen Giftpilzes leuchten im Dunkeln. Er hat einen stark eingedrückten bis trichterförmigen, glatten, glänzenden Hut, einen etwas helleren Stiel und festes blassgelbes Fleisch. Verwandte Arten, ebenfalls im Dunkeln leuchtend, gibt es in den Tropen und Subtropen.
VORKOMMEN: An Totholz, absterbenden Bäumen und Baumstümpfen; verursacht an Eichen eine Weißfäule. Vereinzelt in wärmeren Regionen Mitteleuropas, häufiger in Südeuropa, dort oft an Olivenbäumen (Ölbäumen).
ÄHNLICHE ARTEN: Die essbaren *Cantharellus*-Arten (S. 28, 30, 275 f.) sind durchweg Mykorrhizapilze und haben dickere, adernähnliche „Lamellen".

FRUCHTKÖRPER: Büschelartig auf toten Bäumen oder Stümpfen.

Maße HUT ↔ 6–14 cm | STIEL ↕ 6–15 cm ↔ 0,8–2 cm	Sporen weißlich	Wert ☠

Familie PAXILLACEAE	Art *Hygrophoropsis aurantiaca*	Jahreszeit Sommer – Winter

Falscher Pfifferling

Der orangegelbe bis rötliche, samtig bereifte Hut des Falschen Pfifferlings ist gewölbt bis eingedrückt, sein Hutrand oft nach innen gerollt. Der ähnlich gefärbte Stiel wird im Alter schwarz. Das dünne, weiße bis blassorange Fleisch riecht leicht muffig „nach Pilz". Andere Formen derselben Art sind größer mit braunen Hutschuppen oder haben fast weiße Lamellen.
VORKOMMEN: Wächst zwischen Nadelstreu, auf verrottendem Holz oder Sägespänen. Im gemäßigten Klima der Nordhalbkugel weit verbreitet und häufig.
ÄHNLICHE ARTEN: Pfifferling (S. 28), Ölbaumpilz (oben).

FRUCHTKÖRPER: Zu wenigen oder auch gesellig in Wäldern.

Maße HUT ↔ 2–8 cm | STIEL ↕ 2–5 cm ↔ 3–8 mm	Sporen weißlich	Wert 🍴

Familie	Art	Jahreszeit
CANTHARELLACEAE	*Cantharellus cinnabarinus*	Sommer – Herbst

Zinnoberroter Leistling

Der gewölbte Hut dieser auffällig gefärbten Art wird mit der Reife trichterförmig, der gewellte Rand biegt sich dann deutlich nach innen. Auch die Farbe ändert sich mit dem Alter von Zinnober- zu Rosarot. Der rosarote Stiel ist recht kurz. Die rosafarbenen, dick gerandeten lamellenähnlichen Leisten sind gegabelt. Das essbare, faserige Hutfleisch ist recht dünn und rot bis weißlich, das Stielfleisch dagegen dicker und weiß.
VORKOMMEN: Mykorrhizapilz, besonders an Eichen, oft an bemoosten Stellen. Im östlichen Nordamerika weit verbreitet.
ÄHNLICHE ARTEN: *Hygrocybe cantharellus,* eine Saftling-Art, hat vergleichsweise scharfrandige und ungegabelte Lamellen.

FRUCHTKÖRPER: Die auffälligen Pilze säumen in großen Scharen Waldwege und -pfade.

Maße	Sporen	Wert
HUT ↔ 1–4 cm | STIEL ↕ 1,5–4 cm ↔ 0,3–1 cm	rosacremefarben	[Symbol]

Familie	Art	Jahreszeit
CANTHARELLACEAE	*Cantharellus tubaeformis*	Herbst – Winter

Trompetenpfifferling

Bei jungen Exemplaren ist der Hut gewölbt, im Alter wird er trichterförmig mit gewelltem Rand. Der Hut zeigt verschiedene Braunschattierungen, das Gelb des Stiels verblasst mit zunehmender Reife. Der Trompetenpfifferling hat lamellenähnliche Leisten. Sein dünnes Fleisch riecht aromatisch und schmeckt etwas bitter. Wenn man ihn trotz seiner „Tarnfarbe" entdeckt, stößt man oft auf ganze Scharen des Pilzes.
VORKOMMEN: Mykorrhizapilz von Laub- und Nadelbäumen, besonders in älteren Fichtenbeständen. Im gemäßigten Klima der Nordhalbkugel weit verbreitet.
ÄHNLICHE ARTEN: Der Goldstielige Leistling (S. 275) hat kaum erkennbare Leisten.

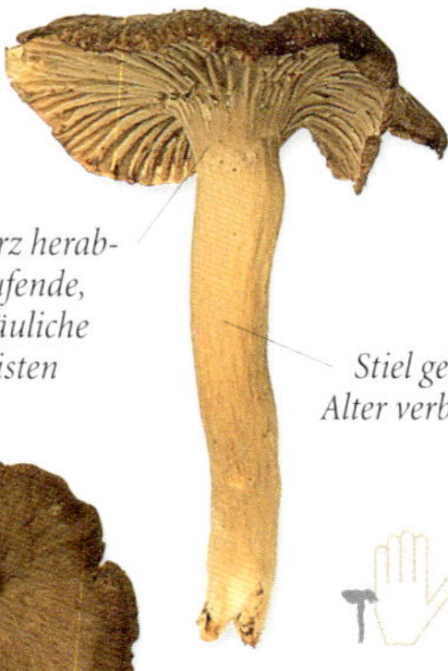

FRUCHTKÖRPER: Gesellig zwischen Moos im Wald.

Maße	Sporen	Wert
HUT ↔ 1–6 cm | STIEL ↕ 3–8 cm ↔ 3–8 mm	cremefarben	[Symbol]

Familie TRICHOLOMATACEAE	Art *Lepista flaccida*	Jahreszeit Sommer – Frühwinter

Fuchsiger Röteltrichterling

Der fast trichterförmige Hut dieser Art hat einen eingerollten Rand und ist rötlich hellbraun, im Alter teils mit dunkleren Flecken. Die glatten oder fein gefaserten Lamellen laufen weit am Stiel herab. Der Pilz ist essbar, hat aber kaum geschmackliche Qualitäten.
VORKOMMEN: Im Wald, besonders in der Nähe von Nadelbäumen. In Europa weit verbreitet und häufig.
ÄHNLICHE ARTEN: Wie viele *Lepista*-Arten lässt sich dieser Pilz von den sehr ähnlichen *Clitocybe*- (S. 31, 33 f., 39 f.) und *Tricholoma*-Arten (S. 59 ff., 81) am sichersten durch mikroskopische Merkmale wie die rauwandigen Sporen unterscheiden. Der Gebuckelte Trichterling (unten) ist weniger fleischig und hat ein blasseres, helleres Sporenlager.

FRUCHTKÖRPER: In Scharen oder Hexenringen in der Streu.

Maße HUT ↔ 4 – 12 cm | STIEL ↕ 3 – 7 cm ↔ 0,5 – 1 cm	Sporen cremefarben	Wert

Familie TRICHOLOMATACEAE	Art *Clitocybe gibba*	Jahreszeit Spätsommer – Spätherbst

Gebuckelter Trichterling

Der hell ockerfarbene, leicht rosa getönte Hut dieser Art ist in der Mitte deutlich eingedrückt, oft mit einem kleinen Buckel bzw. Höcker. Der glatte Stiel ist heller als der Hut. Die weit herablaufenden Lamellen sind fast reinweiß. Obwohl essbar, kann der Gebuckelte Trichterling als Speisepilz nicht empfohlen werden, weil er sehr leicht mit anderen Arten seiner Gattung zu verwechseln ist.
VORKOMMEN: Auf bewaldeten Standorten von den Niederungen bis ins Hochgebirge. Im gemäßigten Klima der Nordhalbkugel weit verbreitet und häufig.
ÄHNLICHE ARTEN: Mehrere Trichterlinge (*Clitocybe*-Arten, vgl. Hinweis in Beschreibung); Fuchsiger Röteltrichterling (oben).

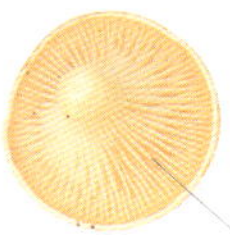

FRUCHTKÖRPER: Gesellig in der Streu der Waldbäume.

Maße HUT ↔ 3 – 8 cm | STIEL ↕ 2,5 – 6 cm ↔ 0,5 – 1 cm	Sporen cremefarben	Wert

Familie	Art	Jahreszeit
Tricholomataceae	*Pseudoclitocybe cyathiformis*	Spätherbst – Frühwinter

Brauner Gabeltrichterling

Ausgeprägte Trichterform des Huts, hoher Stiel und dunkle Farbe machen diesen Pilz fast unverwechselbar. Beim Trocknen wird der dunkel graubraune Hut blass lederbraun. Obwohl das aromatische Fleisch essbar ist, wird der Pilz zum Verzehr nicht empfohlen. Die Gattung *Pseudoclitocybe* lässt sich von *Clitocybe* S. 31, 33 f., 39 f.) durch ihre blaue Sporenfärbung mit Jodreagenzien unterscheiden.

VORKOMMEN: In Wäldern, Parks, unter Hecken, auf Streu im hohen Gras oder an stark verrotteten Laubholzstümpfen. Im gemäßigten Klima der Nordhalbkugel weit verbreitet und recht häufig.

ÄHNLICHE ARTEN: Andere *Pseudoclitocybe*-Arten findet man eher im offenen Gelände; sie sind meist heller und ebenso wie die Nabelinge *(Omphalina,* S. 36) kleiner.

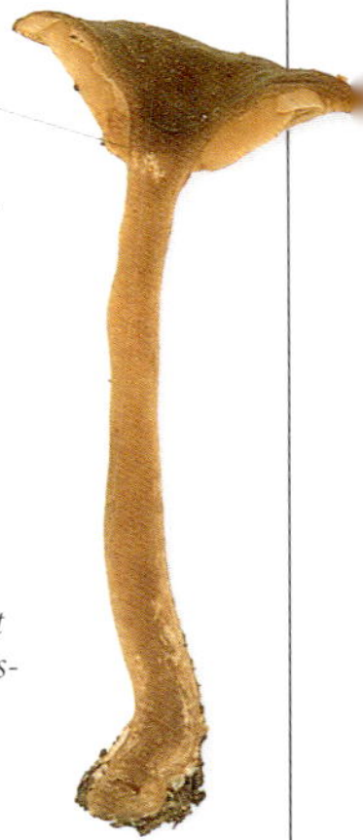

Längsschnitt

FRUCHTKÖRPER: Einzeln oder gesellig an vielen Standorten.

Maße	Sporen	Wert
Hut ↔ 3–7 cm | Stiel ↕ 6–10 cm ↔ 0,5–1 cm	cremeweiß	

Familie	Art	Jahreszeit
Tricholomataceae	*Leucopaxillus giganteus*	Spätsommer – Herbst

Riesen-Krempentrichterling

Charakteristisch für diese Art ist der große, trichterförmige, im Jugendstadium flache Hut. Hut, Lamellen, Fleisch und der recht kurze Stiel sind weißlich bis cremefarben. Die Sporen färben sich blau, wenn man sie mit Jodreagenzien versetzt – ein Merkmal aller *Leucopaxillus*-Arten. Der Pilz ist essbar, kann aber Magenstörungen verursachen.

VORKOMMEN: Die Fruchtkörper, manchmal von jahrhundertealtem Myzel hervorgebracht, findet man auf Wiesen und Weiden, auch in Parks und auf Waldlichtungen. In Europa weit verbreitet.

ÄHNLICHE ARTEN: Der Mönchskopf (S. 33) hat einen längeren Stiel.

FRUCHTKÖRPER: In oft ausgedehnten Hexenringen, meist auf nährstoffreichem Grünland.

Maße	Sporen	Wert
Hut ↔ 12–40 cm | Stiel ↕ 4–8 cm ↔ 2–4 cm	weißlich cremefarben	

Familie TRICHOLOMATACEAE	Art *Clitocybe geotropa*	Jahreszeit Herbst – Frühwinter

Mönchskopf

Der trichterförmige, fleischige Hut mit einem Buckel in der Mitte, die hell lederbraune Farbe, der hohe Stiel und das häufige Auftreten in Hexenringen sind so charakteristisch, dass dieser essbare Pilz leicht zu identifizieren ist – im Gegensatz zu den anderen, oft kaum unterscheidbaren *Clitocybe*-Arten.

VORKOMMEN: Meist in Wäldern. In manchen Regionen findet man ihn fast nur unter Laubbäumen; er gedeiht aber auch in bestimmten Nadelholzbeständen. In Europa weit verbreitet und häufig, jedoch nicht in kühleren Regionen; weltweite Verbreitung ungeklärt.

ÄHNLICHE ARTEN: Der Nebelgraue Trichterling (S. 40) tritt oft an ähnlichen Waldstandorten auf, sein Hut ist allerdings deutlich grauer und nach oben gewölbt. Der Riesen-Krempentrichterling (S. 32) wächst meist auf Wiesen und hat einen kürzeren Stiel.

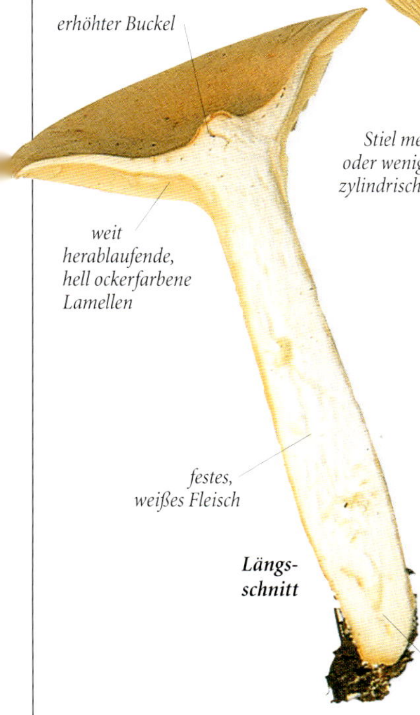

Längsschnitt

FRUCHTKÖRPER: Oft in Hexenringen auf Waldstreu.

Maße HUT ↔ 5 – 20 cm | STIEL ↕ 8 – 20 cm ↔ 1 – 3 cm	Sporen weiß	Wert

Familie TRICHOLOMATACEAE | Art *Clitocybe metachroa* | Jahreszeit Herbst – Winter

Staubfüßiger Trichterling

Wie die meisten kleinen Arten dieser Gattung ist der Staubfüßige Trichterling schwer zu identifizieren. Zu den wohl deutlichsten Unterscheidungsmerkmalen zählt das Fehlen des Mehlgeruchs, der vielen *Clitocybe*-Arten eigen ist. Bei älteren Exemplaren trocknet der abgeflachte bis eingedrückte Hut aus, die Mitte bleibt dunkel, der Rand ist gerieft.
VORKOMMEN: In der Bodenstreu von Laub- und Nadelwäldern wachsend. Weit verbreitet und häufig in ganz Europa.
ÄHNLICHE ARTEN: Der Weiße Trichterling *(C. vibecina)* hat einen strengen, ranzig-mehligen Geruch und Geschmack.

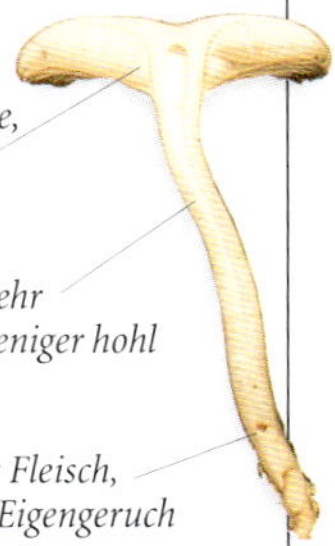

FRUCHTKÖRPER: Gesellig an verschiedenen Waldstandorten.

Maße HUT ↔ 2,5 – 6 cm | STIEL ↕ 3 – 6 cm ↔ 3 – 7 mm | Sporen weißlich | Wert ☠

Familie TRICHOLOMATACEAE | Art *Clitocybe dealbata* | Jahreszeit Sommer – Herbst

Feldtrichterling

Ein sehr giftiger Pilz, der manchmal in zwei Arten unterteilt wird: den bräunlichen Rinnigbereiften Trichterling *(C. rivulosa)* und den fast weißen Feld- oder Wiesentrichterling *(C. dealbata)*. Der gewölbte bis trichterförmige Hut ist mehlartig bereift, oft mit dunklen Flecken in konzentrischen Ringen. Beim Trocknen hellt er auf, die Oberfläche wird rissig. Das weiße bis lederfarbene Fleisch riecht leicht mehlig.
VORKOMMEN: Auf Grünland, auch auf Rasenflächen und Sportplätzen. Dort manchmal in Gesellschaft des essbaren Nelkenschwindlings (S. 117), der sich durch angeheftete bis fast freie Lamellen unterscheidet. Im gemäßigten Klima der Nordhalbkugel weit verbreitet.

FRUCHTKÖRPER: Oft in Hexenringen im Gras.

Maße HUT ↔ 2 – 6 cm | STIEL ↕ 1,5 – 4 cm ↔ 3 – 6 mm | Sporen weiß | Wert ☠

Familie PAXILLACEAE	Art *Paxillus involutus*	Jahreszeit Sommer – Herbst

Kahler Krempling

Dieser häufig anzutreffende giftige Pilz zeigt eine Reihe charakteristischer Merkmale: den gelb- bis rotbraunen, leicht niedergedrückten Hut mit eingerolltem, flaumigem Rand sowie die eng stehenden, gelben Lamellen, die sich bei Druck bräunen und leicht mit der Messerspitze ablösen lassen. Der kurze Stiel hat dieselbe Farbe wie der Hut. Das helle Fleisch färbt sich an der Schnittfläche dunkel.

VORKOMMEN: Mykorrhizapilz, meist von Nadelbäumen und Birken, in Wäldern, Parks und Gärten. Im gemäßigten Klima weit verbreitet und häufig.

ÄHNLICHE ARTEN: Der Hutrand des Erlenkremplings *(P. filamentosus)* ist weniger eingerollt; er wächst unter Erlen.

Längsschnitt

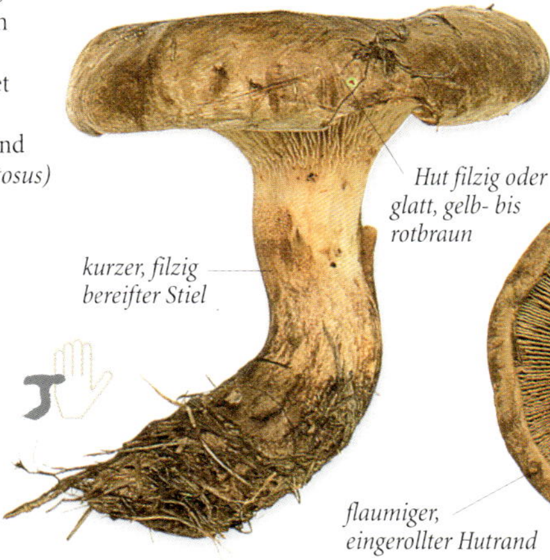

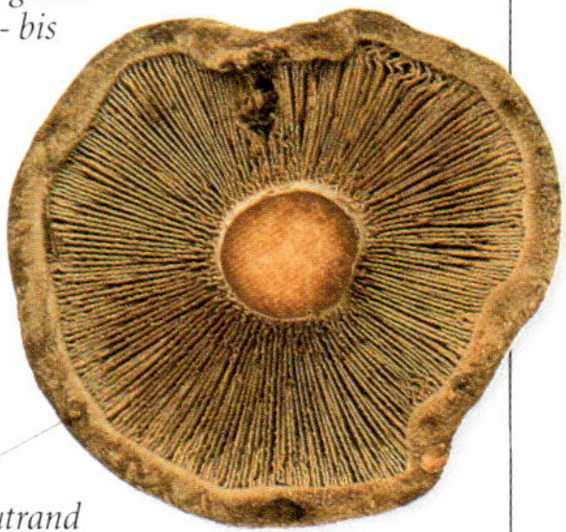

FRUCHTKÖRPER: Gesellig, in Ringen oder zu wenigen.

Maße HUT 6 – 15 cm | STIEL ↕ 4 – 8 cm ↔ 1 – 2 cm	Sporen gelblich braun	Wert ☠

Familie POLYPORACEAE	Art *Lentinus tigrinus*	Jahreszeit Sommer – Herbst

Getigerter Sägeblättling

Die „Tigerung" dieser Art wird durch dunkle Schuppen auf dem weißlichen, trichterförmigen Hut hervorgerufen. Eine ähnliche Zeichnung hat der Stiel, teils mit streifenartiger Anordnung der Schuppen. Bei einer Form reißt die Fruchtkörperhülle über den gesägten, harten Lamellen nicht auf und erweckt so den Eindruck von Schimmelbefall.

VORKOMMEN: Vorwiegend in Auwäldern, Weißfäuleerreger an Laubbäumen. In Europa und Nordamerika weit verbreitet, aber bei uns selten zu finden.

ÄHNLICHE ARTEN: Der Schuppige Sägeblättling *(L. lepideus)* tritt nur einzeln oder zu wenigen an Nadelbäumen auf (Braunfäuleerreger).

FRUCHTKÖRPER: In Büscheln auf alten Ästen und Baumstümpfen, besonders von Pappeln und Weiden.

Maße HUT 1 – 10 cm | STIEL ↕ 1,5 – 7,5 cm ↔ 0,5 – 1 cm	Sporen weiß	Wert

Familie TRICHOLOMATACEAE	Art *Omphalina umbellifera*	Jahreszeit Frühling – Spätherbst

Torfnabeling

Der gelbbraune, mittig eingedrückte Hut des kleinen Pilzes ist durchscheinend, sodass die Lamellen auf der Oberseite als radiale Riefen sichtbar werden. Der dünne, glatte, gelbliche Stiel zeigt oben eine violett gräuliche Färbung. Das Fleisch ist weißlich bis ocker.

VORKOMMEN: Der Pilz lebt in Gemeinschaft mit einer Alge als Flechte. Mithilfe der Photosynthese-Energie der Alge vermag sich die Art auch in unwirtlicher Umwelt auszubreiten, so in Moor- und Heidelandschaften und auf sauren Waldböden. Die Flechte wächst auf Torf und Torfmoosen *(Sphagnum)*, vorwiegend in Höhenlagen. In kühleren Regionen des gemäßigten Klimas weit verbreitet.

ÄHNLICHE ARTEN: Den helleren Alpen-Nabeling *(O. alpina)* findet man im Hochgebirge und in arktischen Regionen.

FRUCHTKÖRPER: Einzeln oder zu wenigen.

Maße HUT ↔ 0,5 – 1,5 cm | STIEL ↕ 1 – 2 cm ↔ 1 – 2 mm	Sporen weiß	Wert

Familie TRICHOLOMATACEAE	Art *Rickenella fibula*	Jahreszeit Sommer – Herbst

Oranger Heftelnabeling

Der winzige Pilz ist orange bis hellgelb, hat einen halbkugelförmigen Hut mit eingedrückter Mitte und radial verlaufenden Riefen. Der Stiel ist lang und dünn, die Lamellen laufen weit herab. Den gesamten Fruchtkörper überziehen feine Härchen, die man nur mit einer Lupe erkennt. Dieser Pilz und *Rickenella setipes* (Bild rechts) sind die häufigsten Vertreter dieser Gattung, deren Arten teils auch zu *Mycena, Omphalina* oder *Gerronema* gestellt werden.

VORKOMMEN: Lebt parasitisch auf Moos an verschiedensten Grünlandstandorten; typischer Rasenpilz. Im gemäßigten Klima weit verbreitet und häufig.

△ ***Rickenella setipes***
Diese graubraune Art mit fast schwarzer Hutmitte (Nabel) heißt nach der Färbung ihrer Stielspitze auch Violettstieliger Heftelnabeling.

FRUCHTKÖRPER: Einzeln oder in kleinen Gruppen.

Maße HUT ↔ 0,3 – 1 cm | STIEL ↕ 3 – 5 cm ↔ 1 – 2 mm	Sporen weiß	Wert

Mit gewölbtem Hut und faserigem Fleisch

Diese faserig-fleischigen Arten haben nach oben gewölbte, halbkugelige oder gebuckelte Hüte, die anders als bei den trichterförmigen Arten (S. 28 ff.) in der Mitte seltenst eine Vertiefung zeigen. Die Arten der Untergruppe auf S. 43 – 55 können ähnlich geformt sein, unterscheiden sich aber durch ihr brüchiges, an Käse erinnerndes Fleisch.

Familie	Art	Jahreszeit
GOMPHIDIACEAE	*Chroogomphus rutilus*	Herbst

Kupferroter Gelbfuß

Der gewölbte oder gebuckelte, rostbraune bis kupferfarbene Hut dieses Blätterpilzes fühlt sich nur bei feuchter Witterung schmierig an; dies unterscheidet ihn von den treffend benannten Schmierlingen (S. 38). Der Stiel ist rostorange, das Fleisch orange bis weinrot, an der Stielbasis gelb. Geruch wie Geschmack kann man als dezent bezeichnen.

VORKOMMEN: Mykorrhizapilz in Kiefernbeständen. Im gemäßigten Klima der Nordhalbkugel weit verbreitet und regional häufig.

FRUCHTKÖRPER: In kleinen Gruppen auf Sandböden.

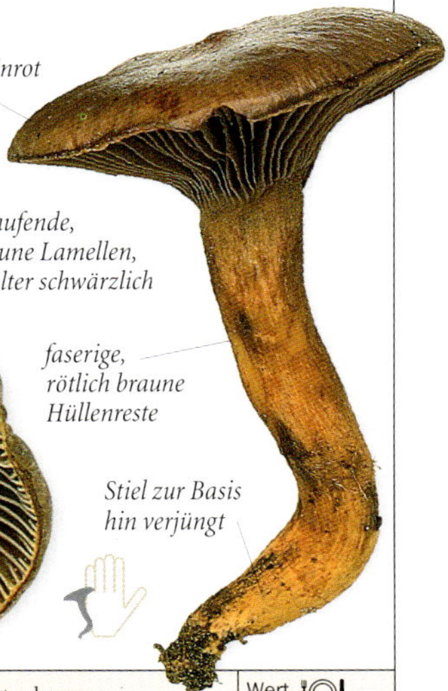

Maße	Sporen	Wert
HUT ↔ 4 – 8 cm | STIEL ↕ 4 – 12 cm ↔ 0,5 – 1,5 cm	fast schwarz	

Familie	Art	Jahreszeit
HYGROPHORACEAE	*Hygrophorus hypothejus*	Spätherbst – Frühwinter

Frostschneckling

Die spät erscheinende Art hat einen gewölbten bis trichterförmigen, schleimigen, olivbraunen Hut, einen schleimigen Stiel und gelbe Lamellen. Es gibt auch eine seltenere orangefarbene Form, teils als *H. aureus* bezeichnet.

VORKOMMEN: Mykorrhizapilz der Kiefer, vorwiegend auf sandigen Böden und meist nach den ersten Frösten zu finden. Im gemäßigten Klima der Nordhalbkugel verbreitet, regional häufig.

ÄHNLICHE ARTEN: Es gibt mehrere Schnecklinge an Kiefern, die jedoch anders gefärbt sind. Der Lärchenschneckling *(H. lucorum)* ist, wie der Name besagt, mit Lärchen vergesellschaftet und von hellgelber Farbe.

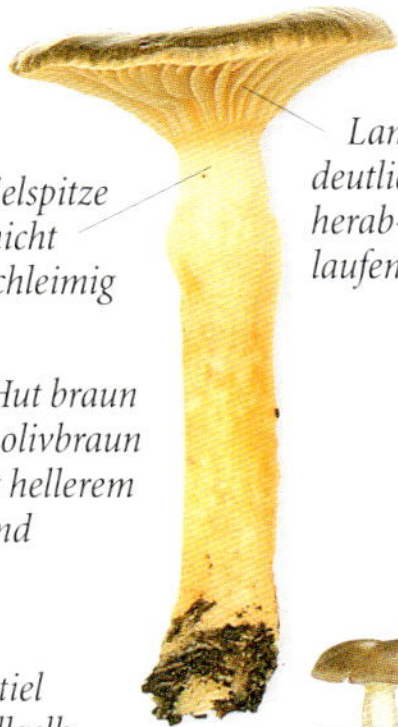

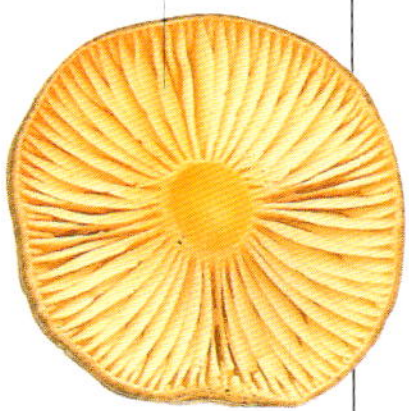

FRUCHTKÖRPER: In kleinen Gruppen zwischen Moosen und Flechten.

Maße	Sporen	Wert
HUT ↔ 3 – 5 cm | STIEL ↕ 4 – 7 cm ↔ 0,5 – 1 cm	weiß	

Familie GOMPHIDIACEAE	Art *Gomphidius roseus*	Jahreszeit Spätsommer – Herbst

Rosenroter Schmierling

Diese unverkennbare Art trägt einen korallenroten Hut, im Jugendstadium gewölbt mit eingerolltem Rand, später dann flach. Der Stiel ist spindelförmig, mit schleimigen, farblosen Hüllenresten, die oft von ausfallenden Sporen geschwärzt sind. Das weißliche, rot getönte Fleisch ist geruchs- wie geschmacksneutral. Wegen seines seltenen Vorkommens sollte man den an und für sich essbaren Pilz schonen.

VORKOMMEN: Unter Kiefern auf sandigen Böden, zwischen Streu, Moosen und Flechten. Weit verbreitet, aber selten.

△ **Großer Schmierling**
Der graubraune *G. glutinosus* ist von einer schleimigen Hülle überzogen. Am Stiel bildet sich oft ein Ring aus schwarzen Sporen; die Stielbasis ist gelb. Mykorrhizapilz der Fichte.

FRUCHTKÖRPER: Zu wenigen, oft mit Kuhröhrlingen (S. 200).

Maße	HUT ⊕ 1,5 – 5 cm | STIEL ↕ 2 – 4 cm ↔ 0,5 – 1 cm	Sporen fast schwarz	Wert

Familie HYGROPHORACEAE	Art *Hygrocybe pratensis*	Jahreszeit Herbst

Wiesenellerling

Der orangefarbene, trockene bis schmierige Hut dieses Pilzes ist zunächst gewölbt, wird mit dem Alter flacher, hat einen welligen Rand und manchmal einen mittigen Buckel. Der schwach geriefte Stiel ist heller als der Hut. Das recht feste, blassgelbe Fleisch zeichnet sich durch deutlichen Pilzgeruch und guten Geschmack aus. Wie der Jungfernellerling (S. 39) wird die Art oft zur Gattung *Camarophyllus* gestellt.

VORKOMMEN: Auf naturnahem Grünland, seltener in feuchten Wäldern. Im gemäßigten Klima der Nordhalbkugel weit verbreitet und recht häufig.

ÄHNLICHE ARTEN: Der Waldschneckling *(Hygrophorus nemoreus)* hat einen trockenen Hut und wächst in Eichenwäldern.

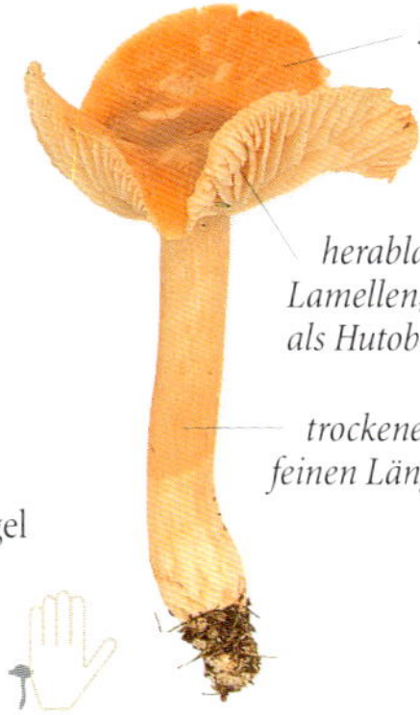

FRUCHTKÖRPER: In Gruppen oder Ringen im Gras.

Maße	HUT ⊕ 2,5 – 6 cm | STIEL ↕ 2,5 – 6 cm ↔ 0,5 – 1,5 cm	Sporen weiß	Wert

Familie HYGROPHORACEAE	Art *Hygrocybe virginea*	Jahreszeit Herbst

Jungfernellerling

Der Hut dieser recht variablen Art ist elfenbeinfarben und hat typischerweise keine Schleimschicht. Er ist meist trocken und auch bei Nässe nur leicht schmierig. Am Rand können die weit stehenden Lamellen durchscheinen. Der Pilz wird oft von bestimmten Bakterien befallen, die eine Rosafärbung an der Basis des weißen Stiels sowie einen kokosartigen Geruch verursachen. Kleine Arten werden teils als *H. nivea* klassifiziert. Bisweilen findet man Varietäten mit blassbraunem Hut oder brauner Hutmitte.

VORKOMMEN: Auf naturnahem Grünland, selten in Wäldern. Im gemäßigten Klima der Nordhalbkugel weit verbreitet und häufig.

ÄHNLICHE ARTEN: Der ebenfalls weit verbreitete Juchtenellerling *(H. russocoriacea)* riecht deutlich nach Leder bzw. Sandelholz oder Bleistiftspänen.

Längsschnitt

FRUCHTKÖRPER: Gesellig oder in Hexenringen im Gras.

Maße HUT 1,5 – 5 cm | STIEL ↕ 2 – 7 cm ↔ 0,3 – 1 cm	Sporen weiß	Wert

Familie TRICHOLOMATACEAE	Art *Clitocybe odora*	Jahreszeit Sommer – Herbst

Grüner Anistrichterling

Das charakteristische Blaugrün des gewölbten oder gebuckelten, selten trichterförmigen Huts verblasst während der Reife zu einem Graubraun. Der Anisgeruch des marmorierten Fleisches ist auch einigen anderen, ungenießbaren Trichterlingen eigen. Deutlicheres Merkmal des Anistrichterlings sind deshalb die gattungsuntypischen, kaum herablaufenden Lamellen.

VORKOMMEN: In Wäldern zwischen Laub- und Nadelstreu. Im gemäßigten Klima der Nordhalbkugel weit verbreitet.

ÄHNLICHE ARTEN: Einige nicht essbare Arten, wie *C. fragrans,* riechen ähnlich, sind aber meist kleiner, weiß oder lederbraun und haben deutlich herablaufende Lamellen.

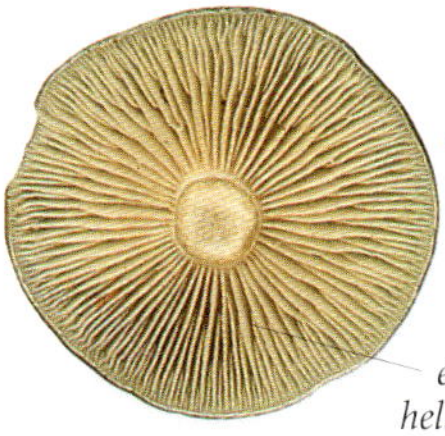

Längsschnitt

FRUCHTKÖRPER: Gesellig, bevorzugt auf fruchtbaren Böden.

Maße HUT 3 – 6 cm | STIEL ↕ 3 – 6 cm ↔ 0,4 – 1 cm	Sporen trübrosa	Wert

Familie	Art	Jahreszeit
TRICHOLOMATACEAE	*Clitocybe nebularis*	Herbst – Frühwinter

Nebelgrauer Trichterling

Diese Art hat einen gewölbten bis flachen oder leicht eingedrückten, dunkel graubraunen Hut mit einer fein bereiften Oberfläche und eingerolltem Rand. Der hellere Stiel ist an der Basis verdickt. Der fleischige, stark riechende Pilz ist essbar, kann jedoch leicht Magenverstimmungen verursachen (vgl. auch ÄHNLICHE ARTEN).

VORKOMMEN: An verschiedensten Waldstandorten. Weit verbreitet; im gemäßigten Klima meist häufig.

ÄHNLICHE ARTEN: Der Riesenrötling (S. 68) ist giftig.

FRUCHTKÖRPER: Meist in Hexenringen, fruchtbare Böden.

Maße		Sporen	Wert
HUT ↔ 8 – 20 cm	STIEL ↕ 5 – 10 cm ↔ 1,5 – 4 cm	cremefarben	

Familie	Art	Jahreszeit
TRICHOLOMATACEAE	*Clitocybe clavipes*	Spätsommer – Herbst

Keulenfüßiger Trichterling

Der recht große Pilz lässt sich anhand des namengebenden keulenförmigen Stiels mit verdickter Basis sowie der weichen, cremefarbenen Lamellen gut identifizieren. Der graubraune Hut ist fast flach, seine Oberfläche schmierig. Oft hebt sich ein hellerer Rand ab. Das weißliche, süßlich riechende Fleisch ist schwammig-weich und kann viel Wasser speichern. Der Pilz gilt als essbar, kann aber Magenstörungen verursachen.

VORKOMMEN: Vor allem unter Nadelbäumen, aber auch in Laubwäldern unter Birken. Im gemäßigten Klima der Nordhalbkugel weit verbreitet und vielerorts häufig.

FRUCHTKÖRPER: In Grüppchen auf humosen, sauren Böden.

Maße		Sporen	Wert
HUT ↔ 4 – 8 cm	STIEL ↕ 3 – 10 cm ↔ bis 1,5 cm	weiß	

Familie Entolomataceae	Art *Clitopilus prunulus*	Jahreszeit Herbst

Mehlräsling

Diesen Pilz erkennt man an seinem hellen, grauweißen Hut, den herablaufenden, blassrosa Lamellen und dem kräftigen Geruch nach frischem, feuchtem Mehl. Der Hut ist gewölbt bis trichterförmig. Der gleichfarbene Stiel sitzt nicht immer mittig. Ein guter Speisepilz mit weichem, weißem Fleisch; unbedingt Verwechslungsgefahren beachten!

VORKOMMEN: Meist auf sauren Waldböden, auch im offenen Gelände in der Nähe von Bäumen. Im gemäßigten Klima der Nordhalbkugel weit verbreitet und recht häufig.

ÄHNLICHE ARTEN: Einige Trichterlinge *(Clitocybe)* und Rötlinge *(Entoloma)* sehen ähnlich aus und sind giftig.

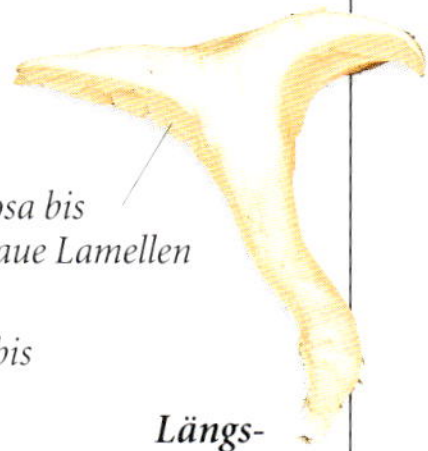

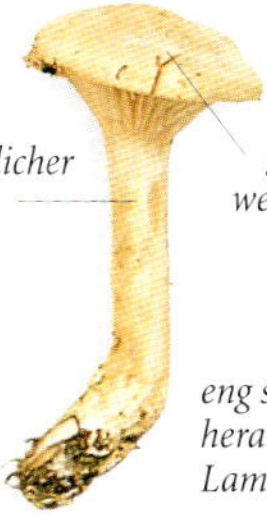

FRUCHTKÖRPER: Zu wenigen oder gesellig.

Maße Hut ↔ 3–9 cm | Stiel ↕ 2–6 cm ↔ 0,4–1 cm	Sporen blassrosa	Wert

Familie Tricholomataceae	Art *Lyophyllum decastes*	Jahreszeit Herbst, meist Spätherbst

Geselliger Rasling

Dies ist eine der fleischigen *Lyophyllum*-Arten, die augenscheinlich eng verwandt und schwierig voneinander zu unterscheiden sind. Sein gewölbter bis flacher, graubrauner Hut hat einen glatten Rand, der mit dem Alter wellig wird, darunter stehen die Lamellen eng gedrängt. Die Stiele sind oft an der Basis zusammengewachsen. Obwohl er weder ausgeprägt riecht noch schmeckt, gilt er als guter Speisepilz.

VORKOMMEN: Auf Waldschneisen, in Gärten und Parks, aber nicht unbedingt unter Bäumen. Im gemäßigten Klima der Nordhalbkugel weit verbreitet und häufig.

ÄHNLICHE ARTEN: Beim Frostrasling *(L. fumosum)* verwachsen die Stiele an der Basis zu einer Art Strunk.

FRUCHTKÖRPER: Oft in dichten Büscheln (Stiele verwachsen).

Maße Hut ↔ 5–10 cm | Stiel ↕ 4–10 cm ↔ 0,5–2,5 cm	Sporen weiß	Wert

Familie	Art	Jahreszeit
TRICHOLOMATACEAE	*Lyophyllum connatum*	Herbst

Weißer Büschelrasling

Sein weißer, gewölbter Hut ist oft am Rand gewellt, der Stiel verjüngt sich zur Basis hin. Die eng stehenden Lamellen laufen nur kurz am Stiel herab. Deutlichstes Kennzeichen: Die Lamellen wie das weiße Fleisch färben sich violett, wenn man sie mit Eisensulfat ($FeSO_4$, Salz oder Lösung) in Kontakt bringt.
VORKOMMEN: Meist auf etwas verarmten Böden an Wald- und Wegrändern, auch in alpinen Regionen. Im gemäßigten Klima der Nordhalbkugel weit verbreitet.
ÄHNLICHE ARTEN: Einige weiße Trichterlinge *(Clitocybe)* sehen diesem Büschelrasling recht ähnlich, zeigen aber keine Farbreaktion mit Eisensulfat.

FRUCHTKÖRPER: Einzeln oder in Büscheln, oft an Fahrgassenrändern im Wald.

Maße	Sporen	Wert
HUT ↔ 3 – 10 cm | STIEL ↕ 5 – 12 cm ↔ 0,5 – 1,5 cm	weiß	

Familie	Art	Jahreszeit
TRICHOLOMATACEAE	*Armillaria tabescens*	Herbst

Ringloser Hallimasch

Der gelblich braune, trockene Hut ist gewölbt bis flach oder niedergedrückt und hat in der Mitte hoch stehende braune Schuppen. Die faserigen, weißlichen Stiele sind an der Basis oft verwachsen. Auf dem Substrat kann man schwarze Myzelstränge erkennen. Fleisch nur nach sorgfältigem Kochen genießbar.
VORKOMMEN: An den Wurzeln bzw. in der Nähe von Bäumen. In Europa, vor allem in wärmeren Ländern, selten; häufiger in Nordamerika.
ÄHNLICHE ARTEN: Der Honiggelbe Hallimasch (S. 80) hat einen Stielring. Bei den Trichterlingen (S. 31 f., 34, 39 f.) fehlen Hutschuppen und schwarze Myzelstränge.

FRUCHTKÖRPER: In Büscheln unter Eichen und anderen Bäumen; tötet Wirtsbäume ab.

Maße	Sporen	Wert
HUT ↔ 2,5 – 10 cm | STIEL ↕ 7,5 – 20 cm ↔ 0,5 – 1,5 cm	blass cremefarben	

Familie	Art	Jahreszeit
BOLETACEAE	*Phylloporus rhodoxanthus*	Sommer – Herbst

Goldblatt

Der trockene, rötlich braune Hut dieses Pilzes sitzt auf einem roten bis rötlich gelben Stiel. Er heißt auch „Blätterröhrling", denn neben den Lamellen kann er eine röhrenähnliche Fruchtschicht bilden und ist mit anderen Röhrlingen eng verwandt. Die Lamellen lassen sich leicht vom rötlich gelben Fleisch lösen.
VORKOMMEN: Mykorrhizapilz der Eiche, seltener unter Nadelbäumen. Im gemäßigten Klima weit verbreitet, jedoch vielerorts selten.
ÄHNLICHE ARTEN: *P. leucomycelinus* ist am Stielgrund mit weißem Myzel besetzt.

FRUCHTKÖRPER: Einzeln oder in Grüppchen verstreut.

Maße	Sporen	Wert
HUT ↔ 2,5 – 7,5 cm | STIEL ↕ 4,5 – 10 cm ↔ 0,5 – 1 cm	ockergelb	

Brüchiges, Milch absonderndes Fleisch

Pilze dieser Untergruppe gehören sämtlich zur Gattung *Lactarius,* haben leicht herablaufende Lamellen und variable Hutformen. Fast alle sondern eine meist weiße Flüssigkeit ab, wenn das Fleisch – durch Anschneiden oder Zerbrechen – verletzt wird. Diese „Milch“ kann beim Austreten schnell die Farbe ändern – ein wichtiges Merkmal, das durch Auffangen der Tropfen mit einem weißen Taschentuch leicht zu überprüfen ist.

Familie RUSSULACEAE	Art *Lactarius piperatus*	Jahreszeit Sommer – Frühherbst

Pfeffermilchling

Der große, brüchig-fleischige, weißliche Pilz hat sehr eng stehende Lamellen und einen mittig niedergedrückten Hut mit fast glatter Oberfläche. Die weiße Milch trocknet olivgrün ein und ist von beißendem, pfeffrigem Geschmack. Essbar wird er erst nach Einsalzen und Marinieren oder längerem Braten, wodurch er seine Schärfe verliert.

VORKOMMEN: Mykorrhizapilz von Laub- und Nadelbäumen auf durchlässigen Waldböden. Im gemäßigten Klima der Nordhalbkugel weit verbreitet, relativ häufig.

ÄHNLICHE ARTEN: Die Milch von *L. glaucescens* trocknet gräulich blaugrün. Andere wie der Wollige Milchling (S. 44) unterscheiden sich durch bereifte Hüte und größeren Abstand der oft grün getönten Lamellen.

Längsschnitt

FRUCHTKÖRPER: In Hexenringen oder gesellig.

△ ***Hypomyces lactifluorum***
Dieser leuchtend orange Schlauchpilz parasitiert Milchlinge und Täublinge (S. 120 f.). Ist der Wirt ein Speisepilz, kann er mitgegessen werden.

Maße HUT ↔ 8 – 20 cm | STIEL ↕ 8 – 15 cm ↔ 2 – 4 cm	Sporen weißlich	Wert

Familie	Art	Jahreszeit
RUSSULACEAE	*Lactarius vellereus*	Herbst

Wolliger Milchling

Der große, cremeweiße Hut dieses Pilzes ist dicht befilzt und in der Mitte deutlich eingedrückt, der relativ kurz Stiel verjüngt sich nach unten. Die cremefarbenen Lamellen stehen recht eng. Bei Verletzung des brüchigen Fleisches tritt reichlich Milch aus, die braun eintrocknet und bei Zugabe von Kaliumhydroxid (KOH) nicht färbt.
VORKOMMEN: Mykorrhizapilz von Laubbäumen wie Buche, aber auch an verschiedenen Nadelgehölzen. Im gemäßigten Klima der Nordhalbkugel weit verbreitet.
ÄHNLICHE ARTEN: Die scharf schmeckende Milch von *L. bertillonii* färbt sich mit KOH erst gelb, dann orange. Der Pfeffermilchling (S. 43) hat enger stehende Lamellen, sein Stiel ist länger, der Hut glatt.

Hut weiß bis cremefarben mit filziger Oberfläche

riesiger Hut mit tief niedergedrückter Mitte, ausgereift fast trichterförmig

herablaufende, cremefarbene Lamellen

kurzer, dicker, glatter Stiel

recht eng stehende Lamellen

Milch mild schmeckend, aber scharfes Fleisch

getrocknete Milch an Lamellen braun

FRUCHTKÖRPER: In Ringen und Scharen auf Laubstreu.

Maße	Sporen	Wert
HUT ↔ 10–25 cm | STIEL ↕ 4–8 cm ↔ 2–5 cm	weißlich	

Familie RUSSULACEAE	Art *Lactarius controversus*	Jahreszeit Herbst

Weidenmilchling

Lachsrosa Lamellen unterscheiden diesen Pilz von den anderen Milchlingen. Auf dem gewölbten bis eingedrückten, weißlichen Hut sind leicht gräuliche oder rosa Zonen erkennbar. Der Hutrand ist eingerollt, der Stiel kurz. Das brüchige Fleisch sondert reichlich weiße Milch ab, die sich beim Trocknen nicht verfärbt.

VORKOMMEN: Mykorrhizapilz der Weide und Pappel, in Auwäldern und Dünen. Im gemäßigten Klima der Nordhalbkugel weit verbreitet, aber nicht sehr häufig.

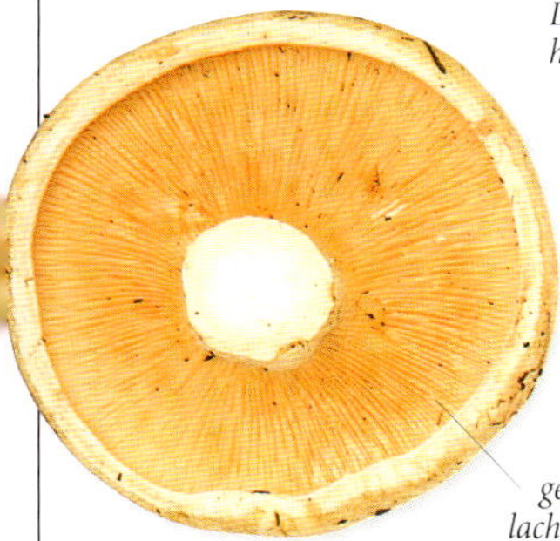

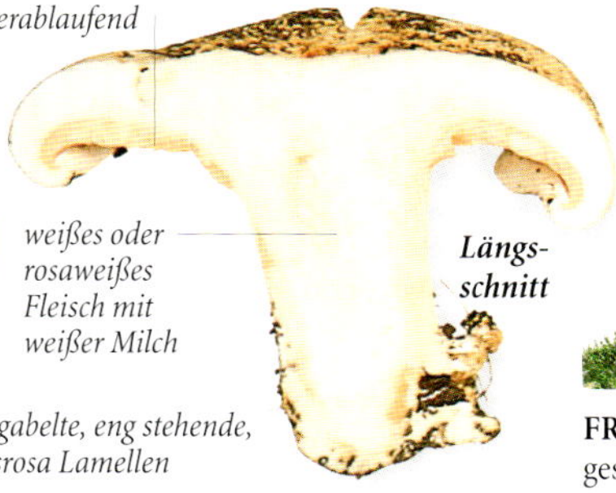

Längsschnitt

FRUCHTKÖRPER: Einzeln, gesellig oder in Hexenringen.

Maße HUT ↔ 7–20 cm | STIEL ↕ 2–7 cm ↔ 1,5–4 cm	Sporen weißlich	Wert

Familie RUSSULACEAE	Art *Lactarius torminosus*	Jahreszeit Sommer – Herbst

Birkenreizker

Den stark niedergedrückten Hut mit eingerolltem Rand überziehen borstige „Haare". Die eng stehenden, weißlichen bis blassrosa Lamellen laufen leicht herab. Die sehr scharf schmeckende Milch trocknet auf einem weißen Taschentuch blassgelb. Nur nach Einlegen in Salz und Marinieren essbar, andernfalls drohen ernste Magen-Darm-Störungen.

VORKOMMEN: Mykorrhizapilz der Birke, oft auf Lichtungen und in offenem Gelände. Im gemäßigten Klima der Nordhalbkugel weit verbreitet, regional häufig.

ÄHNLICHE ARTEN: Der Flaumige Milchling *(L. pubescens)* ist fein befilzt, nicht zottig, *L. scoticus* ist kleiner. Beide sind heller gefärbt.

FRUCHTKÖRPER: Gesellig auf feuchten Böden.

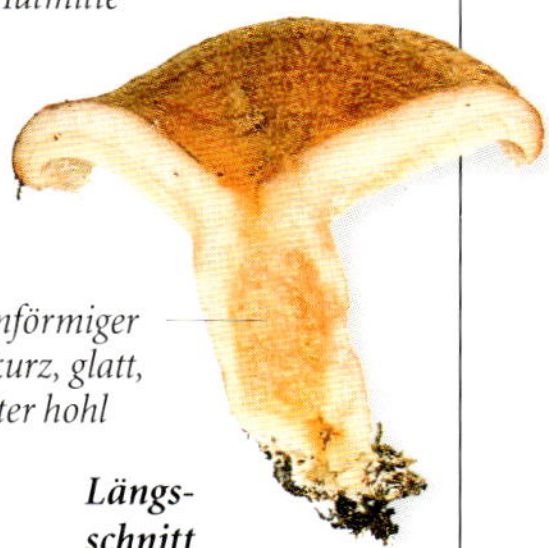

Längsschnitt

Maße HUT ↔ 5–15 cm | STIEL ↕ 3–6 cm ↔ 1–3 cm	Sporen blass gelblich cremefarben	Wert

Familie RUSSULACEAE	Art *Lactarius deliciosus*	Jahreszeit Spätsommer – Herbst

Edelreizker

Diese bräunlich orange Art hat einen eingedrückten Hut mit undeutlichen Ringzonen und eingerolltem Rand. Der kurze Stiel weist feine, orange, tiefer sitzende Sprenkel auf. Das brüchige Fleisch ist blassgelb und sondert karottenfarbene Milch ab. Ein ausgezeichneter Speisepilz; die Rotfärbung des Urins nach Verzehr ist üblich und kein Grund zur Sorge.
VORKOMMEN: Mykorrhizapilz der Kiefer, oft auf sandigen, basischen Böden. Im gemäßigten Klima der Nordhalbkugel weit verbreitet.
ÄHNLICHE ARTEN: Fichten- und Blutreizker (Bilder unten). Außerdem: *L. hemicyaneus,* mit bläulichem Fleisch und ebensolcher Milch im Hut, sowie *L. salmonicolour,* größer als der Edelreizker; beide wachsen unter Tannen.

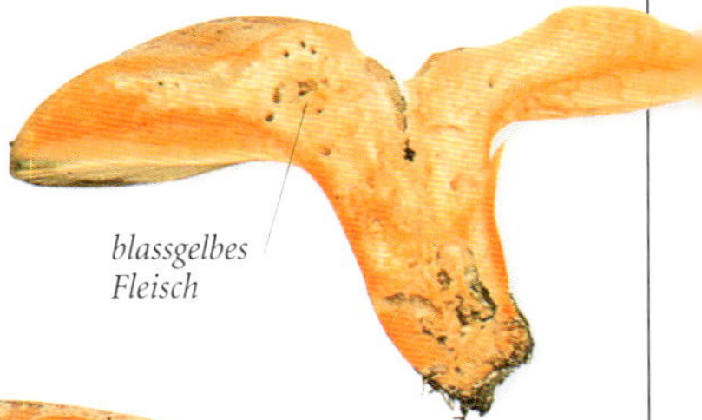

△ **Fichtenreizker**
L. deterrimus hat einen glatten Stiel und sondert grün verfärbende Milch ab. Weit verbreiteter und häufiger Fichtenbegleiter.

△ **Blutreizker**
L. sanguifluus, ein Kiefernbegleiter, ist v. a. in Südeuropa ein beliebter Speisepilz. Seine blutrote Milch färbt sich beim Trocknen grün.

FRUCHTKÖRPER: Gesellig in Gras oder Kiefernstreu.

Maße HUT ↔ 5 – 15 cm	STIEL ↕ 3 – 7 cm ↔ 1 – 3 cm	Sporen weißlich	Wert

Familie RUSSULACEAE	Art *Lactarius necator*	Jahreszeit Sommer – Herbst

Olivbrauner Milchling

Typisch für diese Art ist die dunkel olivgrüne Färbung. Der klebrige, mittig eingedrückte Hut hat einen filzigen – beim jungen Pilz eingerollten – Rand. Das brüchige, weiße Fleisch sondert reichlich weiße Milch ab, die auf den Lamellen zu grünlich braunen Flecken trocknet. Wegen krebserregender Inhaltsstoffe als Speisepilz nicht zu empfehlen.
VORKOMMEN: Mykorrhizapilz der Birke und Fichte, in Wäldern, Parks und Gärten. Von Europa bis Ostasien weit verbreitet.
ÄHNLICHE ARTEN: Der Graugrüne Milchling (unten) sowie *L. fluens* sind heller, ihre Hüte meist deutlicher gezont oder gefleckt.

Hut glänzend, dunkel olivgrün

kurzer Stiel, meist heller als der Hut

eng stehende, schmale, leicht herablaufende Lamellen

FRUCHTKÖRPER: Einzeln, zu wenigen oder gesellig.

Maße HUT ⊕ 6 – 15 cm | STIEL ↕ 4 – 7 cm ↔ 1 – 2,5 cm	Sporen weißlich	Wert ☠

Familie RUSSULACEAE	Art *Lactarius blennius*	Jahreszeit Sommer – Herbst

Graugrüner Milchling

Der glatte, mittig eingedrückte Hut ist farblich variabel, meist mischen sich Braun, Grau und Olivgrün. Typisch sind Ringe aus dunklen Flecken nahe dem Hutrand. Das feste, weiße Fleisch sondert weiße Milch ab, die an den Lamellen olivgrau eintrocknet. Teils wird berichtet, dass der Pilz nach Kochen oder Salzen genießbar sei.
VORKOMMEN: Mykorrhizapilz der Buche. In Europa und angrenzenden Teilen Asiens weit verbreitet und häufig.
ÄHNLICHE ARTEN: *L. circellatus* wächst unter Hainbuchen und hat dunkle Lamellen. *L. fluens,* der Braunfleckige Milchling, ist größer, grün, der Hut zoniert mit fast weißem Rand. Außerdem: Haselmilchling (S. 48) und Nordischer Milchling (S. 49).

glatter Hut, bei Nässe schleimig

Stiel glatt, heller als Hut

leicht herablaufende, weiße Lamellen

Längsschnitt

Milchflecken auf den eng stehenden Lamellen

FRUCHTKÖRPER: Meist gesellig in Buchenstreu.

Maße HUT ⊕ 4 – 9 cm | STIEL ↕ 3 – 7 cm ↔ 1 – 2,5 cm	Sporen blassgelb	Wert 🍽

Familie RUSSULACEAE	Art *Lactarius fuliginosus*	Jahreszeit Herbst

Rußbrauner Milchling

Diese Art hat einen braunen, samtigen, oft mittig eingedrückten Hut. Der Stiel ist hellbraun bis fast weiß. Das feste, weißliche Fleisch färbt sich nach Anschneiden rosabraun, die abgesonderte weiße Milch allmählich rosa. Die ockerfarbenen Lamellen verfärben sich bei Druck rosabraun. Deutlichstes Merkmal: die Sporen (vgl. S. 286).
VORKOMMEN: Mykorrhizapilz von Laubbäumen wie Eiche und Buche, in Wäldern. Europa; weltweite Verbreitung noch ungeklärt.
ÄHNLICHE ARTEN: Andere braunhütige *Lactarius*-Arten mit rosa verfärbender Milch unterscheiden sich durch Zeitdauer dieser Farbreaktion, Hutfarbe und Sporen; *L. acris* ist heller und verfärbt schnell; *L. lignyotus,* ein Nadelbaumbegleiter, ist dunkel samtig und verfärbt langsam; *L. pterosporus* hat einen helleren Hut und geflügelte Sporen.

mittel- bis dunkelbrauner Hut

Stiel hellbraun bis weißlich, Basis weiß

weißliches Fleisch, an der Luft rosabraun verfärbend

Längsschnitt

Hutoberfläche samtig

kaum herablaufende Lamellen

Rand eingerollt, wenn jung

weit stehende Lamellen

FRUCHTKÖRPER: Einzeln oder zu wenigen.

Maße HUT ⊕ 6 – 10 cm | STIEL ↕ 4 – 7 cm ↔ 1 – 1,5 cm	Sporen blass ockerfarben	Wert

Familie RUSSULACEAE	Art *Lactarius hortensis*	Jahreszeit Sommer – Herbst

Haselmilchling

Der leicht schmierige Hut ist hell graubraun mit schwach ringartiger Zeichnung, oft mittig eingedrückt und am Rand gewellt. Die ockerfarbenen Lamellen stehen deutlich weiter als bei anderen Milchlingen. Schon ein Tröpfchen der vom brüchigen Fleisch abgesonderten Milch brennt noch nach Stunden auf der Zunge.
VORKOMMEN: Mykorrhizapilz der Hasel, in Wäldern und Gärten. In Europa und Teilen Asiens weit verbreitet und recht häufig.
ÄHNLICHE ARTEN: *L. circellatus* wächst unter Hainbuchen, hat enger stehende Lamellen und deutlichere Ringzonen auf dem Hut. *L. vietus,* ein Birkenbegleiter, ist eher violettgrau, schwächer gezont, hat gelblich weiße, im Alter grau gefleckte Lamellen und grünlich trocknende Milch.

Hut mit angedeuteten Ringzonen

schmieriger Hut mit gewelltem Rand

kurzer Stiel, weiß bis hellgrau

weit stehende, ockerfarbene Lamellen

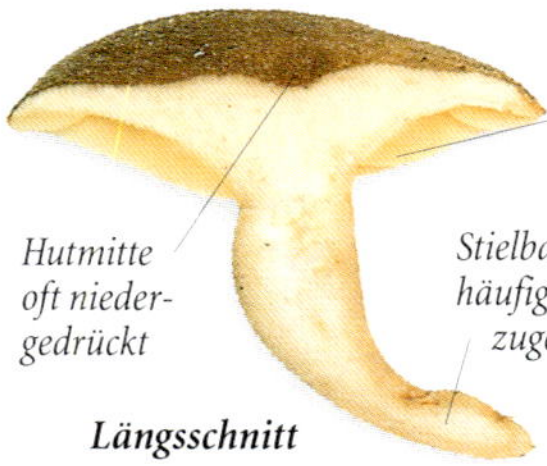

Hutmitte oft niedergedrückt

angewachsene bis leicht herablaufende Lamellen

Stielbasis häufig zugespitzt

Längsschnitt

FRUCHTKÖRPER: Gesellig oder in kleinen Grüppchen.

Maße HUT ⊕ 4 – 10 cm | STIEL ↕ 3 – 7 cm ↔ 0,5 – 2 cm	Sporen blass ockergelb	Wert

Familie RUSSULACEAE	Art *Lactarius trivialis*	Jahreszeit Sommer – Herbst

Nordischer Milchling

Der große, fleischige Hut ist oft gefleckt oder leicht ringförmig gezeichnet. Die Farbe kann von Violett- bis Gelbgrau variieren. Das brüchige, weiße Fleisch sondert einen scharf schmeckenden Milchsaft ab, der grünlich beige eintrocknet. Nach Einsalzen und Einlegen ein guter Speisepilz.
VORKOMMEN: Mykorrhizapilz von Nadelbäumen und Birken, oft auf feuchten Waldböden. Im gemäßigten Klima der Nordhalbkugel weit verbreitet und regional häufig.
ÄHNLICHE ARTEN: Die Lamellen des Verbogenen Milchlings *(L. flexuosus)* sind weniger gedrängt, sein Stiel ist kompakter.

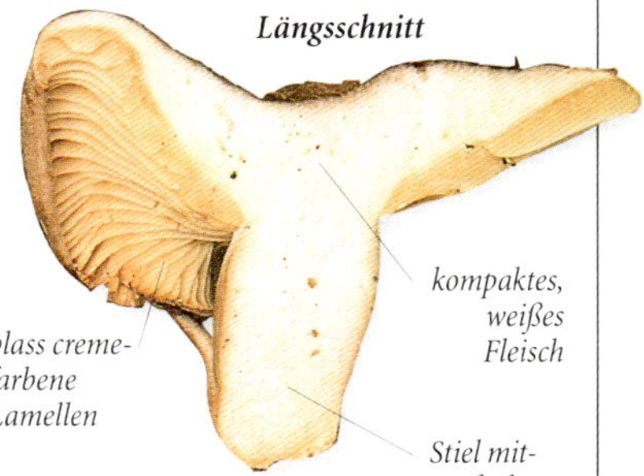

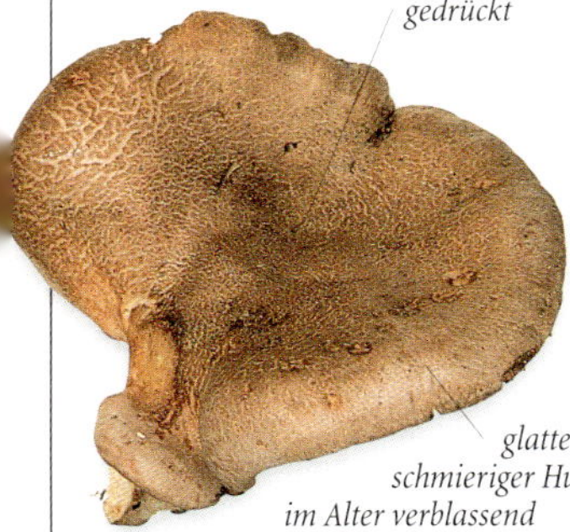

FRUCHTKÖRPER: Gesellig oder zu wenigen.

Maße HUT ⊕ 6 – 20 cm | STIEL ↕ 4 – 10 cm ↔ 1 – 3 cm	Sporen blassgelb	Wert

Familie RUSSULACEAE	Art *Lactarius pallidus*	Jahreszeit Herbst

Bleicher Milchling

Sein Hut wie Stiel sind hell gelblich bis lederfarben, leicht rosa getönt. Der gewölbte bis mittig niedergedrückte Hut zeigt eine angedeutete Ringzonierung. Milch wird reichlich abgesondert, ohne zu verfärben. Das weiße, fast geruchlose Fleisch schmeckt mild bis etwas bitter.
VORKOMMEN: Mykorrhizapilz der Buche in Wäldern und Parks. In Europa weit verbreitet; in Nordamerika selten.
ÄHNLICHE ARTEN: Graugrüner Milchling (S. 47); der etwas dunklere Heidemilchling *(L. musteus)* wächst unter Nadelgehölzen.

FRUCHTKÖRPER: Meist in kleinen Grüppchen.

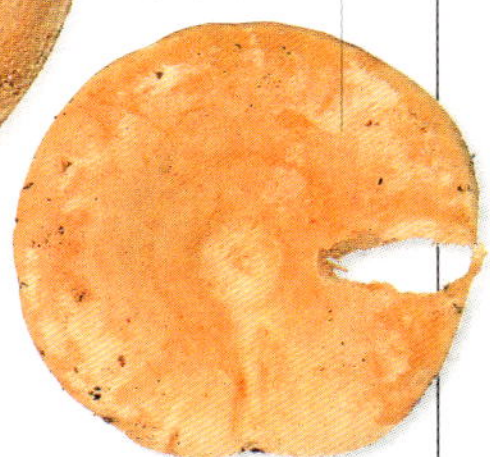

Maße HUT ⊕ 5 – 12 cm | STIEL ↕ 3 – 8 cm ↔ 0,5 – 2 cm	Sporen blass ockerfarben	Wert

Familie	Art	Jahreszeit
RUSSULACEAE	*Lactarius mitissimus*	Herbst

Milder Milchling

Dieser kleine Milchling hat einen gewölbten, orangen Hut, im Alter zunehmend mittig eingedrückt. Sein brüchiges, hell gelboranges Fleisch schmeckt mild und sondert reichlich weiß bleibende Milch ab.

VORKOMMEN: Mykorrhizapilz von Laub- und Nadelbäumen, oft im Moos zu finden. In Europa weit verbreitet; nahe verwandte Arten in anderen Regionen der gemäßigten Breiten.

ÄHNLICHE ARTEN: Ähnlich kleine Milchlinge sind meist dunkler, weniger kräftig gefärbt oder schmecken scharf (Milch). Der Brätling (S. 54) ist größer, ebenso der rötlich orange *L. ichoratus* mit deutlich unangenehmem Geruch.

Längsschnitt

FRUCHTKÖRPER: Typischerweise in kleinen Gruppen.

Maße	Sporen	Wert
HUT ⊕ 2–6 cm | STIEL ↕ 2–5 cm ↔ 3–8 mm	cremerosa	

Familie	Art	Jahreszeit
RUSSULACEAE	*Lactarius theiogalus*	Herbst

Kleiner Flattermilchling

Der orange getönte, graubraune Hut dieser Art hat einen mittigen Buckel und ist am Rand oft gefurcht, der ebenso gefärbte Stiel ist recht lang. Das dünne, helle Fleisch schmeckt mild und sondert weiße Milch ab, die sich in knapp 30 Sekunden gelb färbt (Probe mit weißem Tuch). Eine größere, stärker gerunzelte Form wird teils als gesonderte Art, *L. tabidus,* betrachtet.

VORKOMMEN: Mykorrhizapilz von Nadel- und Laubbäumen, oft in der Streu feuchter, saurer Böden. Im gemäßigten Klima der Nordhalbkugel weit verbreitet, vielerorts häufig.

ÄHNLICHE ARTEN: Der Pfützenmilchling *(L. lacunarum),* ebenfalls mit gelb färbender Milch, ist dunkler und nicht gefurcht.

Längsschnitt

FRUCHTKÖRPER: Gesellig oder zu wenigen.

Maße	Sporen	Wert
HUT ⊕ 2–5 cm | STIEL ↕ 3–8 cm ↔ 0,4–1 cm	weißlich, rosa getönt	

Familie RUSSULACEAE	Art *Lactarius hepaticus*	Jahreszeit Herbst

Leberbrauner Milchling

Der glatte, matt leberbraune Hut dieser Art ist in der Mitte niedergedrückt oder leicht erhöht, der Stiel hat etwa dieselbe Farbe. Sein brüchiges, cremefarbenes bis blassbraunes Fleisch sondert weiße Milch ab, die sich gelb färbt. Das Fleisch ist aufgrund seiner Schärfe ungenießbar.
VORKOMMEN: Mykorrhizapilz der Kiefer auf sandigen, sehr sauren Waldböden; wurde aufgrund des durch Luftschadstoffe sauren Regens häufiger. Im gemäßigten Klima der Nordhalbkugel weit verbreitet, regional häufig.
ÄHNLICHE ARTEN: *L. badiosanguineus* ist glänzend rotbraun; seine Milch verfärbt nur leicht gelb. Der Rotbraune Milchling (S. 53), oft an denselben Standorten zu finden, hat keine verfärbende Milch. Der ebenfalls gelb färbende Flattermilchling (S. 50) ist viel heller.

Längsschnitt

FRUCHTKÖRPER: In Grüppchen oder gesellig auf Streu.

Maße HUT ⟷ 3–6 cm | STIEL ↕ 4–6 cm ↔ 0,6–1 cm	Sporen cremefarben	Wert

Familie RUSSULACEAE	Art *Lactarius subdulcis*	Jahreszeit Sommer – Herbst

Süßlicher Milchling

Diese Art lässt sich am einfachsten durch das Fehlen sonst oft typischer Milchlingseigenschaften identifizieren, v. a.: keine Verfärbung der Milch, kein scharfer Fleischgeschmack. Der matt lederbraune Hut ist gewölbt mit leicht eingedrückter oder gebuckelter Mitte. Der Stiel hat dieselbe Farbe, die leicht herablaufenden Lamellen sind anfangs weißlich, später blassbraun.
VORKOMMEN: Mykorrhizapilz von Laubbäumen, hauptsächlich Buchen. In Europa weit verbreitet und häufig; weltweite Verbreitung ungeklärt.

Längsschnitt

FRUCHTKÖRPER: Meist in kleinen Grüppchen.

Maße HUT ⟷ 3–7 cm | STIEL ↕ 3–6 cm ↔ 0,5–1 cm	Sporen creme bis cremerosa	Wert

Familie RUSSULACEAE | Art *Lactarius hygrophoroides* | Jahreszeit Sommer – Herbst

Weitblättriger Milchling

Diese orangebraune Art hat einen gewölbten, flachen oder niedergedrückten Hut ohne Ringzonen. Hut- und Stieloberfläche sind trocken. Das brüchige, weiße Fleisch sondert reichlich weiß bleibende, mild schmeckende Milch ab.
VORKOMMEN: Mykorrhizapilz, v. a. von Eichen. In Wäldern des östlichen Nordamerika weit verbreitet und häufig; in Europa kaum vorkommend.
ÄHNLICHE ARTEN: Brätling (S. 54) sowie *L. corrugis* mit rötlich braunem Hut, gerunzeltem Rand, ockerfarbenen Lamellen und braun verfärbender Milch. Beide sind ebenfalls gute Speisepilze und treten zur selben Jahreszeit an denselben Standorten auf wie der Weitblättrige Milchling.

FRUCHTKÖRPER: In verstreuten, aber oft großen Gruppen auf Waldlichtungen u. ä. Plätzen.

Maße HUT ↔ 3 – 10 cm | STIEL ↕ 3 – 5 cm ↔ 0,5 – 1,5 cm | Sporen weiß | Wert

Familie RUSSULACEAE | Art *Lactarius quietus* | Jahreszeit Sommer – Herbst

Eichenmilchling

Diese verbreitete Art hat einen matt- bis rotgrau gezonten Hut, der in der Reife leicht niedergedrückt ist. Das brüchige, blassbraune Fleisch sondert spärlich cremefarben bleibende Milch ab. Sein charakteristischer öliger Geruch wird häufig mit dem von Wanzen verglichen.
VORKOMMEN: Mykorrhizapilz der Eiche, vorwiegend auf sauren Waldböden. Sehr häufig in Europa und angrenzenden Teilen Asiens.
ÄHNLICHE ARTEN: Auch der Goldflüssige Milchling *(L. chrysorrheus)* lebt in Mykorrhiza mit Eichen, ist aber heller, gelber und zeigt deutlich die namengebende Milchfärbung. *L. serifluus* riecht noch eindringlicher und ist dunkler.

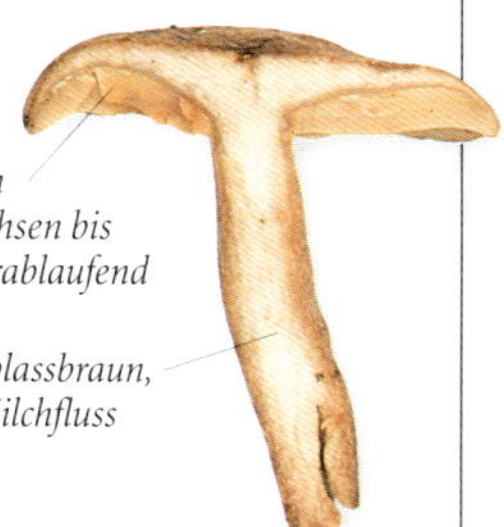

Längsschnitt

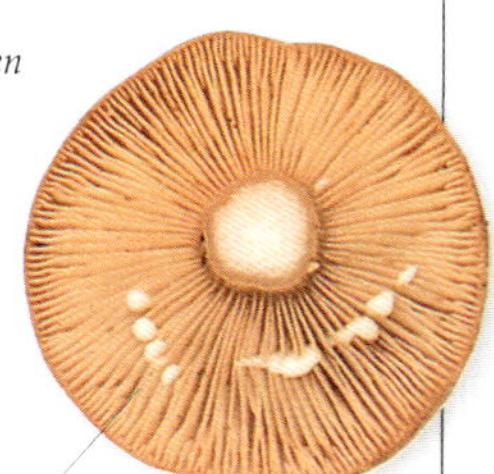

FRUCHTKÖRPER: Gesellig unter Eichen.

Maße HUT ↔ 4 – 8 cm | STIEL ↕ 3 – 7 cm ↔ 0,5 – 1,5 cm | Sporen cremefarben bis rosa | Wert

Familie Russulaceae	Art *Lactarius camphoratus*	Jahreszeit Herbst

Kampfermilchling

Diese Art ist dunkel rotbraun, mit eingedrückter oder buckliger Hutmitte und einem relativ dünnen Stiel mit purpurbrauner Basis. Der stark würzige Geruch, den er beim Trocknen entwickelt, erinnert an Kampfer oder Maggikraut. Frisch riecht er ähnlich wie der hellere Eichenmilchling (S. 52). Das brüchige, blass rostbraune Fleisch hat einen unangenehm bitteren Nachgeschmack. Die wässrig weiße Milch verfärbt nicht.
VORKOMMEN: Mykorrhizapilz von Nadel- und Laubbäumen, bevorzugt saure, durchlässige Böden. Manchmal an vermoosten, verrottenden Baumstümpfen. Im gemäßigten Klima der Nordhalbkugel weit verbreitet und recht häufig.
ÄHNLICHE ARTEN: Der Bruchreizker (S. 55) riecht ähnlich.

FRUCHTKÖRPER: Gesellig oder zu wenigen unter Bäumen.

Maße Hut ⊕ 3–6 cm | Stiel ↕ 3–6 cm ↔ 4–8 mm	Sporen weiß bis cremefarben	Wert

Familie Russulaceae	Art *Lactarius rufus*	Jahreszeit Sommer – Herbst

Rotbrauner Milchling

Die meisten Exemplare dieser Art haben einen mittig niedergedrückten oder gebuckelten Hut. Der Fruchtkörper ist rötlich braun, mit blassbraunen Lamellen. Das helle, brüchige Fleisch sondert weiß bleibende Milch ab und ist im Nachgeschmack brennend scharf, aber nach Einsalzen und anschließendem Einlegen essbar.
VORKOMMEN: Mykorrhizapilz von Nadelgehölzen und Birken, meist auf sauren Böden. Im gemäßigten Klima der Nordhalbkugel weit verbreitet, in vielen Regionen die häufigste und bekannteste Milchlingsart.
ÄHNLICHE ARTEN: Der Leberbraune Milchling (S. 51) hat gelb verfärbende Milch.

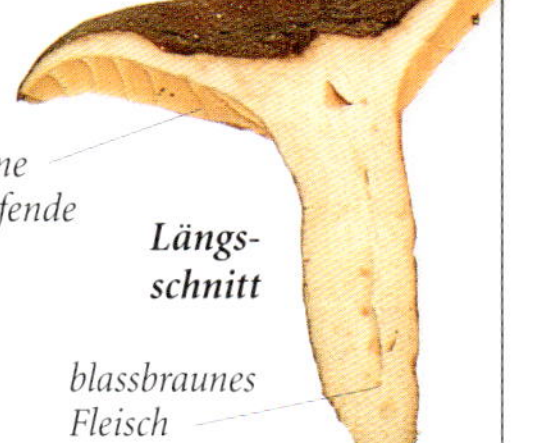

FRUCHTKÖRPER: Gesellig oder in Grüppchen.

Maße Hut ⊕ 3–10 cm | Stiel ↕ 5–10 cm ↔ 0,5–2 cm	Sporen weißlich	Wert

Familie RUSSULACEAE	Art *Lactarius glyciosmus*	Jahreszeit Sommer – Herbst

Bleicher Duftmilchling

Typisch für diesen zartgrauen bis hell ockerfarbenen Pilz ist sein Geruch nach frisch gebackenen Kokosplätzchen. Die cremefarbenen Lamellen schimmern leicht rosa. Der Hut ist oft mittig eingedrückt, der Rand zuweilen nach oben gebogen. Das dünne, weiße Fleisch sondert spärlich weiß bleibende Milch ab, die mild oder scharf schmecken kann.

VORKOMMEN: Mykorrhizapilz der Birke, oft an feuchten Stellen. Im gemäßigten Klima der Nordhalbkugel weit verbreitet und vielerorts häufig.

ÄHNLICHE ARTEN: Der ähnlich riechende Dunkle Duftmilchling *(L. mammosus)* ist dunkler, seltener und wächst unter Nadelbäumen.

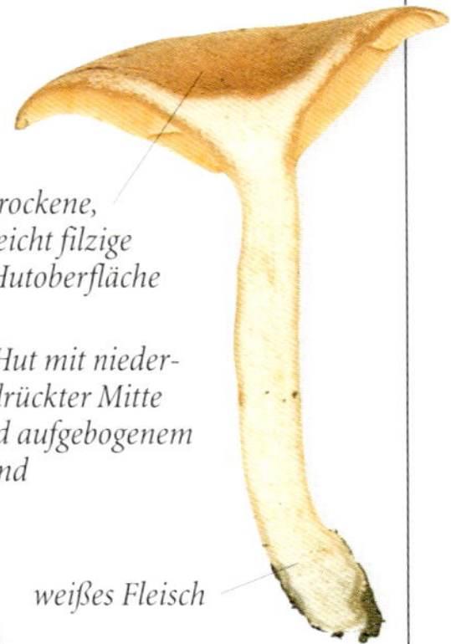

Längsschnitt

FRUCHTKÖRPER: Gesellig zwischen Blattstreu.

Maße HUT ⊕ 2 – 6 cm | STIEL ↕ 2 – 7 cm ↔ 0,5 – 1 cm	Sporen blassgelb	Wert

Familie RUSSULACEAE	Art *Lactarius volemus*	Jahreszeit Herbst

Brätling

Der gewölbte, mattorange Hut des Brätlings hat eine dünne Haut, die mit der Zeit aufreißt. Der samtig bereifte Stiel ist blassorange. Die leicht herablaufenden, hellgelben Lamellen stehen dicht gedrängt. Das helle Fleisch sondert reichlich weiße Milch ab, die sich blassbraun färbt, und riecht stark nach Fisch bzw. Hering. Trotz des milden Geschmacks sollte man ihn schonen, da er immer seltener wird.

VORKOMMEN: Mykorrhizapilz, hauptsächlich von Laubgehölzen. Im gemäßigten Klima der Nordhalbkugel weit verbreitet, aber selten und rückläufig.

ÄHNLICHE ARTEN: Der Milde Milchling (S. 50) und seine Verwandten sind kleiner, haben weder aufreißende Huthaut noch samtige Stiele.

FRUCHTKÖRPER: Gesellig oder zu wenigen unter Laubbäumen, seltener unter Nadelgehölzen.

Maße HUT ⊕ 6 – 12 cm | STIEL ↕ 4 – 12 cm ↔ 1 – 4 cm	Sporen weißlich	Wert

Familie	Art	Jahreszeit
RUSSULACEAE	*Lactarius helvus*	Sommer – Herbst

Bruchreizker, Maggipilz

Den recht großen, ocker- bis graubraunen Pilz kennzeichnet ein stark würziger Geruch, ähnlich Curry oder Liebstöckel (Maggikraut). Der Hut wird mit der Reife trichterförmig, mit mittigem Buckel. Das brüchige Fleisch ist gelb, weiß oder blassrosa, die mild schmeckende Milch tritt im Vergleich zu anderen Milchlingen spärlicher aus und ist wässriger.

VORKOMMEN: Mykorrhizapilz von Birken, Kiefern und Fichten, wächst oft zwischen Torfmoosen. Im gemäßigten Klima der Nordhalbkugel weit verbreitet.

ÄHNLICHE ARTEN: Der ähnlich riechende Kampfermilchling (S. 53) ist kleiner, mit dünnem Stiel.

Längsschnitt

FRUCHTKÖRPER: Gesellig an feuchten, sauren Standorten.

Maße		Sporen	Wert
HUT ↔ 5–16 cm	STIEL ↕ 5–13 cm ↔ 0,7–3 cm	blassgelb bis rosa	☠

HUT- UND STIELPILZE MIT ANGEHEFTETEN BIS ANGEWACHSENEN LAMELLEN

Diese Gruppe umfasst Blätterpilze, deren Lamellen mit dem Stiel sehr schmal (angeheftet) bis breit (angewachsen) verbunden sind. Bei einigen zeigen die Lamellen am Stiel eine deutliche Ausbuchtung (s. S. 15). Die Lamellenschneiden können gerade oder bogig geschweift sein.

Fleischig, ohne deutliche Hüllenreste

Im Unterschied zu anderen fleischigen Blätterpilzen (vgl. S. 69 – 97) finden sich bei dieser Untergruppe keine Überbleibsel der Fruchthülle, d. h. weder Hutschuppen noch Stielring, noch Stielscheide. Als bekannte Vertreter zählen hierzu die meisten der Mykorrhiza bildenden Ritterlinge, außerdem einige Rötlinge, Saftlinge u. a.

Familie	Art	Jahreszeit
HYGROPHORACEAE	*Hygrocybe punicea*	Herbst

Granatroter Saftling

Diese Art hat einen erst glockigen, später fast flachen, leicht feuchten, granatroten Hut und hell karminrote bis orange Lamellen. Der gelbe, rot überhauchte Stiel fühlt sich trocken an und ist längsfaserig gezeichnet. Den recht geruchs- wie geschmacksneutralen, immer selteneren Pilz sollte man schonen.
VORKOMMEN: Auf naturnahem Grünland, immer mit anderen Saftlingen, Erdzungen *(Geoglossum)* und Keulen *(Clavulinopsis)*. Im gemäßigten Klima der Nordhalbkugel weit verbreitet, aber vielerorts vom Aussterben bedroht.
ÄHNLICHE ARTEN: Kirschroter Saftling (S. 105) sowie der ebenfalls bedrohte Prächtige Saftling *(H. splendidissima)*; er ist heller, mit trockenem Hut, und riecht süß-widerlich.

FRUCHTKÖRPER: In kleinen Gruppen oder gesellig.

Maße	Sporen	Wert
HUT ↔ 4 – 12 cm | STIEL ↕ 5 – 12 cm ↔ 0,5 – 2,5 cm	weiß	

Familie TRICHOLOMATACEAE | Art *Lepista irina* | Jahreszeit Herbst

Veilchenritterling

Diese Art ist mit Ausnahme der in der Reife rosa getönten Lamellen durchgehend graubraun. Im Alter wird der gewölbte Hut flach, der Stiel ist längs gefasert. Der stark parfümartig riechende Pilz ist essbar, lässt sich allerdings nur mit viel Erfahrung identifizieren.

VORKOMMEN: Meist auf basischen Waldböden in hohen Falllaubschichten, zum Herbstende hin manchmal in Massen. In Europa weit verbreitet und häufig; weltweite Verbreitung unbekannt.

ÄHNLICHE ARTEN: Violetter (unten) und Blaustieliger Rötelritterling (S. 58) unterscheiden sich durch ihre Färbung sowie schwächeren Geruch.

FRUCHTKÖRPER: Oft in Hexenringen in Laub- und Nadelwald.

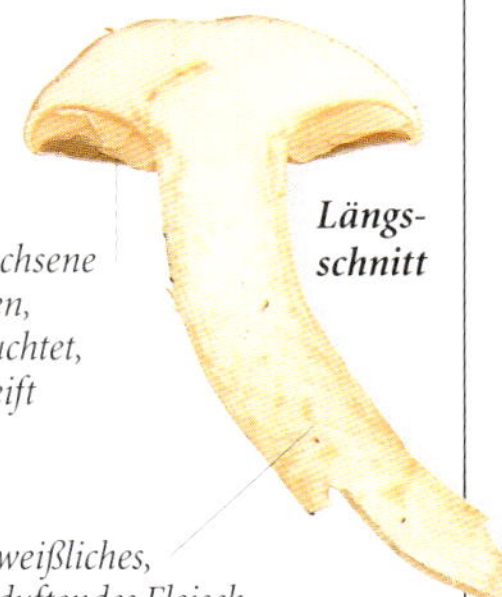

Maße HUT ↔ 5–15 cm | STIEL ↕ 5–10 cm ↔ 1–2 cm | Sporen trübrosa | Wert

Familie TRICHOLOMATACEAE | Art *Lepista nuda* | Jahreszeit hauptsächlich Herbst

Violetter Rötelritterling

Der geschätzte, recht leicht zu erkennende Speisepilz erscheint zunächst dunkel und halbkugelig, später gewölbt und schließlich flach; der violettbraune Hut wird bei Trockenheit vom Rand her heller. Der faserige Stiel mit keulenförmiger Basis hat etwa dieselbe Farbe, während die gewellten Lamellen heller violett, im Alter lederbraun sind. Das parfümartig riechende Fleisch ist lilablau marmoriert. Der Pilz wird auch kultiviert, ist aber noch selten zu kaufen.

VORKOMMEN: Nährstoffreiche Waldböden und spezielle Gartenplätze, z. B. im Kompost und in hohem Falllaub. Im gemäßigten Klima weit verbreitet und häufig.

ÄHNLICHE ARTEN: Blaustieliger Rötelritterling (S. 58), Violetter Schönkopf (S. 116). *L. sordida* ist kleiner, ebenfalls essbar.

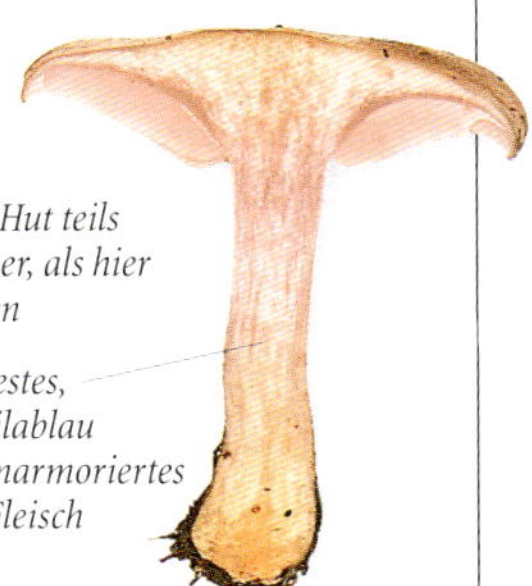

FRUCHTKÖRPER: In kleinen Gruppen und Hexenringen.

Maße HUT ↔ 5–20 cm | STIEL ↕ 4–10 cm ↔ 1,5–3 cm | Sporen trübrosa | Wert

Familie TRICHOLOMATACEAE	Art *Lepista personata*	Jahreszeit Herbst

Blaustieliger Rötelritterling

Dieser beliebte Speisepilz hat einen gewölbten bis halbkugeligen, glattrandigen, hell lederbraunen Hut, der im Alter abflacht. Der faserige Stiel ist deutlich lila. Das parfümartig duftende, feste Fleisch zeigt eine blasslila Tönung.

VORKOMMEN: Nährstoffreiche, kalkhaltige Böden, in Wiesen und Parks, an Wegrändern oder auch auf nacktem Waldboden. In Europa und Nordamerika weit verbreitet und recht häufig.

ÄHNLICHE ARTEN: Der Violette Rötelritterling (S. 57) ist viel stärker an Waldstandorte gebunden.

Längsschnitt

FRUCHTKÖRPER: In kleinen Gruppen oder in Ringen.

Maße HUT ⨁ 5 – 20 cm | STIEL ↕ 3 – 7 cm ↔ 1,5 – 4 cm	Sporen bräunlich rosa	Wert essbar

Familie TRICHOLOMATACEAE	Art *Calocybe gambosa*	Jahreszeit Spätfrühling – Sommer

Maipilz, Mairitterling

Eine sehr fleischige, gewöhnlich cremeweiße Art, obwohl auch eine hell- bis orangebraune Form vorkommt. Der gerundete bis gewölbte Hut hat einen leicht eingerollten Rand. Der Stiel ist glatt, die angehefteten Lamellen stehen eng. Der geschätzte, festfleischige Speisepilz riecht und schmeckt deutlich nach Mehl.

VORKOMMEN: Auf Grünland, unter Hecken, in Wäldern, in Gärten. In Europa und Teilen Asiens weit verbreitet und regional häufig.

ÄHNLICHE ARTEN: Gefährlich wären Verwechslungen mit im Frühjahr erscheinenden Rötlingen *(Entoloma)*; sie unterscheiden sich durch rosa Sporenlager und in der Reife rosa Lamellen.

Längsschnitt

FRUCHTKÖRPER: In Hexenringen oder Scharen.

Maße HUT ⨁ 3 – 12 cm | STIEL ↕ 2 – 7 cm ↔ 1 – 2,5 cm	Sporen cremeweiß	Wert essbar

Familie TRICHOLOMATACEAE	Art *Tricholoma terreum*	Jahreszeit Herbst

Grauer Erdritterling

Mit seinen gedämpften Farben hebt sich der Pilz kaum vom Erdboden ab. Der dunkelgraue, gebuckelte, radial gefaserte Hut ist glattrandig, der grauweiße Stiel seidig gefasert. Die blassgrauen, geschweiften, ausgebuchteten Lamellen verfärben nicht – ein Unterscheidungsmerkmal zum Gilbenden Erdritterling (unten). Das blasse, essbare Fleisch riecht und schmeckt mild.
VORKOMMEN: Mykorrhizapilz von Nadelbäumen auf nährstoffreichen, kalkhaltigen Böden. Im gemäßigten Klima weit verbreitet und häufig.
ÄHNLICHE ARTEN: Vorsicht vor Verwechslung mit dem giftigen Tigerritterling (S. 60); er ist größer, beschuppt, riecht mehlig.

trockener, dunkelgrauer Hut, mittig gebuckelt

kurzer, stämmiger Stiel

Lamellen geschweift, ausgebuchtet

Längsschnitt

FRUCHTKÖRPER: Gesellig zwischen der Nadelstreu.

Lamellen recht weit stehend, blassgrau

faseriger Hut mit glattem Rand

Maße HUT ⊕ 3 – 7 cm | STIEL ↕ 2 – 5 cm ↔ 0,5 – 1,5 cm	Sporen weiß	Wert

Familie TRICHOLOMATACEAE	Art *Tricholoma scalpturatum*	Jahreszeit Frühsommer – Spätherbst

Gilbender Erdritterling

Dieser Pilz gehört zu einer Gruppe nah verwandter Arten, die schwer auseinander zu halten sind, und wird teils als hellere Form des Silbergrauen Erdritterlings *(T. argyraceum)* geführt. Der bleiche Hut hat flache, angedrückte Schuppen. Der weißliche bis blassgraue Stiel ist mehr oder weniger faserig. Die Lamellen sind geschweift ausgebuchtet. Alle Teile verfärben sich im Alter gelb. Essbar, aber vgl. ÄHNLICHE ARTEN.
VORKOMMEN: Mykorrhizapilz von Laub- und Nadelbäumen, oft bei Birken; in Wäldern und Parks. In Europa weit verbreitet und häufig; weltweite Verbreitung ungeklärt.
ÄHNLICHE ARTEN: Tigerritterling (giftig!, S. 60), Grauer Erdritterling (oben).

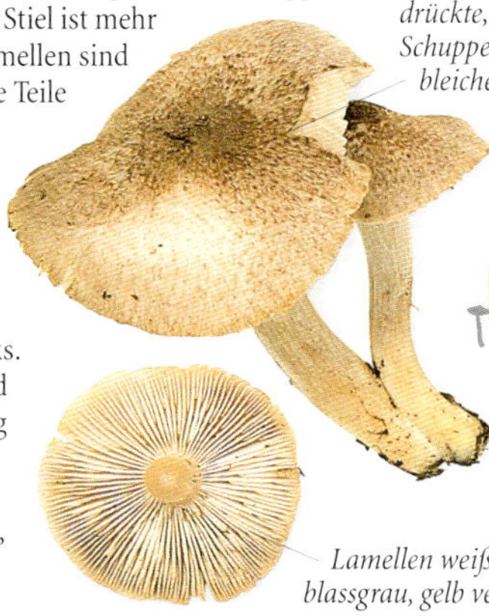

angedrückte, graue Schuppen auf bleichem Hut

Hut gewölbt bis gebuckelt

faseriges, blasses Fleisch, riecht mehlig oder nach Gurke

Längsschnitt

Lamellen weiß bis blassgrau, gelb verfärbend

FRUCHTKÖRPER: In großen Scharen, oft zu hunderten.

Maße HUT ⊕ 2 – 8 cm | STIEL ↕ 3 – 7 cm ↔ 0,5 – 1 cm	Sporen weiß	Wert

Familie Tricholomataceae	Art *Tricholoma atrosquamosum*	Jahreszeit Herbst – Spätherbst

Schwarzschuppiger Ritterling

Diese Art hat einen gewölbten oder gebuckelten, blassgrauen Hut mit radial angeordneten, dunklen, aufgebogenen Faserschuppen und eingerolltem Rand. Der bleiche Stiel ist mit schwarzen Schuppen bedeckt. Der würzige Geruch des faserigen Fleisches erinnert an Duftpelargonien (Geranien). Trotz Essbarkeit wegen großer Verwechslungsgefahr mit dem Tigerritterling (rechts) nicht zu empfehlen.

VORKOMMEN: Mykorrhizapilz von Nadel- und Laubbäumen. In Europa weit verbreitet, aber nur regional häufig.

ÄHNLICHE ARTEN: Tigerritterling (rechts)! *T. orirubens* verfärbt grün und rosa, *T. squarrulosum* ist noch stärker beschuppt.

△ **Tigerritterling**
T. pardinum hat einen schwarz geschuppten Hut, sein Fleisch riecht und schmeckt mehlig. Laub- und Nadelholzbegleiter. ☠

FRUCHTKÖRPER: Einzeln oder in kleinen Gruppen.

Maße Hut ⊕ 3 – 12 cm │ Stiel ↕ 4 – 8 cm ↔ 0,5 – 1,5 cm	Sporen weiß	Wert

Familie Tricholomataceae	Art *Tricholoma sciodes*	Jahreszeit Herbst

Schärflicher Ritterling

Der deutlich gebuckelte Hut dieser Art ist weißlich, was teils durch dunkle, flach angedrückte Schuppen verborgen wird. Die Lamellen sind sichtlich schwarz gefleckt, den blassen, ungefähr zylindrischen Stiel überziehen haarähnliche, graue Schuppen. Lamellen und Stiel können rosa überhaucht sein. Der Pilz riecht erdig und ist ungenießbar scharf.

VORKOMMEN: Mykorrhizapilz von Laubbäumen, oft bei Buchen, auf fruchtbaren Böden. In Europa, mit Ausnahme des hohen Nordens, weit verbreitet.

ÄHNLICHE ARTEN: *T. orirubens* verfärbt sich grün und rosa. Den silbergrauen, eher kegeligen *T. virgatum* findet man in Nadelwäldern.

FRUCHTKÖRPER: Zu wenigen in der Laubstreu.

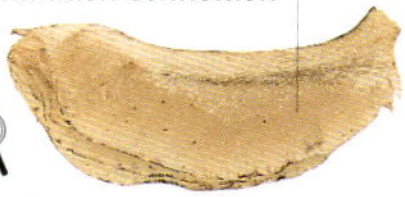

Maße Hut ⊕ 4 – 8 cm │ Stiel ↕ 4 – 10 cm ↔ 1 – 2 cm	Sporen weiß	Wert

Familie TRICHOLOMATACEAE	Art *Tricholoma saponaceum*	Jahreszeit Spätsommer – Spätherbst

Seifenritterling

Der Seifenritterling ist eine sehr variable Art, die oft in mehrere Varietäten unterteilt wird. Allen gemeinsam sind strenger Seifengeruch und fleischige Konsistenz. Einige haben dunkle Stielschuppen. Die Lamellen sind creme bis graugrün, verfärben sich rötlich oder werden im Alter blassgrün. Der flache bis gebuckelte Hut kann unterschiedlich gefärbt sein, zeigt aber anders als beim Schwarzfaserigen (unten) und Grüngelben Ritterling (S. 63) keine Streifung. Die Oberfläche ist bei Feuchtigkeit schmierig, bei Trockenheit schuppig.
VORKOMMEN: Mykorrhizapilz meist von Laub-, aber auch Nadelbäumen. Im gemäßigten Klima weit verbreitet.

FRUCHTKÖRPER: Einzeln oder gesellig auf verschiedenen Böden.

Maße HUT ⇔ 4 – 10 cm | STIEL ↕ 4 – 10 cm ↔ 1 – 3 cm	Sporen weiß	Wert

Familie TRICHOLOMATACEAE	Art *Tricholoma portentosum*	Jahreszeit Herbst – Spätherbst

Schwarzfaseriger Ritterling

Die Kombination von glänzendem, grauem, radial gefasertem Hut und hellgrauem, gelb überhauchtem Stiel ist für diesen Pilz charakteristisch. Hutrand und Lamellen können im Alter gelb verfärben. Der erst gewölbte, dann gebuckelte Hut ist jung immer, später nur bei Nässe klebrig und öfter mit Erd- und Streuteilchen behaftet. Der Speisepilz schmeckt und riecht mehlig.
VORKOMMEN: Mykorrhizapilz von Nadelbäumen, oft auf sandigen Böden. Im gemäßigten Klima weit verbreitet und recht häufig.
ÄHNLICHE ARTEN: Der Grüngelbe Ritterling (S. 63) ist grün oder braun gezeichnet.

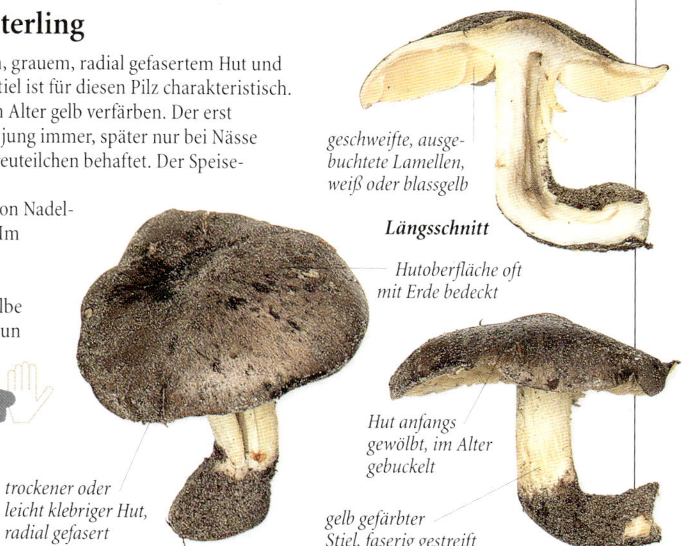

FRUCHTKÖRPER: Einzeln oder gesellig.

Maße HUT ⇔ 5 – 12 cm | STIEL ↕ 5 – 10 cm ↔ 1 – 3 cm	Sporen weiß	Wert

Familie TRICHOLOMATACEAE	Art *Tricholoma ustale*	Jahreszeit Herbst – Spätherbst

Brandiger Ritterling

Diese Art hat keine eindeutigen Bestimmungsmerkmale. Der erst gewölbte, dann flache, braune Hut wird bei Nässe schmierig; der helle Stiel ist rotbraun gezeichnet. Die weißlichen Lamellen verfärben im Alter rotbraun.
VORKOMMEN: Mykorrhizapilz von Laubbäumen, neutrale bis basische Standorte; oft Buchenbegleiter auf nährstoffreichen Böden. In Europa weit verbreitet und häufig.
ÄHNLICHE ARTEN: *T. populinum* wächst nur unter Pappeln. *T. ustaloides* unterscheidet sich durch eine deutliche helle Zone an der Stielspitze.

abgeflachter, brauner Hut mit glattem Rand

Hutoberfläche bei Feuchte schmierig

hellbrauner Stiel, rotbraun gezeichnet

geschweifte, ausgebuchtete Lamellen, im Alter rotbraun

blasses Fleisch, an der Stielbasis dunkler

Längsschnitt

△ **Orangeroter Ritterling**
T. aurantium, mit orangem Hut und Stiel sowie weißer Stielspitze, wächst meist unter Nadelbäumen. Je nach Witterung ist der Hut klebrig oder fast samtig.

weißliche Lamellen

Lamellen recht eng stehend

FRUCHTKÖRPER: Einzeln oder in Scharen.

Maße HUT ↔ 3 – 10 cm | STIEL ↕ 4 – 10 cm ↔ 0,5 – 2 cm	Sporen weiß	Wert

Familie TRICHOLOMATACEAE	Art *Tricholoma lascivum*	Jahreszeit Herbst – Spätherbst

Unverschämter Ritterling

Der kleine bis mittelgroße, vermutlich giftige Ritterling fällt durch spezielle Standortvorlieben sowie seinen strengen Geruch auf: Süß oder mehlig bis gasartig wird er beschrieben und teils als widerlich, teils als angenehm empfunden. Der anfangs gewölbte, dann abgeflachte Hut ist blass lederbraun, der feste, zylindrische Stiel weißlich, später hellbraun.
VORKOMMEN: Mykorrhizapilz von Eiche, Buche und Hainbuche, in Wäldern. In Europa weit verbreitet und häufig.
ÄHNLICHE ARTEN: Andere helle Ritterlinge, etwa der Weiße Ritterling *(T. album)*, meist reinweiß und nur unter Birken. Der Maipilz (S. 58) erscheint meist im Frühling.

Lamellen weiß bis blassbraun, ausgebuchtet, eng stehend

weißes Fleisch mit starkem Geruch

Längsschnitt

glatter Hutrand

grauer bis blass lederbrauner Hut

zylindrischer, fester Stiel

Stiel weiß oder wie Hut gefärbt

FRUCHTKÖRPER: Gesellig auf sauren bis neutralen Böden.

Maße HUT ↔ 4 – 8 cm | STIEL ↕ 5 – 8 cm ↔ 1 – 1,5 cm	Sporen weiß	Wert

Familie TRICHOLOMATACEAE	Art *Tricholoma sejunctum*	Jahreszeit Herbst

Grüngelber Ritterling

Der grüne oder braune Hut dieser Art ist erst gewölbt, später flach; die Oberfläche ist dunkel gefasert und bei Nässe schmierig. Der weiße Stiel wird im Alter gelbfleckig, das weißliche Fleisch ist unter der Huthaut gelb getönt. Der Pilz ist essbar, kann aber Übelkeit verursachen; s. auch ÄHNLICHE ARTEN.
VORKOMMEN: Mykorrhizapilz von Laub- und Nadelbäumen, meist auf sauren Waldböden. An kalkhaltigen Standorten kommt eine auf Buchen spezialisierte Form vor. Im gemäßigten Klima der Nordhalbkugel weit verbreitet.
ÄHNLICHE ARTEN: Schwarzfaseriger Ritterling (S. 61). Der hochgiftige Grüne Knollenblätterpilz (S. 151) unterscheidet sich durch Scheide, Stielring und freie Lamellen.

FRUCHTKÖRPER: In kleinen Gruppen oder Scharen.

Maße HUT ⊕ 5 – 10 cm | STIEL ↕ 5 – 8 cm ↔ 1 – 1,5 cm	Sporen weiß	Wert

Familie TRICHOLOMATACEAE	Art *Tricholoma auratum*	Jahreszeit Herbst – Frühwinter

Grünling

Von diesem empfehlenswerten Speisepilz, auch als *T. equestre* bekannt, gibt es mehrere Formen. Alle sind grünlich gelb, mit breitem, gewölbtem Hut und blassgelbem Stiel, unterscheiden sich aber je nach Standort in der Größe ihrer Fruchtkörper. Verschieden stark ausgeprägt ist auch der Mehlgeruch des weißlich gelben Fleischs, wobei die mit Kiefern vergesellschaftete, hier abgebildete Form am stärksten duftet. Gerade diese Form ist allerdings schwer zu säubern, da oft mit Sand und Streu verklebt.
VORKOMMEN: Mykorrhizapilz; in Kiefernwäldern große Formen, unter Fichten und Espen meist zierlichere. Im gemäßigten Klima der Nordhalbkugel weit verbreitet und recht häufig.

FRUCHTKÖRPER: Gesellig; unterschiedliche Formen bei Kiefern (Sandböden), Fichten oder Espen.

Maße HUT ⊕ 5 – 14 cm | STIEL ↕ 5 – 10 cm ↔ 1,5 – 2,5 cm	Sporen weiß	Wert

Familie Tricholomataceae	Art *Tricholoma sulphureum*	Jahreszeit Herbst – Spätherbst

Schwefelritterling

Diese giftige Art erkennt man gleich an ihrem schwefelgelben Fruchtkörper und dem Übelkeit erregenden, gasähnlichen Geruch, der von der chemischen Verbindung Skatol hervorgerufen wird. Der Hut ist gewölbt bis gebuckelt und glattrandig. Die Stieloberfläche ist leicht faserig, mit weißlicher, oft verdickter Stielbasis. Eine ähnlich riechende, kleinere Form mit fuchsroter Hutmitte wird teils als eigene Art, *T. bufonium* (Brauner Schwefelritterling), eingestuft.
VORKOMMEN: Mykorrhizapilz von Laub- und Nadelbäumen. Im gemäßigten Klima der Nordhalbkugel weit verbreitet.

FRUCHTKÖRPER: Einzeln oder gesellig.

Maße Hut ↔ 2 – 8 cm | Stiel ↕ 4 – 10 cm ↔ 0,5 – 2 cm	Sporen weiß	Wert ☠

Familie Tricholomataceae	Art *Tricholoma fulvum*	Jahreszeit Herbst

Gelbblättriger Ritterling

Den großen Pilz erkennt man an seiner orangebraunen Färbung und dem hellgelben, bitter schmeckenden Fleisch mit mehligem Geruch. Der gewölbte Hut ist gebuckelt, sein Rand gefurcht. Seine blassgelben, im Alter braun gefleckten Lamellen sind geschweift und ausgebuchtetet. Der als ungenießbar geltende Pilz ist evtl. sogar giftig.
VORKOMMEN: Mykorrhizapilz der Birke, evtl. auch der Fichte. Im gemäßigten Klima der Nordhalbkugel weit verbreitet.
ÄHNLICHE ARTEN: Brandiger (S. 62) sowie Weißbrauner Ritterling *(T. albobrunneum)* mit weißem bis bräunlichem Fleisch; Nadelbaumbegleiter.

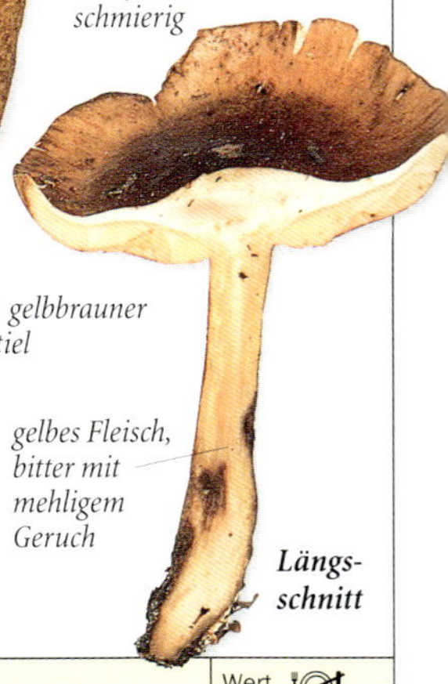

FRUCHTKÖRPER: Gesellig, meist auf feuchten Böden.

Maße Hut ↔ 4 – 10 cm | Stiel ↕ 7 – 15 cm ↔ 1 – 2,5 cm	Sporen weiß	Wert

Familie TRICHOLOMATACEAE	Art *Melanoleuca polioleuca*	Jahreszeit Herbst

Gemeiner Weichritterling

Er hat einen gebuckelten, dunkel graubraunen Hut, einen mehlig bereiften, dunklen Stiel und weiße bis blassgraue Lamellen. Das weiße Fleisch verfärbt sich von der Stielbasis aufwärts tief dunkelbraun. Kein guter Speisepilz, geruchs- wie geschmacksarm.

VORKOMMEN: Oft in großer Zahl in Gärten, Parks und entlang von Waldstraßen, auf Ödland. Im gemäßigten Klima der Nordhalbkugel weit verbreitet und häufig.

ÄHNLICHE ARTEN: *M. melaleuca,* früher der wissenschaftliche Name des Gemeinen Weichritterlings, bezeichnet heute eine seltenere, meist an Kiefern wachsende Art. Es gibt viele ähnliche *Melanoleuca*-Arten.

FRUCHTKÖRPER: In Scharen auf verarmten Böden.

Maße HUT ⊕ 4–7 cm | STIEL ↕ 3–8 cm ↔ 0,5–1 cm	Sporen sehr blass cremefarben	Wert

Familie TRICHOLOMATACEAE	Art *Melanoleuca cognata*	Jahreszeit Frühling – Herbst

Frühlings-Weichritterling

Im Frühling erscheinen nur wenige andere Lamellenpilze, was zusammen mit den mehr oder weniger rosa getönten, gelben bis ocker Lamellen das Bestimmen dieser Art erleichtert. Weichritterlinge lassen sich am Fundort oft schwer unterscheiden, doch mikroskopische Untersuchungen können weiterhelfen. Fast alle Arten der Gattung haben einen gebuckelten Hut und schmal angewachsene Lamellen. Alle sind zwar, soweit bekannt, ungiftig, aber keine guten Speisepilze.

VORKOMMEN: In Wäldern und Parks auf nackten Böden, im Gras oder zwischen Falllaub. Im gemäßigten Klima weit verbreitet und recht häufig.

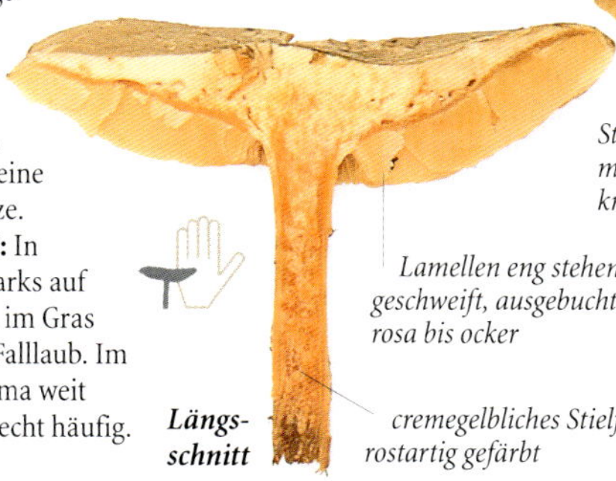

FRUCHTKÖRPER: Gesellig auf Erdboden oder Streu.

Maße HUT ⊕ 5–12 cm | STIEL ↕ 3–8 cm ↔ 0,5–1,2 cm	Sporen cremefarben	Wert

Familie	Art	Jahreszeit
TRICHOLOMATACEAE	*Megacollybia platyphylla*	Sommer – Herbst

Breitblättriger Rübling

Der mittel- bis hellbraune Hut dieser Art ist gewölbt bis gebuckelt, mit breiten Lamellen. Der blassbraune Stiel ist längs gefasert. Am Stielgrund sitzen dicke, lange Myzelstränge *(Rhizoiden),* die tief ins Substrat reichen. Der fast geruchlose, bitter schmeckende Pilz kann Magenstörungen verursachen.

VORKOMMEN: Auf am Waldboden verrottenden Ästen und Stümpfen von Laubbäumen. Oft erscheinen die Fruchtkörper auf Laubstreu oder auf alten Baumstrünken. Im gemäßigten Klima der Nordhalbkugel weit verbreitet und häufig.

ÄHNLICHE ARTEN: Echte Rüblinge *(Collybia,* S. 67, 111 f.) sind kleiner und haben keine Rhizoiden.

FRUCHTKÖRPER: Oft Grüppchen, durch Rhizoiden verbunden.

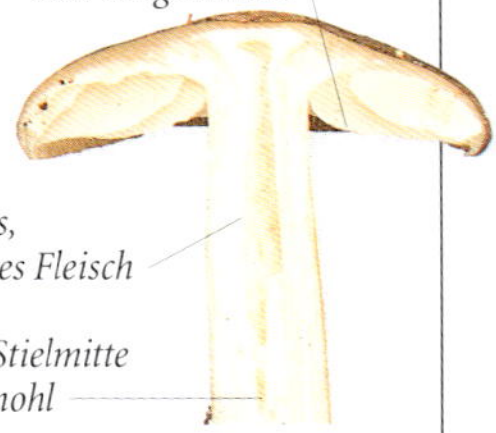

Maße		Sporen	Wert
HUT ⊕ 6 – 15 cm	STIEL ↕ 5 – 12 cm ↔ 1 – 2,5 cm	blass cremefarben	

Familie	Art	Jahreszeit
TRICHOLOMATACEAE	*Tricholomopsis rutilans*	Spätsommer – Spätherbst

Purpurfilziger Holzritterling

Diese Art ist leicht an ihrem gelben, purpurrot gesprenkelten Hut und den kontrastierenden dottergelben Lamellen zu erkennen. Der gewölbte Hut ist mittig niedergedrückt. Der hohle Stiel wird von feinen purpurfarbenen Schuppen bedeckt.

VORKOMMEN: In Wäldern und Schonungen, v. a. an Kiefern. Anders als die ähnlichen, mykorrhizabildenden Ritterlinge *(Tricholoma)* verursacht der Holzritterling Nadelholzfäule. Im gemäßigten Klima der Nordhalbkugel weit verbreitet und häufig.

ÄHNLICHE ARTEN: Olivschuppiger Holzritterling *(T. decora)* mit dunklen Schüppchen auf gelbem Hut, vielerorts selten.

FRUCHTKÖRPER: In kleinen Büscheln auf morschem Holz.

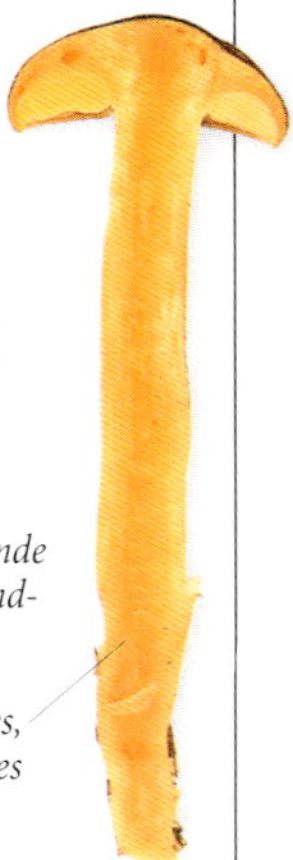

Maße		Sporen	Wert
HUT ⊕ 5 – 10 cm	STIEL ↕ 4 – 10 cm ↔ 1 – 2,5 cm	weiß	

Familie TRICHOLOMATACEAE	Art *Collybia maculata*	Jahreszeit Herbst

Gefleckter Rübling

Junge Fruchtkörper dieser Art sind fast reinweiß und sehr zäh. Im Lauf der Reife erscheinen rostrote Flecken auf dem glatten, gewölbten Hut und dem Stiel. Vom Habitus her ähnelt der Pilz eher den Ritterlingen (S. 59 f.) als den anderen Rüblingen seiner Gattung. Deshalb sowie aufgrund seiner cremeorangen Sporen gibt es Bestrebungen, für ihn und einige ähnliche Arten die Gattung *Rhodocollybia* wieder einzuführen.
VORKOMMEN: In Wäldern unter Laub- und Nadelbäumen, auf humosen, sauren Böden. Er kann massenhaft Fruchtkörper bilden, sodass man kaum noch andere Pilze findet. Im gemäßigten Klima der Nordhalbkugel weit verbreitet und häufig.
ÄHNLICHE ARTEN: Drehstieliger Rübling *(C. distorta)* mit dunklerem Hut. Der Weiße Ritterling *(T. album)* hat weicheres, streng riechendes Fleisch.

FRUCHTKÖRPER: Erscheinen oft in großen Scharen.

Maße HUT 4 – 10 cm | STIEL ↕ 6 – 12 cm ↔ 1 – 2,5 cm	Sporen cremeorange	Wert

Familie CORTINARIACEAE	Art *Hebeloma crustuliniforme*	Jahreszeit Sommer – Herbst

Tongrauer Fälbling

Diese Art hat einen recht fleischigen, lederfarbenen, gewölbten, später flachen Hut. Der Stiel fühlt sich mehlig an und verbreitert sich zur Basis hin. Die Lamellenschneiden sondern wasserartige Tropfen ab, die reife Sporen enthalten können und dann dunkle Flecken auf den Lamellen hinterlassen. Das weiße Fleisch riecht nach Rettich und ist giftig.
VORKOMMEN: Mykorrhizapilz von Laub- und Nadelbäumen in Parks und Wäldern. Ebenso wie nah verwandte Arten im gemäßigten Klima der Nordhalbkugel weit verbreitet und häufig.
ÄHNLICHE ARTEN: Verwandte Arten wie *H. edurum, H. leucosarx* und *H. sinapizans* riechen ähnlich nach Rettich oder auch leicht nach Kakao. Sie lassen sich durch Sporengröße und -form, die Reaktion in Jodreagenzien sowie kleine Abweichungen bezüglich Größe, Hutfarbe und Ökologie unterscheiden.

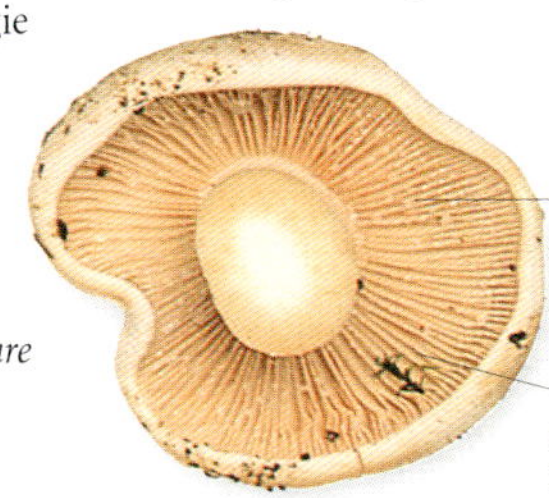

FRUCHTKÖRPER: In Scharen oder Hexenringen, oft im Gras.

Maße HUT 4 – 9 cm | STIEL ↕ 3 – 8 cm ↔ 0,8 – 2 cm	Sporen braun	Wert

Familie ENTOLOMATACEAE	Art *Entoloma sinuatum*	Jahreszeit Herbst

Riesenrötling

Die wichtigsten Merkmale dieses Pilzes sind ein gewölbter, hell graubrauner bis ockerfarbener Hut sowie recht eng stehende, geschweifte, ausgebuchtete Lamellen, zunächst blassgelb, später mit der typischen Rosafärbung, die den Rötlingen ihren Namen gab. Sein Stiel ist weißlich, er riecht mehlig und unangenehm. Die genaue Kenntnis dieser Art ist wichtig, da die Verwechslung mit essbaren Rötelritterlingen *(Lepista)* oft zu Vergiftungen führt.
VORKOMMEN: In eingewachsenen Laubwäldern, oft auf Lehmböden. Weit verbreitet, in Europa nur in bestimmten Regionen.
ÄHNLICHE ARTEN: Der Veilchenritterling (S. 57) ist wohlriechend, sein graubrauner Stiel faserig.

FRUCHTKÖRPER: In kleinen Gruppen im Wald, oft unter Laubbäumen wie Eiche oder Buche.

Maße HUT ↔ 8–20 cm | STIEL ↕ 10–18 cm ↔ 2–4 cm	Sporen blassrosa	Wert ☠

Familie ENTOLOMATACEAE	Art *Entoloma rhodopolium*	Jahreszeit Herbst – Spätherbst

Niedergedrückter Rötling

Diese sehr variable Art ist schwer zu bestimmen. Der graue oder graubraune, gewölbte Hut hat einen Buckel oder ist leicht niedergedrückt. Der graue, oft lange und dünne Stiel hat blassgraues bis blassbraunes Fleisch. Er ist entweder geruchlos oder riecht salpetrig. Die nach Salpeter riechende Form wurde früher als gesonderte Art, *E. nidorosum,* angesehen. Alle sind giftig.
VORKOMMEN: In Laubwäldern, besonders in Buchenbeständen auf fruchtbaren Böden. Im gemäßigten Klima der Nordhalbkugel weit verbreitet und örtlich häufig.
ÄHNLICHE ARTEN: Mehrere ähnliche Arten unterscheiden sich nur durch Farbnuancen und mikroskopische Merkmale.

△ **Schildrötling**
E. clypeatum erscheint im Frühling, hat einen graubraunen Hut, einen weißen, braun getönten Stiel und geschweifte, ausgebuchtete Lamellen.

FRUCHTKÖRPER: Gesellig zwischen Falllaub.

Maße HUT ↔ 4–12 cm | STIEL ↕ 6–15 cm ↔ 0,5–2 cm	Sporen trübrosa	Wert ☠

Familie	Art	Jahreszeit
Entolomataceae	*Entoloma porphyrophaeum*	Sommer – Herbst

Porphyrrötling

Meist auf Wiesen wachsend, ist diese Art mit ihrer graupurpurnen Farbe und der schlanken Statur leicht zu erkennen. Der gebuckelte Hut wird im Alter kegelig. Das weißliche Fleisch ist fast geruchlos und vermutlich giftig.
VORKOMMEN: Auf naturnahem Grünland, oft mit Wachsblättlern, z. B. Saftlingen, und Keulenpilzen vergesellschaftet; auch in alpinen Regionen und unterwuchsreichen Wäldern. Weit verbreitet, aber in Europa nicht häufig; aufgrund intensiver Grünlanddüngung seltener geworden; weltweite Verbreitung ungeklärt.

FRUCHTKÖRPER: Einzeln oder in kleinen Gruppen.

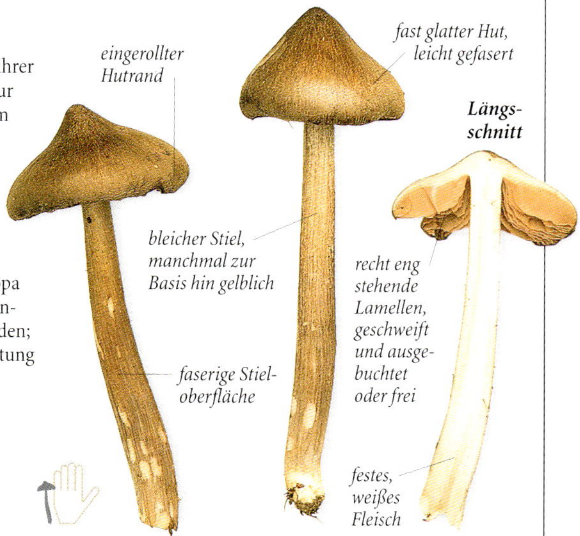

Maße	Sporen	Wert
Hut ↔ 4 – 8 cm | Stiel ↕ 7 – 14 cm ↔ 0,5 – 2 cm	blassrosa	

Mit spinnwebartiger Hülle

Diese Untergruppe umfasst die in Größe und Gestalt sehr variablen Schleierlinge *(Cortinarius)*. Alle zeichnen sich jedoch durch eine spinnwebartige Teilhülle aus, die die jungen Lamellen schützt und an Hutrand oder Stiel Reste hinterlässt. Fast alle haben zudem rostbraune Sporenlager, auf den Hüllenresten oft als rostiger Belag sichtbar.

Familie	Art	Jahreszeit
Cortinariaceae	*Cortinarius bolaris*	Herbst

Rotschuppiger Schleierling

Die deutlich roten Schuppen bedecken Hut und Stiel, woran man diesen Pilz gut erkennt. Mit seinem recht kurzen Stiel wirkt er stämmig. Der fleischige Hut ist breit gewölbt, am Hutrand sieht man fädig-faserige Hüllenreste. Das dicke, weißliche Hutfleisch wird zur Basis hin gelb bis orange.
VORKOMMEN: Mykorrhizapilz von Laubbäumen, v. a. Eiche und Birke, auf eher sauren Böden. Im gemäßigten Klima weit verbreitet und recht häufig, aber in einigen Regionen fehlend.

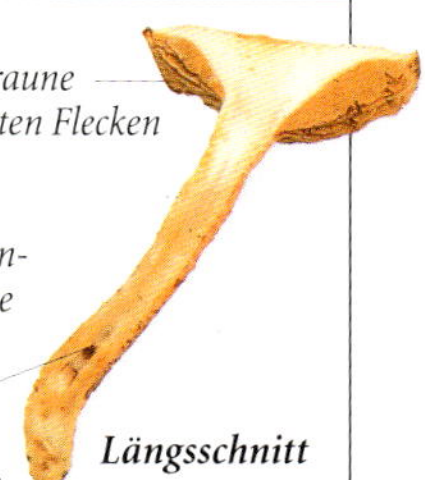

FRUCHTKÖRPER: Meist in Grüppchen in Mischwäldern.

Maße	Sporen	Wert
Hut ↔ 3 – 6 cm | Stiel ↕ 3 – 6 cm ↔ 0,8 – 1,5 cm	rostbraun	

Familie CORTINARIACEAE	Art *Cortinarius pholideus*	Jahreszeit Herbst

Braunschuppiger Dickfuß

Ein braun geschuppter Hut und ein langer, braun gegürtelter Stiel kennzeichnen diese Art. Der Hut junger Pilze ist mehr oder weniger gewölbt, später dann flach mit mittigem Buckel. Die angewachsenen Lamellen sind erst bläulich, im Alter durch die reifen, rostbraunen Sporen violettbraun gefärbt. Das violett getönte, blassbraune Fleisch riecht leicht nach frischen Mandarinen.
VORKOMMEN: Mykorrhizapilz, meist bei Birken, in Mischwäldern aber auch unter anderen Bäumen; bevorzugt saure Böden. Im gemäßigten Klima der Nordhalbkugel weit verbreitet und recht häufig.

FRUCHTKÖRPER: Zu wenigen an bemoosten Stellen.

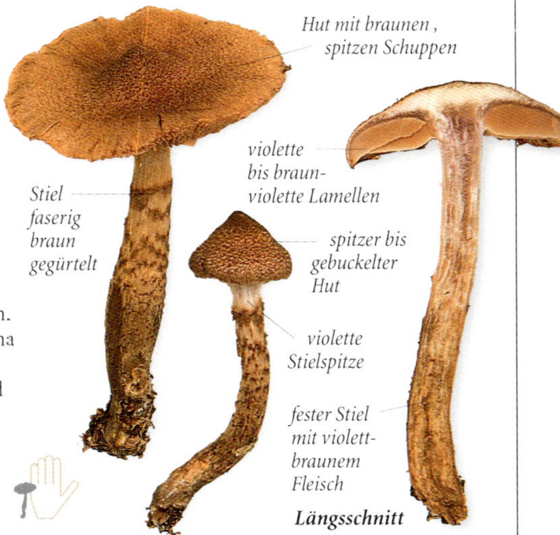

Maße HUT ⊕ 3–8 cm | STIEL ↕ 5–12 cm ↔ 0,5–1 cm	Sporen rostbraun	Wert

Familie CORTINARIACEAE	Art *Cortinarius semisanguineus*	Jahreszeit Herbst

Blutblättriger Hautkopf

Deutliche Merkmale dieser Art sind die gleichmäßig rotbraune Färbung und die blutroten Lamellen. Der gewölbte, oliv- bis rotbraune Hut wird im Alter gebuckelt, am helleren Stiel sitzen fädige Hüllenreste. Das Hutfleisch ist von etwas blasserem Rotbraun als der Stiel. Von diesem Pilz lässt sich ein guter Naturfarbstoff gewinnen, der zum Färben von Wolle verwendet wird.
VORKOMMEN: Mykorrhizapilz, fast nur bei Nadelbäumen, oft in Scharen in jungen Fichtenpflanzungen. Im gemäßigten Klima der Nordhalbkugel weit verbreitet.
ÄHNLICHE ARTEN: Der Hut von *C. phoeniceus* ist stärker gerötet, die rote Gürtelung am Stiel stärker ausgeprägt.

FRUCHTKÖRPER: Gesellig unter Nadelbäumen, oft im Moos.

△ **Zimtbrauner Hautkopf**
Der nah verwandte *C. cinnamomeus* wächst bei Laub- wie Nadelbäumen. Die orangegelben Lamellen sind im Alter zimtbraun. ☠

Maße HUT ⊕ 2–7 cm | STIEL ↕ 4–10 cm ↔ 0,5–1 cm	Sporen rostbraun	Wert ☠

Familie CORTINARIACEAE	Art *Cortinarius paleaceus*	Jahreszeit Sommer – Herbst

Pelargonien-Gürtelfuß

Weißliche Schuppenhärchen auf gebuckeltem oder spitzkegeligem, dunkelbraunem Hut und angenehmer Duft nach Pelargonien (Geranien) kennzeichnen diese Art. Manche Exemplare sind allerdings kaum beschuppt. Der Hutrand ist teils gerieft. An ihm findet man Hüllenreste ebenso wie am schlanken Stiel, hier in Form eines dünnen Rings, oft auch als weiße Bänderung. Formen mit lila Zeichnung werden teils als gesonderte Art, *C. paleifer*, geführt. Die weit stehenden Lamellen, jung zuweilen violett getönt, werden im Alter zimtbraun.
VORKOMMEN: Mykorrhizapilz, hauptsächlich bei Nadelbäumen an feuchten Stellen, aber auch unter Laubbäumen an verschiedenen Waldstandorten. Im gemäßigten Klima weit verbreitet.
ÄHNLICHE ARTEN: Es gibt zahlreiche kleine *Cortinarius*-Arten, die in ihrer Gesamterscheinung sehr ähnlich sind.

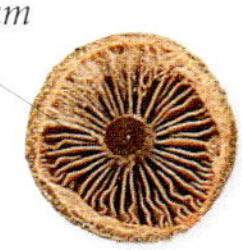

FRUCHTKÖRPER: Gesellig, oft zwischen Moos und Streu.

Maße HUT 1 – 3 cm | STIEL ↕ 4 – 7 cm ↔ 3 – 5 mm	Sporen rostbraun	Wert

Familie CORTINARIACEAE	Art *Cortinarius violaceus*	Jahreszeit Sommer – Herbst

Violetter Schleierling

Seine tief violettblaue Färbung macht den Pilz zu einer Besonderheit. Der gewölbte bis gebuckelte Hut ist fein radial gefasert, die Längsfasern am Stiel laufen in spinnwebartigen Hüllresten aus. Die recht dicken, angehefteten Lamellen färben sich bei Sporenreife braunviolett. Es gibt zwei Formen, die sich durch ihre Mykorrhizapartner unterscheiden (vgl. VORKOMMEN); beide sind selten, und zwar essbar, aber keine empfehlenswerten Speisepilze.
VORKOMMEN: Mykorrhizapilz von Laub- und Nadelbäumen. Die auf Nadelbäume spezialisierte Form wird teils als getrennte Art, *C. hercynicus*, angesehen. Im gemäßigten Klima der Nordhalbkugel weit verbreitet, aber nur lokal auftretend.

FRUCHTKÖRPER: In kleinen Gruppen in feuchten Wäldern.

Maße HUT 6 – 15 cm | STIEL ↕ 6 – 14 cm ↔ 1 – 2,5 cm	Sporen rostbraun	Wert

Familie	Art	Jahreszeit
CORTINARIACEAE	*Cortinarius armillatus*	Sommer – Herbst

Geschmückter Gürtelfuß

Dieser Pilz hat einen großen, dickfleischigen, gewölbten, orangebraunen Hut, der mit feinen Faserschuppen bedeckt ist. Der hohe, stämmige Stiel ist auffällig mit zimtroten Hüllenresten gegürtelt. Auch am Hutrand finden sich Hüllenreste.

VORKOMMEN: Mykorrhizapilz der Birke, möglicherweise auch anderer Bäume, in feuchten Wäldern und Moorgebieten. Im gemäßigten Klima weit verbreitet und recht häufig.

ÄHNLICHE ARTEN: Der etwas kleinere Purpurrote Gürtelfuß *(C. paragaudis)* ist schmutzig rot gegürtelt und wächst bei Nadelbäumen.

FRUCHTKÖRPER: Gesellig oder zu wenigen.

Maße	Sporen	Wert
HUT ↔ 5 – 12 cm | STIEL ↕ 7 – 15 cm ↔ 1 – 3 cm	rostbraun	

Familie	Art	Jahreszeit
CORTINARIACEAE	*Cortinarius rubellus*	Sommer – Herbst

Spitzbuckliger Raukopf

Dieser tödliche Giftpilz riecht nach Rettich und hat einen rötlich orangen, spitzen, gebuckelten Hut, der mit Fasern bedeckt ist. Der zylindrische bis keulenförmige, orangebraune Stiel ist mit Hüllenresten blassgelb bis ockerfarben gegürtelt. Die mäßig eng stehenden, angehefteten bis angewachsenen, blass ockerbraunen Lamellen werden mit der Zeit tief rostbraun.

VORKOMMEN: Mykorrhizapilz, meist bei Nadelbäumen auf sauren Böden. In Europa verbreitet und örtlich häufig.

ÄHNLICHE ARTEN: Vorsicht vor Verwechslung mit Pfifferlingen! Ebenso giftig sind der Orangefuchsige Raukopf (S. 73) und der rot- bis gelborange Löwengelbe Raukopf *(C. limonius)*.

FRUCHTKÖRPER: Einzeln oder gesellig auf sauren Böden.

Maße	Sporen	Wert
HUT ↔ 3 – 8 cm | STIEL ↕ 5 – 11 cm ↔ 0,8 – 1,5 cm	rostbraun	

Familie CORTINARIACEAE	Art *Cortinarius orellanus*	Jahreszeit Herbst

Orangefuchsiger Raukopf

Dieser Giftpilz hat einen gebuckelten bis abgeflachten, rotbraunen Hut mit stark befaserter Oberfläche. Die angehefteten bis angewachsenen, dicken, weit stehenden Lamellen sind rostgelb. Am zylindrischen, hell gelbbraunen Stiel kann man dunklere, fadenartige Spuren der Hülle finden, aber eine Gürtelung wie beim Spitzbuckligen Raukopf (S. 72) ist nicht erkennbar. Vergiftungssymptome treten üblicherweise erst längere Zeit nach dem Verzehr auf, der zu tödlichen Nierenschäden führt.
VORKOMMEN: Meist mit Laubbäumen wie Eichen vergesellschaftet, auf sauren Böden. In wärmeren Teilen Europas weit verbreitet, in Nordamerika fehlend.

FRUCHTKÖRPER: Meist in kleinen Gruppen, vorwiegend auf sauren Böden unter Laubbäumen.

Maße HUT ↔ 3–6 cm | STIEL ↕ 4–9 cm ↔ 1–2 cm	Sporen rostbraun	Wert ☠

Familie CORTINARIACEAE	Art *Cortinarius alboviolaceus*	Jahreszeit Herbst

Weißvioletter Dickfuß

Diese Art hat einen gewölbten bis gebuckelten, fleischigen, silbrig violetten Hut. Der gebogene, oft keulenförmige Stiel hat dieselbe Farbe, im Bereich der früheren Hülle (Hutnähe) oft von Sporen rotbraun gefärbt. Die recht breiten, geschweiften, ausgebuchteten Lamellen sind hell graublau bis zimtbraun.
VORKOMMEN: Mykorrhizapilz, meist bei Laub-, aber auch bei Nadelbäumen, oft auf sauren Böden. Im gemäßigten Klima der Nordhalbkugel weit verbreitet und regional häufig.
ÄHNLICHE ARTEN: *C. malachius* hat einen leicht beschuppten Hut und wächst ebenso unter Nadelbäumen wie Bocks-Dickfuß *(C. camphoratus)* und Lila Dickfuß *(C. traganus),* die beide durch penetrant-widerlichen Geruch auffallen.

FRUCHTKÖRPER: Einzeln oder in kleinen Gruppen.

Längsschnitt

Maße HUT ↔ 5–8 cm | STIEL ↕ 5–12 cm ↔ 1–2 cm	Sporen rostbraun	Wert

Familie CORTINARIACEAE	Art *Cortinarius torvus*	Jahreszeit Herbst – Spätherbst

Wohlriechender Gürtelfuß

Die recht blasse Färbung, der „bestrumpfte“ Stiel und der fleischige Hut mit weit stehenden Lamellen sind charakteristisch für diesen Pilz. Der Hut ist halbkugelförmig und gräulich braun, mit weißen Hüllenresten (beim jungen Pilz violett) am Rand und radial gefaserter Oberfläche. Das lederbraune Fleisch des Stiels ist oben teils violett getönt.

VORKOMMEN: Mykorrhizapilz, v. a. bei Buchen, in Wäldern auf unterschiedlichen Böden. In Europa und Nordamerika weit verbreitet.

ÄHNLICHE ARTEN: *C. subtorvus* ist dunkler und wächst bei Weiden und Silberwurz *(Dryas octopetala)*, einer verholzenden Staude, im Gebirgslagen. Es gibt noch einige andere ähnliche Arten, die sich meist in Färbung oder Standort unterscheiden.

Längsschnitt

FRUCHTKÖRPER: Einzeln oder zu wenigen in der Streu.

Maße HUT ↔ 4 – 8 cm | STIEL ↕ 4 – 9 cm ↔ 0,5 – 1,5 cm	Sporen rostbraun	Wert

Familie CORTINARIACEAE	Art *Cortinarius anserinus*	Jahreszeit Herbst

Buchenklumpfuß

Diese fleischige Art hat einen gewölbten, gelbbraunen Hut, einen stämmigen Stiel mit knolliger Basis und riecht nach Pflaumen. Das lila bis weißliche Fleisch schmeckt zwar mild, doch die bittere Huthaut macht den Pilz ungenießbar.

VORKOMMEN: Mykorrhizapilz der Buche auf kalkhaltigen Böden. In Europa weit verbreitet und regional häufig. Weltweite Verbreitung nicht geklärt.

ÄHNLICHE ARTEN: Eine Reihe verwandter Arten wie der Amethystblättrige Klumpfuß (unten) tritt an ähnlichen Standorten auf.

△ **Amethystblättriger Klumpfuß**
C. calochrous hat einen gelblichen Hut mit dunkler Mitte sowie lila Lamellen. Huthaut und Fleisch schmecken mild.

Längsschnitt

FRUCHTKÖRPER: Einzeln oder in kleinen Gruppen.

Maße HUT ↔ 6 – 12 cm | STIEL ↕ 6 – 12 cm ↔ 1 – 2,5 cm	Sporen rostbraun	Wert

Familie CORTINARIACEAE	Art *Cortinarius triumphans*	Jahreszeit Sommer – Herbst

Gelbgestiefelter Schleimkopf

Dieser eindrucksvolle Pilz hat einen schmierigen, gewölbten, orangegelben Hut, oft mit Hüllenresten am Rand; am kräftigen Stiel fällt der gelbe Gürtel auf. Das dicke, gelbcremefarbene Fleisch schmeckt bitter und riecht angenehm.

VORKOMMEN: Mykorrhizapilz der Birke, in Wäldern und auf feuchtem Rasen in Gärten und Parks. Weit verbreitet, aber in Europa und Teilen Asiens nur lokal auftretend.

ÄHNLICHE ARTEN: *C. cliduchus* mit dunklerem Hut, wächst auf basischen Böden unter Laubbäumen. *C. olidus*, ebenfalls dunklerer Hut sowie braunolive Hüllenreste; riecht stark erdig und ist nicht unter Birken zu finden. *C. saginus* hat einen röteren Hut und wächst zwischen Kiefern.

FRUCHTKÖRPER: Gesellig im Gras unter Birken

Maße HUT 8 – 15 cm | STIEL ↕ 10 – 15 cm ↔ 1 – 3 cm	Sporen rostbraun	Wert

Familie CORTINARIACEAE	Art *Cortinarius mucosus*	Jahreszeit Sommer – Herbst

Heideschleimfuß

Gute Erkennungsmerkmale dieser Art sind der recht dunkle, rötliche bis orangebraune Hut, gewölbt oder mit gewelltem Rand, und der kräftige, weiße Stiel. Hut wie Stiel sind mit schleimigen Hüllenresten bedeckt. Das Fleisch ist dick und weiß, die Lamellen sind grau- bis zimtbraun.

VORKOMMEN: Mykorrhizapilz der Kiefer (zweinadlige Arten), meist auf sandigen Böden. Im gemäßigten Klima weit verbreitet, örtlich häufig.

ÄHNLICHE ARTEN: Einige Verwandte wachsen unter verschiedenen Bäumen, z. B. der Blaustiel-Schleimfuß *(C. collinitus;* bläuliche Hüllenreste) unter Fichten.

FRUCHTKÖRPER: Einzeln oder zu wenigen unter Kiefern.

Maße HUT 6 – 10 cm | STIEL ↕ 7 – 12 cm ↔ 1 – 2,5 cm	Sporen rostbraun	Wert

Familie Cortinariaceae	Art *Cortinarius sodagnitus*	Jahreszeit Herbst

Violetter Klumpfuß

Der gewölbte Hut dieser insgesamt violett getönten Art ist heller als der schlanke Stiel, der an seiner Basis eine auffällige Knolle trägt. Mit dem Alter färbt sich der Hut von der Mitte her ockerlederbraun. Das Fleisch schmeckt mild, die Huthaut jedoch bitter; als Speisepilz nicht zu empfehlen.

VORKOMMEN: Mykorrhizapilz, v. a. bei Buchen. Im gemäßigten Klima der Nordhalbkugel weit verbreitet, nur örtlich häufig.

ÄHNLICHE ARTEN: Der Bunte Klumpfuß *(C. dibaphus)*, mit ähnlicher Verbreitung, ist etwas größer und lebhafter gefärbt.

FRUCHTKÖRPER: Einzeln oder zu wenigen auf Kalkböden.

Maße Hut ↔ 4 – 10 cm | Stiel ↕ 6 – 10 cm ↔ 0,5 – 1,5 cm	Sporen rostbraun	Wert

Familie Cortinariaceae	Art *Cortinarius rufo-olivaceus*	Jahreszeit Herbst

Rotoliver Klumpfuß

Der große Pilz gehört zur Untergattung *Phlegmacium* und fällt durch seine Färbung auf: Der gewölbte bis gebuckelte Hut ist tief kupferrot, am Rand rhabarberrosa oder olivgrün. Der lange, schlanke, aber knollige Stiel ist mehrfarbig; die Lamellen schimmern olivgrün oder lila. Das weiße Fleisch ist im Hut und im oberen Stielbereich purpurn getönt.

VORKOMMEN: Mykorrhizapilz, v. a. bei Buchen und Eichen auf Kalkböden. Weit verbreitet, aber in Europa nur örtlich auftretend.

ÄHNLICHE ARTEN: Es gibt mehrere olivfarbene Arten der Untergattung *Phlegmacium*, etwa den Schwarzgrünen Klumpfuß *(C. atrovirens)* mit fleischigem, dunkelolivem Hut, schwefelgelbem Stiel und oliv- bis rostbraunen Lamellen.

△ **Blauer Klumpfuß**
Hut wie Stiel von *C. caerulescens* sind graublau, gefleckt mit weißen Hüllenresten; purpurne Lamellen. Im Alter gelbocker.

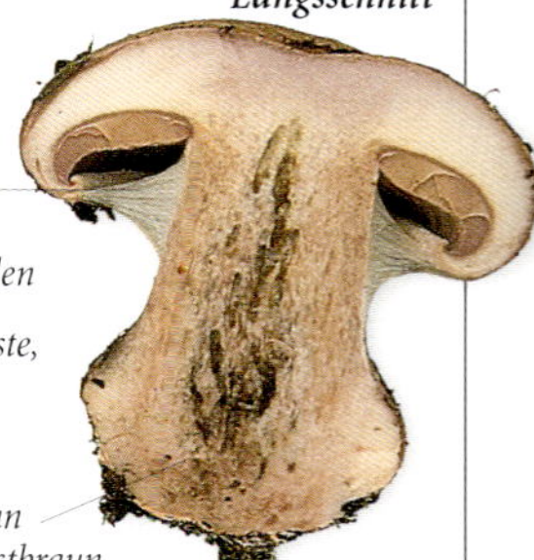

FRUCHTKÖRPER: In kleinen Gruppen im Falllaub.

Maße Hut ↔ 6 – 10 cm | Stiel ↕ 7 – 12 cm ↔ 1,5 – 2 cm	Sporen rostbraun	Wert

Familie	Art	Jahreszeit
Cortinariaceae	*Cortinarius splendens*	Herbst

Leuchtender Klumpfuß

Ein kleiner, aber auffälliger Pilz der Untergattung *Phlegmacium* mit gelbem, gewölbtem, wellig gerandetem Hut. Der Stiel ist mit schwefelgelben Hüllenresten befasert und an der Basis deutlich knollig. Kaliumhydroxid (KOH) färbt das gelbe Fleisch rosarot.

VORKOMMEN: Mykorrhizapilz, oft bei Buchen. In Europa weit verbreitet und örtlich häufig; weltweite Verbreitung unklar.

ÄHNLICHE ARTEN: Der Zitronengelbe Klumpfuß *(C. citrinus)* ist grünlich gelb. Ähnlich aussehende, essbare Ritterlinge *(Tricholoma*, S. 63–64) haben weiße Sporenlager und keine spinnwebartige Hülle.

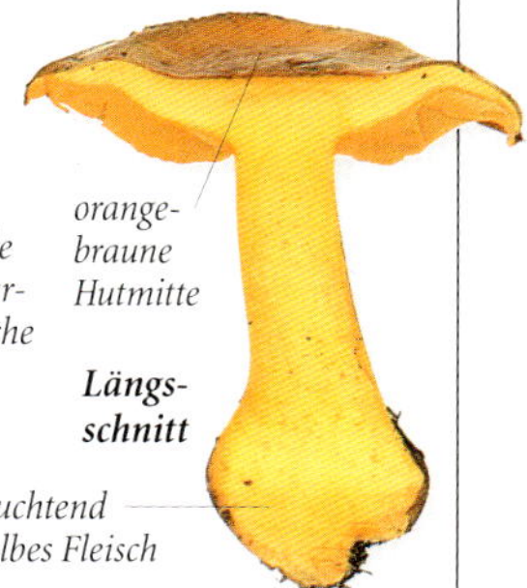

FRUCHTKÖRPER: Einzeln oder zu wenigen auf Kalkböden.

Maße	Sporen	Wert
Hut ⊕ 3–7 cm | Stiel ↕ 4–9 cm ↔ 0,7–1,4 cm	rostbraun	☠

Familie	Art	Jahreszeit
Cortinariaceae	*Cortinarius elegantissimus*	Herbst

Prächtiger Klumpfuß

Der gewölbte, orangegelbe Hut dieses Pilzes ist schmierig, ebenso wie bei anderen Arten der Untergattung *Phlegmacium*. Obwohl mit fädigen Hüllresten bedeckt, fühlt sich der gelbe Stiel glatt an. Das bleiche Fleisch ist im oberen Stielbereich blau getönt, zur knolligen Stielbasis hin wird es gelb. Der Pilz riecht fruchtig, Fleisch und Huthaut schmecken mild.

VORKOMMEN: Mykorrhizapilz der Buche. Weit verbreitet, in Europa nur örtlich vorkommend; weltweite Verbreitung unbekannt.

ÄHNLICHE ARTEN: Andere Arten derselben Untergattung, etwa *C. aureofulvus* und *C. osmophorus*, unterscheiden sich in Geruch und Geschmack sowie im Grünanteil der Hutfärbung.

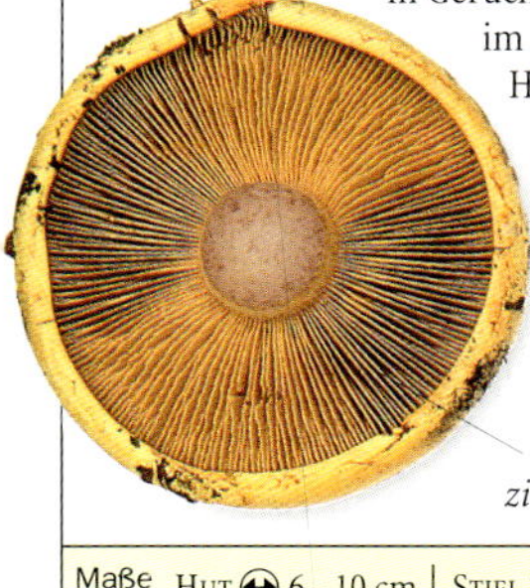

FRUCHTKÖRPER: Einzeln oder zu wenigen auf Kalkböden.

Maße	Sporen	Wert
Hut ⊕ 6–10 cm | Stiel ↕ 6–10 cm ↔ 2–3 cm	rostbraun	☠

Mit Stielring oder Ringzone

Junge Pilze dieser Untergruppe haben eine Fruchthülle, die die Lamellen schützt. Sie reißt auf, wenn der reifende Hut wächst; Reste dieser Hülle verbleiben am Stiel, entweder als deutlicher Ring (Manschette) oder als faserige Zone (vgl. auch Pilze mit spinnwebartigen Hüllenresten S. 69 f.). Ringe wie Zonen sind oft von ausfallenden Sporen verfärbt, sodass die urspüngliche Hüllenfarbe bei reifen Exemplaren schwer erkennbar ist. Hierzu gehören Blätterpilze der Familien *Tricholomataceae* (meist weiße Sporen), *Strophariaceae, Cortinariaceae* sowie *Coprinaceae* (alle drei mit farbigen Sporen).

Familie Strophariaceae	Art *Pholiota aurivella*	Jahreszeit Herbst, selten auch Frühling

Goldfellschüppling

Sein gewölbter bis breit gebuckelter, schleimiger, leuchtend gelber Hut ist auffällig mit dunkel rostbraunen Schuppen gemustert; auch sein eingerollter Rand weist Hüllreste auf. Der Stiel ist schleimig und beschuppt. Das ungeniessbare, angenehm riechende Fleisch ist im Stiel dunkler als im Hut.
VORKOMMEN: Oft hoch über dem Boden auf geschädigten, verletzten Laubbäumen, z. B. auf gebrochenen Ästen. Vorzugsweise an Buchen, obwohl man ihn auch an Linden und Weiden findet. Im gemäßigten Klima der Nordhalbkugel weit verbreitet.
ÄHNLICHE ARTEN: V. a. die Sporengröße des Goldfellschüpplings (9 x 5,5 µm) unterscheidet ihn von den Verwandten *P. limonella* (7 x 4,5 µm) und *P. jahnii* (5,5 x 3,5 µm; aufgerichtete, schwarzspitzige Hutschuppen).

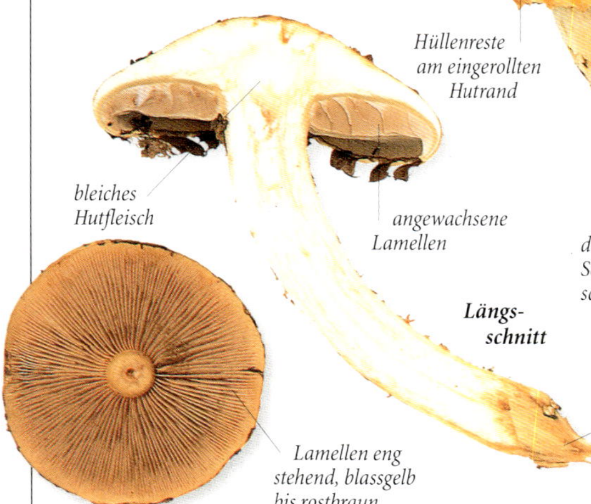

FRUCHTKÖRPER: In Büscheln auf Laubholz.

Maße Hut ↔ 7 – 15 cm | Stiel ↕ 5 – 15 cm ↔ 1 – 2 cm	Sporen braun	Wert

Familie STROPHARIACEAE	Art *Pholiota squarrosa*	Jahreszeit Herbst – Frühwinter

Sparriger Schüppling

Die leicht zu erkennende Art hat dichte, aufgebogene Schuppen auf dem gewölbten bis gebuckelten, trockenen Hut; am Rand sind Hüllenreste sichtbar. Das gelbliche Fleisch kann leicht nach Rettich riechen und schmecken.

VORKOMMEN: Sowohl in Wäldern als auch im Siedlungsbereich, am Stammgrund von Laubgehölzen wie Ulme oder Eberesche. Im gemäßigten Klima der Nordhalbkugel weit verbreitet.

ÄHNLICHE ARTEN: Der Ockerbraune Schüppling *(P. squarrosoides)* ist kleiner, heller und unter den Schuppen klebrig-schleimig. Auch er wächst an Laubbäumen, ist aber in Europa selten. Der Beringte Flämmling (S. 83), an denselben Standorten auftretend, hat keine deutlichen Hutschuppen.

FRUCHTKÖRPER: In Büscheln auf Baumstämmen.

Maße HUT ↔ 5 – 15 cm | STIEL ↕ 6 – 15 cm ↔ 1 – 2 cm	Sporen braun	Wert

Familie TRICHOLOMATACEAE	Art *Oudemansiella mucida*	Jahreszeit Herbst, seltener Sommer

Beringter Schleimrübling

Diese unverkennbare Art hat einen gewölbten, stark schleimigen, blassgrauen bis elfenbeinfarbenen Hut und einen grauen bis graubraunen Ring am weißlichen Stiel. Über dem Ring ist der Stiel trocken, unterhalb schleimig und oft grau. Der Pilz ist essbar, jedoch, da sehr dünnfleischig, kaum lohnend.

VORKOMMEN: An Buchen, seltener an Eichen. Oft erscheint er weit oben auf – durch Astbruch o. Ä. – verletzten Partien lebender Bäume. Im gemäßigten Klima der Nordhalbkugel weit verbreitet, aber in Nordamerika fehlend.

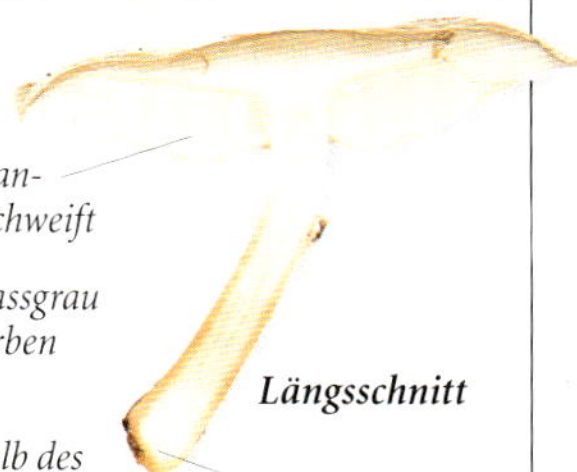

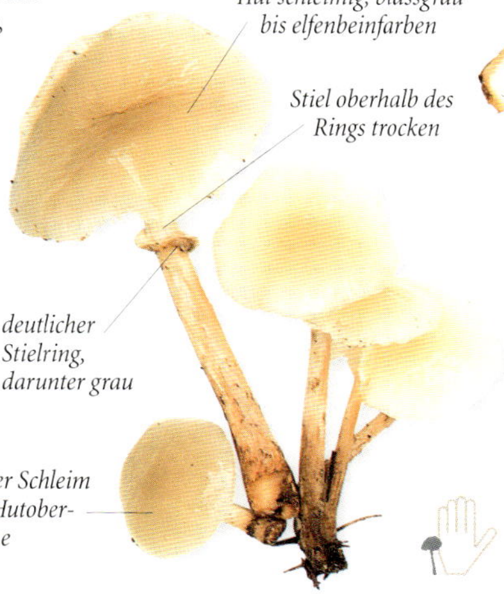

FRUCHTKÖRPER: In Büscheln oder einzeln an Laubbäumen.

Maße HUT ↔ 2 – 15 cm | STIEL ↕ 3 – 8 cm ↔ 0,3 – 1 cm	Sporen blass cremefarben	Wert

Familie TRICHOLOMATACEAE	Art *Armillaria mellea*	Jahreszeit Herbst

Honiggelber Hallimasch

Der Hut dieses großen Pilzes ist hell gelbolivbraun mit dunkler Mitte und spärlich blass beschuppt; seine Form gewölbt bis flach oder wellig. Der hell ockergelbe, lange, schlanke Stiel trägt einen gelb gerandeten weißen Ring; mehrere Stiele sind am Grund fest verwachsen. Die weit stehenden, angewachsenen Lamellen sind erst weiß, später rosabraun, im Alter oft dunkel gefleckt. Die Art *Armillaria mellea* umfasste früher mehrere Formen, die heute als gesonderte Arten ausgewiesen sind (z. B. *A. cepistipes,* unten). Das weiße Fleisch ist essbar, kann aber Magenbeschwerden verursachen.
VORKOMMEN: In Wäldern, hauptsächlich an Buchen, oft auf Baumstümpfen. Im gemäßigten Klima der Nordhalbkugel weit verbreitet, aber nur lokal auftretend.

FRUCHTKÖRPER: Fast immer in dichten Büscheln, gruppenweise an den Stielen verwachsen.

Maße HUT ↔ 3 – 10 cm | STIEL ↕ 8 – 10 cm ↔ 1 – 2 cm	Sporen weiß	Wert

Familie TRICHOLOMATACEAE	Art *Armillaria cepistipes*	Jahreszeit Herbst

Zwiebelfüßiger Hallimasch

Diese Art hat einen kräftigen, faserigen Stiel mit hängendem, dünnem, weißem bis blassgrauem Ring und einen gewölbten bis gebuckelten, ockerbräunlichen Hut, spärlich mit Faserschuppen besetzt. Die angewachsenen, weit stehenden Lamellen sind blassgelb bis hellbraun. Der Pilz, früher unter *A. mellea* (oben) eingruppiert, ist essbar, kann aber Magenstörungen verursachen.
VORKOMMEN: Meist an toten oder absterbenden Laubbäumen, auch an Nadelbäumen, in Wäldern, Parks und Gärten. Im gemäßigten Klima der Nordhalbkugel weit verbreitet und häufig.
ÄHNLICHE ARTEN: Der junge Hut von *A. gallica* hat eine helle Mitte; Stielring weiß bis gelb. *A. ostoyae* hat einen dickeren Stiel, von der Basis her bräunend; großer, braun gerandeter Ring und gröbere Hutschuppen.

FRUCHTKÖRPER: In Büscheln verstreut bei Bäumen.

Längsschnitt

Maße HUT ↔ 3 – 12 cm | STIEL ↕ 4 – 12 cm ↔ 1 – 3 cm	Sporen weiß	Wert

Familie TRICHOLOMATACEAE	Art *Tricholoma caligatum*	Jahreszeit Spätsommer – Herbst

Braungefleckter Ritterling

Der gewölbte bis flache Hut dieser Art hat eine braun geschuppte, trockene Oberfläche. Der schlanke Stiel ist oberhalb des bauschigen Rings weiß, unterhalb von braunen Hüllenresten gezeichnet. Das Fleisch ist weiß. Tatsächlich umfasst der Artname eine ganze Gruppe sehr ähnlicher Pilze, darunter würzig duftende, nussige Speisepilze ebenso wie übel riechende, ungenießbare Formen.

VORKOMMEN: Die Art „im engeren Sinn" findet man unter der Atlaszeder *(Cedrus atlantica)* in Südeuropa und Nordafrika. Andere Formen kommen unter Nadelbäumen in Nord- und Mitteleuropa vor. Im östlichen Nordamerika findet man sie unter Laubbäumen. Im nördlichen Nordamerika weit verbreitet.

FRUCHTKÖRPER: Einzeln oder zu wenigen unter Laub- und Nadelbäumen.

Maße HUT ↔ 5 – 12,5 cm | STIEL ↕ 5 – 10 cm ↔ 2 – 3 cm	Sporen weiß	Wert

Familie TRICHOLOMATACEAE	Art *Tricholoma magnivelare*	Jahreszeit Spätsommer – Herbst

Weißer Matsutake

Dieser Speisepilz mit festem, weißem Fleisch riecht deutlich nach Zimt und Kiefer. Sein gewölbter, später flacher weißer Hut hat einen eingerollten Rand und ist bei Feuchte klebrig. Ältere Pilze sind mit gelb- bis rostbraunen Schuppen bzw. Flecken bedeckt. Der Stiel ist über dem bauschigen Ring weiß, darunter wird er mit der Zeit hellbraun.

VORKOMMEN: Unter Nadelbäumen. Im nördlichen Nordamerika und im Süden der Rocky Mountains weit verbreitet und häufig. Am häufigsten an der Nordwestküste des Pazifik.

ÄHNLICHE ARTEN: *Amanita*-Arten wie *A. smithiana* (S.148) fehlt der würzige Geruch; sie haben freie Lamellen und lose Hüllreste auf ihren Hüten.

FRUCHTKÖRPER: Einzeln oder in kleinen Gruppen unter Nadelbäumen.

Maße HUT ↔ 5 – 20 cm | STIEL ↕ 5 – 15 cm ↔ 2 – 4 cm	Sporen weiß	Wert

Familie CORTINARIACEAE	Art *Hebeloma radicosum*	Jahreszeit Herbst

Wurzelnder Fälbling

Der gewölbte, cremefarbene bis blass gelbbraune Hut dieses großen Fälblings ist mit braunen, flach an die Oberfläche gedrückten Schuppen bedeckt. Der ähnlich beschuppte Stiel hat eine „Wurzel", die tief in den Boden reicht. Der ausgeprägte Stielring ist für diese Gattung untypisch. Das weiße, feste Fleisch riecht stark nach Marzipan oder Bittermandeln und schmeckt bitter; beides Eigenschaften, die die Bestimmung erleichtern.

VORKOMMEN: Mykorrhizapilz bei Bäumen, aber auch in Verbindung mit unterirdischen Wühlmausnestern auftretend; in gut durchlässigen Laubwaldböden. Im gemäßigten Klima weit verbreitet, aber nirgends häufig.

ÄHNLICHE ARTEN: Einige kleine, nicht beschuppte *Hebeloma*-Arten wie *H. pallidoluctuosum* riechen süßlich. Schüpplinge *(Pholiota,* S. 78 f., 91 f.) sind im Erscheinungsbild ähnlich, riechen aber nicht nach Marzipan und wachsen an Totholz.

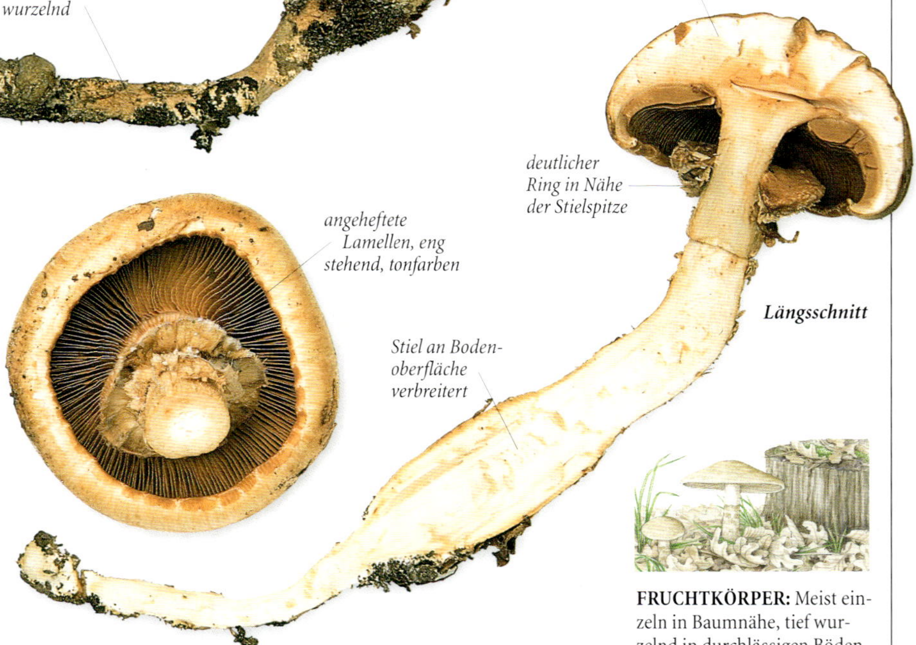

Längsschnitt

angeheftete Lamellen, eng stehend, tonfarben

FRUCHTKÖRPER: Meist einzeln in Baumnähe, tief wurzelnd in durchlässigen Böden.

Maße HUT ⊕ 5–12 cm | STIEL ↕ 6–20 cm ↔ 1,5–2,5 cm	Sporen tabakbraun	Wert

Familie	Art	Jahreszeit
Tricholomataceae	*Phaeolepiota aurea*	Sommer – Herbst

Goldschüppling

Dieser große, goldgelbe Pilz, der nach bitteren Mandeln riecht, hat einen gewölbten Hut mit gefranstem Rand und körniger Oberfläche. Der Stiel ist unter dem lappigen Ring stark gerieft. Die angehefteten, eng stehenden Lamellen sind anfangs weißlich, später rostbraun. Wegen seiner ockerbraunen Sporenlager wird er teils den Schleierlingsartigen *(Cortinariaceae)* zugeordnet. Er ist essbar, kann aber Magenstörungen verursachen.

VORKOMMEN: In Wäldern an Wegrändern oder Lichtungen, oft mit Brennnesseln; bevorzugt nährstoffreiche Böden. Im gemäßigten Klima weit verbreitet, nur lokal häufig.

ÄHNLICHE ARTEN: Der Beringte Flämmling (unten) wächst auf morschem Holz, Hut und Stiel sind streifig.

goldgelbe, körnige Hutoberfläche

Hutrand von fransigen Hüllenresten gesäumt

großer, lappiger Stielring, von Sporen ockerbraun gefärbt

FRUCHTKÖRPER: Erscheinen in großen Gruppen auf nährstoffreichen Böden.

Maße	Sporen	Wert
Hut ↔ 10 – 25 cm | Stiel ↕ 10 – 30 cm ↔ 1,5 – 4 cm	ockerbraun	

Familie	Art	Jahreszeit
Cortinariaceae	*Gymnopilus junonius*	Herbst

Beringter Flämmling

Büschelförmiges Auftreten, deutlicher Stielring und fädige Hüllenreste am Rand des gewölbten bis gebuckelten Huts sind typische Kennzeichen des sonst variablen Pilzes. Der trockene Hut ist orangegelb, ebenso der faserige Stiel, der jedoch um den Ring durch ausfallende Sporen dunkler gefärbt wird. Die fleischigste *Gymnopilus*-Art; sie schmeckt bitter, enthält Halluzinogene und ist nicht essbar.

VORKOMMEN: Wächst an morschen Laub-, seltener Nadelbäumen, oft auf Strünken oder bei absterbenden Bäumen. Im gemäßigten Klima weit verbreitet.

ÄHNLICHE ARTEN: Sparriger Schüppling (S. 79). Der Hut des Goldschüpplings (oben) ist pulvrig gekörnt, er wächst nicht auf Holz.

gewölbter bis gebuckelter, trockener Hut, orangegelb, radial gestreift

Ring nah an Stielspitze

ausgebuchtete bis angewachsene Lamellen, gelb, im Alter rostbraun

blassgelbes Fleisch

Längsschnitt

leicht verbreiterte Stielbasis

büschelig, kann aber auch einzeln vorkommen

FRUCHTKÖRPER: In Büscheln auf Totholz, in Bodennähe.

Maße	Sporen	Wert
Hut ↔ 5 – 15 cm | Stiel ↕ 5 – 15 cm ↔ 1 – 3,5 cm	rostbraun	

Familie STROPHARIACEAE	Art *Psilocybe cubensis*	Jahreszeit ganzjährig

Kubanischer Kahlkopf

Der klebrige, gelbbraune Hut dieses großen Pilzes kann mit kleinen weißen Hüllrestschuppen bedeckt sein. Am Stiel sitzt ein hängender Ring, der bald von ausfallenden Sporen schwarz wird. Das weiße bis cremefarbene Fleisch färbt sich bei Druck blau. Die recht eng stehenden, angewachsenen Lamellen sind purpurbraun mit in der Reife weißen Schneiden. Der Pilz enthält gefährliche halluzinogene Substanzen.

VORKOMMEN: Auf Weiden in den Suptropen und Tropen. Dort in vielen Regionen weit verbreitet und häufig, z. B. in der Karibik und an der Golfküste Nordamerikas. Er wurde nach Europa eingeführt, wo er kultiviert werden kann.

ÄHNLICHE ARTEN: Halbkugeliger Düngerling (S. 95); keine Blaufärbung.

FRUCHTKÖRPER: Einzeln oder in kleinen Gruppen auf Kuh- und Pferdemist auf Weiden.

Maße HUT ⊕ 2 – 12 cm | STIEL ↕ 5 – 15 cm ↔ 0,5 – 1,2 cm	Sporen dunkel purpurbraun	Wert ☠

Familie STROPHARIACEAE	Art *Psilocybe squamosa*	Jahreszeit Herbst – Spätherbst

Schuppiger Kahlkopf

Flüchtige konzentrische Hutschuppen und ein deutlicher Stielring kennzeichnen diese recht große, ungenießbare *Psilocybe*-Art. Der glockenförmige bis gebuckelte Hut ist gelblich weiß, die grauen bis fast schwarzen Lamellen haben weiße Schneiden. Der beschuppte Stiel ist weißlich, mit dem Alter wird er gelbbraun. Das blassbraune, leicht duftende Fleisch schmeckt mild bis etwas bitter.

VORKOMMEN: In Wäldern auf totem oder absterbendem, rottendem Holz, Holzhäcksel oder Sägespänen. Im gemäßigten Klima der Nordhalbkugel weit verbreitet und häufig.

ÄHNLICHE ARTEN: Träuschlinge (S. 88 ff.) unterscheiden sich in mikroskopischen Merkmalen.

FRUCHTKÖRPER: Einzeln oder in kleinen Gruppen.

Maße HUT ⊕ 2 – 5 cm | STIEL ↕ 10 – 15 cm ↔ 3 – 5 mm	Sporen purpurbraun	Wert ungenießbar (Symbol)

Familie Bolbitiaceae | Art *Agrocybe cylindracea* | Jahreszeit Spätfrühling – Herbst

Südlicher Ackerling

Der fleischige Pilz hat einen gewölbten, weißen, ocker getönten Hut; wie bei den meisten Ackerlingen wird die Oberfläche bei Trockenheit rissig. Der weißliche, deutlich beringte Stiel verbräunt mit der Zeit. Das helle Fleisch riecht und schmeckt etwas streng mehlartig; in Südeuropa ein beliebter, dort oft auch kultivierter Speisepilz.
VORKOMMEN: An oder in toten oder gekappten Weiden und Pappeln. Verbreitet im warm gemäßigten Klima sowie den Subtropen.
ÄHNLICHE ARTEN: Der Voreilende Ackerling (unten), meist kleiner, wächst auf Holzhäcksel oder im Gras.

FRUCHTKÖRPER: Meist in Büscheln, aber auch einzeln.

Maße Hut ↔ 6 – 15 cm | Stiel ↕ 8 – 15 cm ↔ 1 – 3 cm | Sporen tonbraun | Wert

Familie Bolbitiaceae | Art *Agrocybe praecox* | Jahreszeit Frühling – Sommer

Voreilender Ackerling

Bei dieser sehr variablen Art bilden die Hüllenreste meist einen Stielring, doch manchmal bleiben sie stattdessen fetzenartig am Hutrand hängen. Der gewölbte bis gebuckelte Hut hellt bei Trockenheit schnell auf, die glatte Oberfläche kann reißen. Die Stielbasis ist teils verdickt. Das mehlig riechende Fleisch ist essbar, schmeckt aber oft bitter.
VORKOMMEN: In Wäldern, Parks und Gärten, zwischen rottendem Holzhäcksel oder im Gras. Im gemäßigten Klima weit verbreitet und häufig.
ÄHNLICHE ARTEN: Der zierlichere Moor-Ackerling *(A. elatella)* wächst auf Marschland.

FRUCHTKÖRPER: In kleinen Gruppen oder größeren Scharen.

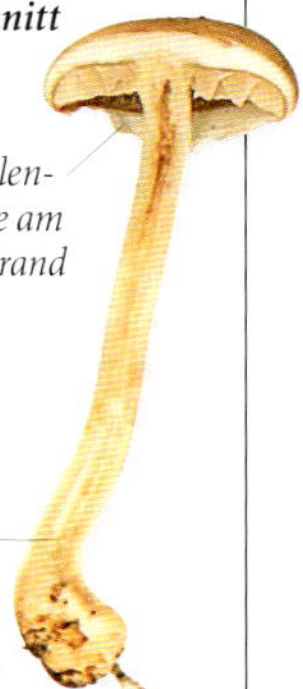

Maße Hut ↔ 3 – 7 cm | Stiel ↕ 4 – 10 cm ↔ 0,6 – 1 cm | Sporen tabakbraun | Wert

Familie Strophariaceae	Art *Hypholoma hutnoides*	Jahreszeit ganzjährig

Rauchblättriger Schwefelkopf

Der gewölbte, gelblich orange Hut dieses Blätterpilzes verblasst bei Trockenheit und hat einen helleren, mit Hüllenresten besetzten Rand. Bei Nässe wird er schmierig. Der Stiel ist an der Spitze gelblich, zur Basis hin rostbraun. Das blassgelbe Fleisch schmeckt mild.

VORKOMMEN: Einer der wenigen Blätterpilze, die man fast das ganze Jahr über findet, mit Ausnahme kalter Winter, auf morschen Nadelholzstümpfen. Im gemäßigten Klima weit verbreitet, häufig.

ÄHNLICHE ARTEN: Der Wurzel-Schwefelkopf *(H. radicosum)* wächst an ähnlichen Plätzen, ist aber seltener; Stielgrund „bewurzelt“, würziger Geruch.

FRUCHTKÖRPER: In Büscheln oder einzeln.

Maße Hut ⊕ 3–7 cm | Stiel ↕ 5–8 cm ↔ 0,5–1 cm	Sporen weinrotbraun	Wert

Familie Strophariaceae	Art *Hypholoma fasciculare*	Jahreszeit in milden Regionen ganzjährig

Grünblättriger Schwefelkopf

Das oft büschelweise Auftreten an Totholz und grünlich gelbe Lamellen sind zwei gute Erkennungsmerkmale dieses häufigen Waldpilzes. Der gewölbte Hut ist wie der Stiel hellgelb, meist mit dunklerer Mitte. Am Hutrand können weiße Hüllenreste zu sehen sein. Das schwefelgelbe Fleisch riecht „nach Pilz“, ist aber giftig. Der sehr scharfe Geschmack darf nur mit höchster Vorsicht (nicht schlucken, sofort ausspucken) überprüft werden.

VORKOMMEN: Auf morschem Laub-, seltener Nadelholz, auf Stümpfen und aus der Erde ragenden Wurzeln. Im gemäßigten Klima der Nordhalbkugel weit verbreitet und häufig.

FRUCHTKÖRPER: In kleinen und großen Büscheln.

Maße Hut ⊕ 3–7 cm | Stiel ↕ 4–10 cm ↔ 0,3–1 cm	Sporen purpurbraun	Wert

Familie	Art	Jahreszeit
STROPHARIACEAE	*Hypholoma sublateritium*	Herbst – Spätherbst

Ziegelroter Schwefelkopf

Diese Art lässt sich anhand ihrer Größe, des Fehlens grüner Töne an den Lamellen und der deutlich ziegelroten Hutfarbe recht gut identifizieren. Der Hut ist gewölbt, der befaserte, oben blassgelbe Stiel wird zur Basis hin rötlich braun. Das gelbe bis rötlich braune Fleisch riecht angenehm, schmeckt aber bitter.

VORKOMMEN: An Laubbaumstümpfen oder -wurzeln in Wäldern und Parks. Im gemäßigten Klima der Nordhalbkugel weit verbreitet.

ÄHNLICHE ARTEN: Eine Reihe viel kleinerer, zierlicher Arten wie *H. udum* und *H. elongatum* kommen auf sumpfigen Plätzen, teils in Torfmoosen, vor. *H. marginata* wächst in Scharen auf der Streu oder auf totem Holz von Nadelbäumen.

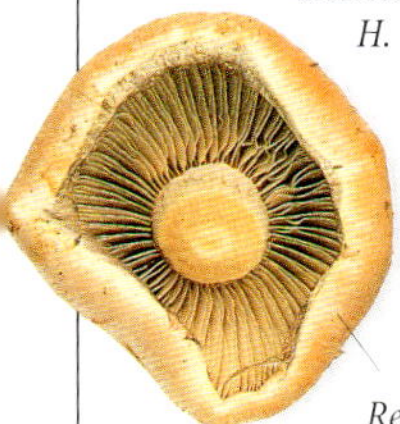

Rand junger Pilze mit weißen Resten, durch Sporen geschwärzt

glatter, ziegelroter Hut

kräftiger Stiel, Oberfläche befasert

rötlich braune Stielbasis

recht eng stehende, angewachsene Lamellen, weißgrau bis olivbraun

Längsschnitt

FRUCHTKÖRPER: In Büscheln an Laubholzstümpfen.

Maße		Sporen	Wert
HUT ↔ 5 – 10 cm	STIEL ↕ 5 – 10 cm ↔ 0,5 – 1,5 cm	purpurbraun	

Familie	Art	Jahreszeit
CORTINARIACEAE	*Rozites huteratus*	Sommer – Herbst

Reifpilz

Der anfangs eiförmige Hut dieser Art nimmt mit der Zeit eine gewölbte bis gebuckelte Form an. Er ist gelbbraun mit gefurchter, runzeliger Oberfläche, die weißen bis blassvioletten Hüllenreste in der Mitte erinnern an einen Reifüberzug. Der glatte Stiel trägt einen schmalen, gerieften Ring.

VORKOMMEN: Mykorrhizapilz, meist von Nadelbäumen, aber auch bei Buchen und anderen Laubbäumen. In Europa weit verbreitet, in manch anderen Teilen der gemäßigten Klimazone fehlend.

ÄHNLICHE ARTEN: Die verwandten Schleierlinge (S. 69 f.) haben keinen echten Stielring, ihre Sporen sind rostbraun.

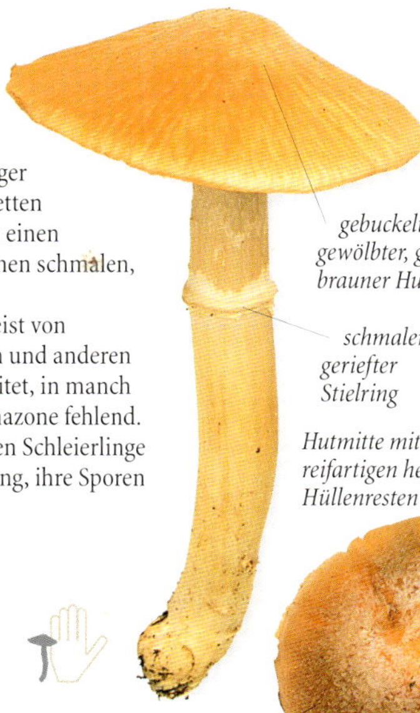

gebuckelter bis gewölbter, gelbbrauner Hut

schmaler, geriefter Stielring

gezähnte Lamellenschneiden

festes, faseriges Stielfleisch

Längsschnitt

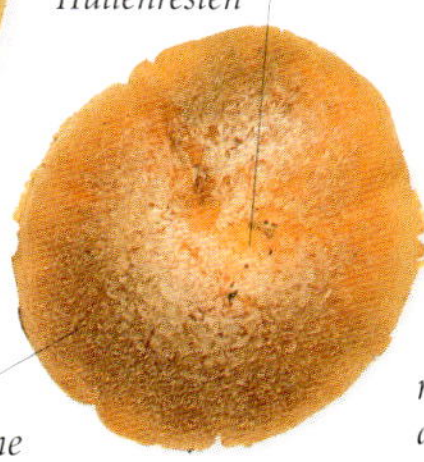

Hutmitte mit reifartigen hellen Hüllenresten

gefurchte oder gerunzelte Hutoberfläche

recht eng stehende, angewachsene Lamellen

FRUCHTKÖRPER: In Scharen oder Grüppchen auf sauren Böden.

Maße		Sporen	Wert
HUT ↔ 5 – 12 cm	STIEL ↕ 5 – 15 cm ↔ 1 – 2 cm	blassbraun	

Familie STROPHARIACEAE	Art *Stropharia cyanea*	Jahreszeit Herbst

Braunsporiger Träuschling

Dieser Träuschling unterscheidet sich von anderen blaugrünen *Stropharia*-Arten durch seine vergleichsweise hellen, braunen Sporenlager und dadurch, dass sich die Lamellenschneiden nicht weiß abheben. Das Blaugrün des gewölbten, schmierigen Huts verblasst früh, bald bilden sich gelbe Flecken. Am Hutrand hängen helle Hüllenreste, den Stielring sieht man kaum. Das weißliche Fleisch ist fast geruchlos.
VORKOMMEN: Meist zwischen Laubstreu auf fruchtbaren Waldböden; oft in Buchenwäldern auf basischen Böden. Im gemäßigten Klima weit verbreitet.
ÄHNLICHE ARTEN: Der Grünspanträuschling *(S. aeruginosa)* hat dunklere Sporen und dunklere Lamellen mit weißen Schneiden.

FRUCHTKÖRPER: In kleinen Gruppen oder einzeln.

Maße HUT ↔ 3–7 cm | STIEL ↕ 4–8 cm ↔ 0,4–1 cm	Sporen dunkelbraun	Wert

Familie STROPHARIACEAE	Art *Stropharia aurantiaca*	Jahreszeit Sommer – Herbst

Orangeroter Träuschling

Mit ihrem stämmigen Fruchtkörper, oft auf Holzhäcksel wachsend, und dem hellorangen Hut lässt sich die Art gut erkennen. Der Hut ist anfangs gewölbt, später flach. Oft ist der helle, gefaserte Stiel hohl. Das weißliche, manchmal orange überhauchte Fleisch riecht nur undeutlich. Der Pilz ist, soweit bekannt, ungeniessbar.
VORKOMMEN: Meist auf rottendem Holzhäcksel oder mit Erde vermischten Sägespänen. Zunehmende Verbreitung, zumindest in Europa.
ÄHNLICHE ARTEN: Eine orangefarbene Varietät des Schuppigen Kahlkopfs (S. 84) ist zierlicher, dünnfleischiger und hat einen gebuckelten Hut.

FRUCHTKÖRPER: Gesellig, oft in gemulchten Beeten.

Maße HUT ↔ 1,5–6 cm | STIEL ↕ 2–6 cm ↔ 2–8 mm	Sporen purpurbraun	Wert

Familie	Art	Jahreszeit
Strophariaceae	*Stropharia rugoso-annulata*	Frühjahr und Herbst

Kulturträuschling

Der glatte, trockene Hut dieser weißfleischigen Art ist, je nach Lichteinfall, rot bis lohfarben. Anfangs glockenförmig, wird er im Alter gewölbt bis flach. Der Stielring ist zahnradartig geformt, zum Stiel hin mit dunklen Linien gezeichnet. Die Stielbasis ist verbreitert oder knollig, an ihr haften sichtbare weiße Myzelstränge. Guter Speisepilz, wenn jung geerntet.

VORKOMMEN: Auf Holzhäckselmulch u. Ä., auch in Kultur. Naturform in Südeuropa weit verbreitet, nach Norden seltener.

ÄHNLICHE ARTEN: Der Orangerote Träuschling (S. 88) ist kleiner und leuchtender gefärbt. Champignons bzw. Egerlinge (S.156 ff.) haben freie Lamellen.

FRUCHTKÖRPER: In großen Scharen auf Holzhäcksel; im Frühling, dann wieder im Herbst.

Maße	Sporen	Wert
Hut ↔ 5 – 15 cm | Stiel ↕ 10 – 15 cm ↔ 1 – 2 cm	purpurn grauschwarz	

Familie	Art	Jahreszeit
Strophariaceae	*Stropharia coronilla*	Herbst

Krönchenträuschling

Der recht kleine, doch stämmige Pilz hat sehr dickes Fleisch, besonders im gewölbten, ockergelben Hut. Am weißen Stiel sitzt ein schmaler, aber dicker Ring. Die violettgrauen Lamellen werden mit der Zeit dunkel purpurbraun. Der Pilz riecht stark nach Rettich; nach neueren Berichten aus Nordamerika muss man annehmen, dass er giftig ist.

VORKOMMEN: Häufig auf trockeneren Grünlandstandorten, auch in Gärten, Parks, Heideland und Sanddünen. Im gemäßigten Klima weit verbreitet.

ÄHNLICHE ARTEN: Einige Formen mit abweichenden Sporengrößen und -farben werden als eigenständige Arten, etwa *S. halophila* und *S. melasperma*, eingestuft.

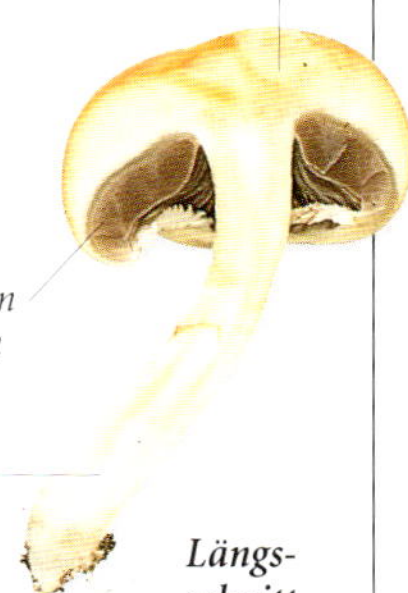

Längsschnitt

FRUCHTKÖRPER: Einzeln oder zu wenigen im Gras oder auf Sandböden.

Maße	Sporen	Wert
Hut ↔ 1,5 – 6 cm | Stiel ↕ 2,5 – 4 cm ↔ 0,4 – 1 cm	dunkel purpurbraun	

Familie STROPHARIACEAE | Art *Stropharia semiglobata* | Jahreszeit Spätfrühling – Herbst

Halbkugeliger Träuschling

Dieser zierliche, in der Größe variable Pilz hat einen glatten, oft halbkugeligen, hellgelben Hut und einen langen, schlanken, schleimigen, weißlichen Stiel. Wie bei vielen seiner nahen Verwandten wird der Hut bei Nässe schmierig. Der dünne, oft unscheinbare Stielring ist häufig durch Sporen schwarz verfärbt. Das ungenießbare, dünne, blasse Fleisch riecht mehlig.

VORKOMMEN: Weideland, auf Pferde-, Kuh- und Schafdung, vorzugsweise auf altem. Ähnlich haben sich andere Pilze auf Dung verschiedenen Zersetzungsgrads spezialisiert. Im gemäßigten Klima der Nordhalbkugel weit verbreitet.

ÄHNLICHE ARTEN: *S. umbonatescens* ist in der Hutmitte gebuckelt; ihre Basidien enthalten nur zwei Sporen, die des Halbkugeligen Träuschlings vier.

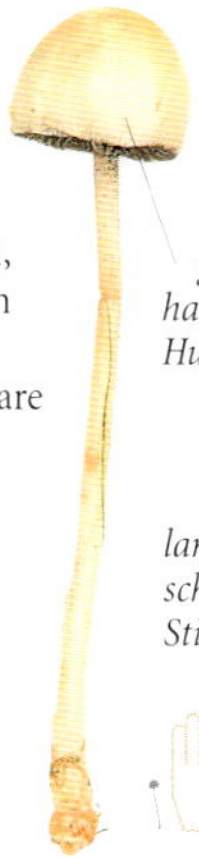

FRUCHTKÖRPER: In kleinen Gruppen auf Dung.

Maße HUT ↔ 0,5 – 4 cm | STIEL ↕ 2 – 8 cm ↔ 2 – 5 mm | Sporen bräunlich schwarz | Wert

Familie STROPHARIACEAE | Art *Kuehneromyces mutabilis* | Jahreszeit fast ganzjährig

Stockschwämmchen

Diese Art hat einen gebuckelten, honigbraunen bis ledriggelben Hut, der bei Trockenheit von der Mitte her aufhellt, wodurch ein auffälliges Ringmuster entsteht. Der Stiel hat einen deutlichen Ring, oft durch Sporen ockerbraun verfärbt; darunter ist er mit spitzen Schuppen bedeckt. Ein guter Speisepilz, vgl. jedoch ÄHNLICHE ARTEN.

VORKOMMEN: Auf morschem Laubholz, seltener Nadelholz, in Wäldern und Parks. Im gemäßigten Klima weit verbreitet und häufig.

ÄHNLICHE ARTEN: Giftige *Galerina*-Arten wie Gifthäubling (S. 91) und Nadelholzhäubling *(G. marginata)*; sie haben gefaserte Stiele, unterm Ring nicht beschuppt.

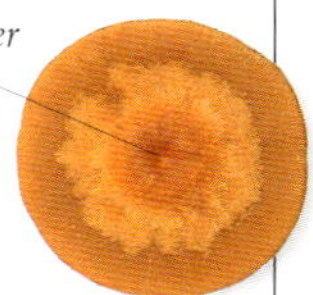

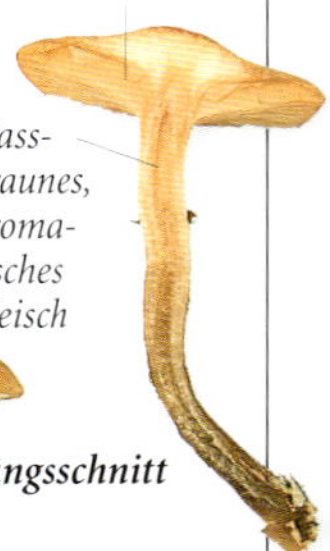

FRUCHTKÖRPER: In Kolonien aus vielen Einzelbüscheln.

Maße HUT ↔ 2 – 7 cm | STIEL ↕ 3 – 7 cm ↔ 0,4 – 1 cm | Sporen ockerbraun | Wert

Familie	Art	Jahreszeit
Cortinariaceae	*Galerina unicolor*	Sommer – Winter

Gifthäubling

Der gewölbte bis breit gebuckelte Hut dieser Art ist tiefbraun. Beim Trocknen verfärbt er sich zu hellem Gelbbraun. Der weißliche bis bräunliche Stiel hat einen Ring in der Nähe des Huts, darunter ist er gefasert. Die schmalen Lamellen, angewachsen bis leicht herablaufend, stehen mäßig eng. *Galerina*-Arten verlangen bei der Bestimmung besondere Sorgfalt; es gibt noch sieben weitere, die hochgiftig sind.
VORKOMMEN: An abgestorbenen Baumstümpfen und -stämmen, oft auf Moos und Laubstreu in feuchten, sumpfigen Laubwäldern. Im gemäßigten Klima weit verbreitet.
ÄHNLICHE ARTEN: Das essbare Stockschwämmchen (S. 90) ist ähnlich, hat aber unterhalb des Stielrings Schuppen, keine Fasern.

FRUCHTKÖRPER: Meist in dichten Schwärmen.

Maße		Sporen	Wert
Hut ↔ 1–5 cm	Stiel ↕ 3–7 cm ↔ 3–7 mm	rostbraun	

Familie	Art	Jahreszeit
Strophariaceae	*Pholiota alnicola*	Herbst

Erlenschüppling

Der gelbe, manchmal etwas grünlich getönte Hut und das Auftreten in dichten Büscheln sind zwei recht eindeutige Merkmale dieser Art. Die meisten Arten der Gattung haben Hutschuppen, doch beim Erlenschüppling sind sie kaum ausgeprägt; stattdessen erkennt man bei jungen Exemplaren meist deutliche Hüllenreste am Hutrand. Der gebogene Stiel ist fast glatt, nach unten stärker gefasert. Das helle, wohlriechende Fleisch schmeckt mild.
VORKOMMEN: An toten oder absterbenden Laubbäumen wie Erlen und Birken, selten an Nadelbäumen; oft auf feuchten Standorten. Im gemäßigten Klima weit verbreitet.
ÄHNLICHE ARTEN: Drei Formen des Erlenschüpplings werden teils als eigene Arten geführt: *P. flavida* und *P. pinicola* wachsen an Nadelbäumen; *P. salicicola* an Weiden, schmeckt bitter.

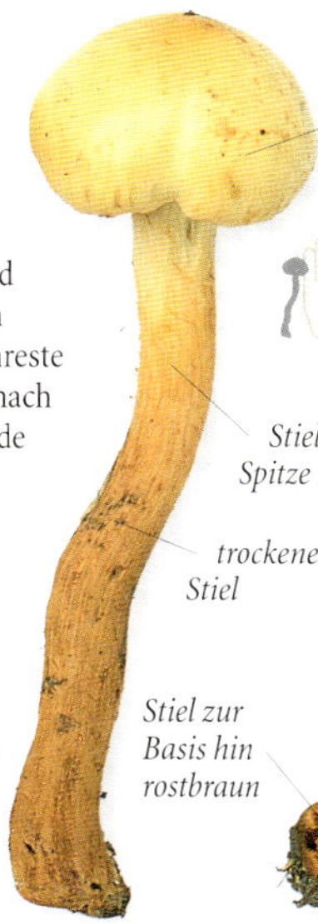

FRUCHTKÖRPER: In Büscheln auf Laubholz.

Maße		Sporen	Wert
Hut ↔ 3–7 cm	Stiel ↕ 8–15 cm ↔ 0,6–1 cm	braun	

Familie STROPHARIACEAE	Art *Pholiota gummosa*	Jahreszeit Herbst – Spätherbst

Strohblasser Schüppling

Die wichtigsten Merkmale dieser Art sind ein gewölbter, später flacher Hut, leicht beschuppt, strohgelb und ockergrün überhaucht; gelbe bis braune Lamellen; ein schmutzig gelber bis weißlicher, schuppiger Stiel. Der Hut ist bei Nässe schleimig und trocknet schnell aus. Das weiße bis gelbe Fleisch wird an der Stielbasis rostbraun und ist fast geruch- und geschmacklos.

VORKOMMEN: Oft an Straßenrändern, meist in waldigem Gelände. Im gemäßigten Klima weit verbreitet.

ÄHNLICHE ARTEN: *P. scamba*, ein kleinerer Schüppling an Nadelbäumen.

FRUCHTKÖRPER: In Scharen oder Büscheln auf Totholz.

Maße HUT ↔ 2 – 6 cm	STIEL ↕ 4 – 9 cm ↔ 0,4 – 1 cm	Sporen braun	Wert

Familie STROPHARIACEAE	Art *Pholiota lenta*	Jahreszeit Spätherbst

Tonblasser Schüppling

Kennzeichen dieser Art sind blassgelbe bis braune Lamellen sowie ein schmieriger Hut, bei Nässe schleimig und unregelmäßig mit weißen Hüllrestschuppen bedeckt. Der gewölbte, weißliche, blassgelbe oder -graue Hut hat normalerweise eine ganz glatte Oberfläche. Das ungenießbare, blasse Fleisch riecht nach Stroh und schmeckt mild.

VORKOMMEN: An Holzresten, typischerweise in Buchenwäldern, aber auch Begleiter anderer Laub-, seltener Nadelbäume. Im gemäßigten Klima der Nordhalbkugel weit verbreitet.

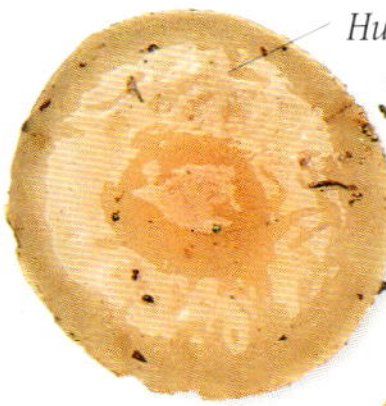

FRUCHTKÖRPER: Einzeln oder wenige zwischen Laubstreu.

Maße HUT ↔ 4 – 8 cm	STIEL ↕ 5 – 8 cm ↔ 0,7 – 1,2 cm	Sporen braun	Wert

Familie STROPHARIACEAE	Art *Pholiota highlandensis*	Jahreszeit fast ganzjährig

Kohlenschüppling

Charakteristisch für diesen fleischigen Pilz ist sein Auftreten an kalten Brandstellen, außerdem die orangebraune Färbung sowie der gewölbte bis etwas wellige, schleimige Hut. Sein trockener Stiel zeigt zur Basis hin eine Faserung. Das hellgelbe bis rostbraune, fast geruchlose Fleisch schmeckt mild, ist aber ungenießbar.
VORKOMMEN: An ehemaligen Brand- und Feuerstellen in Wäldern und Pflanzungen. Im gemäßigten Klima der Nordhalbkugel weit verbreitet.
ÄHNLICHE ARTEN: Auch andere Blätterpilze findet man an verkohlten Stellen, z. B. den Weißmilchenden Helmling (S. 137), meist kleiner, und den Kohlenabeling *(Myxomphalia maura)* mit dunklerem Hut.

FRUCHTKÖRPER: Gesellig oder in kleinen Büscheln.

Maße HUT ↔ 2–6 cm | STIEL ↕ 2–6 cm ↔ 0,4–1 cm	Sporen braun	Wert

Familie CORTINARIACEAE	Art *Hebeloma mesophaeum*	Jahreszeit Herbst – Spätherbst

Dunkelscheibiger Fälbling

Diese Art hat einen gewölbten bis breit gebuckelten, graubraunen Hut mit hellerem Rand und einen bräunlichen Stiel. Sie gehört zur Gruppe der Fälblinge mit sichtbaren Hüllenresten, hier in Form von feinen, weißlichen Fäden und Flecken im Hutrand- und oberen Stielbereich. Das blassbraune Fleisch riecht wie bei den meisten *Hebeloma*-Arten nach Rettich.
VORKOMMEN: Mykorrhizapilz von Bäumen in Mischwäldern, Parks und Gärten, manchmal an Brandstellen. Im gemäßigten Klima der Nordhalbkugel weit verbreitet und sehr häufig.
ÄHNLICHE ARTEN: Verwandte wie *H. candidipes* sind am besten durch mikroskopische Untersuchung zu unterscheiden.

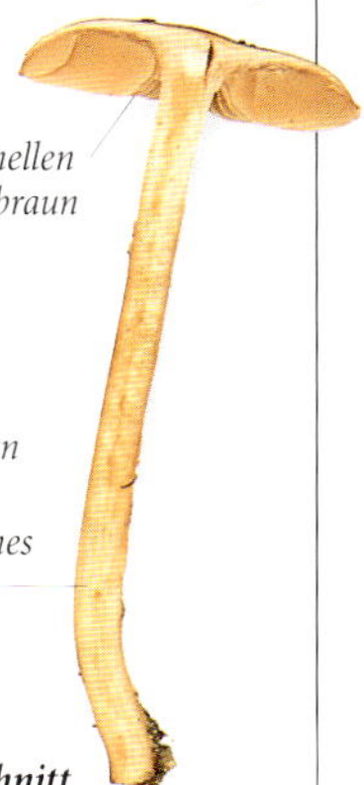

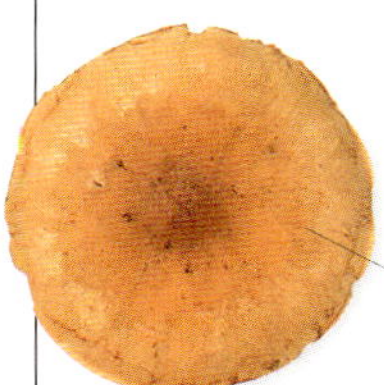

FRUCHTKÖRPER: Gesellig unter Laub- und Nadelbäumen.

Maße HUT ↔ 2–5 cm | STIEL ↕ 2–6 cm ↔ 3–7 mm	Sporen tabakbraun	Wert

Familie CORTINARIACEAE	Art *Gymnopilus penetrans*	Jahreszeit Herbst

Geflecktblättriger Flämmling

Der orangebraun gefärbte Pilz hat einen gewölbten, flachen oder gebuckelten Hut. Die Ringzone am helleren Stiel ist kaum erkennbar, die gelblichen Lamellen sind rostbraun gefleckt. Zwei Formen des Pilzes werden teils als eigene Arten, *G. hybridus* und *G. sapineus*, angesehen. Alle Flämmlinge leben auf Totholz oder Pflanzenresten, während die verwandten Schleierlinge (S. 69 ff.) Mykorrhizapilze sind.

VORKOMMEN: Auf Totholz, meist von Nadelbäumen, in Wäldern und Pflanzungen. Im gemäßigten Klima der Nordhalbkugel weit verbreitet.

ÄHNLICHE ARTEN: *G. picreus* mit dunklem Stiel; kräftig gelbe Lamellen.

FRUCHTKÖRPER: Meist in kleinen Gruppen oder einzeln.

Maße HUT ↔ 3 – 8 cm | STIEL ↕ 4 – 7 cm ↔ 0,4 – 1 cm	Sporen rostbraun	Wert

Familie COPRINACEAE	Art *Psathyrella piluliformis*	Jahreszeit Herbst

Wässriger Faserling

Die große Gattung *Psathyrella* umfasst hauptsächlich kleine braune Pilze, die schwer zu unterscheiden sind. Doch der Wässrige Faserling zeigt einige hilfreiche Charakteristika: Er erscheint in Büscheln und hat deutliche weiße, durch Sporen braun verfärbte Hüllenreste am Hutrand. Der gewölbte bis glockige Hut ist bei Nässe dunkel rotbraun, trocken hell gelbbraun. Für die endgültige Bestimmung sind jedoch Merkmale wie die Sporengröße nötig.

VORKOMMEN: In Wäldern an morschen Stümpfen von Laub-, seltener von Nadelbäumen. Im gemäßigten Klima weit verbreitet und häufig.

FRUCHTKÖRPER: In dichten Büscheln auf und bei Baumstümpfen.

Maße HUT ↔ 1,5 – 6 cm | STIEL ↕ 3 – 10 cm ↔ 3 – 9 mm	Sporen dunkel purpurbraun	Wert

Familie COPRINACEAE	Art *Psathyrella candolleana*	Jahreszeit Spätfrühling – Herbst

Behangener Faserling

Eine früh fruchtende Art und wohl eine der häufigsten innerhalb dieser schwer zu differenzierenden Gattung. Der Behangene Faserling hat einen gewölbten bis gebuckelten, gelbbraunen Hut, der beim Trocknen schnell elfenbeinfarben aufhellt. Die fädigen Hüllenreste am Hut verlieren sich mit dem Alter, die Oberfläche wird fast glatt. Trocken ist der Fruchtkörper extrem spröde. Reife Sporen färben die weißen Lamellen erst lila, dann braun.
VORKOMMEN: In Gärten, Parks und Wäldern, in der Nähe morscher Laubbäume. Im gemäßigten Klima der Nordhalbkugel weit verbreitet und häufig.
ÄHNLICHE ARTEN: Schmalblättriger Faserling *(P. spadiceogrisea)*; dunkler, im Spätfrühling und Frühsommer an Waldstraßen u. ä. Standorten.

FRUCHTKÖRPER: Gesellig an und bei morschem Holz.

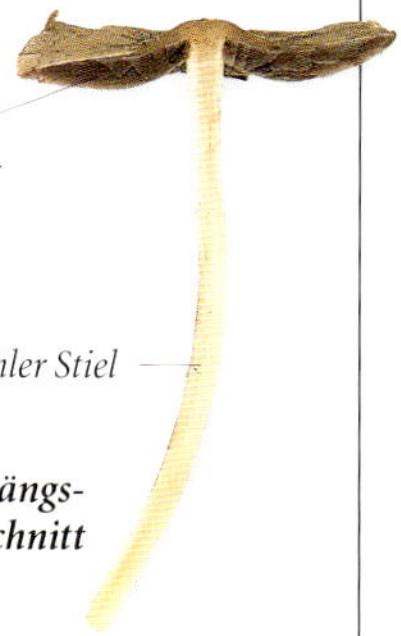

Maße HUT 1,5 – 7 cm | STIEL ↕ 3 – 9 cm ↔ 2 – 6 mm	Sporen bräunlich purpurn	Wert

Familie COPRINACEAE	Art *Panaeolus semiovatus*	Jahreszeit Spätfrühling – Herbst

Halbkugeliger Düngerling

Kennzeichnend für diese Art ist der ei- bis glockenförmige, weißliche oder beige Hut, der bei Nässe klebt und bei Trockenheit glänzt, oft auch runzelig wird. Der Rand kann glatt sein oder weiße Hüllenreste tragen. Der Stiel hat einen weißen Ring, meist von ausfallenden Sporen schwarz verfärbt. Das weiße bis blass strohgelbe Fleisch kann Halluzinogene enthalten.
VORKOMMEN: In Küstennähe auf Weiden, auf Dung oder Mist. Im gemäßigten Klima weit verbreitet und häufig.
ÄHNLICHE ARTEN: *P. antillarum* ist in seiner gesamten Erscheinung ähnlich, aber ohne Stielring.

FRUCHTKÖRPER: Einzeln oder zu wenigen auf Dung.

Maße HUT 1 – 6 cm | STIEL ↕ 6 – 10 cm ↔ 3 – 5 mm	Sporen schwarz	Wert

Familie	Art	Jahreszeit
Bolbitiaceae	*Conocybe arrhenii*	Spätsommer – Spätherbst

Beringter Glockenschüppling

Dies ist die häufigste Art einer Untergruppe der Samthäubchen *(Conocybe)*, Glockenschüpplinge *(Pholiotina)* genannt. Dazu zählt eine Reihe sehr ähnlicher, am besten durch die Sporen zu unterscheidender Arten, vermutlich alle giftig. Sie haben schuppige Hüllenreste am Hutrand oder einen lose angehefteten Stielring, der leicht abfällt. Die recht eng stehenden, angehefteten Lamellen sind oft weiß gerandet.
VORKOMMEN: Meist auf nährstoffreichen, aber beeinträchtigten Böden; oft zusammen mit anderen Samthäubchen, Schirmlingen und Faserlingen. In Asien und Europa weit verbreitet; weltweite Verbreitung unklar.
ÄHNLICHE ARTEN: *C. blattaria* und *C. percincta* haben zweisporige Basidien; die von *C. arrhenii* sind viersporig.

FRUCHTKÖRPER: Oft einzeln oder zu wenigen an Straßen- und Wegrändern.

Maße	Sporen	Wert
Hut ⊕ 1–3 cm | Stiel ↕ 1,5–5 cm ↔ 1,5–3 mm	rostbraun	☠

Familie	Art	Jahreszeit
Tricholomataceae	*Cystoderma terrei*	Herbst

Ziegelroter Körnchenschirmling

Hauptmerkmale dieser Art sind der gewölbte bis gebuckelte, ziegelrote Hut mit mehliger Oberfläche sowie der keulenförmige, unten rot beschuppte Stiel. Die angehefteten Lamellen stehen recht eng und sind, wie der Blick durch eine Lupe zeigt, bewimpert. Unterm Mikroskop werden an den Schneiden Cystiden (sterile Zellen zwischen den Basidien) sichtbar.
VORKOMMEN: In Wäldern und Schonungen auf humusreichen, sauren Böden. In Europa weit verbreitet, auch in Japan auftretend; weltweite Verbreitung ungeklärt.
ÄHNLICHE ARTEN: An entsprechenden Standorten kommen ähnliche Körnchenschirmlinge vor. *C. granulosum* ist eher schmutzig rostbraun gefärbt, *C. adnatifolium* dagegen heller und hat keine Cystiden.

FRUCHTKÖRPER: Einzeln oder zu wenigen.

Maße	Sporen	Wert
Hut ⊕ 2–8 cm | Stiel ↕ 3–7 cm ↔ 4–8 mm	weißlich	(ungenießbar)

Familie	Art	Jahreszeit
TRICHOLOMATACEAE	*Cystoderma amianthinum*	Herbst

Amiant-Körnchenschirmling

Der kleine, ockergelbe Pilz hat einen glockigen bis flachen Hut mit mehliger Oberfläche und fransigem Rand. Der Stiel ist unter dem kurzlebigen Ring mehlig bzw. körnig. Die eng stehenden, angehefteten, weißen Lamellen werden im Alter cremegelb, das modrig riechende, dünne Fleisch ist blassgelb. Die *Cystoderma*-Arten lassen sich am besten mikoskopisch anhand der Sporengrößen identifizieren; die von *C. amianthinum* sind im Schnitt 6 x 3 µm groß.
VORKOMMEN: Unterschiedliche Standorte: im Moos in Wäldern, bei Weiden, zwischen Gräsern oder Farnen. Im gemäßigten Klima weit verbreitet und häufig.
ÄHNLICHE ARTEN: *C. jasonis* ist dunkler, mit rauerer Hutoberfläche; seine Sporen sind größer (7 x 4 µm). Andere verwandte Arten unterscheiden sich durch robustere, dauerhafte Stielringe oder eine lila Färbung an der Stielspitze.

FRUCHTKÖRPER: Einzeln oder zu wenigen zwischen Moos an feuchten, sauren Waldstandorten.

Maße	Sporen	Wert
HUT ⊕ 1 – 4 cm | STIEL ↕ 2,5 – 6 cm ↔ 3 – 7 mm	weißlich	

Familie	Art	Jahreszeit
TRICHOLOMATACEAE	*Cystoderma carcharias*	Herbst – Spätherbst

Starkriechender Körnchenschirmling

Neben der rosagrauen Färbung von Hut und Stiel fällt bei dieser Art der deutlich manschettenartige, rosagraue Stielring auf. Hut- und Stieloberfläche sind wie bei den anderen Körnchenschirmlingen feinkörnig. Die angehefteten, weißen Lamellen stehen recht weit. Das weiße Fleisch riecht aufdringlich ranzig.
VORKOMMEN: In Laub- und Nadelwäldern sowie auf Heideland. In Teilen des gemäßigten Klimas weit verbreitet, aber vielerorts seltener als der Amiant-Körnchenschirmling (oben).
ÄHNLICHE ARTEN: *C. ambrosii* hat fast reinweiße Fruchtkörper, die mit dem Alter leicht braun werden. Die Fruchtkörper von *C. fallax* sind gelbbraun.

FRUCHTKÖRPER: In kleinen Gruppen oder einzeln, auf sauren Böden und Humus zwischen Streu und Moos.

Maße	Sporen	Wert
HUT ⊕ 2 – 5 cm | STIEL ↕ 4 – 8 cm ↔ 2 – 7 mm	weißlich	

Mit faserigem Hut und dunklen Sporen

Die Blätterpilze dieser Untergruppe zeichnet neben den angewachsenen bis angehefteten Lamellen (S. 56) eine deutlich faserige oder schuppige Hutoberfläche aus. Alle haben zudem Sporenlager in dunklen Brauntönen; Arten mit rostbraunen Sporen dagegen sind auf S. 69 – 77 beschrieben. Die hier vorgestellten Arten gehören überwiegend zur Gattung der Risspilze *(Inocybe)*; sie weisen nur zum Teil Hüllenreste auf. Die Arten ohne Hüllenreste haben stattdessen feine Härchen aus so genannten Cystiden (sterile Zellen), die den ganzen Stiel bedecken. Um diese zu erkennen, benötigt man eine Lupe.

Familie	Art	Jahreszeit
CORTINARIACEAE	*Inocybe haemacta*	Herbst

Grünroter Risspilz

Die Fruchtkörper dieser Art zeigen deutliche Grüntöne – bei den gewöhnlich matt gefärbten Risspilzen eine Ausnahme. Der gewölbte bis gebuckelte, graue bis grünlich braune Hut ist in der Mitte faserig oder schuppig. Der Hut und das blassgraue Fleisch werden im Alter röter. Der grünlich graue Stiel ist zur Basis hin faserig, an der Spitze heller und mehlig bereift. Der Pilz riecht nach Urin oder Stall.

VORKOMMEN: Mykorrhizapilz von Laubbäumen auf nährstoffreichen Böden, in Parks und Wäldern, an Straßenrändern. In Europa weit verbreitet, aber lokal begrenzt bis selten.

ÄHNLICHE ARTEN: Grünspitziger Risspilz *(I. corydalina)*; er riecht nach Apfelwein oder gekochten Birnen.

Längsschnitt

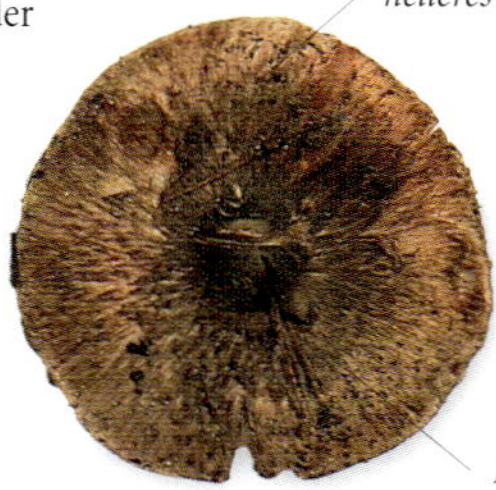

FRUCHTKÖRPER: Einzeln oder zu wenigen.

Maße	Sporen	Wert
HUT ⊕ 3 – 6,5 cm | STIEL ↕ 2 – 8 cm ↔ 4 – 6 mm	tabakbraun	☠

Familie	Art	Jahreszeit
CORTINARIACEAE	*Inocybe erubescens*	Frühling – Herbst

Ziegelroter Risspilz

Wegen der Verwechslungsgefahr mit Speisepilzen (vgl. ÄHNLICHE ARTEN) sollte man diesen fleischigen Giftpilz kennen. Besonderes Kennzeichen ist, neben dem frühen Erscheinen, dass sich der Fruchtkörper bei Berührung sowie im Alter rot verfärbt. Der glockenförmige bis breit kegelige oder gebuckelte Hut ist auf der Oberfläche deutlich radial gefasert. Der gedrungene, stämmige Stiel ist selten länger als der Hutdurchmesser und oben mehlig bereift.

VORKOMMEN: Mykorrhizapilz der Buche und Linde, auf Ton- oder Kalkböden. In Europa und Teilen Asiens weit verbreitet, aber nur örtlich häufig.

ÄHNLICHE ARTEN: Wurde schon öfter mit essbaren Pilzen wie dem Mairitterling (S. 58) verwechselt. Auch der Weißrosa Risspilz *(I. pudica)* verfärbt sich rot, ist aber schlanker und weißer.

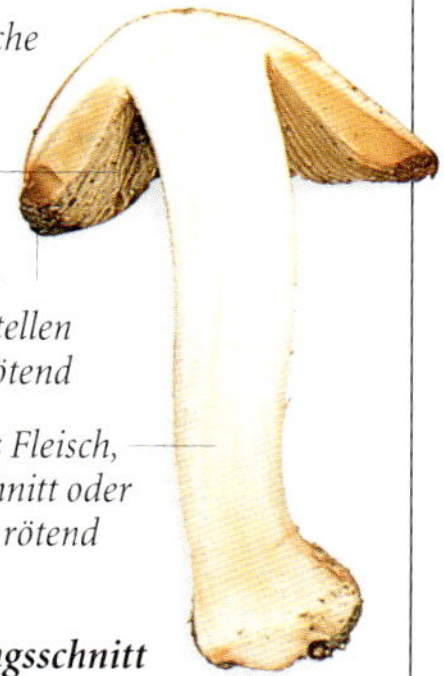

FRUCHTKÖRPER: Gesellig auf fruchtbaren Böden.

Maße	Sporen	Wert
HUT ↔ 3–9 cm | STIEL ↕ 4–7 cm ↔ 1–2 cm	tabakbraun	☠

Familie	Art	Jahreszeit
CORTINARIACEAE	*Inocybe godeyi*	Herbst

Rötender Risspilz

Der kegelige bis glockenförmige Hut dieser Art ist zunächst cremeweiß bis blassocker, später hell orangerot. Der weißliche, fein mehlig bereifte Stiel hat eine knollige Basis; er zeigt mit dem Alter zunehmend Rottöne, ebenso wie das leicht duftende Fleisch.

VORKOMMEN: Mykorrhizapilz von Laubbäumen, v. a. der Buche, auf basischen Böden. In Europa weit verbreitet, aber nur örtlich häufig.

ÄHNLICHE ARTEN: Der Weißrosa Risspilz *(I. pudica)*, weiß und im Alter blassrosa, hat keine Stielknolle.

FRUCHTKÖRPER: Meist zu wenigen, oft neben Wegen.

Maße	Sporen	Wert
HUT ↔ 1,5–5 cm | STIEL ↕ 2–7 cm ↔ 3–6 mm	tabakbraun	☠

Familie CORTINARIACEAE	Art *Inocybe geophylla*	Jahreszeit Herbst

Erdblättriger Risspilz

Dieser Pilz riecht stark spermaartig und hat einen kegeligen bis gebuckelten, seidigen, gestreiften Hut. Der obere Stielteil ist mehlig bereift, der untere mehr faserig; keine Stielknolle. Er zählt zu den häufigsten Risspilzen und kommt in zwei Farbvarianten vor: weiß, manchmal orange getönt, sowie lila mit braunen Lamellen.
VORKOMMEN: Mykorrhizapilz von Laub- und Nadelbäumen; zwischen Kiefernnadeln oder auf nährstoffreichem, oft nacktem Boden, z. B. an Gräben und Wegrändern. Im gemäßigten Klima weit verbreitet und häufig.
ÄHNLICHE ARTEN: Wolliger Risspilz *(L. sindonia)*, ebenfalls weiß, robuster; Nadelbaumbegleiter. Andere helle Arten sind meist größer oder stärker befasert bzw. beschuppt.

Lila Form

Längsschnitt

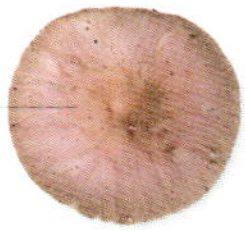

Weiße Form

FRUCHTKÖRPER: In Gruppen bei Bäumen.

Maße HUT ↔ 1–4 cm | STIEL ↕ 2–5 cm ↔ 3–5 mm	Sporen braun	Wert ☠

Familie CORTINARIACEAE	Art *Inocybe rimosa*	Jahreszeit Sommer – Herbst

Strohgelber Risspilz

Dieser häufige, variable Risspilz hat einen spitzen Hut mit rauer, radial verlaufender Faserung und einem im Alter nach oben gerichteten Rand, der leicht einreißt. Er ist mehr oder weniger gelb gefärbt. Der Stiel ist oben fein mehlig, an der Basis breiter, aber nicht knollig. Die Lamellen sind meist gelb überhaucht.
VORKOMMEN: Mykorrhizapilz, meist von Laubbäumen, auf besseren Böden an Waldschneisen. Im gemäßigten Klima der Nordhalbkugel weit verbreitet und häufig.
ÄHNLICHE ARTEN: Gefleckter Risspilz *(I. maculata)*, ebenfalls häufig, rötlich brauner Hut mit weißlichen Flecken; Stiel heller, teils mit kleiner Basalknolle. Es gibt Hunderte von weiteren *Inocybe*-Arten, sie können nur anhand spezieller Fachliteratur genau identifiziert werden.

Längsschnitt

FRUCHTKÖRPER: Meist in kleinen Gruppen auf dem Boden.

Maße HUT ↔ 3–7 cm | STIEL ↕ 6–10 cm ↔ 0,5–1 cm	Sporen tabakbraun	Wert ☠

Familie CORTINARIACEAE	Art *Inocybe griseolilacina*	Jahreszeit Herbst

Grauvioletter Risspilz

Kleine braune Schuppen bedecken den gewölbten, ockerbraunen Hut dieser Art. Der schuppige, faserige Stiel ist blasslila, auch der Hut kann lila überhaucht sein; keine Stielknolle.
VORKOMMEN: Mykorrhizapilz von Laubbäumen auf besseren Böden, oft entlang Straßenrändern, wie andere nahe Verwandte. Im gemäßigten Klima weit verbreitet, die genaue Verteilung ist unbekannt.
ÄHNLICHE ARTEN: Braunvioletter Risspilz *(I. cincinnata)* mit dunklerem Hut, Stiel oben stärker lila; *I. pusio*, ebenfalls lila Stielfärbung, aber Hut weniger beschuppt.

FRUCHTKÖRPER: In Scharen oder kleinen Gruppen.

Maße HUT ↔ 0,8 – 4 cm | STIEL ↕ 4 – 7 cm ↔ 2 – 6 mm	Sporen braun	Wert ☠

Familie CORTINARIACEAE	Art *Inocybe lacera*	Jahreszeit Frühjahr – Herbst

Struppiger Risspilz

Feine Fasern und Schuppen bedecken den gewölbten Hut des matt- bis dunkelbraunen Pilzes. Junge Exemplare zeigen am Hutrand Hüllenreste. Der braunfaserige Stiel hat keine Basalknolle. Das spermaartig riechende Fleisch ist typischerweise im Hut blass und wird zur Stielbasis hin dunkler. Die wichtigsten Merkmale dieser variablen Art sieht man nur unterm Mikroskop: glatte, zylindrische Sporen sowie dickwandige Cystiden.
VORKOMMEN: Mykorrhizapilz verschiedener Bäume, auch von Weiden und Nadelbäumen. Im gemäßigten Klima weit verbreitet und häufig.
ÄHNLICHE ARTEN: *I. lanuginosa* hat einen wolligeren Stiel und Sporen mit Knötchen.

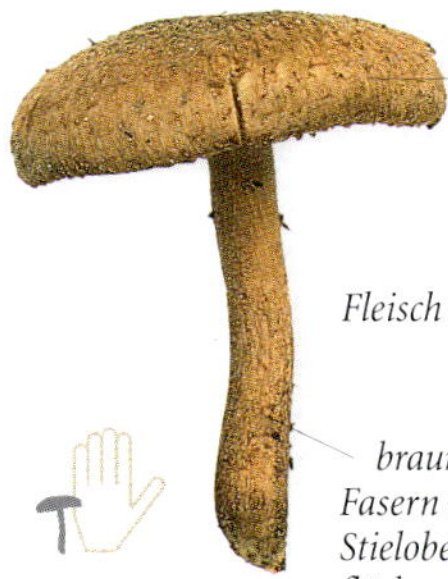

FRUCHTKÖRPER: Zu wenigen oder gesellig, oft auf magerem Boden.

Maße HUT ↔ 1 – 4,5 cm | STIEL ↕ 2,5 – 6 cm ↔ 2 – 6 mm	Sporen tabakbraun	Wert ☠

Familie CORTINARIACEAE	Art *Inocybe asterospora*	Jahreszeit Herbst

Sternsporiger Risspilz

Kennzeichen dieser Art sind: eine deutliche flache Basisknolle am schlanken, mehlig bereiften Stiel und ein leicht gebuckelter, heller Hut, der dick mit radialen, rotbraunen Fasern bedeckt ist. Unterm Mikroskop sieht man sternförmige Sporen. Die Sporen der Risspilze sind gewöhnlich glatt oder knotig-eckig; die „Sterne" sind eine extreme Ausprägung des eckigen Typs.
VORKOMMEN: Mykorrhizapilz von Laubbäumen, besonders an Haselnuss und Buche, oft auf nacktem Boden wachsend. Im gemäßigten Klima weit verbreitet, Verteilung nicht genau bekannt.
ÄHNLICHE ARTEN: Auch *L. margaritispora* hat Sternsporen, aber einen gelblicheren Hut. Der kleinere *L. napipes* hat nur eine undeutliche Basisknolle und Knötchensporen.

FRUCHTKÖRPER: Einzeln oder zu wenigen.

Maße Hut ↔ 3–7 cm | Stiel ↕ 4–9 cm ↔ 0,5–1,2 cm	Sporen tabakbraun	Wert ☠

Familie COPRINACEAE	Art *Lacrymaria velutina*	Jahreszeit Herbst

Tränender Saumpilz

Der gewölbte oder gebuckelte Hut dieser Art ist bräunlich grau bis ocker mit filziger Oberfläche. Der faserige, zerbrechliche Stiel zeigt eine ähnliche Farbe. An den Schneiden junger Lamellen kann man die namengebenden milchartigen Tröpfchen sehen; sie füllen sich mit Sporen und trocknen als schwarze Flecken auf den anfangs grauen, angewachsenen Lamellen.
VORKOMMEN: Saprophyt; auf nährstoffreichen, gestörten Böden. Im gemäßigten Klima der Nordhalbkugel weit verbreitet.
ÄHNLICHE ARTEN: Es gibt mehrere ähnliche Verwandte, wie *L. glareosa* und *L. pyrotricha.* Sie lassen sich anhand ihrer Größe, Hutfarbe und Sporeneigenschaften unterscheiden.

FRUCHTKÖRPER: In großen Scharen an Wegrändern, oft in der Nähe von Brennnesseln.

Maße Hut ↔ 2–10 cm | Stiel ↕ 4–12 cm ↔ 0,5–2 cm	Sporen schwarz	Wert 🍴

Mittelgroß mit glattem Hut

Die Arten dieser Untergruppe haben angewachsene, angeheftete oder ausgebuchtete Lamellen (s. S. 15 und 56); sie eint eine bestimmte Größenkategorie sowie ein offensichtliches Merkmal: die glatte Hutoberfläche. „Mittelgroß“ bezieht sich auf die Fruchtkörper, die in der Regel einen Hutdurchmesser von 1,5 bis 6 cm erreichen. Die Sporenlagerfarbe der hier vorgestellten Arten variiert stark, je nach Gattung: von Weiß oder Cremetönen bei Saftlingen *(Hygrocybe)* und Rüblingen *(Collybia)* über das Rosa der Rötlinge *(Entoloma)* bis hin zu den schwärzlichen Sporen von Faserlingen *(Psathyrella)*.

Familie HYGROPHORACEAE	Art *Hygrocybe calyptraeformis*	Jahreszeit Herbst

Rosenroter Saftling

Der zierliche, zerbrechliche, dunkelrosa Fruchtkörper dieser seltenen Art ist kaum zu verwechseln. Der anfangs kegelige Hut schirmt im Lauf der Reife voll auf, wobei er teils radial einreißt. Der Stiel ist sehr brüchig und lässt sich schwer aus dem Boden ziehen. Das blassrosa bis weiße Fleisch schmeckt mild. Ob man es allerdings unbedenklich essen kann, ist ungeklärt; doch man sollte den seltenen Pilz ohnehin schonen.

VORKOMMEN: Auf eingewachsenem, naturnahem, ungedüngtem Grünland, oft auf basischen Böden. In ganz Europa verbreitet, auch auf den Nordatlantischen Inseln zu finden.

Ähnliche Arten: Der seltene *H. spadicea*, dunkelhütig mit gelben Lamellen, ist die einzige *Hygrocybe*-Art, deren Hut ebenso stark aufschirmt und reißt wie beim Rosenroten Saftling. Der Gelbgrüne Saftling *(H. citrinovirens)* ist in der Form ähnlich, aber gelbgrün und orange. Der Kegelige Saftling (S. 104) wird im Alter schwärzlich.

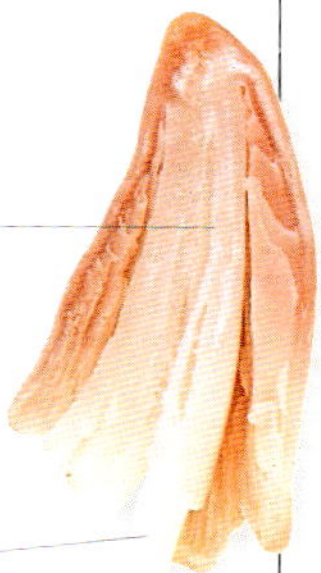

Längsschnitt

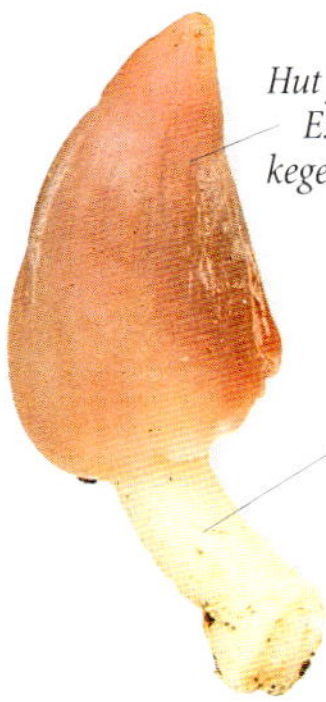

Fruchtkörper: In Grüppchen zwischen Gras und Moos.

Maße HUT ↔ 3–7 cm | STIEL ↕ 5–10 cm ↔ 0,5–1 cm	Sporen weiß	Wert

Familie HYGROPHORACEAE	Art *Hygrocybe conica*	Jahreszeit Sommer – Spätherbst

Kegeliger Saftling

Dieser Pilz hat einen kegeligen, trockenen, faserigen Hut sowie einen gelben bis roten, längsstreifig gefaserten Stiel. Ansonsten kann die Art in Farbe, Größe und Form stark variieren, auch ihre Lebensräume sind weiter gestreut als bei anderen *Hygrocybe*-Arten (teils wird angeregt, *H. conica* in verschiedene Arten und Varietäten aufzuteilen). Der leicht giftige Pilz verfärbt sich im Alter oder bei Berührung schwarz.
VORKOMMEN: An Stellen mit Graswuchs, mit Ausnahme stark gedüngter Flächen. Im gemäßigten Klima der Nordhalbkugel weit verbreitet und häufig.
ÄHNLICHE ARTEN: *H. persistens* hat oft einen mehr glänzenden Hut und verfärbt sich nicht schwarz.

FRUCHTKÖRPER: Meist in kleinen Gruppen.

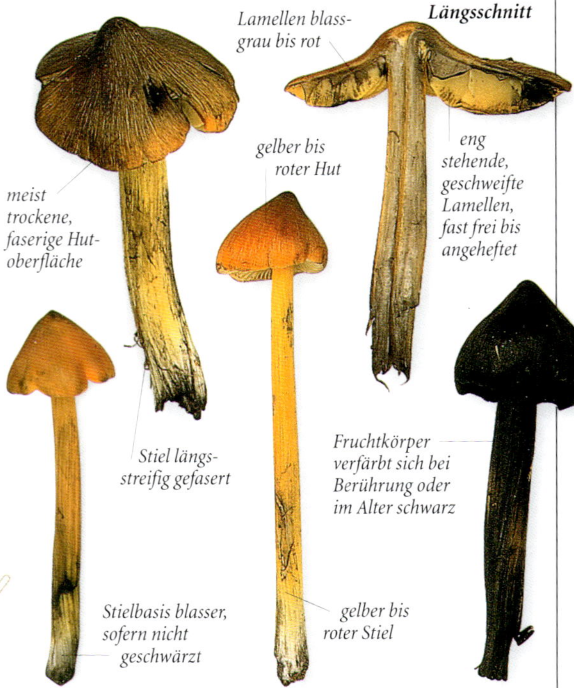

Maße HUT ↔ 1–5 cm | STIEL ↕ 2–10 cm ↔ 0,4–1,5 cm	Sporen weiß	Wert ☠

Familie HYGROPHORACEAE	Art *Hygrocybe chlorophana*	Jahreszeit Herbst – Spätherbst

Stumpfer Saftling

Der recht große Saftling hat einen schleimigen, gewölbten bis abgeflachten Hut. Er kann kräftig orange bis zartgelb gefärbt sein, im Alter gräulich gelb, und hat einen gerieften Rand. Der Stiel ist zuweilen schleimig, oben jedoch meist pulvrig. Das blassgelbe Fleisch schmeckt mild.
VORKOMMEN: Auf naturnahem Grünland, meist mit anderen Saftlingen. Im gemäßigten Klima der Nordhalbkugel weit verbreitet und häufig.
ÄHNLICHE ARTEN: Zerbrechlicher Saftling *(H. ceracea)*, kleiner, Hut weniger schleimig, angewachsene oder herablaufenden Lamellen. Ebensolche Lamellen hat der noch kleinere *H. glutinipes*, an Hut wie Stiel stark schleimig.

FRUCHTKÖRPER: In Scharen und Hexenringen.

Maße HUT ↔ 1,5–7 cm | STIEL ↕ 2,5–10 cm ↔ 3–8 mm	Sporen weiß	Wert

Familie Hygrophoraceae	Art *Hygrocybe coccinea*	Jahreszeit Spätsommer – Spätherbst

Kirschroter Saftling

Die leicht körnige Oberfläche des glockigen, trockenen Huts, der bei Nässe klebrig wird, und angewachsene Lamellen helfen den Pilz von anderen roten Saftlingen zu unterscheiden. Kleine, stärker orange Formen dieser Art sind allerdings schwerer zu identifizieren; dazu bedarf es eines Mikroskops sowie spezieller Fachliteratur. Geruch und Geschmack sind nur schwach ausgeprägt; kein guter Speisepilz.
VORKOMMEN: Auf unterschiedlichen naturnahen Grünlandstandorten. Im gemäßigten Klima der Nordhalbkugel weit verbreitet und recht häufig.
ÄHNLICHE ARTEN: Granatroter (S. 56) und Prächtiger Saftling *(H. splendidissima)* sind fleischiger und haben angeheftete Lamellen. Letzterer hat einen fast glatten Stiel und riecht honigartig.

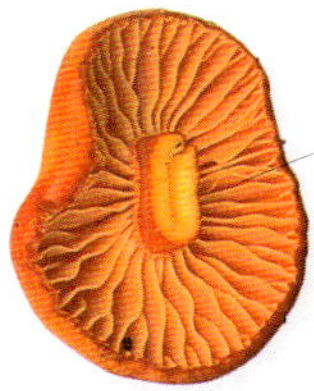

FRUCHTKÖRPER: Gesellig oder in kleinen Gruppen.

Maße Hut ⟷ 1,5 – 6 cm | Stiel ↕ 4 – 8 cm ⟷ 0,4 – 1 cm	Sporen weiß	Wert

Familie Hygrophoraceae	Art *Hygrocybe psittacina*	Jahreszeit Sommer – Spätherbst

Papageiensaftling

Diese Art ist zwar auffällig bunt, jedoch aufgrund der je nach Alter stark wechselnden Färbung nicht ganz leicht zu identifizieren. Der gewölbte oder glockige Hut, jung tief flaschengrün, zeigt mit dem Alter purpurne, orange und gelbe Töne. Der gelbe Stiel ist blaugrün überhaucht. Der fast geruchlose, ungenießbare Pilz hat, besonders im Jugenstadium, eine schleimige Oberfläche.
VORKOMMEN: Auf naturnahen Wiesen, an Straßenrändern und auf nährstoffreichen Waldböden, zusammen mit Erdzungen (S. 242) und kleinen Keulenpilzen (S. 240). Im gemäßigten Klima der Nordhalbkugel weit verbreitet und häufig.
ÄHNLICHE ARTEN: Die Varietät *H. psittacina* var. *perplexa*, teils als eigenständige Art angesehen, hat keinerlei Grüntöne, sondern ist mehr oder weniger ziegelrot.

FRUCHTKÖRPER: In kleinen Gruppen, meist in Wiesen.

Maße Hut ⟷ 1 – 4 cm | Stiel ↕ 3 – 7 cm ⟷ 4 – 8 mm	Sporen weiß	Wert

Familie HYGROPHORACEAE	Art *Hygrophorus eburneus*	Jahreszeit Herbst – Frühwinter

Elfenbeinschneckling

Bei feuchter Witterung tropft Schleim vom gewölbten bis abgeflachten, weißen Hut dieses Pilzes. Auch der Stiel ist weiß und schleimig; Hut wie Stiel verfärben mit der Zeit gelblich. Die dicken Lamellen sind wachsartig. Das weiße Fleisch riecht aromatisch, ist aber kein Genuss.
VORKOMMEN: Mykorrhizapilz der Buche auf fruchtbaren Böden. Wo in den gemäßigten Breiten der Nordhalbkugel Buchen wachsen, weit verbreitet.
ÄHNLICHE ARTEN: *H. discoxanthus* verfärbt sich tief orange.

FRUCHTKÖRPER: In kleinen Büscheln zwischen Falllaub.

Maße HUT 3 – 8 cm | STIEL 4 – 10 cm ↔ 0,5 – 1 cm	Sporen weiß	Wert

Familie BOLBITIACEAE	Art *Agrocybe pediades*	Jahreszeit Sommer – Herbst

Trockener Ackerling

Normalerweise ist der leicht gewölbte, gelblich ockerfarbene Hut dieser unauffälligen Art völlig glatt und ohne Hüllenreste. Der zylindrische Stiel ist fest, das blasse Fleisch riecht und schmeckt mehlig. Einige Experten unterteilen diesen Pilz in verschiedene Arten, hauptsächlich anhand des Standorts und mikroskopischer Merkmale wie Sporengröße.
VORKOMMEN: Typischerweise in Rasen und anderen Grasflächen, er kann aber auch in Mulch wachsen, der Pferdemist enthält. Im gemäßigten Klima weit verbreitet und häufig.
ÄHNLICHE ARTEN: *A. arvalis* mit flaumigem Stiel, der einem schwarzen Sklerotium entspringt; *A. dura* ist blasser und fleischiger, mit Hülle am Hutrand.

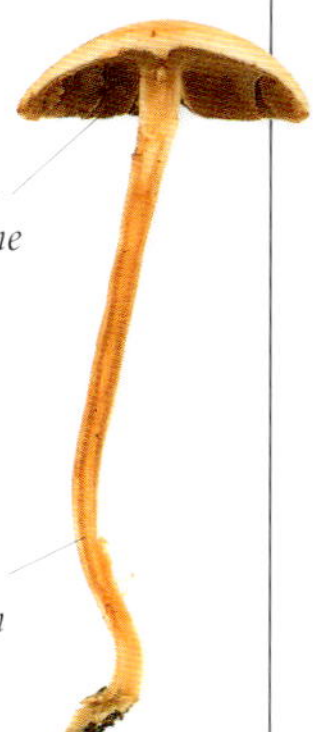

FRUCHTKÖRPER: Einzeln oder in Scharen.

Maße HUT 1 – 3,5 cm | STIEL 2,5 – 5 cm ↔ 3 – 5 mm	Sporen tabakbraun	Wert

Familie	Art	Jahreszeit
Coprinaceae	*Panaeolus papilionaceus*	Sommer – Spätherbst

Behangener Düngerling

Charakteristisch für diesen Pilz sind dreieckige Hüllrestfetzen am Hutrand. Der gewölbte oder glockenförmige Hut ist dunkelgrau bis bräunlich grau, im Alter teils verblassend, sodass dann die dunkelbraunen Stiele im Kontrast dazu stehen. Ungleichmäßige Sporenreife lässt die Lamellen marmoriert erscheinen – typisch für *Panaeolus*-Arten. Das Fleisch ist im Stiel dunkelbraun, im Hut heller und fast geruchlos. Eine Form mit einem stark geaderten Hut wurde früher als separate Art, *P. retirugis*, geführt. Wegen kontroverser Angaben zur Giftigkeit gilt: keine Experimente!

VORKOMMEN: Auf altem Mist und in gedüngten Weiden. Im gemäßigten Klima der Nordhalbkugel weit verbreitet.

FRUCHTKÖRPER: Einzeln oder zu wenigen auf Dung.

Maße	Sporen	Wert
Hut ↔ 1–4 cm | Stiel ↕ 4–10 cm ↔ 2–3 mm	schwarz	☠

Familie	Art	Jahreszeit
Strophariaceae	*Psilocybe cyanescens*	Herbst – Frühwinter

Blauender Kahlkopf

Dieser halluzinogene Blätterpilz hat einen flachen, bei Nässe schmierigen Hut mit welligem Rand. Zunächst rötlich lederfarben, trocknet er zu cremeocker und verfärbt sich an Druckstellen dunkelblau; ebenso der weißliche bis graue Stiel, der keinen Ring aufweist. Oft sind einige Stiele an der Basis verwachsen. Das weiße Fleisch riecht leicht mehlig.

VORKOMMEN: Auf gestörten oder bearbeiteten Böden, z. B. auf Beetmulch mit Holzhäcksel, v. a. von Nadelholz. Im gemäßigten Klima der Nordhalbkugel weit verbreitet, aber nur regional häufig.

ÄHNLICHE ARTEN: Der Blaustielkahlkopf (*P. caerulipes*) hat elliptische Sporen, die des Blauenden Kahlkopfs sind flach elliptisch. *Hypholoma myosotis* verfärbt sich nicht.

FRUCHTKÖRPER: In Scharen oder Büscheln.

Maße	Sporen	Wert
Hut ↔ 2–4 cm | Stiel ↕ 3–6 cm ↔ 3–8 mm	dunkel purpurbraun	☠

Familie TRICHOLOMATACEAE	Art *Macrocystidia cucumis*	Jahreszeit Spätsommer – Herbst

Gurkenschnitzling

Der Pilz hat einen strengen, ranzigen Geruch, der an Gurken oder Salzheringe erinnert. Ein weiteres Merkmal ist der dunkel- oder orangebraune, faserige Hut mit blassgelbem Rand. Auch der recht zähe Stiel, unten dunkel und zur Spitze hin blasser, zeigt dichte Befaserung. Die Sporenfarbe, ein dunkles Rostocker, ist für diese Familie ungewöhnlich.
VORKOMMEN: In Gärten und Parks oder im Wald an Gräben und Straßen; auf nährstoffreichen Böden, gemischt mit Blattstreu oder Sägespänen. Im gemäßigten Klima der Nordhalbkugel weit verbreitet, aber nur regional häufig.

FRUCHTKÖRPER: Zu wenigen oder gesellig.

Maße HUT ⊕ 0,5 – 5 cm | STIEL ↕ 3 – 7 cm ↔ 2 – 5 mm	Sporen rost-ocker oder weißlich	Wert

Familie COPRINACEAE	Art *Psathyrella multipedata*	Jahreszeit Herbst

Büscheliger Faserling

Unter den kleinen braunen *Psathyrella*-Arten ist dies eine der wenigen mit eindeutigen Merkmalen. Der glockige bis kegelige, grau- oder rotbraune Hut des büschelig wachsenden Pilzes ist vom Rand her bis auf halbem Weg zur Mitte gerieft. Er trocknet blass gelbbraun und lässt keine Hüllenreste erkennen. Bis zu 80 der glatten, weißen Stiele sind an der Basis zusammengewachsen und reichen wurzelähnlich tief in die Erde.
VORKOMMEN: Auf nährstoffreichen Lehm- oder Tonböden, oft in städtischen Räumen an Straßenrändern und in Stadtparks. In Europa weit verbreitet.
ÄHNLICHE ARTEN: Wässriger Faserling (S. 94). Andere büschelige, in offenem Gelände vorkommende Blätterpilze wie die Raslinge (S. 41, 132) haben alle weiße Sporenlager.

FRUCHTKÖRPER: In dichten Büscheln, im Rasen „wurzelnd“.

Maße HUT ⊕ 0,8 – 4 cm | STIEL ↕ 8 – 14 cm ↔ 2 – 4 mm	Sporen bräunlich schwarz	Wert

Familie Coprinaceae	Art *Psathyrella conopilus*	Jahreszeit Spätsommer – Spätherbst

Lederbrauner Faserling

Mit ihrer anmutigen Statur, dem dunkel rötlich braunen Hut und dem zerbrechlichen Stiel bietet diese Faserling-Art ein recht eindeutiges Bild. Der kegelige, glatte Hut ist am Rand gerieft. Unterm Mikroskop sind auf der Hutoberfläche und im dünnen Fleisch dickwandige, dunkle Haare erkennbar, die man bei anderen Arten dieser Gattung nicht findet.

VORKOMMEN: An Straßen- und Waldrändern sowie in Parks auf gestörten Böden, besonders zwischen Holzhäcksel und Schutt. In Europa weit verbreitet und häufig.

ÄHNLICHE ARTEN: Eine Reihe verwandter Arten ist kleiner, heller und oft rosa getönt. *P. ammophila* wächst auf Sanddünen und ist in diesem Lebensraum einer der häufigsten Lamellenpilze.

FRUCHTKÖRPER: Verstreut oder in Scharen.

Maße Hut ⊕ 2–6 cm | Stiel ↕ 9–19 cm ↔ 2–3 mm	Sporen schwarz	Wert

Familie Entolomataceae	Art *Entoloma cetratum*	Jahreszeit Frühsommer – Spätherbst

Ockerblättriger Rötling

Die anmutige Art erkennt man an ihrer warmen honigbraunen Farbe, dem deutlich gestreiften Hut und der schlanken Gestalt. Der Hut ist glockig bis gewölbt, der Stiel fein gefasert. Eine mikroskopische Untersuchung zeigt zweisporige Basidien. Diese und ähnliche *Entoloma*-Arten werden manchmal auch als eigene Gattung oder Untergattung namens *Nolanea* klassifiziert.

VORKOMMEN: Unter Nadelbäumen auf humusreichen Böden, aber auch in Laubwäldern an sauren Standorten, Heide- und Moorgebieten. In Europa weit verbreitet und häufig.

ÄHNLICHE ARTEN: Die Stieloberflächen von *E. lanuginosipes* und *E. pallescens* sind stark mehlig, ihre Basidien viersporig.

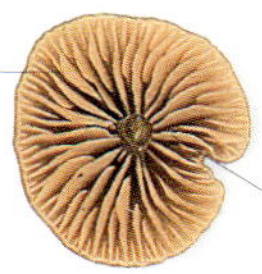

FRUCHTKÖRPER: Zu wenigen oder einzeln.

Maße Hut ⊕ 0,5–3 cm | Stiel ↕ 5–8 cm ↔ 2–4 mm	Sporen blassrosa	Wert

Familie ENTOLOMATACEAE	Art *Entoloma conferendum*	Jahreszeit Frühling – Spätherbst

Kreuzsporiger Rötling

Trotz ihrer anmutigen Gestalt und des stark faserigen, silbrigen Stiels ist diese Art nicht einfach zu bestimmen. Erst ein Mikroskop zeigt ihr unverkennbares Merkmal: die sternförmigen Sporen. Der rötlich braune bis graubraune Hut ist erst kegelig, später gewölbt oder gebuckelt und hellt bei Trockenheit auf. Die eng stehenden Lamellen sind angewachsen, das blasse Fleisch riecht und schmeckt mehlig.

VORKOMMEN: Meist auf Grasflächen in Parks oder auf Sportplätzen, aber auch in lichten Wäldern im Gras oder Moos. Im gemäßigten Klima weit verbreitet und häufig.

ÄHNLICHE ARTEN: Es gibt mehrere Rötlinge mit ähnlichem Erscheinungsbild, z. B. Ockerblättriger Rötling (S. 109), wärmer honigbraun gefärbt, und Seidiger Rötling (Abb. rechts). Alle haben eckige, jedoch nicht sternförmige Sporen.

△ **Seidiger Rötling**
E. sericeum hat einen kurz gestielten, dunkel sepiabraunen bis horngrauen Hut. Er riecht durchdringend ranzig-mehlig. Sporen eckig, keine Sternform. In Europa häufig. ☠

FRUCHTKÖRPER: Einzeln oder in kleinen Gruppen.

Maße HUT ↔ 2 – 4 cm | STIEL ↕ 3 – 6 cm ↔ 3 – 7 mm	Sporen blassrosa	Wert ☠

Familie ENTOLOMATACEAE	Art *Entoloma nitidum*	Jahreszeit Herbst

Stahlblauer Rötling

Blaue Rötling-Arten, die wie diese zudem recht groß und fleischig sind, gibt es nur sehr wenige. Der Pilz ist dunkel graublau mit gewölbtem bis gebuckeltem, glattem bis faserigem Hut und schlankem, in sich gedrehtem Stiel. Die angewachsenen Lamellen sind weiß, im Alter blassrosa. Das weiße Hutfleisch ist in Hautnähe blau getönt und fast geruchlos. Nicht zum Verzehr empfohlen.

VORKOMMEN: Zwischen Moos in feuchten, bodensauren Nadelwäldern oder Schonungen. Weit verbreitet, aber vorwiegend in Europa und angrenzenden Teilen Asiens.

ÄHNLICHE ARTEN: Der fleischigere Blaue Rötling *(E. bloxamii)* bevorzugt basisches Grünland. *E. euchroum* ist kleiner, blauer und wächst an Laubbäumen.

FRUCHTKÖRPER: Einzeln oder in kleinen Gruppen in feuchten Nadelwäldern.

Maße HUT ↔ 1 – 2,5 cm | STIEL ↕ 2 – 6 cm ↔ 2 – 4 mm	Sporen blassrosa	Wert

Familie	Art	Jahreszeit
TRICHOLOMATACEAE	*Collybia fusipes*	Sommer – Herbst

Spindeliger Rübling

Büscheliger Wuchs und tief „wurzelnde" Stiele mit gedrehten Längsfasern sind deutliche Kennzeichen dieser Art. Ohne Grabwerkzeug bekommt man den Stiel kaum ganz aus dem Boden. Die Form des rötlich braunen Huts kann variieren, d. h. gewölbt, gebuckelt oder auch unregelmäßig sein. Der fuchsbraune, oben hellere Stiel ist sehr zäh, mit faserigem, mild schmeckendem Fleisch.
VORKOMMEN: Ein harmloser Baumparasit, meist an alten Eichen, seltener Buchen, der den unterirdischen Wurzeln aufsitzt; in Parks und älteren Waldbeständen. Wo in Europa Eichen wachsen, recht häufig.

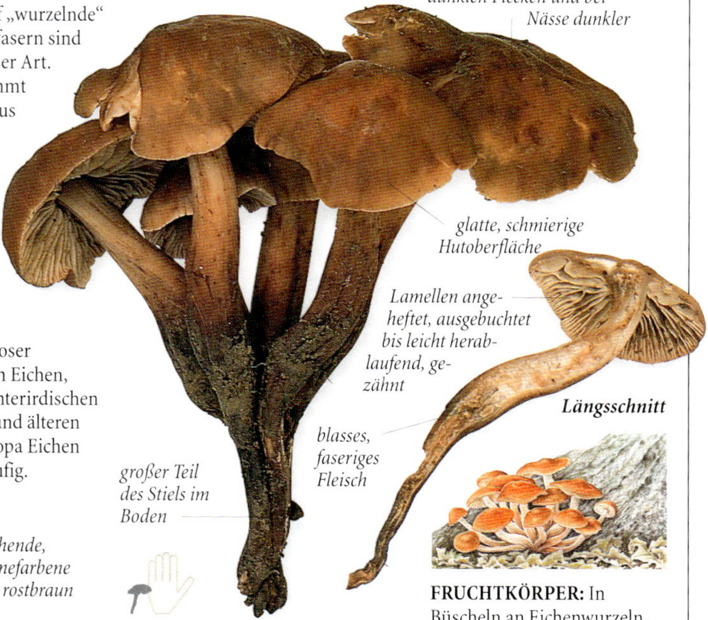

FRUCHTKÖRPER: In Büscheln an Eichenwurzeln.

Maße	Sporen	Wert
HUT ⊕ 4 – 8 cm | STIEL ↕ 4 – 8 cm ↔ 0,5 – 1,5 cm	weiß	

Familie	Art	Jahreszeit
TRICHOLOMATACEAE	*Collybia dryophila*	Sommer – Frühherbst

Waldfreundrübling

Diese Art hat einen leicht schmierigen, gewölbten bis flachen, blass lederbraunen Hut, manchmal durch Parasitenbefall verformt. Der glatte Stiel ist ähnlich gefärbt, zur Spitze hin heller werdend. Das dünne, fast geruchlose Fleisch ist essbar, aber kein Genuss und bekommt nicht jedem.
VORKOMMEN: Meist in Wäldern oder offenen Grasflächen, auf Laubstreu und humosen Böden. Im gemäßigten Klima der Nordhalbkugel weit verbreitet und sehr häufig.
ÄHNLICHE ARTEN: *C. aquosa* hat blassrosa Rhizoiden, *C. ocior* einen dunkleren Hut und blassgelbe Lamellen. Beide erscheinen meist schon im Spätfrühling. Der Nelkenschwindling (S.117) bildet Hexenringe im Gras.

FRUCHTKÖRPER: Gesellig auf Laubstreu und Humus.

Maße	Sporen	Wert
HUT ⊕ 2 – 6 cm | STIEL ↕ 3,5 – 7 cm ↔ 3 – 5 mm	cremefarben	

Familie TRICHOLOMATACEAE	Art *Collybia erythropus*	Jahreszeit Herbst – Spätherbst

Rotstieliger Rübling

Sein gewölbter bis flacher, cremefarbener bis blass lederbrauner Hut ist am Rand mehr oder weniger gerieft und hat eine leicht schmierige Oberfläche. Der glatte Stiel ist fuchsrot. Das fast geruch- und geschmacklose Fleisch ist im Hut weiß, im Stiel rotbraun; kein besonderer Genuss.

VORKOMMEN: In Laubwäldern auf bemoosten Baumstümpfen oder halb vergrabenem, stark verrottetem Holz. In Europa weit verbreitet und recht häufig, wahrscheinlich weltweit vorkommend.

ÄHNLICHE ARTEN: Waldfreundrübling (S. 111) und Büschelrübling *(C. acervata)*, büschelig auf oder unter Nadelbäumen. Auch Schwindlinge (S.114, 117, 138, 177) sind ähnlich.

FRUCHTKÖRPER: In Büscheln, seltener einzeln.

Maße HUT ↔ 1 – 4 cm | STIEL ↕ 3 – 7 cm ↔ 2 – 5 cm	Sporen blass cremefarben	Wert

Familie TRICHOLOMATACEAE	Art *Collybia butyracea*	Jahreszeit Spätsommer - Frühwinter

Butterrübling

Dieser Pilz ist an der deutlich keulenförmigen Stielbasis zu erkennen sowie am schleimigen, gebuckelten Hut, der sich bei Trockenheit so verfärbt, dass helle und dunkle Zonen entstehen. Der Stiel, hohl oder mit weichem Mark, enthält zähes, faseriges Fleisch; essbar, aber nicht lohnend.

VORKOMMEN: In Laubwäldern, meist auf humosen Böden und in Laubstreu. Im gemäßigten Klima der Nordhalbkugel weit verbreitet, teils sehr häufig.

ÄHNLICHE ARTEN: Eine dunklere Form wächst auf sauren Waldböden und wird teils als eigenständige Art, *C. filamentosa*, angesehen.

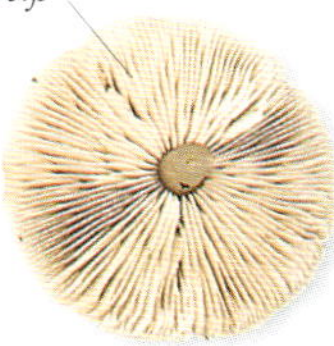

FRUCHTKÖRPER: Gesellig auf Laubstreu und Erde.

Maße HUT ↔ 3 – 6 cm | STIEL ↕ 4 – 7 cm ↔ 0,5 – 2 cm	Sporen blass cremefarben	Wert

Familie TRICHOLOMATACEAE | Art *Collybia confluens* | Jahreszeit Herbst

Knopfstieliger Rübling

Die in dichten Büscheln erscheinende Art hat hohe, schlanke Stiele, mit grauweißem Filz überzogen, und rundliche, bleich gräulich weiße Hüte, kleiner als die der meisten anderen Rüblinge. Der Pilz riecht und schmeckt schwach aromatisch, lohnt aber wegen des dünnen Fleisches kaum das Sammeln.
VORKOMMEN: In Laub- und Nadelwäldern, auf dicker Laubstreu; wohl häufiger auf nährstoffreichen, fruchtbaren Böden. Im gemäßigten Klima der Nordhalbkugel weit verbreitet.
ÄHNLICHE ARTEN: Der Büschelrübling *(C. acervata)* hat eine rötliche Färbung, die Stiele sind nur in der unteren Hälfte filzig; immer mit Nadelbäumen vergesellschaftet.

FRUCHTKÖRPER: In dichten Büscheln oder Hexenringen.

Maße HUT ↔ 1–3 cm | STIEL ↕ 5–9 cm ↔ 3–7 mm | Sporen blass cremefarben | Wert

Familie TRICHOLOMATACEAE | Art *Collybia peronata* | Jahreszeit Herbst – Spätherbst

Brennender Rübling

Der lederbraune, glockige bis fast flache Hut dieses Pilzes weist radiale, aber unregelmäßige dunkelbraune Streifen auf. Seine wichtigsten Kennzeichen sind Stiel und Geschmack: Den unteren Teil des hellgelben Stiels überziehen filzige, gelbe Fasern, die zur Spitze hin flaumig werden; das sehr scharf schmeckende Fleisch ist weiß bis schwefelgelb, zäh und faserig. Typisch sind auch die recht weit stehenden Lamellen.
VORKOMMEN: In Nadel- und Laubwäldern auf der Streu. Im gemäßigten Klima weit verbreitet, in Europa sehr häufig, seltener in Nordamerika.
ÄHNLICHE ARTEN: *C. alcalivirens* und *C. fuscopurpurea* haben dunklere Hüte, der Filz an den Stielen ist nicht gelb. Beide schmecken mild.

FRUCHTKÖRPER: Gesellig oder in kleinen Büscheln.

Maße HUT ↔ 2,5–6 cm | STIEL ↕ 4–8 cm ↔ 3–5 mm | Sporen blass cremefarben | Wert

Familie TRICHOLOMATACEAE	Art *Marasmius alliaceus*	Jahreszeit Spätsommer – Herbst

Langstiel-Knoblauchschwindling

Scharfer Knoblauchgeruch, ein blass lederbrauner Hut und ein fast glatter, schwarzer Stiel kennzeichnen diesen großen Schwindling. Der Hut ist gewölbt oder gebuckelt, die Oberfläche kann am Rand oder – seltener – fast bis zur Mitte hin dunkle Riefen zeigen, die mit dem Alter verschwinden. Trotz des ranzigen Geschmacks wird der Pilz beim Kochen zuweilen als Knoblauchersatz verwendet.
VORKOMMEN: Auf modernden Ästen oder Baumstümpfen in Buchenwäldern. In den Buchenregionen Europas und angrenzender Teile Asiens weit verbreitet
ÄHNLICHE ARTEN: Der Knoblauchschwindling *(M. scorodonius)* riecht ähnlich, ist aber kleiner und heller; oft auf Grünland.

FRUCHTKÖRPER: Einzeln oder gesellig im Buchenwald.

Zwergform

Maße HUT ⊕ 1,5 – 4 cm	STIEL ↕ 7 – 15 cm ↔ 3 – 6 mm	Sporen weißlich	Wert

Familie TRICHOLOMATACEAE	Art *Flammulina velutipes*	Jahreszeit Spätherbst – Frühling

Samtfußrübling

Einer der ganz wenigen Blätterpilze, die Frost überleben; mit seinem orangebraunen Hut und dem samtigen, dunkelbraunen Stiel ist er leicht zu erkennen. Die eng stehenden, angehefteten Lamellen sind weiß bis blassgelb. Das dünne, blassgelbe Fleisch schmeckt mild. In Japan wird der Speisepilz kultiviert.
VORKOMMEN: Auf kränkelnden Laubbäumen bzw. auf verletzten Partien, z. B. Astbruchstellen; besonders an Weiden oder Pappeln, seltener an Nadelbäumen. Im gemäßigten Klima der Nordhalbkugel weit verbreitet und recht häufig.
ÄHNLICHE ARTEN: *F. fennae* und *F. ononidis* sind seltener und haben andere Lebensräume.

Syzygites megalocarpus △ Ein Köpfchenschimmel, der Samtfußrüblinge und andere Blätterpilze parasitiert.

FRUCHTKÖRPER: In dichten Büscheln.

Maße HUT ⊕ 1 – 6 cm	STIEL ↕ 2 – 7 cm ↔ 0,3 – 1 cm	Sporen weiß	Wert

Familie	Art	Jahreszeit
HYDNANGIACEAE	*Laccaria amethystina*	Herbst

Violetter Lacktrichterling

Solange sie jung ist, kann man diese Art leicht an ihrer violetten Färbung, kombiniert mit dicken Lamellen, erkennen. Mit dem Alter verblasst die Farbe und damit der deutlichste Unterschied zu anderen Lacktrichterlingen. Der trockene, leicht filzige Hut hat einen Nabel und am Rand blasse Riefen. Die weit stehenden, dicken Lamellen sind für die Gattung typisch. Mikroskopisches Artmerkmal: stachelige Sporen mit 9,5 µm Durchmesser. Der dezent riechende und schmeckende Pilz gilt als essbar, enthält jedoch hohe Arsenkonzentrationen.
VORKOMMEN: Mykorrhizapilz vieler Baumarten, einschließlich Buchen und Nadelbäume. Im gemäßigten Klima weit verbreitet und vielerorts häufig.

FRUCHTKÖRPER: Gesellig auf feuchten Waldböden in Laubstreu.

Maße	Sporen	Wert
HUT ↔ 2–5 cm | STIEL ↕ 3–7 cm ↔ 4–8 mm	blassviolett bis weiß	

Familie	Art	Jahreszeit
HYDNANGIACEAE	*Laccaria laccata*	Sommer – Frühwinter

Rötlicher Lacktrichterling

Die Färbung dieser Art kann sehr stark variieren und die verschiedensten rosabraunen Schattierungen annehmen, die im Alter verblassen. Ansonsten ist sie dem Violetten Lacktrichterling (oben) recht ähnlich: trockener, leicht filziger oder schuppiger Hut, oft am Rand gezähnt und mittig niedergedrückt; stark faseriger Stiel; weit stehende, dicke Lamellen. Sie hat mehr oder weniger kugelige, stachelige Sporen (9 x 8 µm) und viersporige Basidien. Das dünne, rötlich braune Fleisch ist essbar, hat aber keinen ausgeprägten Geschmack und Geruch.
VORKOMMEN: Mykorrhizapilz von Wald- und Parkbäumen, auch an sumpfigen Stellen, besonders unter Weiden. Im gemäßigten Klima weit verbreitet und sehr häufig.
ÄHNLICHE ARTEN: Zweifarbiger Lacktrichterling *(L. bicolor)*, mit kontrastierenden blassblauen Lamellen; Brauner Lacktrichterling *(L. proxima)*, größer, mit stärker befasertem Stiel.; *L. fraterna* hat zweisporige Basidien, ebenso der kleinere *L. pumila* mit größeren Sporen.

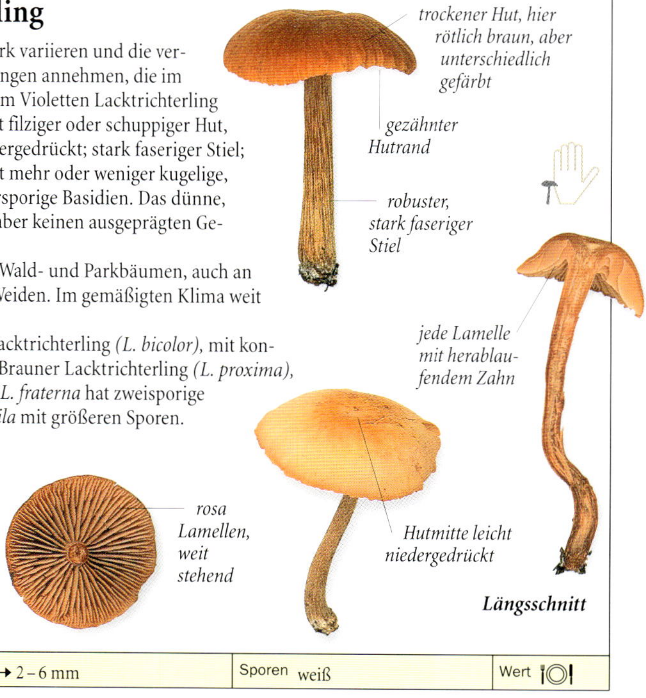

FRUCHTKÖRPER: Gesellig, oft auf feuchten Böden.

Maße	Sporen	Wert
HUT ↔ 1–5 cm | STIEL ↕ 2–6 cm ↔ 2–6 mm	weiß	

Familie TRICHOLOMATACEAE	Art *Calocybe carnea*	Jahreszeit Herbstmitte – Spätherbst

Fleischroter Schönkopf

Dieser zierliche Pilz lässt sich mit seinem rosa Hut und Stiel, im Verein mit den eng stehenden, geschweiften, ausgebuchteten, weißen Lamellen, leicht identifizieren, aber im Gras oft schwer entdecken. Der fast geruch- und geschmacklose Pilz ist essbar, aber so klein, dass das Sammeln kaum lohnt.

VORKOMMEN: Auf Grasflächen, auch gedüngten Wiesen und Rasen. Im gemäßigten Klima der Nordhalbkugel weit verbreitet, recht häufig.

ÄHNLICHE ARTEN: Der Rosenrote Schönkopf *(C. persicolor)*, evtl. nur eine Varietät derselben Art, ist matter gefärbt und an der haarigen Stielbasis oft zu Büscheln verwachsen. *C. obscurissima* wächst im Wald auf Kalkböden. Der Rötling *Entoloma rosea* ist heller getönt, mit rosa Sporen.

△ **Violetter Schönkopf**
C. ionides ist lila gefärbt, hat einen gebuckelten bis niedergedrückten Hut mit teils gewelltem Rand, einen keulenförmigen Stiel und cremeweiße Lamellen.

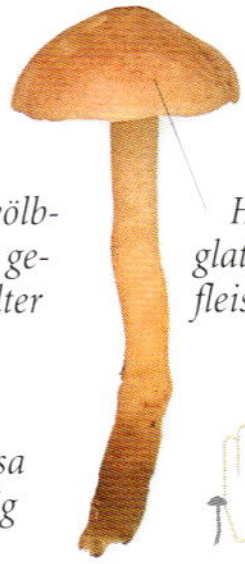

FRUCHTKÖRPER: Einzeln oder in kleinen Gruppen.

Maße HUT ↔ 1–4 cm | STIEL ↕ 2–4 cm ↔ 3–8 mm	Sporen cremeweiß	Wert

Familie TRICHOLOMATACEAE	Art *Mycena galericulata*	Jahreszeit Sommer – Frühwinter

Rosablättriger Helmling

Dieser häufige, aber schwer zu bestimmende Blätterpilz hat zwei recht deutliche Merkmale: sein im Vergleich zu anderen Helmlingen ungewöhnlich zähes Fleisch sowie die auffällige Tendenz der Lamellen, im Alter blassrosa zu verfärben. Der glockige bis gewölbte Hut kann gelb- oder graubraun sein. Der ähnlich gefärbte, hohle Stiel ist sehr zäh und lässt sich biegen, ohne zu brechen. Der Pilz riecht und schmeckt mehlig-ranzig.

VORKOMMEN: In Wäldern an Baumstämmen oder auf -stümpfen und abgefallenen Ästen verschiedener Laubbaumarten. Im gemäßigten Klima der Nordhalbkugel weit verbreitet und häufig.

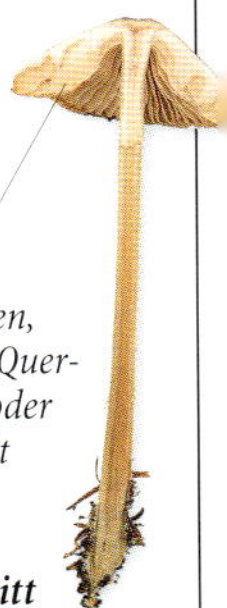

FRUCHTKÖRPER: In Büscheln und Scharen.

Maße HUT ↔ 1–6 cm | STIEL ↕ 3–8 cm ↔ 2–7 mm	Sporen blass cremefarben	Wert

Familie	Art	Jahreszeit
TRICHOLOMATACEAE	*Marasmius oreades*	Frühsommer – Mitte Herbst

Nelkenschwindling

Im Rasen erscheint diese Art in den charakteristischen Hexenringen. Der glockenförmige bis gewölbte Hut wird im Alter flacher und breit gebuckelt; rötlich ockerbraun, hellt er bei Trockenheit von der Mitte her auf. Der weißliche bis hellbraune Stiel ist zäh und fest. Ein guter Speisepilz mit leichtem Bittermandelgeruch; vgl. jedoch ÄHNLICHE ARTEN.

VORKOMMEN: Auf Grünland, einschließlich Rasen. Im gemäßigten Klima weit verbreitet und häufig.

ÄHNLICHE ARTEN: Der giftige Rinnigbereifte Trichterling (S. 34) wächst an den gleichen Standorten, hat jedoch herablaufende Lamellen.

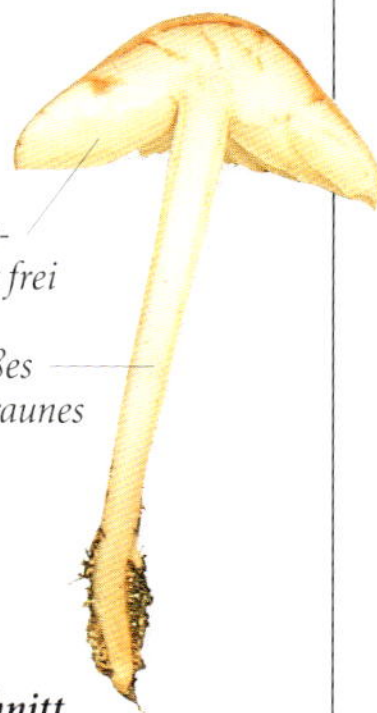

Längsschnitt

FRUCHTKÖRPER: In Hexenringen im Gras.

Maße	Sporen	Wert
HUT ↔ 1 – 5 cm | STIEL ↕ 3 – 6 cm ↔ 3 – 7 mm	weißlich	

Familie	Art	Jahreszeit
TRICHOLOMATACEAE	*Oudemansiella radicata*	Sommer – Spätherbst

Grubiger Schleimrübling

Der Pilz hat einen gebuckelten bis flachen, schmierigen, grau- bis gelbbraunen Hut und einen in sich gedrehten, gefurchten Stiel, oben weiß und zur Basis hin braun. Vom ingesamt 10–30 cm langen Stiel befindet sich die Hälfte im Boden bzw. an unterirdischen Baumteilen. Diese Art sowie andere Schleimrüblinge ohne Stielring werden manchmal zur Gattung *Xerula* gestellt.

VORKOMMEN: In Parks und Wäldern, an Bäumen und Baumstümpfen. Im gemäßigten Klima der Nordhalbkugel weit verbreitet, in manchen Regionen häufig.

ÄHNLICHE ARTEN: *O. pudens* und *O. caussei* haben trockene Hüte und ausgeprägt samtige Stiele.

FRUCHTKÖRPER: Einzeln oder in verstreuten Gruppen.

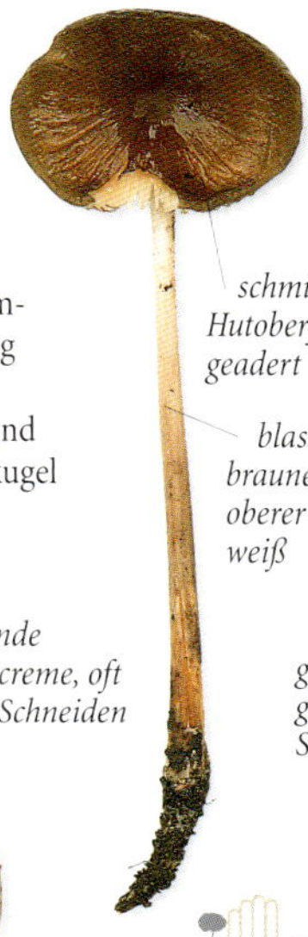

Längsschnitt

Maße	Sporen	Wert
HUT ↔ 3 – 10 cm | STIEL ↕ 5 – 15 cm ↔ 0,5 – 1 cm	blass cremefarben	

Familie	Art	Jahreszeit
TRICHOLOMATACEAE	*Mycena pelianthina*	Sommer – Herbst

Schwarzgezähnelter Helmling

Der Hut dieser düster aussehenden Art ist im Vergleich zu anderen Helmlingen recht groß. Gewölbt bis flach, wird er bei Feuchte purpurgrau mit deutlicher Randriefung, bei Trockenheit blass lavendelgrau. Die breiten, mäßig weit stehenden Lamellen haben gesägte, fast schwarze Schneiden. Der Pilz riecht ähnlich wie der Rettichhelmling (unten). Äußerlich ähnelt er den Rüblingen (S. 111 ff.), aber mikroskopische Merkmale wie amyloide Sporen und große, innen farbige Cystiden weisen ihn als Helmling *(Mycena)* aus.

VORKOMMEN: Meist auf nährstoffreichen, basischen Waldböden, auf dicker Laubstreu, v. a. von Buchen. In Europa und Teilen Asiens weit verbreitet, aber nur örtlich häufig.

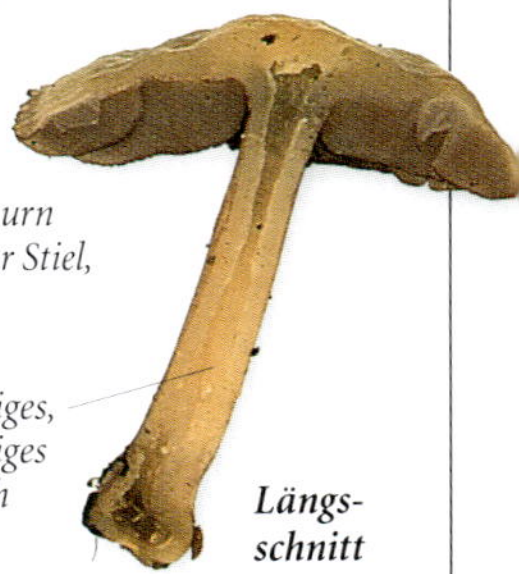

FRUCHTKÖRPER: Einzeln oder zu wenigen.

Maße	Sporen	Wert
HUT ↔ 3 – 6 cm | STIEL ↕ 4 – 8 cm ↔ 4 – 8 mm	weiß	☠

Familie	Art	Jahreszeit
TRICHOLOMATACEAE	*Mycena pura*	Spätsommer - Frühwinter

Rettichhelmling

Diese variable Art hat gewöhnlich purpurne Töne, kann jedoch sehr verschieden gefärbt sein; teils werden Varietäten unterschieden oder als getrennte Arten geführt, doch alle riechen nach Rettich. Von einer großen, rosa Form, *M. rosea,* wurden Vergiftungen bekannt. Der Hut ist gewölbt bis gebuckelt, sein Rand gerieft. Der trockene Stiel kann gelblich oder hell sein, hat aber den Grundton des Huts.

VORKOMMEN: An waldigen und offenen Standorten auf humosen Böden. Im gemäßigten Klima der Nordhalbkugel häufig.

ÄHNLICHE ARTEN: *M. diosma* hat einen dunklen Hut, der bei Trockenheit verfärbt, riecht nach Zedernholz und wächst auf Kalkböden.

FRUCHTKÖRPER: Einzeln oder in kleinen Gruppen.

Maße	Sporen	Wert
HUT ↔ 2 – 6 cm | STIEL ↕ 3 – 9 cm ↔ 0,3 – 1 cm	weiß	☠

Familie TRICHOLOMATACEAE	Art *Mycena crocata*	Jahreszeit Spätsommer – Herbst

Gelbmilchender Helmling

Der kegelige bis gewölbte, mehr oder weniger gebuckelte Hut dieser Art ist braungrau mit hellerem, gerieftem Rand. Angeschnitten oder gebrochen sondert der Stiel eine gelborange Flüssigkeit ab, die namengebende „gelbe Milch". Auch die Stieloberfläche ist unten gelborange, zur Spitze hin blasser. Die weit stehenden, weißen Lamellen verfärben sich gelb.

VORKOMMEN: Fast ausnahmslos mit Buchen vergesellschaftet, meist auf am Boden liegenden Ästen oder in dicker Laubstreu. In Buchenregionen Europas weit verbreitet und örtlich sehr häufig; auch in Japan.

ÄHNLICHE ARTEN: Auch andere Helmlinge sondern bei Verletzung Flüssigkeiten ab: Der Bluthelmling (S. 136) hat blutroten Saft, ebenso *M. sanguinolenta*; vgl. auch Weißmilchender Helmling (S. 137).

FRUCHTKÖRPER: Zu wenigen oder in Scharen.

Maße HUT ↔ 1–3 cm | STIEL ↕ 5–12 cm ↔ 1–3 mm	Sporen blasscremefarben	Wert

Familie TRICHOLOMATACEAE	Art *Mycena polygramma*	Jahreszeit Herbst – Frühwinter

Rillstieliger Helmling

Dieser recht große, zähfleischige Helmling hat einen silbrigen Stiel mit deutlichen Längsfurchen bzw. -rillen. Der blassgraue bis graubraune, gebuckelte Hut zeigt radiale Runzeln auf der trockenen Oberfläche. Das weißliche Fleisch ist fast geruchlos. Gelegentlich findet man völlig weiße Formen.

VORKOMMEN: In Wäldern, meist an morschen Laubbäumen oder nahe Baumstümpfen, aber auch unter lebenden Bäumen; gelegentlich auch an Nadelbäumen. In Europa und angrenzenden Teilen Asiens weit verbreitet und häufig; auch in Japan.

ÄHNLICHE ARTEN: Der kleinere Zähe Fadenhelmling *(M. vitilis)* hat die gleichen Standortvorlieben und einen ähnlich zähen Stiel, jedoch ohne Längsrillen; auch der Rosablättrige Helmling (S. 116) ist glattstielig.

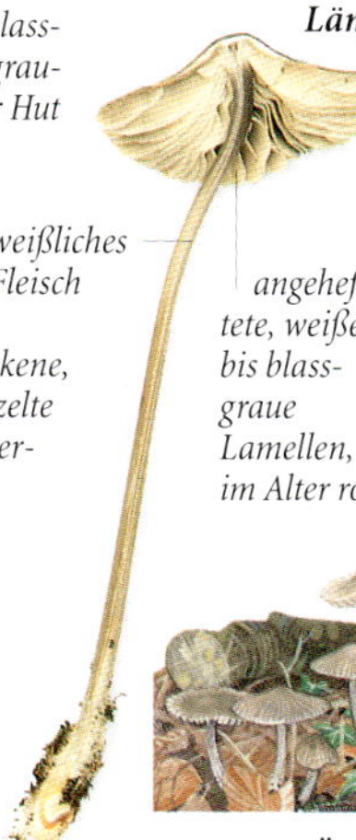

FRUCHTKÖRPER: Einzeln oder in kleinen Gruppen.

Maße HUT ↔ 1–4 cm | STIEL ↕ 5–12 cm ↔ 2–4 mm	Sporen weiß	Wert

Mit brüchigem Fleisch

Die Arten dieser Untergruppe gehören alle zur Gattung der Täublinge *(Russula)*. Sie haben angeheftete bis angewachsene Lamellen und brüchiges bzw. bröckeliges Fleisch. Runde Gewebezellen, die in „Nestern" im Fleisch gruppiert sind, bedingen dessen spröde Konsistenz. Im Erscheinungsbild sehr ähnlich sind die verwandten Milchlinge *(Lactarius,* S. 43 ff.), ebenfalls mit brüchigem Fleisch. Sie sondern jedoch bei Schnitt oder Bruch eine Flüssigkeit, die namengebende „Milch" ab, haben oft herablaufende Lamellen und sind meist dunkler gefärbt. Alle Täublinge bilden Mykorrhiza-Gemeinschaften (S. 12 f.) mit Gehölzen oder auch mit krautigen Pflanzen. Im Allgemeinen gilt: Mild schmeckende Täublinge kann man essen, während die scharf schmeckenden giftig sind.

Familie RUSSULACEAE	Art *Russula delica*	Jahreszeit Sommer – Herbst

Gemeiner Weißtäubling

Dieser große Pilz hat einen trichterförmigen Hut, einen stämmigen Stiel und festes weißes Fleisch. Oft haften an ihm Erde oder Streu, die die cremeweiße Farbe verbergen. Die recht weit stehenden, weißen Lamellen schimmern manchmal türkis.
VORKOMMEN: Mykorrhizapilz von Laub- und Nadelbäumen auf durchlässigen Böden. In vielen Regionen des gemäßigten Klimas weit verbreitet und häufig, in alpinen Gebieten bis zur Baumgrenze.
ÄHNLICHE ARTEN: Die Lamellen des Schmalblättrigen Weißtäublings *(R. chloroides)* stehen enger, schimmern stärker türkis; auch die Stielspitze ist oft türkis gezont. Der Wollige Milchling (S. 44) ist größer, mit faserigem Hut und weißer Milch.

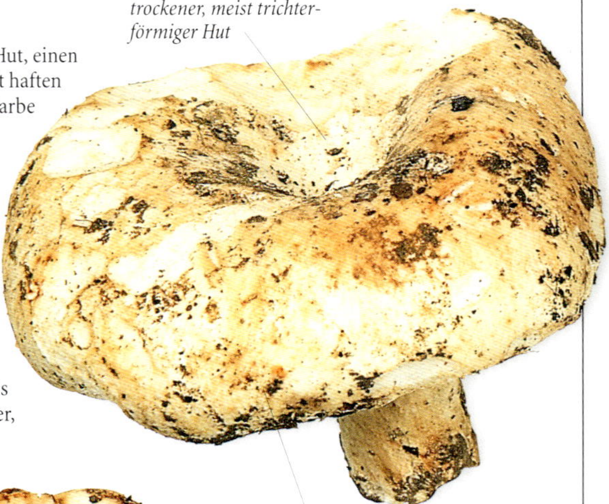

FRUCHTKÖRPER: Wenige oder gesellig auf Waldböden.

Maße HUT ↔ 5 – 15 cm | STIEL ↕ 2 – 5 cm ↔ 1,5 – 3 cm	Sporen weiß oder cremefarben	Wert

Familie RUSSULACEAE	Art *Russula foetens*	Jahreszeit Sommer – Herbst

Stinktäubling

Diese ranzig riechende Art hat einen fleischigen, gewölbten, orangebraunen, schmierigen Hut mit gefurchtem Rand. Sein weißer, kurzer, fast fassförmiger Stiel verfärbt sich an der Basis braun. Das brüchige, sehr scharf schmeckende, weißliche Fleisch kann sich braun verfärben.
VORKOMMEN: Mykorrhizapilz von Laub- und Nadelbäumen im Wald. In vielen Regionen der gemäßigten Klimazone weit verbreitet und häufig.
ÄHNLICHE ARTEN: Der Mandeltäubling *(R. laurocerasi)* riecht nach Bittermandeln. Das Fleisch des Stinktäublings reagiert mit Kaliumhydroxid (KOH) nicht, der Gilbende Stinktäubling *(R. subfoetens)* dagegen verfärbt sich gelb.

Längsschnitt

FRUCHTKÖRPER: Einzeln oder gesellig im Wald.

Maße HUT ↔ 8 – 15 cm	STIEL ↕ 6 – 12 cm ↔ 1,5 – 3 cm	Sporen cremefarben	Wert

Familie RUSSULACEAE	Art *Russula nigricans*	Jahreszeit Sommer – Herbst

Dickblättriger Schwärztäubling

Der große Pilz hat einen weißlichen bis rußbraunen, mittig eingedrückten Hut auf stämmigem Stiel und kann mit eingetrocknetem schwarzem Fruchkörper den Winter überdauern. Das brüchige, aber feste Fleisch ist weißlich, verfärbt sich bei Schnitt zunächst langsam rot und dann völlig schwarz. Es schmeckt mild bis bitter. Die Lamellen sind ungleichmäßig lang.

VORKOMMEN: Mykorrhizapilz von Laubbäumen, seltener Nadelbäumen, auf durchlässigen Böden. In vielen Regionen der gemäßigten Klimazone weit verbreitet und häufig.

ÄHNLICHE ARTEN: Der kleinere Schwärzende Kohlentäubling *(R. albonigra)* verfärbt sich ohne Rötung direkt schwarz; der Rauchbraune Rötling *(R. adusta)* färbt rötlich, dann grau, und schmeckt mild.

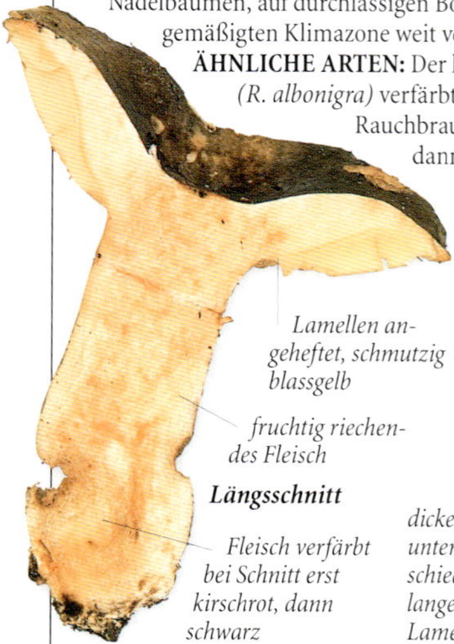

Längsschnitt

FRUCHTKÖRPER: In Scharen oder Hexenringen

Maße HUT ↔ 5 – 20 cm | STIEL ↕ 3 – 8 cm ↔ 1 – 4 cm	Sporen weiß	Wert

Familie RUSSULACEAE	Art *Russula fellea*	Jahreszeit Sommer – Herbst

Gallentäubling

Dieser bekannte Täubling schmeckt sehr bitter. Der ockerorange bis lederfarbene, gewölbte, festfleischige Hut zeigt undeutliche Randfurchen, der kräftige, glatte Stiel ist unten etwas verbreitert. Lamellen und Stiel sind – bei gleicher Grundtönung – heller als der Hut.

VORKOMMEN: Mykorrhizapilz von Laubbäumen, v. a. bei Buchen, meist auf durchlässigen, sauren Waldböden. In Europa weit verbreitet, in Nordamerika durch den nahen Verwandten *R. simillima* vertreten.

ÄHNLICHE ARTEN: Der Ockertäubling (S. 123) ist größer und schmeckt nicht so bitter.

FRUCHTKÖRPER: Einzeln oder in Gruppen.

Maße HUT ↔ 3 – 6 cm | STIEL ↕ 3 – 7 cm ↔ 1 – 2 cm	Sporen weißlich	Wert

Familie RUSSULACEAE	Art *Russula claroflava*	Jahreszeit Sommer - Herbst

Gelber Graustieltäubling

Diese Art hat einen gewölbten bis flachen, gelben Hut und essbares festes, weißes, mild schmeckendes Fleisch. Die meisten der blassgelben Lamellen sind gleich lang und reichen bis zum Stiel. Das Fleisch wie der glatte, weiße, zylindrische Stiel verfärben sich im Alter oder bei Druck grau.

VORKOMMEN: Mykorrhizapilz der Birke in sehr feuchten oder sumpfigen Wäldern, auf nassen, mit Torfmoos bewachsenen Böden. Im gemäßigten Klima der Nordhalbkugel weit verbreitet und häufig.

ÄHNLICHE ARTEN: Ockertäubling (unten). Andere gelbe Täublinge, wie *R. helodes, R. raoultii, R. risigallina* und *R. solaris*, haben meist dunklere Sporen und verfärben sich nicht; einige schmecken scharf. *R. violeipes* hat einen getönten Stiel.

FRUCHTKÖRPER: Einzeln oder in Scharen.

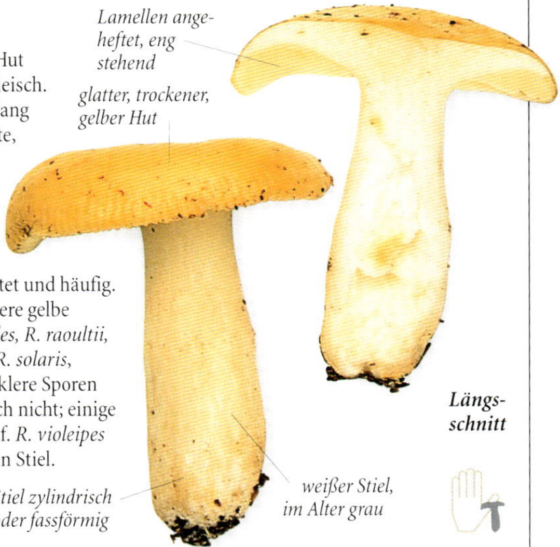

Maße HUT ⊕ 5 – 10 cm | STIEL ↕ 4 – 10 cm ↔ 1 – 2 cm	Sporen ockerfarben	Wert

Familie RUSSULACEAE	Art *Russula ochroleuca*	Jahreszeit Sommer – Herbst

Ockertäubling

Diese Art zählt zu den häufigsten Blätterpilzen des Waldes und ist gekennzeichnet durch einen matt ockergelben, gewölbten Hut sowie weiße Lamellen. Der Hut hat manchmal eine grüne Tönung, der fassförmige, weiße Stiel ist unten lederfarben. Das brüchige, weiße Fleisch schmeckt mild oder nur wenig scharf.

VORKOMMEN: Mykorrhizapilz von Laub- und Nadelbäumen auf durchlässigen Waldböden. Im gemäßigten Klima der Nordhalbkugel weit verbreitet; in Europa häufig.

ÄHNLICHE ARTEN: Gallentäubling (S. 122), Gelber Graustieltäubling (oben).

FRUCHTKÖRPER: Einzeln oder gesellig auf Waldböden.

Maße HUT ⊕ 5 – 12 cm | STIEL ↕ 3 – 8 cm ↔ 1 – 2,5 cm	Sporen weiß	Wert

Familie RUSSULACEAE	Art *Russula cyanoxantha*	Jahreszeit Sommer - Herbst

Frauentäubling

Der große Pilz hat einen gewölbten, flachen oder eingedrückten, grünen bis weinroten Hut, weißliche Lamellen und einen weißlichen Stiel. Anders als bei den meisten Täublingen sind die Lamellen nicht brüchig und fühlen sich ölig an. Ein geschätzter Speisepilz, der roh gegessen werden kann.

VORKOMMEN: Mykorrhizapilz von Laubbäumen, v. a. von Buchen, aber auch von Nadelbäumen. Er bevorzugt saure Böden. Im gemäßigten Klima der Nordhalbkugel teils weit verbreitet und häufig.

Ähnliche Arten: Weinroter Täubling und Brauner Ledertäubling (s. Abb. unten).

stämmiger, weißlicher Stiel

Hut grün bis weinrot oder mit Mischton dieser beiden Farben

glatter, leicht schmieriger Hut

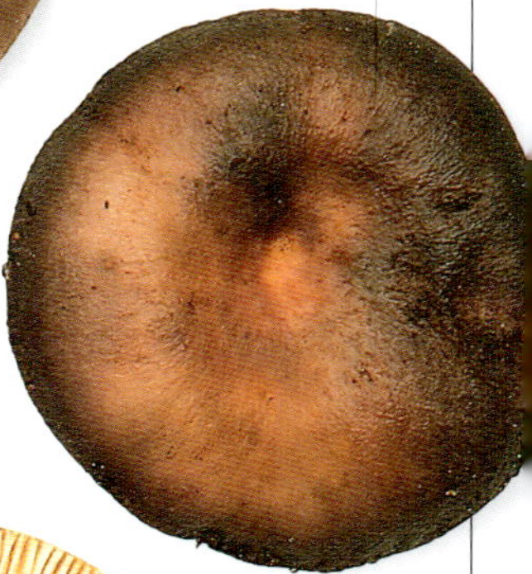

biegsame, ölig-klebrige Lamellen

Längsschnitt

brüchiges, aber festes Fleisch, wohlschmeckend, roh essbar

eng stehende, angeheftete, weißliche Lamellen

FRUCHTKÖRPER: Einzeln oder gesellig auf gut durchlässigen Böden.

△ **Weinroter Täubling**
R. vinosa, mit braun geflecktem weinrotem Hut, wächst unter Kiefern. Fleisch und weißer Stiel verfärben sich im Alter oder bei Schnitt grau. Die eng stehenden, angehefteten Lamellen sind creme, im Alter grau getönt.

△ **Brauner Ledertäubling**
R. integra, ein Nadelbaumbegleiter, unterscheidet sich am deutlichsten durch ockergelbe Sporenlager. Die dicken, fast freien Lamellen stehen weit; weißer Stiel, im Alter braun gefleckt. Das Fleisch schmeckt nach Mandeln.

Maße HUT ↔ 5 – 15 cm | STIEL ↕ 5 – 10 cm ↔ 1 – 3 cm	Sporen weiß	Wert

Familie RUSSULACEAE | Art *Russula vesca* | Jahreszeit Sommer – Herbst

Speisetäubling

Diese gut unterscheidbare Art hat weiße Lamellen, die am Hutrand deutlich zu sehen sind. Der flach gewölbte bis niedergedrückte Hut ist hell weinrot, mit Braun gemischt. Auf dem weißlichen Stiel sieht man rostbraune Flecken. Das feste, weiße, nussig schmeckende Fleisch kann roh gegessen werden.
VORKOMMEN: Mykorrhizapilz von Nadel- und Laubbäumen auf durchlässigen Waldböden. Im gemäßigten Klima der Nordhalbkugel weit verbreitet, in Europa häufig.

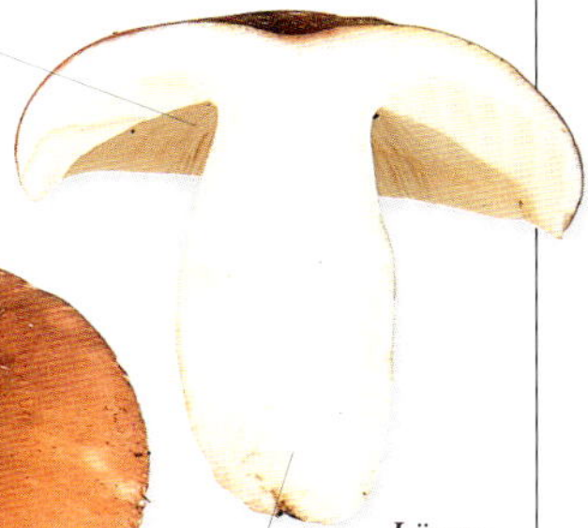

FRUCHTKÖRPER: Einzeln oder gesellig.

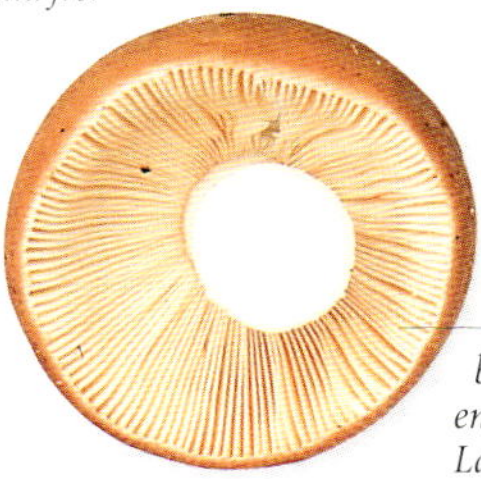

Maße HUT ↔ 5 – 10 cm | STIEL ↕ 3 – 6 cm ↔ 1,5 – 2,5 cm | Sporen weiß | Wert

Familie RUSSULACEAE | Art *Russula aeruginea* | Jahreszeit Sommer – Herbst

Grasgrüner Täubling

Der gewölbte bis niedergedrückte, grüne Hut dieses Pilzes ist oft rostbraun gefleckt und am Rand gefurcht. Die eng stehenden, fast freien Lamellen sind weiß, ebenso der zylindische oder nach unten verjüngte Stiel. Das feste, aber brüchige Fleisch hat einen leicht scharfen Geschmack, der beim Kochen verschwindet.
VORKOMMEN: Mykorrhizapilz der Birke, oft in feuchten Wäldern; gelegentlich auch zwischen Nadelbäumen zu finden. Im gemäßigten Klima der Nordhalbkugel weit verbreitet.
ÄHNLICHE ARTEN: Grüngefelderter Täubling (S. 131) mit kleinen Schuppen, *R. heterophylla* mit festerem Fleisch. Beide schmecken mild. Es gibt auch eine grüne Form des Heringstäublings (S. 127).

FRUCHTKÖRPER: Gesellig zwischen Gras und Streu.

Maße HUT ↔ 4 – 9 cm | STIEL ↕ 4 – 7 cm ↔ 1 – 2,5 cm | Sporen cremefarben | Wert

Familie RUSSULACEAE	Art *Russula puellaris*	Jahreszeit Sommer – Herbst

Milder Wachstäubling

Der gewölbte bis niedergedrückte Hut dieser zerbrechlichen Art ist purpur- bis rötlich braun, manchmal in der Mitte fast schwarz mit hellerem Rand. Im Alter und bei Druck verfärbt er sich ockergelb. Die Haut lässt sich vom Hutrand her fast bis zur Mitte abziehen. Das weiße Fleisch ist essbar, ergibt aber, da dünn und fast geschmacklos, kein lohnendes Mahl.

VORKOMMEN: Mykorrhizapilz von Nadel- und Laubbäumen. In großen Teilen der gemäßigten Breiten weit verbreitet, auch in Europa und im westlichen Nordamerika.

ÄHNLICHE ARTEN: Vielfarbiger Täubling *(R. versicolor)*, scharfer Geschmack und nur leicht verfärbend; *R. odorata*, fruchtiger Geruch, meist unter Eichen.

FRUCHTKÖRPER: Verstreut oder gesellig, feuchte Wälder.

Maße HUT ↔ 3–6 cm | STIEL ↕ 3–6 cm ↔ 0,7–1,5 cm	Sporen dunkel cremefarben	Wert

Familie RUSSULACEAE	Art *Russula rosea*	Jahreszeit Sommer – Herbst

Zinnobertäubling

Das sehr harte Fleisch, die verwaschene Rotfärbung des Huts sowie die dünne, nicht abziehbare Haut helfen diesen Pilz von den vielen anderen rötlichen Täublingen zu unterscheiden. Der recht kurze Stiel ist zylindrisch bis keulig, weiß oder wie der gewölbte bis flache Hut gefärbt. Sein Geschmack wurde mit dem von Bleistiftholz verglichen. Die Art wird oft auch unter dem wissenschaftlichen Namen *R. lepida* geführt.

VORKOMMEN: Oft als Mykorrhizapilz von Buchen, auf durchlässigen Böden in Laubwäldern. In europäischen Buchenwäldern weit verbreitet und häufig; weltweite Verbreitung nicht geklärt.

ÄHNLICHE ARTEN: *R. velutipes*, mit abziehbarer Huthaut und brüchigerem Fleisch.

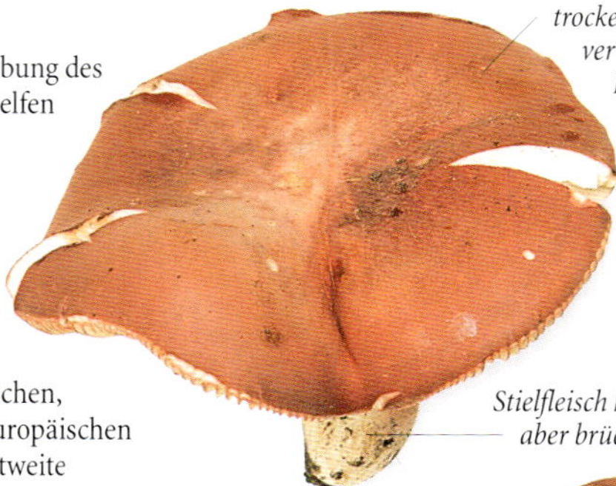

FRUCHTKÖRPER: Einzeln oder gesellig auf Waldböden.

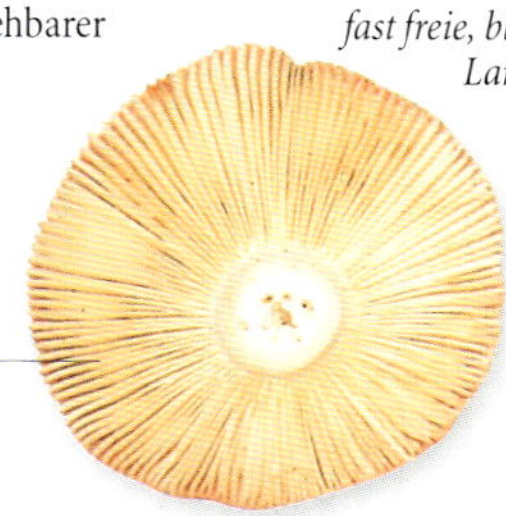

Maße HUT ↔ 4–12 cm | STIEL ↕ 3–8 cm ↔ 1–3 cm	Sporen blass cremefarben	Wert

Familie RUSSULACEAE	Art *Russula turci*	Jahreszeit Sommer – Herbst

Jodoform-Täubling

Diese Art hat einen mittig niedergedrückten Hut mit glattem Rand, der staubartig bereift sein kann. Seine Grundfarbe ist Weinrot, manchmal mit grünem, schwarzem oder orangem Beiton. Ein deutlicher Jodgeruch, der v. a. von der Basis des keulenförmigen Stiels ausgeht, sowie das blass ockerfarbene Sporenlager sind recht eindeutige Merkmale. Das brüchige Fleisch schmeckt mild.
VORKOMMEN: Mykorrhizapilz der Kiefer (hauptsächlich an zweinadligen Arten) und möglicherweise auch der Fichte. In Europa weit verbreitet, auch im westlichen Nordamerika.

FRUCHTKÖRPER: Gesellig oder zu wenigen.

Maße HUT ↔ 3 – 10 cm | STIEL ↕ 3 – 7 cm ↔ 1 – 2,5 cm	Sporen blass ockerfarben	Wert

Familie RUSSULACEAE	Art *Russula xerampelina*	Jahreszeit Sommer – Herbst

Heringstäubling

Der Heringstäubling, hier als „Sammelart“ *R. xerampelina* behandelt, wird oft in verschiedene Arten unterteilt. Alle haben den heringsartigen Geruch, der im Alter intensiver wird, und zeigen mit Eisensulfat ($FeSO_4$) eine dunkelgrüne Fleischfärbung. Der glatte Hut variiert von Dunkelrot bis Grün, der zylindrische Stiel ist oft rostbraun gefleckt. Der ganze Fruchtkörper kann sich bei der Reife braun verfärben. Frisch ein wertvoller Speisepilz mit festem weißem Fleisch, das mit dem Alter verbräunt.
VORKOMMEN: Die einzelnen Arten kommen auf verschiedenen Standorten wie Wäldern und Sanddünen vor, mit unterschiedlichen Nadel- und Laubbäumen als Mykorrhizapartnern. Als Gruppe nahe verwandter Arten häufig und im gemäßigten Klima weit verbreitet.

Längsschnitt

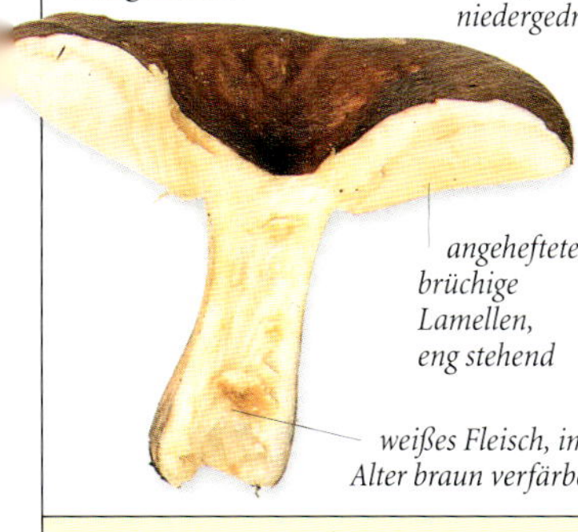

FRUCHTKÖRPER: Gesellig bei Weiden, Kiefern u. a.

Maße HUT ↔ 6 – 15 cm | STIEL ↕ 4 – 8 cm ↔ 1,5 – 3 cm	Sporen ocker	Wert

Familie	Art	Jahreszeit
Russulaceae	*Russula paludosa*	Sommer – Herbst

Apfeltäubling

Ein attraktiver Täubling und einer der größten seiner Gattung; der gewölbte bis eingedrückte, orangerote Hut mit gelber Mitte wird bei Feuchtigkeit leicht klebrig. Die eng stehenden, angehefteten Lamellen sind blass goldgelb, ihre Schneiden ebenso wie der Hutrand oft rot. Der zylindrische bis schmal keulenförmige, weiße Stiel ist rosa überhaucht und verfärbt sich im Alter leicht grau.
Ein guter Speisepilz mit festem, mild schmeckendem Fleisch; vgl. jedoch ÄHNLICHE ARTEN.

VORKOMMEN: Mykorrhizapilz von Nadelbäumen, v. a. Kiefern. Im gemäßigten Klima der Nordhalbkugel weit verbreitet und häufig.

ÄHNLICHE ARTEN: Der giftige, scharf schmeckende Kirschrote Speitäubling (unten) hat am Hut keine gelbe Färbung.

FRUCHTKÖRPER: In Scharen oder verstreut, typischerweise auf sandigen Böden.

Maße	Sporen	Wert
Hut ⟷ 8 – 16 cm | Stiel ↕ 10 – 15 cm ⟷ 1 – 3 cm	blass ocker	

Familie	Art	Jahreszeit
Russulaceae	*Russula emetica*	Sommer – Herbst

Kirschroter Speitäubling

Diese Art hat einen gewölbten bis niedergedrückten, kirsch- bzw. scharlachroten Hut. Die Oberfläche ist glatt, oft glänzend und wird bei Nässe klebrig. Der weiße, schuppige Stiel ist keulenförmig. Das geruchlose, weiße Fleisch macht sich bei unbedachtem Verzehr bald durch seine Schärfe bemerkbar, ist jedoch nicht extrem giftig.

VORKOMMEN: Mykorrhizapilz v. a. von Nadelbäumen, auf feuchten Standorten. Im gemäßigten Klima der Nordhalbkugel weit verbreitet und häufig.

ÄHNLICHE ARTEN: Der Birken-Speitäubling *(R. betularum)* ist kleiner, im Alter weiß und wächst unter Birken; *R. fageticola* bevorzugt Buchen, schmeckt ebenfalls scharf. Der Fliegenpilz (S. 146) hat Hüllrestflecken auf dem Hut sowie Stielring und -knolle.

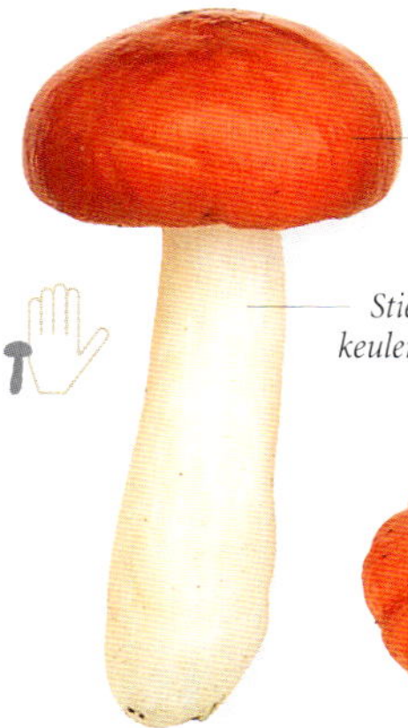

FRUCHTKÖRPER: Gesellig oder einzeln an feuchten Stellen.

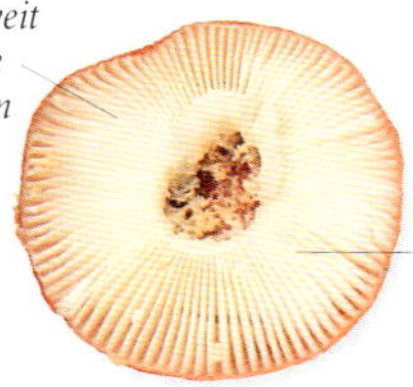

Maße	Sporen	Wert
Hut ⟷ 3 – 8 cm | Stiel ↕ 5 – 8 cm ⟷ 1 – 2 cm	weiß	

Familie RUSSULACEAE	Art *Russula mairei*	Jahreszeit Sommer – Herbst

Buchenspeitäubling

Der glatte, matte, intensiv scharlachrote Hut dieser Art ist gewölbt bis flach und bei Nässe klebrig. Der leicht keulenförmige, weißliche Stiel hat eine glatte Oberfläche. Das feste, weiße Fleisch riecht leicht nach Kokosnuss oder Honig.

VORKOMMEN: Mykorrhizapilz der Buche in Wäldern. In den Buchenregionen Europas und angrenzender Teile Asiens weit verbreitet und häufig.

ÄHNLICHE ARTEN: Kirschroter Speitäubling (S. 128). Der kleinere *R. velenovskyi* wächst bei Birken und ist essbar.

FRUCHTKÖRPER: Gesellig oder einzeln in Wäldern.

Maße HUT ↔ 3 – 7 cm	STIEL ↕ 3 – 5 cm ↔ 0,7 – 2 cm	Sporen weiß	Wert ☠

Familie RUSSULACEAE	Art *Russula fragilis*	Jahreszeit Sommer – Herbst

Wechselfarbiger Speitäubling

Mithilfe einer Lupe erkennt man das wichtigste Merkmal des kleinen Pilzes: die gesägten Schneiden der weißen bis cremefarbenen Lamellen. Der gewölbte bis eingedrückte Hut zeigt eine Mischung aus Rot und Purpurfarben mit einem Hauch Olivgrün, mit dunklerer Mitte. Der leicht keulenförmige Stiel ist weiß. Das brüchige, weiße Fleisch schmeckt scharf und ist giftig.

VORKOMMEN: Mykorrhizapilz verschiedener Waldbäume, oft Birken und Eichen. Im gemäßigten Klima der Nordhalbkugel weit verbreitet, regional häufig.

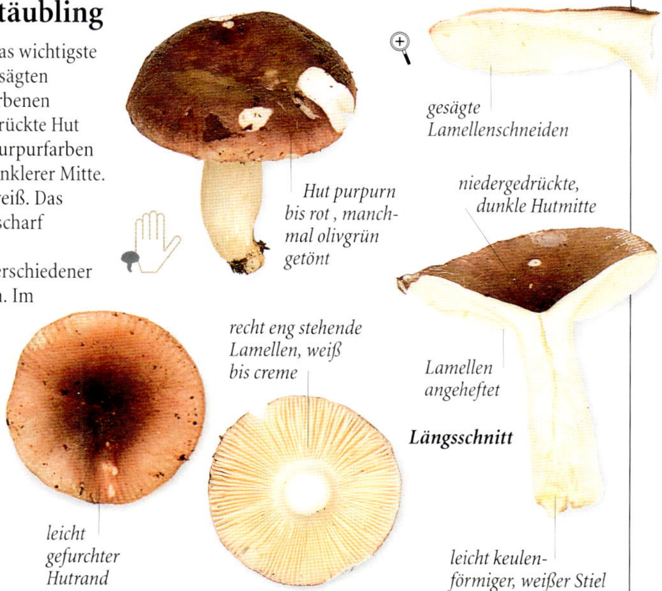

FRUCHTKÖRPER: Große oder kleine Gruppen, selten einzeln.

Maße HUT ↔ 2 – 5 cm	STIEL ↕ 3 – 7 cm ↔ 0,5 – 2 cm	Sporen weiß	Wert ☠

Familie	Art	Jahreszeit
RUSSULACEAE	*Russula sanguinaria*	Sommer – Herbst

Bluttäubling

Diese leicht giftige Art hat einen gewölbten bis niedergedrückten, blutroten Hut und einen rot gestreiften Stiel, der sich im Alter gräulich rosa verfärbt. Sein brüchiges, weißes Fleisch schmeckt mäßig scharf. Ein weiteres Merkmal ist das blass ockerfarbene Sporenlager.

VORKOMMEN: Mykorrhizapilz von Nadelbäumen, meist Kiefern. Im gemäßigten Klima weit verbreitet.

ÄHNLICHE ARTEN: Der Moortäubling *(R. helodes)* hat einen helleren Stiel, der sich im Alter deutlich grau verfärbt; wächst oft zwischen Torfmoos.

FRUCHTKÖRPER: Einzeln oder gesellig auf sauren Böden.

Maße	Sporen	Wert
HUT ↔ 5 – 10 cm | STIEL ↕ 4 – 7 cm ↔ 1 – 2 cm	blass ockerfarben	☠

Familie	Art	Jahreszeit
RUSSULACEAE	*Russula undulata*	Sommer – Herbst

Purpurschwarzer Täubling

Diese recht fleischige Art hat einen gewölbten Hut, in der Mitte meist eingedrückt und fast schwarz; die restliche Hutoberfläche ist purpurn oder violett, oft gelb gefleckt. Davon heben sich Stiel und Lamellen, die weiß bis cremefarben sind, deutlich ab. Der Stiel ist keulenförmig, die angehefteten Lamellen stehen eng. Das weiße bis graue Fleisch schmeckt leicht scharf und ist ungenießbar.

VORKOMMEN: Mykorrhizapilz der Eiche, selten bei anderen Bäumen. Im gemäßigten Klima weit verbreitet und häufig.

ÄHNLICHE ARTEN: Die Täublinge *R. brunneoviolacea* und *R. romellii* haben dunklere Sporenlager.

FRUCHTKÖRPER: Gesellig unter Eichen in Wäldern, meist auf sauren Böden.

Maße	Sporen	Wert
HUT ↔ 4 – 10 cm | STIEL ↕ 3 – 6 cm ↔ 1 – 2,5 cm	weiß	ungenießbar (Symbol)

Familie RUSSULACEAE	Art *Russula sardonia*	Jahreszeit Sommer – Herbst

Zitronenblättriger Täubling

Diese attraktive, vergleichsweise große Art hat einen gewölbten, glänzend dunkelpurpurnen Hut und zitronengelbe Lamellen. Der purpurne bis weinrote Stiel ist keulenförmig. Der Pilz riecht leicht fruchtig und schmeckt scharf. Die Lamellen und das weiße Fleisch verfärben sich rosa, wenn sie mit Ammoniakdampf in Berührung kommen.

VORKOMMEN: Mykorrhizapilz der Kiefer. In Teilen der gemäßigten Breiten weit verbreitet und häufig.

ÄHNLICHE ARTEN: Der kleinere Stachelbeertäubling *(R. queletii)* schmeckt ebenso scharf; Lamellen und Sporen sind heller. Reagiert nicht mit Ammoniak.

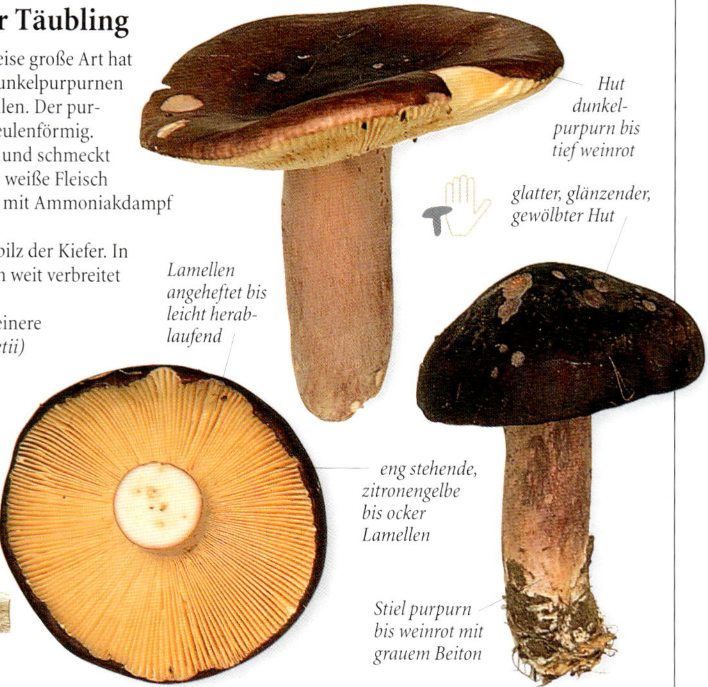

FRUCHTKÖRPER: Gesellig unter Kiefern.

Maße HUT ⊕ 4 – 10 cm | STIEL ↕ 4 – 10 cm ↔ 1 – 2,5 cm	Sporen blass ockerfarben	Wert ☠

Familie RUSSULACEAE	Art *Russula virescens*	Jahreszeit Sommer – Herbst

Grüngefelderter Täubling

Dieser festfleischige Pilz ist gut an seiner samtigen, gelb- bis blaugrünen Huthaut zu erkennen, die früh aufreißt und fetzenartige Schuppen hinterlässt. Der Stiel ist weiß, an der Basis oft braunschuppig. Die brüchigen, weißen, angehefteten Lamellen stehen ziemlich eng. Der Pilz verfärbt sich mit Eisensulfat ($FeSO_4$) orangerosa.

VORKOMMEN: Mykorrhizapilz von Buchen und anderen Laubbäumen. Im gemäßigten Klima weit verbreitet und örtlich häufig.

ÄHNLICHE ARTEN: *R. cutefracta* ist dunkler grün und reißt vom Rand her ein; keine Farbreaktion mit Eisensulfat.

FRUCHTKÖRPER: Einzeln oder in kleinen Gruppen auf durchlässigen Böden.

Maße HUT ⊕ 4 – 10 cm | STIEL ↕ 4 – 8 cm ↔ 1 – 3 cm	Sporen weiß	Wert

Sehr klein mit glattem Hut

Es gibt unzählige winzige Blätterpilze mit glatten Hüten, quer durch viele Gattungen und Familien; bei den hier vorgestellten überwiegen jedoch die kleinen weißsporigen Mitglieder der *Tricholomataceae* (Ritterlingsartige). Die Arten dieser Untergruppe haben teils einen zarten Flaum oder eine leichte Bereifung auf dem Hut, nie jedoch deutliche Haare, Fasern oder Schuppen (vgl. nächst Untergruppe S. 142 ff.).

Familie TRICHOLOMATACEAE | Art *Lyophyllum palustre* | Jahreszeit Sommer – Herbst

Sumpfgraublatt

Der gräulich braune Hut dieser Art ist anfangs gewölbt, später flach oder leicht niedergedrückt und sitzt auf einem dünnen, blass graubraunen Stiel. Die Hutoberfläche ist vom Rand bis zur Mitte gerieft. Das dünne, ungenießbare Fleisch riecht leicht mehlig. Die weißen bis blassgrauen, angehefteten Lamellen stehen mäßig weit.
VORKOMMEN: Wächst nur an sumpfigen Standorten auf Torfmoosen, die eventuell dadurch absterben. Im gemäßigten Klima der Nordhalbkugel weit verbreitet.
ÄHNLICHE ARTEN: Andere Arten an Torfmoosen, wie *Galerina paludosa, G. tibiicystis, Omphalina sphagnicola* und *O. philonotis*, haben gewöhnlich braune Sporen oder herablaufende Lamellen.

FRUCHTKÖRPER: In Scharen oder Hexenringen auf Torfmoosen in sumpfigen Gebieten.

Maße HUT ↔ 1 – 3 cm | STIEL ↕ 4 – 8 cm ↔ 1 – 3mm | Sporen weiß | Wert

Familie TRICHOLOMATACEAE | Art *Baeospora myosura* | Jahreszeit Herbst – Spätherbst

Mäuseschwanzrübling

Die blassbraune Art aus der kleinen Gattung *Baeospora* hat einen flachen bis leicht gebuckelten, trockenen Hut und einen mehlig bereiften Stiel. Der Pilz riecht modrig; kaum Eigengeschmack.
VORKOMMEN: In Parks und Wäldern auf Zapfen und Zapfenschuppen verschiedener Nadelbäume wie Fichten und Kiefern. Im gemäßigten Klima der Nordhalbkugel weit verbreitet und häufig.
ÄHNLICHE ARTEN: Tausendblatt *(B. myriadophylla)*, ebenfalls blassbraun, mit helleren, lila getönten Lamellen; häufig auf Nadelbaumstrünken, vielerorts selten oder fehlend. Andere Pilze, die auf Nadelzapfen wachsen, sind Fichtenzapfenrübling (S. 133) sowie *Mycena seyneii* mit blass weinrosa Hut und dunklen Lamellenschneiden.

FRUCHTKÖRPER: Zu wenigen auf Nadelbaumzapfen.

Maße HUT ↔ 0,5 – 2 cm | STIEL ↕ 1 – 4 cm ↔ 1 – 2 mm | Sporen weiß | Wert

Familie TRICHOLOMATACEAE	Art *Strobilurus esculentus*	Jahreszeit Spätherbst – Frühling

Fichtenzapfenrübling

Diese Art hat einen gewölbten, braunen Hut mit dünnem Rand und einen glatten, orangegelben, oben weißen Stiel. Das zähe, weiße Fleisch riecht angenehm. Der Pilz ist essbar, aber so klein, dass das Sammeln kaum lohnt.
VORKOMMEN: Auf in der Streu vergrabenen Fichtenzapfen, an feuchten Stellen auch auf Zapfen über dem Boden. In Fichtenregionen Europas und benachbarter Teile Asiens weit verbreitet und häufig.
ÄHNLICHE ARTEN: *S. stephanocystis* und *S. tenacellus* bevorzugen Kiefernzapfen. Kleine *Collybia*-Arten (S. 67, 111 ff.) sind am besten mithilfe des Mikroskops zu unterscheiden.

FRUCHTKÖRPER: In kleinen Gruppen in Fichtenwäldern.

Maße HUT ↔ 0,5 – 3 cm | STIEL ↕ 2 – 5 cm ↔ 1 – 2,5 mm	Sporen blass cremefarben	Wert

Familie TRICHOLOMATACEAE	Art *Mycena inclinata*	Jahreszeit Herbst – Frühwinter

Buntstieliger Helmling

Der glockenförmige Hut dieser Art hat einen deutlich gezähnten Rand und radiale Riefen. Der zähe Stiel ist mehlig weiß bereift und hat eine orange Basis. Bei der Bestimmung hilft der charakteristisch würzige bis ranzige Geruch.
VORKOMMEN: Bevorzugt alte Bäume in eingewachsenen Waldbeständen. Meist auf Stümpfen oder morschen Teilen noch stehender Eichen, seltener andere Laubbäume wie Esskastanien. In Europa und Nordamerika verbreitet und häufig.
ÄHNLICHE ARTEN: Gefleckter Helmling *(M. maculata)* mit glattem Hutrand, purpurbraunem Stiel und deutlichem Pilzgeruch; seltener, aber auch leicht zu übersehen.

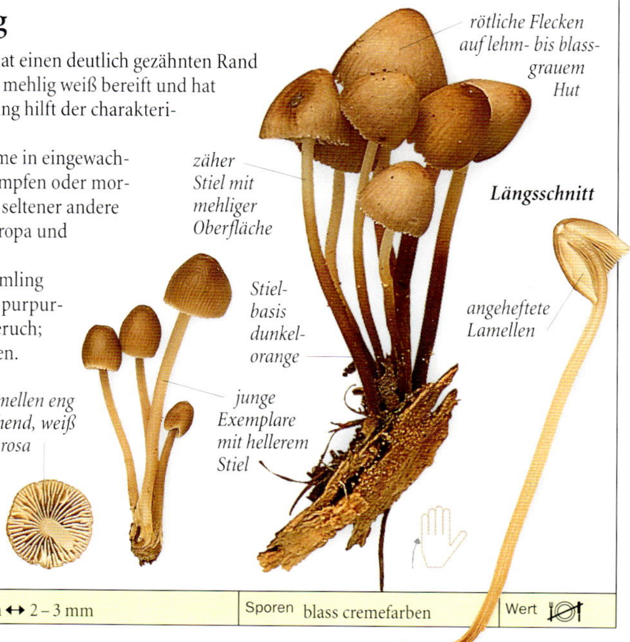

FRUCHTKÖRPER: In Büscheln auf Holz, bevorzugt Eichen.

Maße HUT ↔ 1 – 4 cm | STIEL ↕ 6 – 12 cm ↔ 2 – 3 mm	Sporen blass cremefarben	Wert

Familie TRICHOLOMATACEAE	Art *Mycena arcangeliana*	Jahreszeit Herbst – Frühwinter

Olivgelber Helmling

Diese Art ist nicht so einfach zu identifizieren, obwohl junge Fruchtkörper oft einen lila Stiel haben. Der Hut ist gewölbt bis glockig, gefärbt in verschiedenen Schattierungen von mattem Grau. In einer luftdichten Dose entwickelt der Pilz nach wenigen Minuten einen antiseptischen, jodähnlichen Geruch.
VORKOMMEN: In Gärten, Friedhöfen, Parks und Wäldern; auf bemooster Rinde an der Basis lebender Bäume und Büsche oder auf Totholz, z. B. Astbruch. In Europa weit verbreitet und häufig; weltweite Verbreitung unbekannt.

FRUCHTKÖRPER: Oft gesellig auf / an altem Holz.

Maße HUT ↔ 1 – 2.5 cm | STIEL ↕ 3 – 7 cm ↔ 2 – 3 mm	Sporen weiß	Wert

Familie TRICHOLOMATACEAE	Art *Mycena olivaceomarginata*	Jahreszeit Herbst

Olivschneidiger Helmling

Die Hutfarbe dieses Pilzes kann sehr stark variieren, von Graubraun über Gelb bis zu Rosatönen. Ein eindeutigeres Merkmal sieht man unter der Lupe: Die Schneiden der blassgrauen Lamellen sind deutlich olivbraun. Der Stiel ist recht brüchig, das dünne Fleisch riecht gattungstypisch leicht nach Rettich, bei einigen Formen schwach nach Salpetersäure.
VORKOMMEN: Auf vermoosten Grünflächen, in Wiesen und Weiden, auch in Küstenregionen. In Europa weit verbreitet und häufig; weltweite Verbreitung nicht geklärt.
ÄHNLICHE ARTEN: Andere Helmlinge mit farbigen Lamellenschneiden: rot bei *M. rubromarginata,* der auf Holz wächst, und *M. seyneii,* auf Zapfen lebend; gelb bei *M. citrinomarginata* und *M. flavescens,* beide in Gras oder Streu.

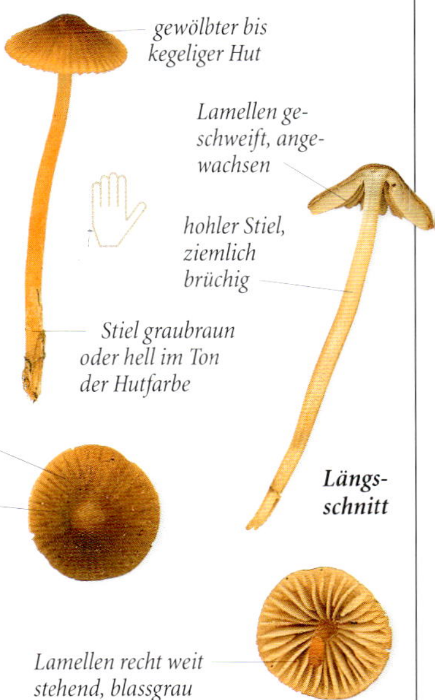

FRUCHTKÖRPER: Einzeln oder gesellig im flachen Gras.

Maße HUT ↔ 0,7 – 1,5 cm | STIEL ↕ 3 – 6 cm ↔ 1 – 2 mm	Sporen weiß	Wert

Familie	Art	Jahreszeit
TRICHOLOMATACEAE	*Mycena epipterygia*	Sommer – Frühwinter

Dehnbarer Helmling

Dieser Helmling ist schleimig, was in der Gattung vergleichsweise selten vorkommt. Typisch sind der kräftig gelbe Stiel, oft rostbraun getönt, sowie der mehlig-ranzige Geruch. Ansonsten zeigt sich die Art in Größe, Form und Farbe sehr variabel.
VORKOMMEN: Auf Streu, meist in Nadelwäldern, aber auch in offenerem, bodensaurem Gelände an Brombeersträuchern und Farnen. Im gemäßigten Klima weit verbreitet und häufig.
ÄHNLICHE ARTEN: Andere schleimige Helmlinge; beim Schleimstieligen Helmling *(M. rorida)* ist die Schleimschicht dicker als der Stiel, den sie bedeckt. Weniger schleimig ist der Schilfrohrhelmling *(M. belliae)*; er lebt nur an Schilf und hat stark herablaufende Lamellen.

FRUCHTKÖRPER: In Scharen oder kleinen Gruppen.

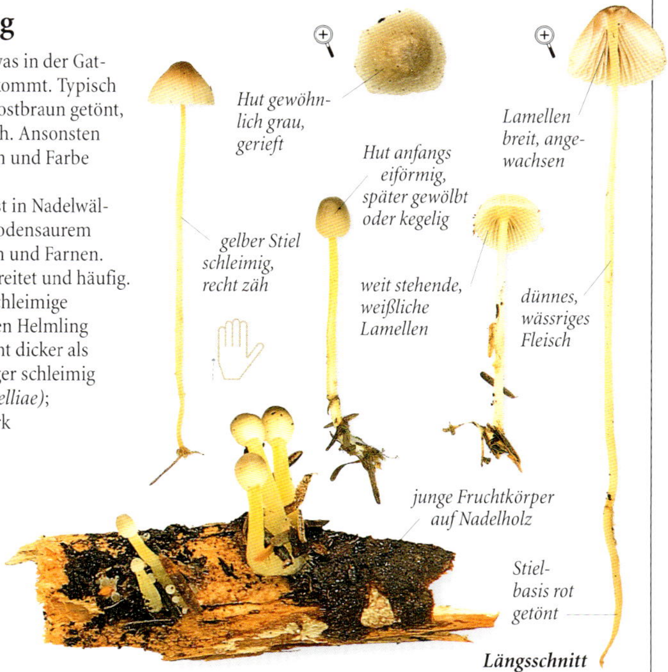

Maße		Sporen	Wert
HUT 0,5 – 2,5 cm	STIEL 3 – 8 cm ↔ 1 – 2,5 mm	cremefarben	

Familie	Art	Jahreszeit
TRICHOLOMATACEAE	*Mycena leptocephala*	Sommer – Winter

Grauer Salpeterhelmling

Unter den Helmlingen, die nach Salpetersäure oder Chlorwasser riechen, ist dieser Pilz mit Abstand der am häufigsten vorkommende. Sein kegeliger, hell- bis bleigrauer Hut zeigt sich bei Feuchtigkeit deutlich gerieft. Der Stiel ist zerbrechlicher als das wässrige Fleisch.
VORKOMMEN: Auf vermoostem Rasen und zwischen hohem Gras, Waldbodenstreu oder Brombeeren. Im gemäßigten Klima der Nordhalbkugel weit verbreitet und häufig.
ÄHNLICHE ARTEN: Der Voreilende Helmling *(M. abramsii)*, größer, Hut weniger schmierig, wächst an Laubholz. *M. stipata* ist stärker schmierig, robuster, wächst auf Nadelbaumstümpfen. *M. capillaripes* hat rote Linien auf den Lamellen (Handlupe) und wächst auf Nadelholzresten. Alle riechen nach Salpetersäure.

FRUCHTKÖRPER: Meist gesellig auf vermoostem Rasen.

Maße		Sporen	Wert
HUT 0,6 – 1,5 cm	STIEL 3 – 7 cm ↔ 1 – 2 mm	weiß	

Familie TRICHOLOMATACEAE	Art *Mycena filopes*	Jahreszeit Herbst

Zerbrechlicher Fadenhelmling

Diese Art wird am besten mithilfe eines Mikroskops bestimmt, unter dem man die stacheligen Cystiden und andere Charakteristika erkennt. Recht typisch ist auch der zerbrechliche graue Stiel in Verbindung mit dem antiseptischen, jodähnlichen Geruch. Hut und Stiel sind weiß bereift, der Hut ist gerieft.
VORKOMMEN: Meist in Laubwäldern, auf Humus oder kleinen Streuteilen, aber auch in dicken Streuschichten unter Nadelbäumen; oft zwischen Brennnesseln an Waldwegen. In Europa weit verbreitet und häufig; weltweite Verbreitung ungeklärt.
ÄHNLICHE ARTEN: Olivgelber (S. 134) und Kegeliger Helmling *(M. metata);* letzterer oft mit rosa Tönung, eher auf sauren Böden und in Nadelwäldern. Beide riechen jodartig und sehen auch unterm Mikroskop sehr ähnlich aus.

FRUCHTKÖRPER: Einzeln oder gesellig.

Maße HUT ↔ 0,8 – 2 cm | STIEL ↕ 6 – 10 cm ↔ 1 – 2 mm	Sporen weiß	Wert

Familie TRICHOLOMATACEAE	Art *Mycena haematopus*	Jahreszeit Sommer – Herbst

Bluthelmling

Der glockige, rotbraune Hut dieser Art hat einen gezähnten Rand, seine Oberfläche ist mehlig bereift, ebenso die des rotbraunen, zerbrechlichen Stiels. Bei Bruch oder Druck sondert das dünne, wässrige Stielfleisch eine dunkel blutrote Flüssigkeit ab.
VORKOMMEN: Auf verrottetem Holz, in den meisten Waldtypen. Im gemäßigten Klima weit verbreitet und häufig.
ÄHNLICHE ARTEN: Gelbmilchender Helmling (S. 119) mit orangegelber Milch. *M. sanguinolenta*, mit roter Milch, ist zierlicher und hat rotbraune Lamellenschneiden; meist auf Laubstreu. Der Buntstielige Helmling (S. 133) bildet dichte Büschel; keine Milch.

△ ***Spinellus fusiger***
Ein häufiger Parasit an Helmling-Arten; erinnert an Nadeln, die in einem Nadelkissen stecken. Er ist nahe mit dem schwarzen Brotschimmel verwandt.

FRUCHTKÖRPER: In dichten Büscheln.

Maße HUT ↔ 0,5 – 3 cm | STIEL ↕ 3 – 7 cm ↔ 2 – 4 mm	Sporen weißlich cremefarben	Wert

Familie TRICHOLOMATACEAE	Art *Mycena galopus*	Jahreszeit Spätsommer – Winter

Weißmilchender Helmling

Diese stark variable Art lässt sich am einfachsten anhand der weißen Flüssigkeit identifizieren, die in den Stielen der meisten Exemplare (v. a. an der Stielbasis) reichlich zu finden ist; außerdem an den im Vergleich zu anderen Helmlingen deutlich weit stehenden Lamellen. Die Bilder zeigen eine graue Form, es gibt aber auch weiße und schwarze. Die schwarze Form wird manchmal als eigene Art, *M. leucogala*, geführt. Der Pilz riecht leicht nach Rettich; Essbarkeit nicht ganz geklärt, aber jedenfalls kaum lohnend.
VORKOMMEN: In allen Waldtypen, auf Nadel- und Laubbaumstreu; auch im halboffenen Gelände auf humosen Böden, z. B. Rasenflächen zwischen Bäumen. In Europa weit verbreitet und häufig; weltweite Verbreitung ungeklärt.
ÄHNLICHE ARTEN: *M. erubescens* hat wässrige, weiße Milch, die sich langsam bräunlich rot verfärbt, und bitteres Fleisch.

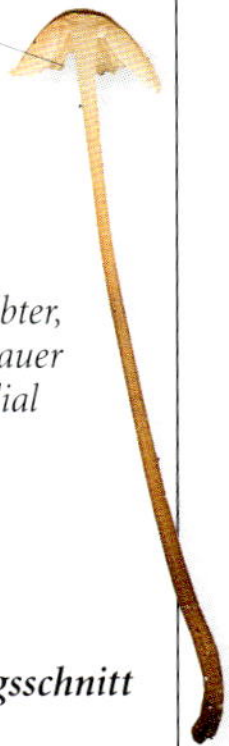

FRUCHTKÖRPER: Einzeln oder in Scharen.

Maße HUT ⊕ 0,5 – 2 cm | STIEL ↕ 3 – 7 cm ↔ 1 – 2 mm	Sporen blass cremefarben	Wert

Familie TRICHOLOMATACEAE	Art *Mycena acicula*	Jahreszeit Frühling – Frühwinter

Orangeroter Helmling

Von den winzigen, in der Pflanzenstreu lebenden Helmlingen ist diese Art wohl am einfachsten zu erkennen; dabei helfen v. a. der kräftig orange, gelb gerandete Hut sowie der durchscheinend gelbe, schlanke Stiel. Dieser ist wie der gewölbte bis glockenförmige Hut mehlig bereift. Die angehefteten, recht breiten, blassgelben Lamellen stehen mäßig weit.
VORKOMMEN: Auf winzigen Holzteilchen, z. B. Rindenstückchen, an feuchten Stellen; zwischen Brennnesseln, am Fuß von Hecken oder in Wäldern. Im gemäßigten Klima weit verbreitet und recht häufig.
ÄHNLICHE ARTEN: Oranger Heftelnabeling (S. 36), mit herablaufenden Lamellen.

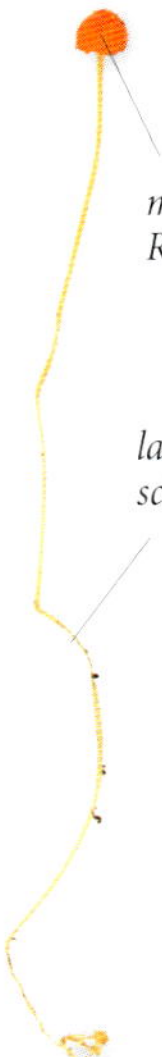

FRUCHTKÖRPER: Einzeln oder in Grüppchen, verborgen.

Maße HUT ⊕ 0,3 – 1 cm | STIEL ↕ 2 – 6 cm ↔ 0,5 – 1 mm	Sporen weißlich	Wert

Familie TRICHOLOMATACEAE	Art *Mycena flavoalba*	Jahreszeit Herbst

Gelbweißer Helmling

Ein recht deutliches Merkmal dieser Art ist die verwässerte gelbe Farbe des gewölbten oder kegeligen Huts, manchmal mit dunklem „Auge“ und leicht gerieft. Die Lamellen sind weiß, der Stiel ist durchscheinend gelblich weiß. Das dünne, weiße Fleisch riecht und schmeckt leicht nach Rettich.
VORKOMMEN: Vermooste Grasflächen, auch auf der Bodenstreu in Nadelwäldern. In Europa weit verbreitet und häufig; weltweite Verbreitung ungeklärt.
ÄHNLICHE ARTEN: Man könnte ihn leicht für eine Varietät anderer cremefarbiger Arten halten, z. B. eines Scheinhelmlings der Gattung *Hemimycena*.

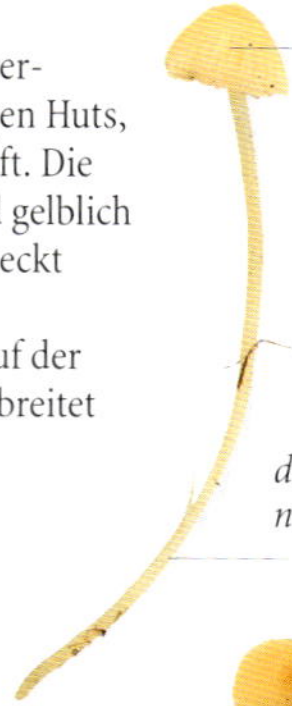

△ **Korallenroter Helmling** *M. adonis*, meist zu wenigen auftretend, hat einen korallenroten, im Alter verblassenden Hut und einen durchscheinend weißen Stiel.

FRUCHTKÖRPER: In großen Scharen, oft mehr als hundert.

Maße HUT ↔ 0,5 – 2 cm | STIEL ↕ 3 – 5 cm ↔ 1 – 2 mm	Sporen weißlich	Wert

Familie TRICHOLOMATACEAE	Art *Marasmius androsaceus*	Jahreszeit Sommer – Spätherbst

Rosshaarschwindling

Dieser Pilz hat einen sehr dünnen, extrem zähen, glänzenden Stiel. Der blassbraune Hut ist gewölbt mit abgeflachter Spitze, radial gefurcht und gerieft, oft auch gerunzelt. Die weit stehenden Lamellen laufen bis an den Stiel, anders als bei den zahlreichen *Marasmius*-Arten mit Kollarring (s. S. 177). Die „Rosshaare“ sind zähe Stränge dicht verwobener Hyphen, mit denen der Pilz auch an ungünstigen Standorten neues Substrat besiedeln kann. Er riecht nur schwach und schmeckt mild, taugt aber kaum als Speisepilz.
VORKOMMEN: In Kiefernwäldern, auf Kiefernnadeln und anderen kleinen Streuteilchen; auch in Heidelandschaften und Sanddünen. Im gemäßigten Klima der Nordhalbkugel weit verbreitet und häufig.
ÄHNLICHE ARTEN: Nadelschwindling *(Micromphale perforans)*, Stiel samtig; riecht nach fauligem Kohl.

FRUCHTKÖRPER: Gesellig an verschiedensten Standorten.

Maße HUT ↔ 0,3 – 1 cm | STIEL ↕ 2,5 – 5 cm ↔ 0,3 – 0,5 mm	Sporen weiß	Wert

Familie TRICHOLOMATACEAE	Art *Micromphale foetidum*	Jahreszeit Herbst – Spätherbst

Stinkschwindling

Gelegentlich kann man diesen kleinen Pilz allein aufgrund seines Geruchs nach fauligem Kohl entdecken. Sein gewölbter, glatter, orangebrauner Hut ist gerieft und gefurcht, in der Mitte dunkler und hat einen dünnen, scharfen, aufgebogenen Rand. Der hohle, samtige, schwarze Stiel wird nach oben breiter.

VORKOMMEN: Nur auf abgefallenen Ästen in Laubwäldern, bevorzugt auf nährstoffreichen Kalkböden. Im gemäßigten Klima weit verbreitet, nur örtlich häufig.

ÄHNLICHE ARTEN: *M. brassicolens* wächst auf Buchenzweigen und -blättern. Er hat enger stehende, helle Lamellen. *M. perforans* ist kleiner, wächst auf Kiefernnadeln. Beide riechen modrig.

FRUCHTKÖRPER: In dichten Gruppen auf Ästen.

Maße HUT ↔ 0,5 – 3 cm	STIEL ↕ 1 – 4 cm ↔ 2 – 4 mm	Sporen weißlich	Wert

Familie TRICHOLOMATACEAE	Art *Marasmiellus ramealis*	Jahreszeit Sommer – Herbst

Ästchen-Zwergschwindling

Der gewölbte, im Alter flache Hut des winzigen Pilzes ist creme bis hell lederbraun, fein gerunzelt und gefurcht. Der kurze, gebogene, hell ockerfarbene Stiel ist an der Basis mit blassen Schuppen bedeckt. Das dünne, zähe, faserige Fleisch ist ähnlich gefärbt wie der Stiel. Die breiten Lamellen stehen weit; die glatten Sporen (9 x 3 µm) sind spindelförmig bis elliptisch.

VORKOMMEN: In feuchten Wäldern auf Totholz und Brombeerzweigen, aber auch an trockeneren Standorten. In Europa weit verbreitet und häufig; weltweite Verbreitung ungeklärt.

ÄHNLICHE ARTEN: Weißer Zwergschwindling *(M. candidus)*, fast weißer Hut, schwarze Stielbasis. *M. vaillantii* ist nur mit dem Mikroskop (Cystiden, Sporen) zu unterscheiden.

FRUCHTKÖRPER: Gesellig auf Ästen und Zweigen.

Maße HUT ↔ 0,3 – 1,5 cm	STIEL ↕ 0,5 – 2 cm ↔ 0,5 – 1,5 mm	Sporen weiß	Wert

Familie Cortinariaceae	Art *Galerina calyptrata*	Jahreszeit Sommer – Herbst

Kleiner Koboldhäubling

Dieser kleine, schlanke, honigbraune Pilz mit mehligem Geruch hat einen gewölbten, gerieften Hut, der cremebraun eintrocknet. Sein dünnes Fleisch und die Lamellen sind blassbraun, der Stiel ist lang und glatt. Von ähnlichen Arten unterscheidet sich der Pilz v. a. durch die Sporen: Sie sind warzig und breit spindelförmig mit einer sich ablösenden äußeren Wand.

VORKOMMEN: Auf Rasen, in feuchten Wäldern. Weit verbreitet, aber genaue Verbreitung ungeklärt.

ÄHNLICHE ARTEN: Der Mooshäubling *(G. hypnorum)* hat keine ablösende Sporenwand (Mikroskop). *G. sphagnorum* wächst nur auf Torfmoosen und hat am Stiel eine Ringzone. Es gibt viele weitere *Galerina*-Arten, meist an Moosen oder morschem Holz lebend.

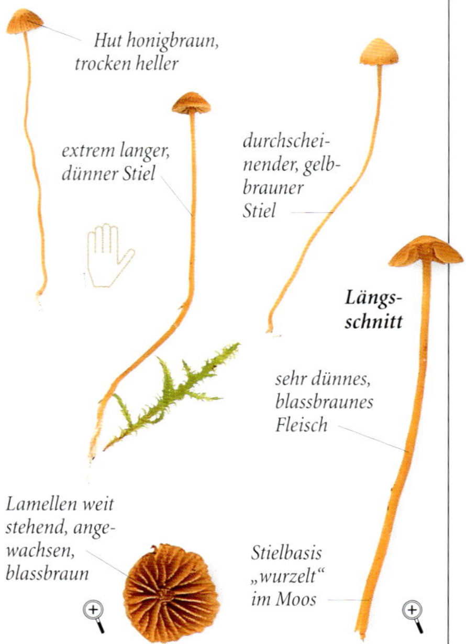

FRUCHTKÖRPER: Einzeln oder in kleinen Gruppen in Moos.

Maße Hut 0,3 – 0,8 cm	Stiel ↕ 3 – 5 cm ↔ 1 – 2 mm	Sporen ockerbraun	Wert

Familie Bolbitiaceae	Art *Conocybe lactea*	Jahreszeit Sommer – Herbst

Milchweißes Samthäubchen

Während man zur Bestimmung vieler *Conocybe*-Arten ein Mikroskop braucht, hat dieser Pilz mit seiner länglichen Hutform und der elfenbeinweißen Farbe zwei recht deutliche Merkmale. Der glatte, fein geriefte Hut wird im Alter leicht runzelig. Die eng stehenden Lamellen sind blass- bis rostbraun. Die Stieloberfläche ist mehlig bereift und schwach gestreift, das Fleisch ist dünn und brüchig.

VORKOMMEN: Auf Grasflächen, v. a. in Rasen auf fruchtbaren Böden. Im gemäßigten Klima weit verbreitet und häufig.

ÄHNLICHE ARTEN: *C. huijsmanii* hat einen fast rundlichen bis gewölbten Hut. *Galerina*-Arten (S. 91, oben) haben gewöhnlich angewachsene, weiter entfernt stehende Lamellen.

FRUCHTKÖRPER: Gesellig oder zu wenigen.

Maße Hut 1 – 1,5 cm	Stiel ↕ 5 – 11 cm ↔ 1 – 3 mm	Sporen orangebraun	Wert

Familie	Art	Jahreszeit
STROPHARIACEAE	*Psilocybe semilanceata*	Sommer – Herbst

Spitzkegeliger Kahlkopf

Dieser halluzinogene Blätterpilz hat einen kegeligen Hut mit einem deutlichen „Pickel“ an der Spitze. Das Olivgrau junger Exemplare trocknet schnell zu einem Cremeton, auch die anfänglichen Riefen verblassen. Der schlanke Stiel ist gefärbt wie der Hut, manchmal mit blauer Basis. Das blasse Fleisch riecht modrig. Bei Vergiftungen wird meist die Einlieferung ins Krankenhaus nötig.
VORKOMMEN: Auf ungedüngtem Grünland; auf stark beweideten oder gemähten Flächen oder in Grashaufen verborgen. In Teilen der gemäßigten Breiten verbreitet und häufig.
ÄHNLICHE ARTEN: *P. fimetaria* hat weiße Hüllenreste am Hutrand und wächst in Pferdemist.

FRUCHTKÖRPER: Einzeln oder in großen Scharen.

Maße	Sporen	Wert
HUT ⊕ 0,5 – 2 cm | STIEL ↕ 4 – 10 cm ↔ 2 – 3 mm	purpurschwarz	☠

Familie	Art	Jahreszeit
COPRINACEAE	*Panaeolus foenisecii*	Spätfrühling – Herbst

Heuschnittpilz

Diese Art hat einen halbkugeligen bis flachen, glatten, rotbraunen Hut und einen ähnlich gefärbten, hell bereiften Stiel. Wenn der Hut trocknet, bilden sich dunkle und hellere Zonen, die Oberfläche kann zu winzigen, flachen Schuppen aufreißen. Die freien Lamellen stehen weit und sind braun, ebenso wie das Sporenlager. Dies unterscheidet den Pilz von anderen *Panaeolus*-Arten, die meist schwarze Lamellen und Sporen haben. Die Sporen sind warzig, jede mit einer Pore (Mikroskop). Das Fleisch riecht angenehm würzig.
VORKOMMEN: Auf Grünland in feuchtem Gras. Weltweit verbreitet, in Europa sehr häufig.
ÄHNLICHE ARTEN: *P. ater* hat schwarze Lamellen und glatte Sporen.

FRUCHTKÖRPER: Gesellig auf der Erde zwischen Gras, in Wiesen und Rasen; bevorzugt nährstoffreiche Böden.

Maße	Sporen	Wert
HUT ⊕ 1 – 3 cm | STIEL ↕ 4 – 6 cm ↔ 2 – 3 mm	dunkelbraun	☠

Sehr klein, Hut nicht glatt

Im Gegensatz zu den ebenso kleinen Arten der vorherigen Untergruppe (S. 132 – 141) haben die hier vorgestellten Blätterpilze faserige, schuppige Hutoberflächen oder sind mit kleinen Härchen, Körnchen u. Ä. besetzt, also nicht glatt. Auch diese winzigen Arten gehören unterschiedlichen Familien und Gattungen an. Alle sind ungenießbar oder auch giftig. Beim Untersuchen der Hüte ist eine Handlupe hilfreich.

Familie TRICHOLOMATACEAE	Art *Crinipellis scabella*	Jahreszeit Sommer – Herbst

Haarschwindling

Der Stiel dieser zähen Art ist dicht mit steifen, grauen bis braunen Härchen bedeckt. Den gewölbten bis gebuckelten, manchmal niedergedrückten Hut überziehen seidige, blassbraune Haare, oft in konzentrischen Zonen angeordnet, und radiale Riefen. Das weißliche Fleisch ist zäh und fast geruch- wie geschmacklos.
VORKOMMEN: Auf trockenen, ungedüngten Grünflächen, z. B. auch auf Rasen in Parks, und in Sanddünen; auf toten Pflanzenstängeln. Im gemäßigten Klima weit verbreitet, örtlich häufig.
ÄHNLICHE ARTEN: In den gemäßigten Breiten gibt es nur wenige *Crinipellis*-Arten. Ein tropischer Verwandter *(C. perniciosa)* verursacht große Schäden an Kakaobäumen.

FRUCHTKÖRPER: Einzeln oder gesellig.

Maße HUT 0,5 – 1,5 cm | STIEL 1,5 – 3,5 cm ↔ 1 – 2 mm	Sporen weiß	Wert

Familie TRICHOLOMATACEAE	Art *Asterophora parasitica*	Jahreszeit Herbst

Beschleierter Zwitterling

Diese Art lebt saprophytisch auf toten Pilzen. Hut und Stiel sind grau und seidig-faserig. Die gut entwickelten, dicken, weit stehenden Lamellen laufen mit Zahn am Stiel herab.
VORKOMMEN: Im Wald auf verrottenden Fruchtkörpern von Täublingen und Milchlingen, oft auf Schwärztäublingen (S. 122). Im gemäßigten Klima weit verbreitet, recht häufig.
ÄHNLICHE ARTEN: Andere Arten auf verrottenden Blätterpilzen, z. B. der stäublingsähnliche Verwandte *A. lycoperdoides* sowie *Volvariella surrecta,* ein Scheidling, der auf Nebelgrauem Trichterling (S. 40) wächst.

FRUCHTKÖRPER: In kleinen Büscheln.

Maße HUT 0,5 – 1,5 cm | STIEL 1 – 3 cm ↔ 2 – 4 mm	Sporen weiß	Wert

Familie COPRINACEAE	Art *Coprinus disseminatus*	Jahreszeit Frühling – Frühherbst

Gesäter Tintling

Der anfangs cremeweiße, faltenrockartige Hut dieser Art wird mit dem Alter grau, aber nicht so ausgeprägt „schwarzflüssig“ wie bei anderen Tintlingen (s. S. 177 ff.). Durch eine Lupe sieht man feine Härchen und Körnchen auf dem Hut. Stiel wie Fleisch sind weiß.
VORKOMMEN: Um und auf morschen Laubbäumen und -stümpfen. Im gemäßigten Klima der Nordhalbkugel weit verbreitet.
ÄHNLICHE ARTEN: Zwergtintling *(P. pygmaea)*, an ähnlichen Standorten wachsend; sein Hut zeigt weder Haare noch Körnchen und ist weniger gefurcht.

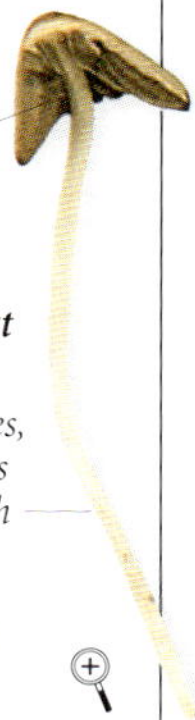

FRUCHTKÖRPER: In großen, dichten Scharen.

Maße HUT ⟷ 0,5 – 1,5 cm | STIEL ↕ 1 – 4 cm ⟷ 1 – 2 mm	Sporen schwarz	Wert

Familie HYGROPHORACEAE	Art *Hygrocybe miniata*	Jahreszeit Herbst

Mennigroter Saftling

Dieser Pilz gehört zu einer Gruppe kleiner Saftlinge mit dicht beschupptem, trockenem Hut. Ohne mikroskopische Untersuchung der Sporen lassen sie sich kaum auseinander halten; die Sporen des Mennigroten Saftlings sind meist birnenförmig. Sein gewölbter Hut ist hell mennigrot, ebenso der glatte, glänzende Stiel. Er hat angewachsene Lamellen. Das rotorange Fleisch riecht und schmeckt nur dezent.
VORKOMMEN: Auf naturnahem Grünland, oft zusammen mit Kleinem Habichtskraut *(Hieracium pilosella)*. Im gemäßigten Klima weit verbreitet, aber regionale Verteilung ungeklärt.
ÄHNLICHE ARTEN: Der früh erscheinende Knoblauchsaftling *(H. helobia)* riecht, wie er heißt, bevorzugt weniger saure Böden und hat gleichmäßig elliptische Sporen; ähnlich sind die Sporen von *H. calciphila*, der auf Kalkböden wächst.

FRUCHTKÖRPER: Gesellig, meist auf leicht sauren Böden, auf naturnahem Grün- und Heideland.

Maße HUT ⟷ 1 – 3 cm | STIEL ↕ 1 – 6 cm ⟷ 2 – 8 mm	Sporen weiß	Wert

Familie	Art	Jahreszeit
Entolomataceae	*Entoloma serrulatum*	Spätsommer – Herbst

Gesägtblättriger Rötling

Der gewölbte, blauschwarze Hut dieses Rötlings ist trocken, mit winzigen, aufrechten Schuppen und einer nabelartigen Vertiefung in der Mitte. Der Stiel zeigt eine ähnliche Farbe. Die angehefteten, blassblauen Lamellen haben gesägte, blauschwarze Schneiden.

VORKOMMEN: Auf Grünland, an spärlich bewachsenen Wegrändern, in Sandgruben. In Europa und Nordamerika, evtl. auch darüber hinaus, weit verbreitet.

ÄHNLICHE ARTEN: Andere bläulich gefärbte Rötlinge mit farblich abgesetzten Lamellenschneiden, etwa *E. caesiocinctum,* mit eher braunem Hut; *E. chalybaeum,* blaue Lamellen mit braunen, kaum gesägten Schneiden; *E. querquedula* mit oliv getöntem Hut.

FRUCHTKÖRPER: In kleinen Gruppen auf fast allen Böden.

Maße	Sporen	Wert
Hut ↔ 1 – 2,5 cm | Stiel ↕ 2 – 6 cm ↔ 2 – 4 mm	blassrosa	☠

Familie	Art	Jahreszeit
Entolomataceae	*Entoloma incanum*	Sommer – Frühherbst

Braungrüner Rötling

Diese Art ist in allen Teilen grün oder grünbraun gefärbt, nur das Fleisch verfärbt sich bei Druck himmelblau. Der gewölbte Hut ist in der Mitte leicht eingedrückt, der schlanke Stiel hohl. Der Pilz riecht unangenehm, an Mäuse erinnernd, und ist vermutlich giftig. Obwohl vielleicht der auffälligste unter den kleineren Rötlingen, ist er an seinen grasbewachsenen Standorten gut getarnt.

VORKOMMEN: Auf basischer Erde in Grünland oder an grasbewachsenen Wegrändern im Wald. Weit verbreitet, aber in Europa und Nordamerika selten.

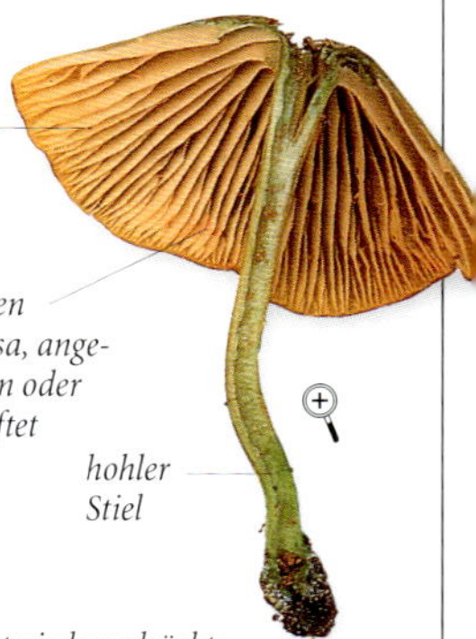

FRUCHTKÖRPER: Einzeln oder gesellig zwischen Gräsern und krautigen Pflanzen.

Maße	Sporen	Wert
Hut ↔ 1 – 3 cm | Stiel ↕ 2 – 6 cm ↔ 2 – 4 mm	blassrosa	☠

HUT- UND STIELPILZE MIT FREIEN LAMELLEN

Diese Gruppe umfasst die wenigen Familien unter den Blätterpilzen – Amanitaceae, Agaricaceae und Pluteaceae –, deren Arten freie, nicht mit dem Stiel verbundene Lamellen haben. Oft lässt sich der Stiel vom Hutfleisch abdrehen, ohne dass die Lamellen beschädigt werden.

Mit Scheide und / oder Hüllrestschuppen

Zu dieser Untergruppe gehören Arten der Gattungen *Amanita* und *Volvariella* (Scheidlinge). Sie sind recht groß und fleischig und die Universalhülle junger Fruchtkörper hinterlässt nach dem Aufreißen deutliche Reste: an der Stielbasis ein sackartiges Gebilde, die Scheide (Volva), und / oder lose Schuppen bzw. Flocken auf dem Hut, teils auch einen Stielring.

Familie AMANITACEAE	Art *Amanita caesarea*	Jahreszeit Herbst

Kaiserling

Der schon im alten Rom geschätzte Pilz hat einen gewölbten bis flachen, gelborange Hut und einen orange Stiel mit großer, bis zu 5 cm breiter weißer Scheide an der Basis. Die weichen, eng stehenden Lamellen sind creme bis gelb. Ein wertvoller Speisepilz warmer Regionen; wegen Verwechslungsgefahr mit dem Fliegenpilz ist jedoch eine Bestimmung durch Experten nötig!

VORKOMMEN: Mykorrhizapilz von Laubbäumen wie Kastanie und Eiche auf sandigen Böden. In wärmeren Teilen des gemäßigten Klimas weit verbreitet, aber nur örtlich häufig; auch in subtropischen Gebieten.

ÄHNLICHE ARTEN: Gelborange Formen des giftigen Fliegenpilzes (S. 146).

FRUCHTKÖRPER: Einzeln oder in Scharen.

Maße HUT ⟷ 8–20 cm | STIEL ↕ 8–16 cm ⟷ 2–3 cm	Sporen weißlich	Wert

Familie AMANITACEAE	Art *Amanita muscaria*	Jahreszeit Sommer – Herbst

Fliegenpilz

Der klassische Giftpilz der Märchen – er hat einen gewölbten bis flachen Hut mit glattem oder leicht gefurchtem Rand und weiße Hüllrestflocken auf der Oberfläche. Er kommt in verschiedenfarbigen Formen vor, auch gelborange und orange; die prächtig rote Variante ist die bekannteste. Anders als bei vielen *Amanita*-Arten, z. B. Kegelhütiger Knollenblätterpilz (S.150), hat die verdickte Stielbasis keine Scheide. Der Verzehr eines Fliegenpilzes muss nicht tödlich enden, doch die Art ist hochgiftig; schon wenige Exemplare können schlimme Folgen haben.
VORKOMMEN: Mykorrhizapilz, meist bei Birken oder Fichten, gewöhnlich auf sauren Böden. Im gemäßigten Klima der Nordhalbkugel häufig und weit verbreitet.

Längsschnitt

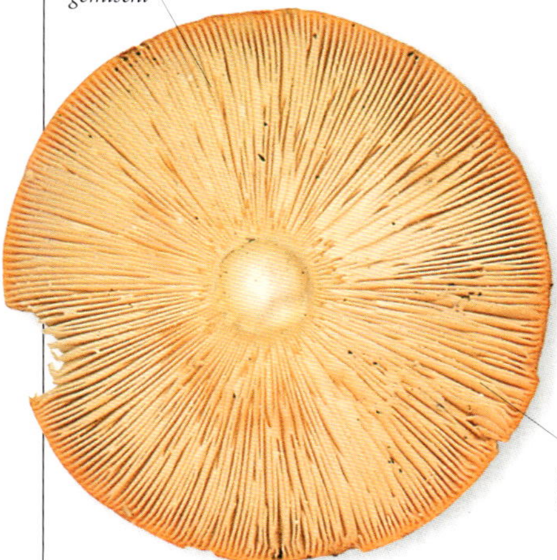

FRUCHTKÖRPER: In Scharen oder Ringen bei Bäumen.

△ ***Amanita muscaria*** *var.* ***formosa*** Diese Varietät mit gelbem bis orange Hut ist im nordöstlichen Nordamerika häufig. ☠

Maße HUT ⨁ 6 – 15 cm	STIEL ↕ 8 – 20 cm ↔ 1 – 2,5 cm	Sporen weißlich	Wert ☠

Familie AMANITACEAE	Art *Amanita rubescens*	Jahreszeit Sommer – Herbst

Perlpilz

Der gewölbte Hut dieser Art ist rosabraun mit grauen bis rosa Hüllrestflecken. Der flaumige graue, weiße oder rosa Stiel trägt einen deutlichen hängenden Ring, der oberseits gerieft ist. Die Basis ist verdickt und gegürtelt. Häufig legen Insekten ihre Eier in den Fruchtkörpern ab, das durch Maden beschädigte Fleisch färbt sich rosa – oft das beste Bestimmungsmerkmal. Wegen Verwechslungsgefahr mit Pantherpilz (S. 149), Fliegenpilz u. a. ist äußerste Vorsicht geboten.
VORKOMMEN: Mykorrhizapilz von Laubbäumen, wie Buche, und Nadelbäumen; oft auf sauren Böden. Im gemäßigten Klima weit verbreitet und häufig.

Längsschnitt

△ ***Hypomyces hyalinus***
Ein weißer Schlauchpilz, der den Perlpilz parasitiert. Er kann auch am Kegelhütigen Knollenblätterpilz (S. 150) vorkommen. ☠

FRUCHTKÖRPER: Einzeln oder in Gruppen.

Maße HUT ⊕ 6 – 18 cm	STIEL ↕ 6 – 15 cm ↔ 1,5 – 4 cm	Sporen weiß	Wert

Familie AMANITACEAE	Art *Amanita spissa*	Jahreszeit Sommer – Herbst

Gedrungener Wulstling

Diese Art hat einen gewölbten, meist dunkelbraunen Hut mit glattem Rand und grauen Hüllrestflocken. Der Ring am keulenförmigen Stiel ist oberseits gerieft. Er riecht schwach nach Raps bzw. Rapsöl. Obwohl der Pilz gekocht essbar ist, kann man ihn nicht empfehlen, vgl. ÄHNLICHE ARTEN. Eine blassere, geruchlose Form mit „wurzelndem" Stiel wird von einigen Mykologen als eigene Art, *A. excelsa*, angesehen.

VORKOMMEN: Mykorrhizapilz, typischerweise bei Buchen und Fichten in Wäldern. Im gemäßigten Klima der Nordhalbkugel weit verbreitet.

ÄHNLICHE ARTEN: Der giftige Pantherpilz (S. 149). Der Perlpilz (S.147) verfärbt oft in Teilen rosa.

FRUCHTKÖRPER: Einzeln oder zu wenigen.

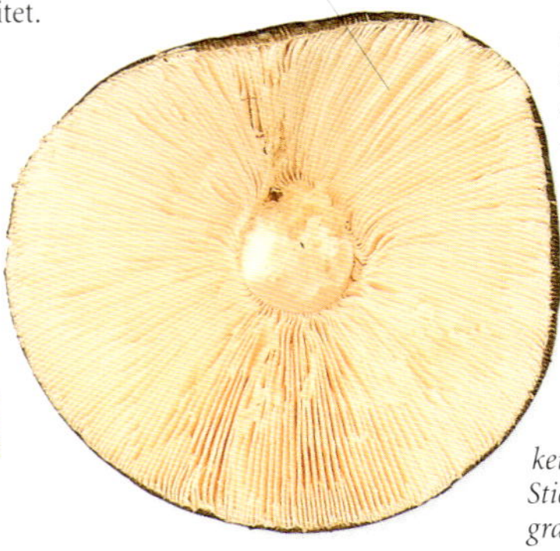

Maße HUT ↔ 7 – 15 cm | STIEL ↕ 8 – 14 cm ↔ 2 – 4 cm	Sporen weiß	Wert

Familie AMANITACEAE	Art *Amanita smithiana*	Jahreszeit Herbst

Fransenwulstling

Diese Art hat einen gewölbten bis flachen, weißen Hut mit kegeligen Hüllrestflocken. Auch am glatten Hutrand sind fransenartige Reste erkennbar. Der schuppige, weiße Stiel hat einen zottig aussehenden Ring und wird zur „wurzelnden" Basis hin bis zu 5 cm breit. Das dicke, weiße, leicht scharfe Fleisch kann Nierenversagen oder Leberschäden verursachen.

VORKOMMEN: Mykorrhizapilz von Nadelbäumen. Im Nordwesten von Nordamerika weit verbreitet und häufig.

ÄHNLICHE ARTEN: Der Kegelhütige Knollenblätterpilz (S.150) hat einen glatten Hut und ist leicht zu unterscheiden. Der Weiße Matsutake (S. 81) riecht würzig.

FRUCHTKÖRPER: Einzeln oder in verstreuten Gruppen unter Nadelbäumen im Wald.

Maße HUT ↔ 5 – 12,5 cm | STIEL ↕ 10 – 20 cm ↔ 1 – 3 cm	Sporen weiß	Wert

Familie AMANITACEAE	Art *Amanita pantherina*	Jahreszeit Sommer – Herbst

Pantherpilz

Dieser hochgiftige Pilz ist in der Färbung variabel, was die Bestimmung erschwert. Der abgeflachte Hut ist normalerweise hellbraun mit zahlreichen Flöckchen auf der Oberfläche und feinen radialen Randfurchen. Gute Identifizierungsmerkmale sind die knollenförmige Stielbasis mit deutlich wulstigem Rand und der Stielring, der oberseits keine Riefen aufweist. Das Fleisch ist weiß.

VORKOMMEN: Mykorrhizapilz vieler Laubbäume, meist auf basischen Böden in Wäldern und Parks. Im gemäßigten Klima der Nordhalbkugel weit verbreitet und regional häufig.

FRUCHTKÖRPER: Einzeln oder wenige unter Bäumen.

Maße HUT ↔ 5 – 12 cm | STIEL ↕ 6 – 12 cm ↔ 0,5 – 1,5 cm	Sporen weißlich	Wert

Familie AMANITACEAE	Art *Amanita gemmata*	Jahreszeit Sommer – Herbst

Narzissengelber Wulstling

Diese Art hat einen abgeflachten, ockergelben Hut mit gerieftem Rand und weißen Hüllrestflocken auf der Oberfläche. Am weißlichen bis blassgelben, festen Stiel erkennt man eine undeutliche Ringzone, die vom kurzlebigen Ring hinterlassen wurde. Der Stiel ist teils mit Hüllenresten gegürtelt und hat eine schmal gerandete, bis zu 2 cm breite Basalknolle.

VORKOMMEN: Mykorrhizapilz von Nadelbäumen; aber auch in Laubwäldern auf sandigen Böden. Im gemäßigten Klima weit verbreitet, aber nur örtlich häufig.

ÄHNLICHE ARTEN: Der Gelbe Knollenblätterpilz (S. 150) hat beständigere Hutflocken und riecht nach rohen Kartoffeln.

FRUCHTKÖRPER: In kleinen Gruppen.

Maße HUT ↔ 3 – 10 cm | STIEL ↕ 5 – 10 cm ↔ 0,5 – 1,5 cm	Sporen weiß	Wert

Familie AMANITACEAE	Art *Amanita virosa*	Jahreszeit Sommer – Herbst

Kegelhütiger Knollenblätterpilz

Die sackartige Scheide dieser Art steckt normalerweise in der Erde, sodass die Pilze für eine korrekte Bestimmung vorsichtig ausgegraben werden müssen. Der glänzende, weiße bis elfenbeinfarbene Hut zeigt gewöhnlich keine Hüllrestschuppen, er ist glockenförmig oder kegelig. Anders als bei vielen *Amanita*-Arten trägt der Stiel einen deutlichen Ring und ist oft mit feinen Fasern gegürtelt. Jeder Pilzsammler sollte diese hochgiftige Art gut kennen.

VORKOMMEN: Mykorrhizapilz in Laub- und Nadelwäldern, besonders in Fichtenwäldern mit Heidelbeerunterwuchs. Im gemäßigten Klima der Nordhalbkugel weit verbreitet.

ÄHNLICHE ARTEN: Der Frühlings-Knollenblätterpilz *(A. verna*, auch als weiße Form von *A. phalloides* angesehen) hat einen flacheren Hut und kommt in wärmeren Regionen vor.

FRUCHTKÖRPER: Einzeln oder in Gruppen auf mageren Böden.

Maße HUT ⊕ 6–11 cm | STIEL ↕ 10–20 cm ↔ 1–2 cm	Sporen weiß	Wert ☠

Familie AMANITACEAE	Art *Amanita mappa*	Jahreszeit Spätsommer – Herbst

Gelber Knollenblätterpilz

Zwei gute Erkennungsmerkmale dieser Art sind ihre zitronengelbe oder weiße Färbung und die verdickte, rundliche, bis zu 3 cm breite Stielknolle mit deutlichem Randwulst. Der gewölbte Hut hat einen glatten Rand und oft auch Hüllenreste. Der Stiel trägt in Hutnähe einen großen hängenden Ring. Das weiße Fleisch riecht stark und deutlich nach rohen Kartoffeln.

VORKOMMEN: Mykorrhizapilz von Laub- und Nadelbäumen, meist auf sauren Böden. Im gemäßigten Klima der Nordhalbkugel weit verbreitet und häufig.

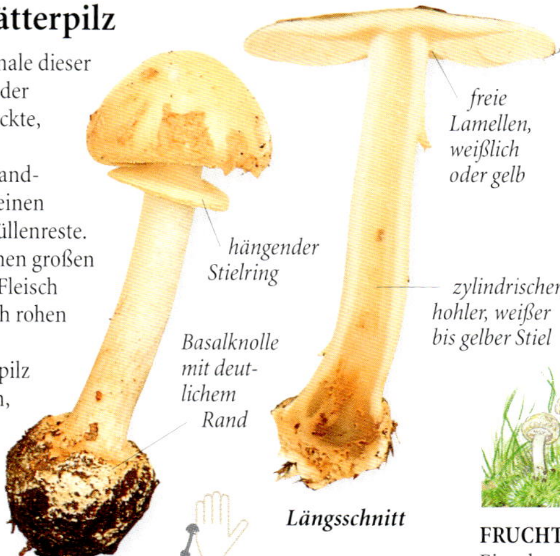

Längsschnitt

FRUCHTKÖRPER: Einzeln oder gesellig.

Maße HUT ⊕ 5–10 cm | STIEL ↕ 6–13 cm ↔ 0,8–1,5 cm	Sporen weißlich	Wert 🍴

Familie AMANITACEAE	Art *Amanita phalloides*	Jahreszeit Spätsommer – Herbst

Grüner Knollenblätterpilz

Der hochgiftige Pilz hat einen gewölbten bis abgeflachten, grünen bis grauen Hut mit glattem Rand, aber eingewachsener Faserung der Oberfläche. Der Stiel kann ähnlich gefärbt oder weißlich sein und hat eine deutliche weiße, bis zu 3 – 5 cm breite Scheide. Er trägt oft – aber nicht immer – einen Ring. Junge Exemplare mit ihren Grüntönen, den freien Lamellen und den auffälligen weißen Scheiden sind relativ leicht zu erkennen. Ältere Pilze können auch graue Hüte haben (s. ÄHNLICHE ARTEN).

VORKOMMEN: Mykorrhizapilz verschiedener Laubgehölze wie Buche, Eiche und Haselnuss, meist auf nährstoffreichen Böden. In Europa weit verbreitet, ebenso in Nordamerika.

ÄHNLICHE ARTEN: Ältere Exemplare des Grünen Knollenblätterpilzes könnten mit Scheidlingen (S. 154 – 155) verwechselt werden; diese haben jedoch blassrosa Sporenlager und keinen Stielring. Der Frühlings-Knollenblätterpilz *(A. verna)* ist ganz weiß.

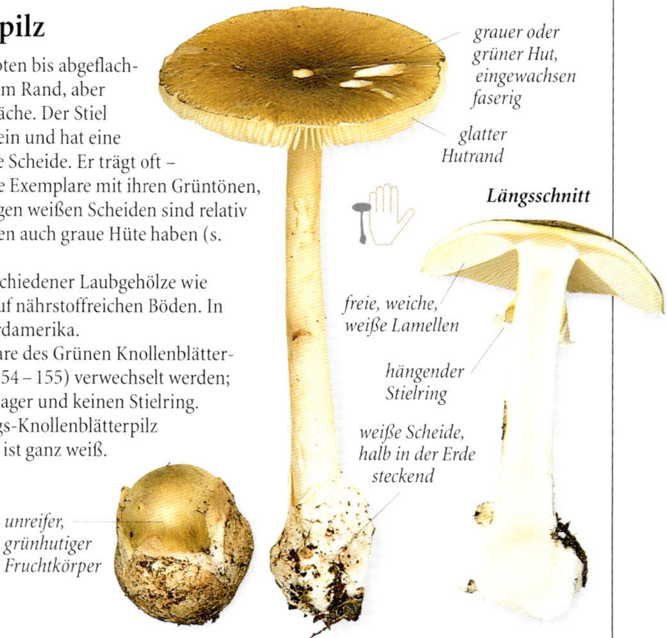

FRUCHTKÖRPER: Einzeln oder gesellig.

Maße HUT ↔ 8 – 15 cm | STIEL ↕ 8 – 16 cm ↔ 1 – 2,5 cm	Sporen weißlich	Wert ☠

Familie AMANITACEAE	Art *Amanita porphyria*	Jahreszeit Sommer – Herbst

Porphyrbrauner Wulstling

Das „Porphyrbraun" des gewölbten bis gebuckelten Huts lässt sich als graubraun bis grauviolett umschreiben. Der Stiel hat einen hängenden, grauen Ring und eine knollige Basis mit einer weißlichen oder blassgrauen, bis zu 2,5 cm breiten Scheide. Der Pilz riecht nach rohen Kartoffeln. Er ist ungenießbar, evtl. leicht giftig; doch schon wegen der Verwechslungsgefahr mit seinen tödlichen Verwandten sollte man ihn stehen lassen.

VORKOMMEN: Mykorrhizapilz von Nadelbäumen auf sauren Böden. Im gemäßigten Klima der Nordhalbkugel weit verbreitet.

ÄHNLICHE ARTEN: Der Gelbe Knollenblätterpilz (S. 150) riecht ähnlich, unterscheidet sich aber in Standort und Färbung. Der Gedrungene Wulstling (S. 148) ist verwechselbar gefärbt, aber geruchlos.

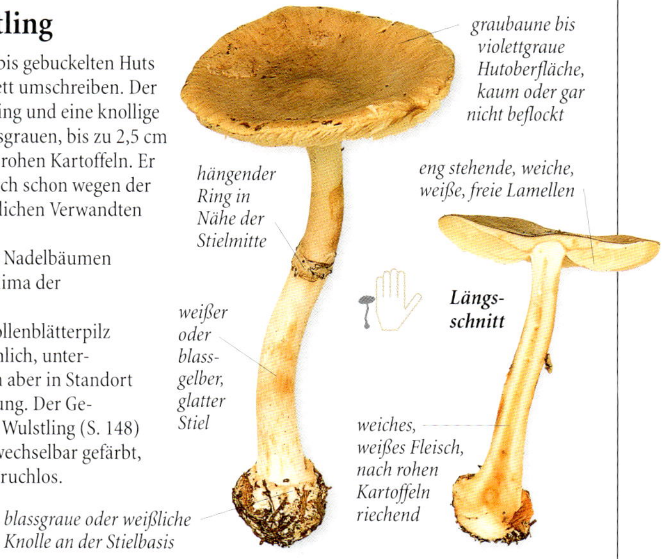

FRUCHTKÖRPER: Einzeln oder in kleinen Gruppen.

Maße HUT ↔ 5 – 9 cm | STIEL ↕ 8 – 13 cm ↔ 1 – 2 cm	Sporen weiß	Wert 🍽

Familie AMANITACEAE	Art *Amanita fulva*	Jahreszeit Sommer – Herbst

Rotbrauner Streifling

Dieser Pilz hat einen kegeligen, später flachen bis gebuckelten, glatten, rotbraunen Hut und einen flaumigen, leicht faserigen Stiel mit ähnlichem Farbton. Der gefurchte Hutrand sowie das Fehlen eines Stielrings oder Gürtels weisen darauf hin, dass diese Art zur Untergattung *Amanitopsis* gehört. Deren Mitglieder sind schwer auseinanderzuhalten; die Farbe der Scheide – beim Rotbraunen Streifling weißlich bis blassbraun – ist ein wichtiges Merkmal. Das weiche, wässrige Fleisch ist weißlich. Bei Kontakt mit Phenol färbt es sich schokoladenbraun. Essbar wird der Pilz erst nach gründlichem Kochen.
VORKOMMEN: Mykorrhizapilz der Birke in Wäldern. Im gemäßigten Klima der Nordhalbkugel weit verbreitet.
ÄHNLICHE ARTEN: Orangegelber Streifling, Grauer Scheidenstreifling (beide S. 153).

Längsschnitt

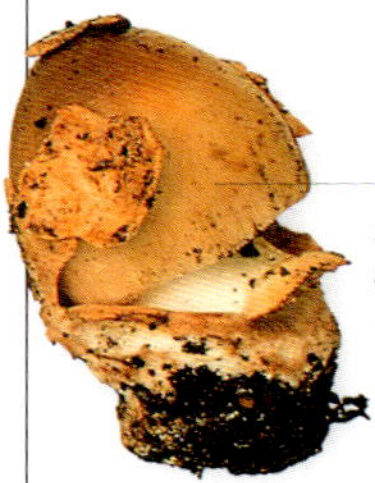

FRUCHTKÖRPER: Einzeln oder in kleinen Gruppen.

Maße HUT ↔ 3–8 cm | STIEL ↕ 7–15 cm ↔ 0,7–1,2 cm	Sporen weißlich	Wert

Familie AMANITACEAE	Art *Amanita crocea*	Jahreszeit Frühsommer – Herbst

Orangegelber Streifling

Die auffällige Art hat einen gewölbten bis gebuckelten, glänzend orange, glatten Hut mit gefurchtem Rand. Der ringlose Stiel zeigt eine dünne, orange Bänderung und steckt in einer ausgeprägten dicken, weißen Scheide. Der Pilz zählt wie der Rotbraune Streifling (S. 152) zur Untergattung *Amanitopsis*. Beide findet man oft unter Birken, doch der Orangegelbe Streifling bevorzugt nährstoffreiche Böden. Das weiche Fleisch ist essbar, muss aber gründlich gekocht werden. Nach der Ernte sollten die schnell verderblichen Pilze sobald als möglich gegessen werden.
VORKOMMEN: Mykorrhizapilz der Birke, möglicherweise auch von Fichte, Buche und Eiche. Auf eher nährstoffreichen Böden, im Flachland wie in Gebirgslagen, fast bis zur Baumgrenze. In Europa und Nordamerika weit verbreitet.
ÄHNLICHE ARTEN: Das weißliche Fleisch des Rotbraunen Streiflings (S. 152) färbt sich bei Kontakt mit Phenol schokoladenbraun, das des Orangegelben Streiflings dagegen dunkel weinrot.

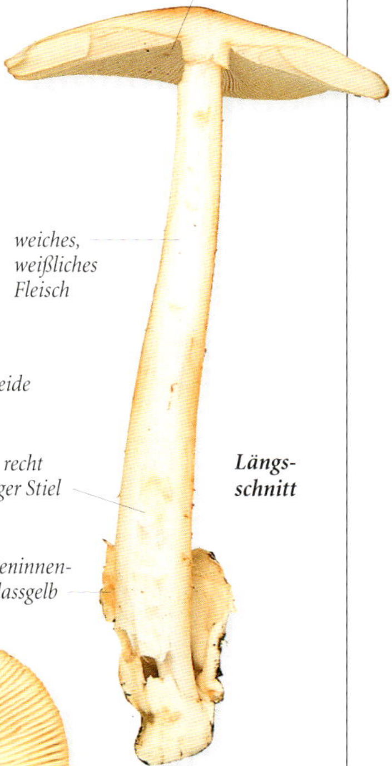

△ **Grauer Scheidenstreifling**
A. vaginata ist grau bis nahezu weiß und hat einen gewölbten bis gebuckelten Hut, am Rand gefurcht. Der mehlig bereifte Stiel steckt in einer ausgeprägten Scheide, die im Alter orange Flecken zeigt. Die Art kommt v. a. unter Laubbäumen auf nährstoffreichen Böden vor.

FRUCHTKÖRPER: Einzeln oder wenige unter Birken.

Maße HUT ↔ 6–12 cm | STIEL ↕ 10–20 cm ↔ 1–2 cm	Sporen weißlich	Wert

Familie Pluteaceae	Art *Volvariella bombycina*	Jahreszeit Sommer – Herbst

Wolliger Scheidling

Eine leicht zu bestimmende Art, aber nicht so einfach zu entdecken, da sie hoch in Bäumen wachsen kann. Sie hat einen sehr großen, kegeligen bis gebuckelten, weißen bis gelblichen Hut, mit seidigen Fasern bedeckt. Der weiße bis cremegelbliche Stiel steckt unten in einer markanten Scheide. Der angenehm riechende, essbare Pilz ist selten und sollte geschont werden.

VORKOMMEN: Auf noch stehenden toten Bäumen (selten auf gestürzten Stümpfen), oft Ulmen; auf Lagerholz oder in Gebäuden. Im gemäßigten Klima weit verbreitet, aber meist lokal begrenzt.

ÄHNLICHE ARTEN: *V. caesiotincta* wächst an ähnlichen Standorten, hat aber keine seidige Hutoberfläche und ist kleiner sowie dunkler.

FRUCHTKÖRPER: Einzeln oder in Büscheln.

Längsschnitt

Maße Hut ⊕ 10–25 cm	Stiel ↕ 8–20 cm ↔ 1–2,5 cm	Sporen blassrosa	Wert

Familie PLUTEACEAE	Art *Volvariella gloiocephala*	Jahreszeit Sommer – Herbst

Großer Scheidling

Unter den Scheidlingen, die am Boden wachsen, ist dies die größte Art. Sie ist zudem an ihrem glatten, klebrigen, kegeligen oder gebuckelten Hut, dessen Farbe von Weiß bis Mausgrau variiert, erkennbar. Der weißliche bis graugelbe Stiel hat an seiner Basis eine weiße oder blassgraue Scheide. Das weißliche Fleisch schmeckt gurkenartig und kann nach Rettich riechen. Nach dem Sammeln sollte der schnell verderbliche Pilz möglichst bald verzehrt werden.
VORKOMMEN: Auf nährstoffreichen Acker- und Gartenböden, z. B. Stoppelfeldern, auf Kompostbeeten, Rindenmulch oder unter Heustöcken. Im gemäßigten Klima der Nordhalbkugel weit verbreitet und recht häufig, auch weiter südlich.
ÄHNLICHE ARTEN: Der nah verwandte Schwarzstreifige Reifling *(V. volvacea)* wird in Südostasien kommerziell kultiviert. Er hat einen kürzeren Stiel und eine dunkelgraue Scheide. Die Hüte junger Exemplare sind dunkler graubraun.

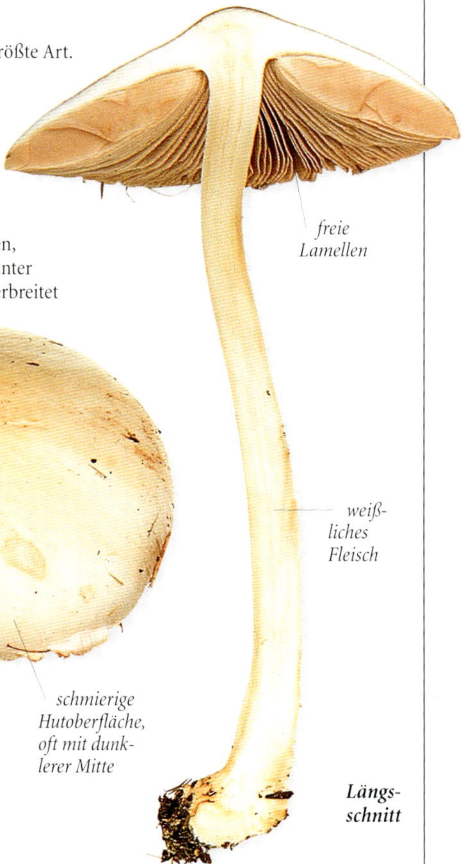

Längsschnitt

FRUCHTKÖRPER: Gesellig und einzeln, oft auf Stroh.

Maße HUT ↔ 6 – 14 cm	STIEL ↕ 10 – 25 cm ↔ 0,7 – 1,5 cm	Sporen blassrosa	Wert

Mit Stielring oder Ringzone

Die Arten dieser Untergruppe haben freie Lamellen (s. S. 145). Diese sind beim jungen Fruchtkörper durch ein Häutchen, die Teilhülle, geschützt. Beim Aufschirmen des Huts bleiben Reste davon als Stielring oder Ringzone zurück. Der Ring kann groß oder klein, beständig oder kurzlebig sein. Wo der Ring fehlt, bleibt die Ringzone durch fädige Reste oder dunklere Färbung erkennbar. Die meisten dieser Arten haben weiße oder dunkelbraune bis schwarze Sporen und gehören zur Familie der *Agaricaceae*.

Familie	Art	Jahreszeit
AGARICACEAE	*Agaricus sylvicola*	Sommer – Herbst

Dünnfleischiger Anischampignon

Diese Art ist eine Waldform des Schafchampignons (S. 157). Ihr Stiel ist schlanker, mit einer meist flachen Knolle an der Basis. Der erst gewölbte, dann flach ausgebreitete Hut hat eine glatte, gelbe oder weißliche bis orangegelbe Oberfläche. Der Pilz riecht wie der Schafchampignon nach Mandeln und hat weißes Fleisch, das sich im Alter oder bei Beschädigung langsam gelb verfärbt. Der an und für sich gute Speisepilz sollte nur in kleinen Mengen gegessen werden, da er Kadmium enthalten kann.
VORKOMMEN: Auf fruchtbaren, streureichen Waldböden unter Nadel- und Laubbäumen. Im gemäßigten Klima der Nordhalbkugel weit verbreitet und häufig.

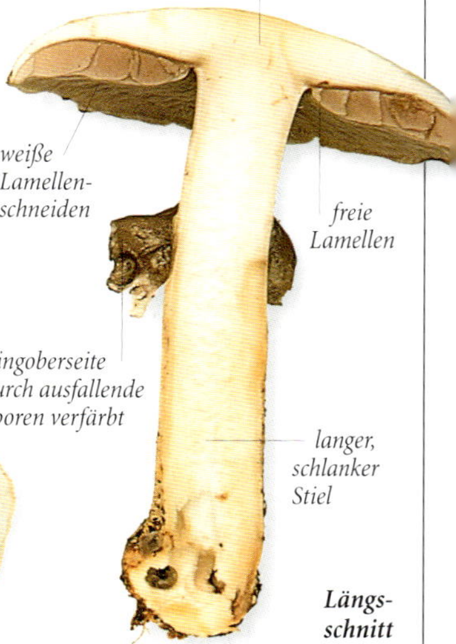

FRUCHTKÖRPER: Zu wenigen, gelegentlich in Ringen.

Maße	Sporen	Wert
HUT ⊕ 6 – 12 cm | STIEL ↕ 8 – 12 cm ↔ 1 – 2 cm	schokoladenbraun	🍽

Familie	Art	Jahreszeit
AGARICACEAE	*Agaricus arvensis*	Sommer – Herbst

Schafchampignon

Diese Art hat einen rundlichen bis kegeligen Hut mit glatter, gelber bis weißlicher Oberfläche, die sich sehr langsam orangegelb bis ockerfarben verfärbt, besonders auf Druck. Der ähnlich gefärbte Stiel, der zur Basis hin dicker wird, hat einen hängenden, unterseits zahnradartig gemusterten Ring. Das dicke, feste weiße Fleisch verfärbt sich ebenfalls sehr langsam. Es riecht nach Mandeln und ist essbar, kann aber viel Kadmium enthalten.
VORKOMMEN: Oft auf Pferdeweiden, auf Rasen und in Parks. Im gemäßigten Klima der Nordhalbkugel weit verbreitet und häufig.
ÄHNLICHE ARTEN: Dünnfleischiger Anischampignon (S. 156), Riesenchampignon (S. 158); Großsporiger Egerling *(A. macrosporus)*, sehr fleischig, mit schuppigen Stielgürteln. Gefährlich: der giftige Karbolchampignon (S. 159).

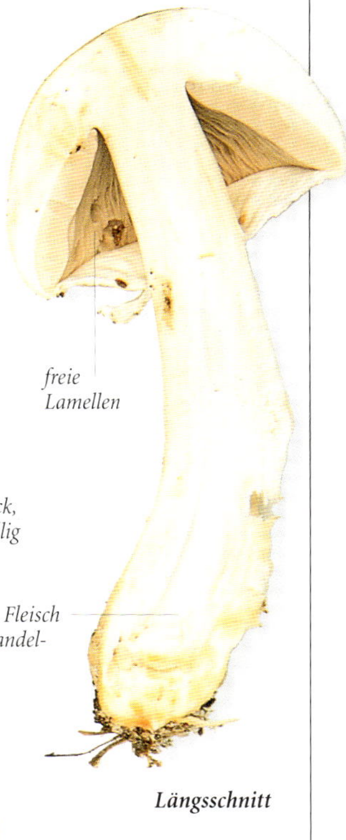

Längsschnitt

FRUCHTKÖRPER: Meist in Hexenringen im Gras.

Maße		Sporen	Wert
HUT ↔ 7 – 15 cm	STIEL ↕ 7 – 15 cm ↔ 1 – 3 cm	schokoladenbraun	

Familie	Art	Jahreszeit
AGARICACEAE	*Agaricus augustus*	Herbst

Riesenchampignon

Erkennungsmerkmale dieser Art sind die orangebraunen Schuppen auf Hut und Stiel und das sich gelb verfärbende Fleisch, das nach Mandeln riecht. Die Schuppen sind in konzentrischen Mustern auf dem gewölbten bis schirmartigen Hut angeordnet. Mit seinem festen, ergiebigen Fleisch ein wertvoller Speisepilz; er kann allerdings hohe Kadmiumwerte aufweisen und sollte nur in kleinen Mengen gegessen werden. **VORKOMMEN:** In Wäldern aller Art und in Parks, auf fruchtbaren Böden und auf Gartenkompost. Im gemäßigten Klima der Nordhalbkugel weit verbreitet.

Schuppenringe auf der Hutoberfläche

Hutrand mit Hüllenresten

Längsschnitt

freie Lamellen, creme bis braun mit weißen Schneiden

hängender Stielring

weißliches Fleisch mit Mandelgeruch, bei Druck gelb verfärbend

Hutmitte dunkler orangebraun

fleischiger Stiel, zur Basis hin rosabraun

Stielring unterseits flockig beschuppt

sehr eng stehende Lamellen

FRUCHTKÖRPER: Zu wenigen oder in großen Scharen.

Maße	Sporen	Wert
HUT ↔ 8 – 15 cm | STIEL ↕ 7 – 12 cm ↔ 1,5 – 3,5 cm	schokoladenbraun	

Familie Agaricaceae	Art *Agaricus xanthoderma*	Jahreszeit Sommer – Herbst

Karbolchampignon, Karbolegerling

Obwohl sich auch bei diesem Giftpilz Oberfläche und Fleisch gelb verfärben, ist er in der Regel weißer – fast kalkweiß – als die anderen, langsamer gilbenden Champignons bzw. Egerlinge. Seine deutlichsten Kennzeichen sind die intensive Gelbfärbung an der Spitze der Stielbasis, wenn man einen Längsschnitt durchführt, sowie der Geruch nach Tinte oder Karbol.

VORKOMMEN: Auf nacktem Boden oder im Gras, in Parks, Friedhöfen und an ähnlichen Plätzen. In den gemäßigten Breiten und darüber hinaus weit verbreitet.

ÄHNLICHE ARTEN: Schafchampignon (S. 157) und Dünnfleischiger Anischampignon (S. 156), beide essbar, riechen deutlich nach Mandeln und verfärben sich langsamer gelb. Der ebenfalls giftige Perlhuhnchampignon (S. 160) ist dunkler gefärbt.

Längsschnitt

FRUCHTKÖRPER: Oft gesellig oder in Hexenringen.

△ **Kalifornischer Champignon**
A. californicus, in Nordamerika heimisch, hat einen gewölbten, weißen bis braunen, schuppigen Hut und einen hängenden Ring am weißen Stiel. Gelb verfärbend; Lamellen erst weiß, später rosa, dann dunkelbraun. ☠

△ **Filzig beringter Champignon**
Der ebenfalls nordamerikanische *A. hondensis* verfärbt sich nicht gelb, dunkelt aber im Alter. Er hat einen weißen bis rosagrauen Hut und einen bauschigen bis hängenden Stielring. Die Lamellen sind graurosa. ☠

Maße Hut ↔ 5–13 cm	Stiel ↕ 5–10 cm ↔ 1–2 cm	Sporen schokoladenbraun	Wert ☠

Familie AGARICACEAE	Art *Agaricus praeclaresquamosus*	Jahreszeit Spätsommer – Herbst

Perlhuhnchampignon

Der gewölbte bis abgeflachte Hut dieser unangenehm riechenden Art ist mit spitzen graubraunen bis rußschwarzen Schuppen besetzt. Der weißliche Stiel verfärbt sich erst gelb, dann braun. Das weiße Fleisch färbt sich nach Anschneiden schnell gelb. Der Verzehr des eng mit dem Karbolchampignon (S. 159) verwandten Pilzes verursacht in der Regel schwere Magen-Darm-Störungen.

VORKOMMEN: Auf besseren, meist basischen Böden, in Wäldern oder Parks. Im gemäßigten Klima der Nordhalbkugel weit verbreitet, aber nur örtlich häufig.

ÄHNLICHE ARTEN: Der ebenfalls giftige Rebhuhnchampignon *(A. phaeolepidotus)* hat dunklere Hutschuppen und verfärbt sich langsamer gelb.

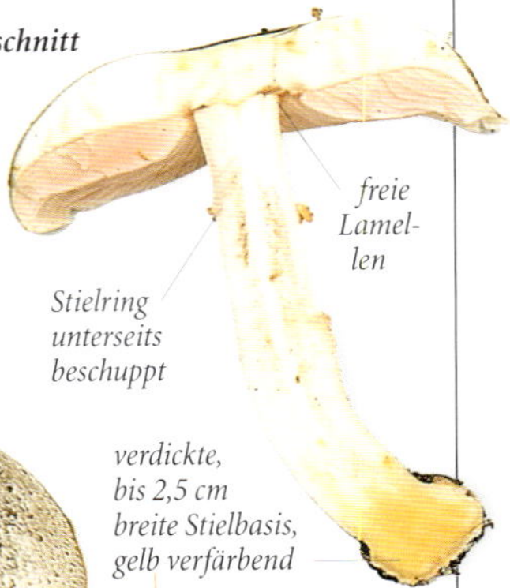

FRUCHTKÖRPER: In Hexenringen oder großen Scharen.

Maße HUT 5 – 14 cm | STIEL 6 – 10 cm ↔ 1 – 1,5 cm	Sporen schokoladenbraun	Wert

Familie AGARICACEAE	Art *Agaricus campestris*	Jahreszeit Sommer – Herbst

Wiesenchampignon

Ein bekannter Speisepilz mit weißem, schwach rötendem Fruchtkörper. Der Hut ist gewölbt bis flach, die Oberfläche glatt bis faserig; bei älteren Exemplaren kann er eine rosagraue Färbung annehmen. Die Lamellen sind erst rosa, dann braun, ohne hellere Schneiden wie bei vielen anderen *Agaricus*-Arten. Der kleine Stielring ist einschichtig und glatt. Das feste, weiße Fleisch riecht und schmeckt „nach Pilz".

VORKOMMEN: Fast ausschließlich in offenem Gelände, oft auf nährstoffreichen Pferde- oder Kuhweiden. Im gemäßigten Klima der Nordhalbkugel weit verbreitet und häufig.

FRUCHTKÖRPER: In großen Gruppen oder Hexenringen.

Maße HUT 4 – 10 cm | STIEL 3 – 7 cm ↔ 0,8 – 1,5 cm	Sporen schokoladenbraun	Wert

Familie	Art	Jahreszeit
Agaricaceae	*Agaricus bitorquis*	Sommer – Herbst

Pflasterchampignon

Diese Art hat gleich mehrere Erkennungsmerkmale: einen zweischichtigen, häutigen Stielring, der aufwärts gewölbt ist; säuerlich riechendes, festes Fleisch, langsam rosa färbend; einen kantigen, „quadratischen" Hut mit eingerolltem Rand. Wegen der Schadstoffanreicherung an den üblichen Standorten (Straßenränder u. Ä.) trotz Essbarkeit nicht empfehlenswert.

VORKOMMEN: Meist in städtischen Gebieten, auf dem Boden oder zwischen Pflastersteinen. In Europa und Nordamerika weit verbreitet und häufig.

ÄHNLICHE ARTEN: Der Salzwiesenchampignon (S. 162) besiedelt ähnliche Standorte. Er riecht faulig und hat eine rissige Hutoberfläche.

FRUCHTKÖRPER: Zu wenigen, auf harten, verdichteten oder steinigen Böden, sogar auf Asphalt.

Maße	Sporen	Wert
Hut ⊕ 5 – 12 cm | Stiel ↕ 4 – 8 cm ↔ 1 – 3,5 cm	schokoladenbraun	

Familie	Art	Jahreszeit
Agaricaceae	*Agaricus bisporus*	Spätsommer – Herbst

Kulturchampignon

Wahrscheinlich der bekannteste Speisepilz überhaupt; sein gewölbter Hut variiert von Weiß bis Dunkelbraun, am Stiel sitzt ein aufwärts gerichteter Ring. Das Fleisch verfärbt sich sehr schwach rötlich. Er wird in großen Mengen angebaut. Vergleichbare kommerzielle Bedeutung haben wohl nur Austernseitlinge (S.178) sowie die in Asien kultivierten Shiitakepilze *(Lentinula edodes)* und Schwarzstreifigen Scheidlinge *(Volvariella volvacea).*

VORKOMMEN: An Straßenrändern, auf Friedhöfen und ähnlichen Plätzen, auf nährstoffreichen Böden und Kompost. Im gemäßigten Klima der Nordhalbkugel weit verbreitet.

Längsschnitt

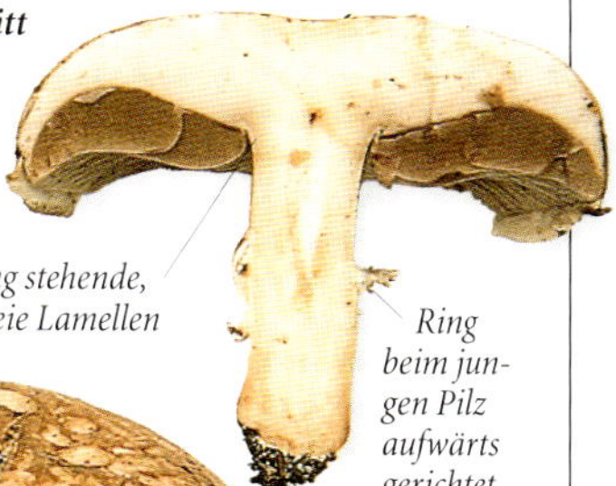

FRUCHTKÖRPER: In Scharen und Hexenringen.

Maße	Sporen	Wert
Hut ⊕ 5 – 10 cm | Stiel ↕ 3 – 6 cm ↔ 1 – 2 cm	schokoladenbraun	

Familie AGARICACEAE	Art *Agaricus bernardii*	Jahreszeit Sommer – Herbst

Salzwiesenchampignon

Dieser sehr fleischige Pilz kommt gut mit salzhaltigen Standorten zurecht. Sein weißer bis grauweißer Hut, dessen Oberfläche oft schuppig aufreißt, ist flach bis gewölbt. Am gedrungenen Stiel sitzt ein häutiger Ring mit schmalem, nach oben gerichtetem Rand. Der faulig riechende Pilz hat festes, weißes Fleisch, das im Alter langsam rötet. Er ist essbar, aber mit seinem faden Geschmack nicht empfehlenswert.
VORKOMMEN: Auf salzhaltigen Böden in Küstenregionen oder an streusalzbelasteten Straßenrändern. In Europa weit verbreitet.
ÄHNLICHE ARTEN: Der Pflasterchampignon (S.161) wächst an ähnlichen Stellen.

Längsschnitt

FRUCHTKÖRPER: Gesellig auf salzhaltigen Böden.

Maße HUT ↔ 7–15 cm | STIEL ↕ 5–10 cm ↔ 2–4 cm	Sporen schokoladenbraun	Wert

Familie	Art	Jahreszeit
Agaricaceae	*Agaricus sylvaticus*	Sommer – Herbst

Kleiner Waldchampignon

Der gewölbte bis gebuckelte Hut dieses geschätzten Speisepilzes ist mit feinen braunen Fasern bedeckt. Auch der Stiel, mit hängendem Ring, kann eine faserig-schuppige Oberfläche haben. Das angenehm riechende weißliche Fleisch verfärbt sich v. a. an Druckstellen tiefrot; nach dieser Farbreaktion, die bei einigen eng verwandten Arten noch deutlicher auftritt, wird er auch Kleiner Blutchampignon genannt.
VORKOMMEN: Auf Streu, abgebrochenen Zweigen etc. von Nadelbäumen in Wäldern, Schonungen und Parks. Im gemäßigten Klima der Nordhalbkugel weit verbreitet.
ÄHNLICHE ARTEN: Großer Blutegerling *(A. langei)*, fleischiger und tiefrot verfärbend, guter Speisepilz. Gefährlich: der giftige Rebhuhnchampignon *(A. phaeolepidotus)*; er verfärbt jedoch gelb.

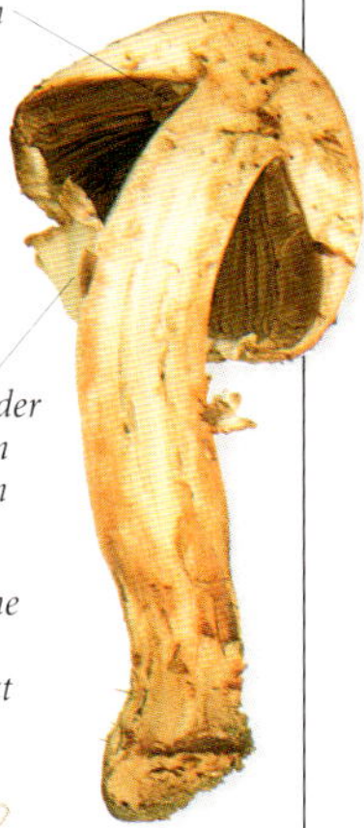

FRUCHTKÖRPER: In Scharen und Hexenringen.

Maße	Sporen	Wert
Hut ⊕ 5 – 10 cm | Stiel ↕ 5 – 10 cm ↔ 0,5 – 1,5 cm	schokoladenbraun	

Familie	Art	Jahreszeit
Agaricaceae	*Agaricus porphyrizon*	den ganzen Herbst über

Purpurfaseriger Champignon

Eine ungewöhnlich stämmige, fleischige Art aus der Gruppe meist kleiner *Agaricus*-Arten, die als Sektion *Minores* zusammengefasst wird. Alle riechen nach Mandeln, haben gilbendes Fleisch und zeigen am Hut oft Purpurtöne. Der gewölbte, bleiche Hut dieses Pilzes ist mit feinen, purpurlila Fasern bedeckt. Der weiße Stiel hat eine gelbe bis orange Basalknolle und einen zerbrechlichen, schmalen Ring. Die Lamellen sind graurosa bis purpurschwarz. Das essbare weiße Fleisch verfärbt sich langsam gelb.
VORKOMMEN: Auf dem nackten Boden und auf Streu meist unter Laubbbäumen, aber auch auf Nadelbaumresten, in Wäldern und Gärten. Weit verbreitet, aber in Europa nur örtlich häufig.

FRUCHTKÖRPER: Einzeln oder zu wenigen auf besseren Böden zwischen Falllaub.

Maße	Sporen	Wert
Hut ⊕ 5 – 8 cm | Stiel ↕ 4 – 6 cm ↔ 0,7 – 1 cm	schokoladenbraun	

Familie AGARICACEAE	Art *Leucoagaricus leucothites*	Jahreszeit Spätsommer – Herbst

Egerlingsschirmling

Der gewölbte Hut dieser weißen Art hat eine glatte, trockene Oberfläche. Am Stiel sitzt lose ein dünner Ring, die Basis ist keulenförmig. Das weiße, wohlriechende Fleisch schmeckt „nach Pilz", ist aber giftig. Von dem Pilz gibt es verschiedene Varianten mit kleinen Farbunterschieden, die von manchen Experten als eigene Arten geführt werden; alle sind ungenießbar.

VORKOMMEN: Im Gras entlang Straßengräben, in Parks, Gärten und Sanddünen. In Europa und Nordamerika weit verbreitet.

ÄHNLICHE ARTEN: Ähnliche *Agaricus*-Arten lassen sich am besten durch das Braun ihrer Sporenlager und reifen Lamellen unterscheiden.

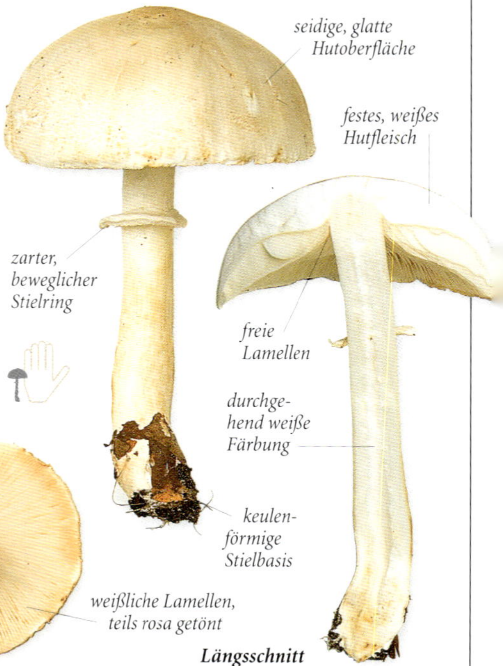

Längsschnitt

FRUCHTKÖRPER: In kleinen Gruppen oder Hexenringen.

Maße HUT ↔ 5 – 8 cm | STIEL ↕ 4 – 8 cm ↔ 0,8 – 2 cm	Sporen weiß	Wert ☠

Familie AMANITACEAE	Art *Limacella guttata*	Jahreszeit Spätsommer – Herbst

Getropfter Schleimschirmling

Der leicht schmierige, gewölbte Hut dieser Art ist cremeocker bis blass rotbraun. Ihr trockener Stiel hat eine knollige Basis und einen markanten hängenden Ring; dieser scheidet klare, farblose Tropfen ab, die zu olivbraunen Flecken eintrocknen. Die weißen, eng stehenden Lamellen sind frei. Der weißfleischige, mehlig riechende Pilz gilt als essbar, ist aber nicht empfehlenswert.

VORKOMMEN: In Laub- und Nadelwäldern auf nährstoffreichen Böden in dicken Streuschichten. Weit verbreitet, aber in Europa regional begrenzt.

ÄHNLICHE ARTEN: *L. glioderma* ist sehr schleimig, sein Hut orangebraun. Einige Wulstlinge *(Amanita)* sehen ähnlich aus, haben aber eine trockene Hutoberfläche mit Hüllenresten und eine Scheide an der Stielbasis.

cremeockerfarbener Hut, im Alter dunkler

Mitte des gewölbten Huts blass rotbraun

eng stehende, freie, weiße Lamellen

stark auffälliger hängender Stielring

FRUCHTKÖRPER: Gesellig oder einzeln auf besseren Böden und Laubstreu in Wäldern.

Maße HUT ↔ 7 – 15 cm | STIEL ↕ 8 – 14 cm ↔ 1 – 2,5 cm	Sporen weiß	Wert

Familie AGARICACEAE	Art *Macrolepiota procera*	Jahreszeit Sommer – Herbst

Parasol, Riesenschirmpilz

Typisch für den auffälligen großen Pilz ist der genatterte, d. h. schlangenhautartig gezeichnete Stiel. Daran sitzt ein großer, verschiebbarer Ring. Der Hut ist schirmförmig bis flach mit einer erhöhten, dunkelgraubraunen Mitte und konzentrisch angeordneten, anhaftenden Schuppen. Das helle Fleisch verfärbt sich bei Druck nicht. Manchen gilt der Parasol als bester Speisepilz überhaupt.
VORKOMMEN: In Dünen, auf trockenem Grünland und Grasflächen in Wäldern wie Parks, bevorzugt sandige Böden. In Europa weit verbreitet und recht häufig.
ÄHNLICHE ARTEN: Der Safranschirmling (S. 166) hat rot verfärbendes Fleisch, ebenso *M. permixta*. Ähnlich ist auch der giftige Grünblättrige Schirmling (S. 166).

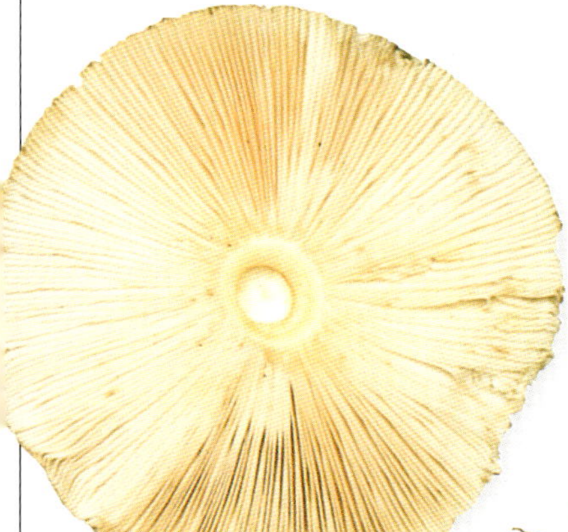

FRUCHTKÖRPER: In verstreuten Gruppen, oft im Gras.

Maße HUT ↔ 10 – 30 cm	STIEL ↕ 15 – 30 cm ↔ 0,8 – 2 cm	Sporen weiß oder blassrosa	Wert

Familie AGARICACEAE	Art *Macrolepiota rhacodes*	Jahreszeit Sommer – Herbst

Safranschirmling, Rötender Schirmpilz

Der anfangs rundliche, später gewölbte, im Alter abflachende Hut dieser „zottig“ wirkenden Art ist konzentrisch mit braunen Schuppen bedeckt. Am Stiel sitzt ein ausgeprägter zweischichtiger Ring. Das weiße Fleisch verfärbt sich bei Druck hell karottenrot. Obwohl essbar, gibt es Varietäten, die Magenstörungen verursachen; deshalb sollten nur kleine Mengen verzehrt werden (s. auch ÄHNLICHE ARTEN).

VORKOMMEN: Meist auf nährstoffreichen Böden unter Hecken, in Parks und Gärten. In ganz Europa und Nordamerika weit verbreitet.

ÄHNLICHE ARTEN: Parasol (S.165) sowie der verwandte *M. permixta* sind größer und haben genatterte Stiele. Das Sporenlager des giftigen Grünblättrigen Schirmpilzes (Abb. unten) ist grün.

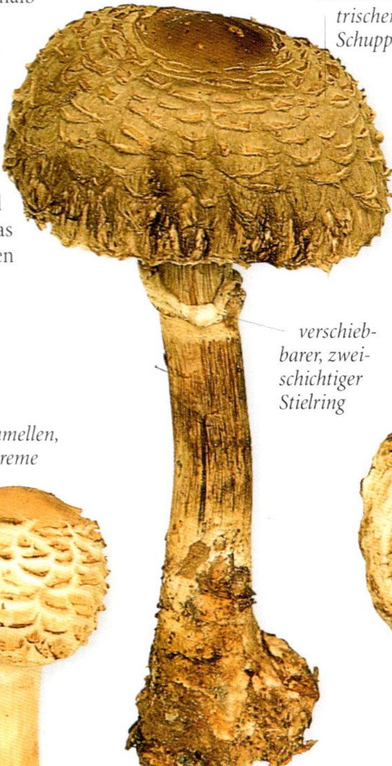

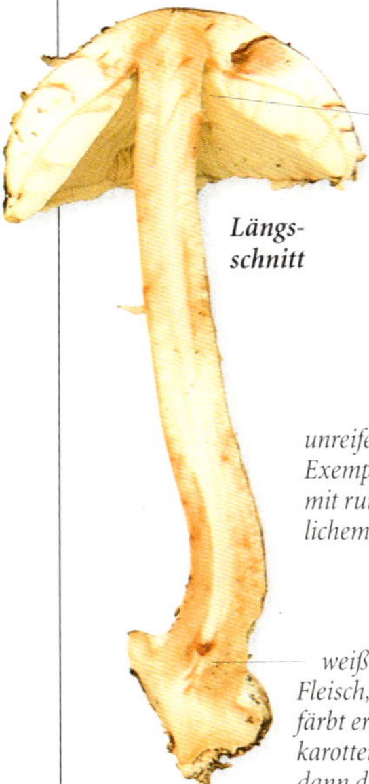

FRUCHTKÖRPER: In Scharen oder Hexenringen.

△ **Grünblättriger Schirmpilz** *Chlorophyllum molybdites* hat einen beschuppten hellen Hut, bei Druck rotbraun färbend, und einen zweischichtigen Stielring. Unterscheidungsmerkal: Sporen und reife Lamellen sind olivgrün. ☠

Maße HUT ⟷ 5 – 15 cm | STIEL ↕ 10 – 15 cm ⟷ 1 – 2 cm	Sporen weiß	Wert

Familie Agaricaceae	Art *Lepiota aspera*	Jahreszeit Spätsommer – Herbst

Spitzschuppiger Schirmling

Der gewölbte, weißliche Hut des großen Pilzes ist v. a. bei jungen Exemplaren mit braunen, kegeligen bis pyramidalen Schuppen bedeckt. Der braune Stiel hat einen großen, hängenden, dunkel gerandeten Ring und eine verdickte Basis. Seine Oberfläche ist unter dem Ring schuppig oder faserig. Der Pilz riecht unangenehm und ist vermutlich giftig.
VORKOMMEN: Im Wald an Wegrändern auf nährstoffreichen, basischen Böden. Im gemäßigten Klima der Nordhalbkugel weit verbreitet.
ÄHNLICHE ARTEN: Der Kegelschuppenschirmling *(L. hystrix)* sondert aus dunklen Schuppen eine braune Flüssigkeit ab. *L. perplexum* ist meist kleiner, mit weiter stehenden Lamellen. Der Parasol (S. 165) hat einen verschiebbaren Stielring und riecht angenehm.

Längsschnitt

FRUCHTKÖRPER: Einzeln oder in kleinen Gruppen.

Maße Hut 5–15 cm | Stiel ↕ 5–12 cm ↔ 0,5–1,5 cm	Sporen weiß	Wert

Familie Agaricaceae	Art *Lepiota oreadiformis*	Jahreszeit Herbst

Glatter Schirmling

Mit ihrem kegeligen Hut und den eng stehenden, dünnen, freien, weißen Lamellen hat diese Art gattungstypische Merkmale; doch anders als bei vielen Schirmlingen ist ihr Stielring kaum erkennbar. Der Fruchtkörper ist weißlich bis creme, der Hut hat eine braunere Mitte. Der Stiel ist mit Hüllenresten gegürtelt und auch der Hutrand kann Hüllreste tragen. Einige Mykologen unterteilen *L. oreadiformis* in drei oder mehr verschiedene Arten.
VORKOMMEN: Auf trockenem Grünland, oft an Küstenstandorten wie Sanddünen. In Europa weit verbreitet; weltweite Verbreitung nicht ganz geklärt.
ÄHNLICHE ARTEN: Der Nelkenschwindling (S. 117), von der Gestalt her ähnlich, hat angeheftete Lamellen, zähes Fleisch und keinerlei Anzeichen von Hüllenresten.

FRUCHTKÖRPER: Gesellig zwischen Flechten und kurzem Gras auf Grünland und an Küstenstandorten.

Maße Hut 2–6 cm | Stiel ↕ 3–5 cm ↔ 0,8–1,2 cm	Sporen weiß	Wert

Familie Agaricaceae	Art *Lepiota ignivolvata*	Jahreszeit den ganzen Herbst über

Feuerfüßiger Schirmling

Dieser recht fleischige Schirmling ist am besten an seinem orange gerandeten Ring zu erkennen, der tief am etwas keulenförmigen, weißen Stiel sitzt. Der gewölbte Hut hat konzentrische feine, orangebraune Schuppen und eine erhöhte, ockerbraune Mitte. Sein weißliches Fleisch hat einen unangenehmen Chemiegeruch, ähnlich dem des Stinkschirmlings (S.169).
VORKOMMEN: Unter Laub- und Nadelbäumen auf basischen Böden. In Europa weit verbreitet, doch hauptsächlich in Mittel- bis Südeuropa.
ÄHNLICHE ARTEN: *L. ventriosospora* fehlt das Orange an der Hülle und der Stielbasis.

FRUCHTKÖRPER: Gesellig oder einzeln in der Streu.

Maße Hut ↔ 4 – 11 cm | Stiel ↕ 5 – 15 cm ↔ 0,5 – 2 cm	Sporen weiß	Wert ☠

Familie Agaricaceae	Art *Lepiota clypeolaria*	Jahreszeit den ganzen Herbst über

Wolliggestiefelter Schirmling

Diese ziemlich große, aber wenig fleischige Art ist meist weiß bis creme, wobei der glockige bis flache Hut braun getönte Schuppen aufweisen kann; die Abbildung zeigt ein recht braunes Exemplar. Hutrand und Stiel tragen deutliche Reste der reinweißen Hülle, wodurch junge Exemplare zottig erscheinen. Das weiße bis blassbraune Fleisch riecht schwach. Die Sporen sind spindelförmig.
VORKOMMEN: In Laub- oder Nadelwäldern auf fruchtbaren Böden zwischen der Bodenstreu. Im gemäßigten Klima der Nordhalbkugel weit verbreitet.
ÄHNLICHE ARTEN: Der Weiße Schirmling *(L. alba)* bevorzugt offenes Gelände und hat einen glatteren Stiel. *L. ventriosospora* ist gelb bis gelbbraun getönt, die Sporen sind stärker spindelförmig.

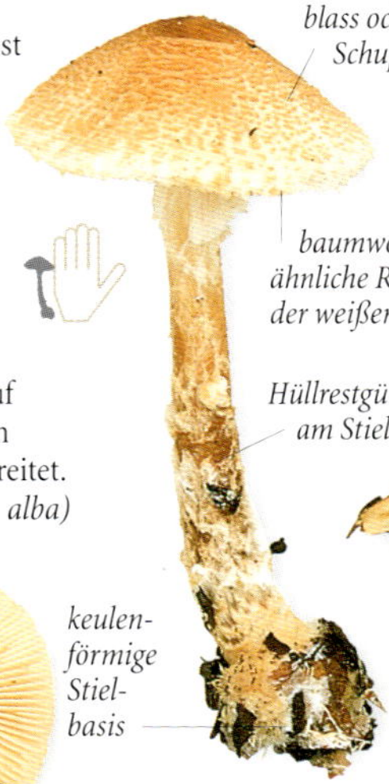

FRUCHTKÖRPER: Einzeln oder in kleinen Gruppen.

Maße Hut ↔ 3 – 7 cm | Stiel ↕ 5 – 12 cm ↔ 0,5 – 1 cm	Sporen weiß	Wert ☠

Familie	Art	Jahreszeit
AGARICACEAE	*Lepiota cristata*	Sommer – Herbst

Stinkschirmling

Unter den kleinen Schirmlingen der häufigste, ist der Pilz gut an seiner hellen Farbe, den konzentrischen, flachen, orangebraunen Schuppen auf dem gewölbten Hut und einem unangenehmen Geruch nach Chemikalien zu erkennen. Den kurzlebigen Stielring kann man bei jungen Exemplaren noch in Form einer hochgebogenen Manschette finden.

VORKOMMEN: Im Rasen, zwischen Moos oder nahe Brennnesseln, an Weg- und Straßenecken, auf nährstoffreichen Böden. Im gemäßigten Klima der Nordhalbkugel weit verbreitet und häufig.

ÄHNLICHE ARTEN: Der seltenere, sehr giftige Violette Schirmling *(L. lilaceae)* ist von ähnlicher Gestalt, aber purpurn bis purpurbraun getönt.

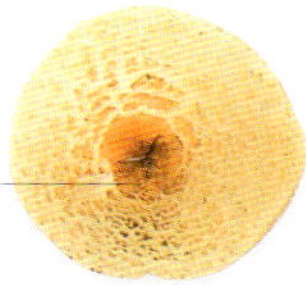

FRUCHTKÖRPER: In kleinen oder großen Gruppen.

Maße	Sporen	Wert
HUT ↔ 1–4 cm | STIEL ↕ 2,5–5 cm ↔ 2–4 mm	weiß	

Familie	Art	Jahreszeit
AGARICACEAE	*Lepiota castanea*	den ganzen Herbst über

Kastanienbrauner Schirmling

Dieser kleine, dunkle Pilz hat dunkelbraune Schuppen auf dem gewölbten bis flachen Hut und dem Stiel. Er riecht streng und unangenehm. Der Stielring ist kurzlebig. Für das Identifizieren kleiner *Lepiota*-Arten sind mikroskopische Merkmale wichtig. Die Sporen innerhalb dieser Gattung können ei-, spindel- oder – wie bei dieser Art – geschossförmig sein.

VORKOMMEN: Auf gestörten, aber nährstoffreichen Böden, oft an Waldgräben und -schneisen. Weit verbreitet, v. a. im Süden der gemäßigten Breiten.

ÄHNLICHE ARTEN: Es gibt mehrere ähnliche Arten, wie etwa den größeren Fuchsbraunen Schirmling *(L. fulvella)* mit hell orangebrauner Färbung oder *L. pseudohelveola* mit ausgeprägtem Stielring.

△ **Fleischbrauner Schirmling** Der stämmige *L. brunneoincarnata* hat dunkel rosabraune Schuppen auf dem Hut. Der rosa getönte Stiel ist unter der undeutlichen Ringzone dunkel beschuppt.

FRUCHTKÖRPER: Meist zu wenigen, in kleinen Gruppen.

Maße	Sporen	Wert
HUT ↔ 2–4 cm | STIEL ↕ 2–5 cm ↔ 2–4 mm	weiß	

Familie AGARICACEAE	Art *Leucocoprinus badhamii*	Jahreszeit Spätsommer – Spätherbst

Anlaufender Faltenschirmling

Anfangs fast weiß mit einem Muster aus feinen, blassbraunen Schuppen auf dem abgeflachten Hut, verfärbt sich dieser Pilz bei Berührung in allen Teilen orangerot oder tief blutrot und wird schließlich fast schwarz. Er gehört zu einer Gruppe seltener, sich rot verfärbender Arten, die als giftig gelten. Am samtigen Stiel trägt er einen deutlichen, zerbrechlichen, aufwärts gerichteten Ring. Einige Mykologen zählen diese Art zur Gattung *Leucocagaricus*.
VORKOMMEN: Wächst auf basischen, meist nährstoffreichen Böden zwischen Laub- und Nadelstreu oder in Gärten zwischen Beetmulch; besonders unter Eiben, aber auch unter Laubbäumen. In wärmeren Teilen Europas weit verbreitet.

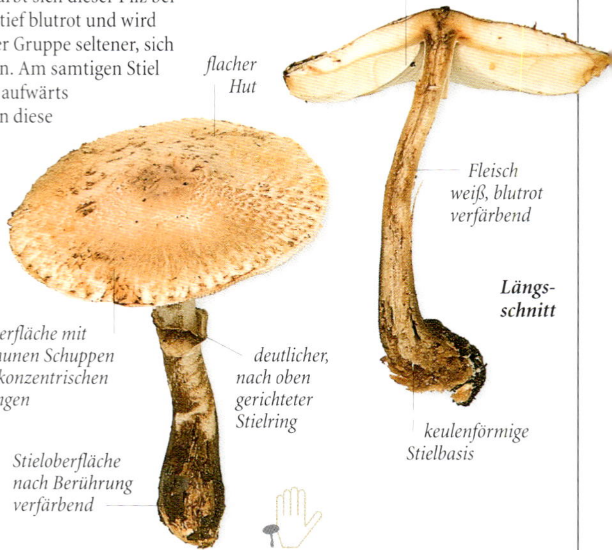

FRUCHTKÖRPER: Einzeln oder in kleinen Gruppen.

Maße HUT ↔ 3–8 cm | STIEL ↕ 3–7 cm ↔ 4–8 mm	Sporen weiß	Wert ☠

Familie AGARICACEAE	Art *Leucocoprinus luteus*	Jahreszeit ganzjährig

Gelber Faltenschirmling

Diese Art ist deutlich gelb gefärbt. Auf der schwefelgelben Oberfläche des glockenförmigen Huts sitzen goldgelbe bis orangegelbe oder gelbbraune Schuppen. Der Stiel ist ähnlich gefärbt, trägt einen flüchtigen Ring und wird nach unten keulenförmig, mit einer bis zu 6 mm dicken Basis. Auch die eng stehenden, freien Lamellen sind gelb. Die Fruchtkörper sind kurzlebig, fast wie die der Tintlinge *(Coprinus*, S.174–76); darauf spielt der Gattungsname *Leucocoprinus* („Weißer Tintling") an, der zugleich Bezug auf das weiße Sporenlager nimmt.
VORKOMMEN: In den Subtropen und Tropen wild vorkommend, findet man den Pilz auch im gemäßigten Klima der Nordhalbkugel in warmen „Biotopen", z. B. in Blumentöpfen und Gewächshäusern; weit verbreitet.

FRUCHTKÖRPER: Oft in Büscheln auf kompostreicher Erde.

Maße HUT ↔ 1–5 cm | STIEL ↕ 4–10 cm ↔ 2–4 mm	Sporen weiß	Wert

Ohne Hülle

Zu dieser Untergruppe gehört nur eine Gattung, nämlich die der Dachpilze *(Pluteus)*. Es ist die einzige Gattung, die freie Lamellen hat und zugleich keinerlei Universalhülle – und damit weder Scheide noch Stielring – aufweist. Alle Arten haben rosa Sporen und sehr eng stehende Lamellen. Die meisten wachsen auf rottendem Holz, z. B. auf umgefallenen Baumstämmen, auf Holzhäcksel oder auf Sägemehl.

Nah verwandt sind die Scheidlinge *(Volvariella*, S. 154 f.). Sie haben jedoch anders als die Dachpilze eine Universalhülle, die die unreifen Fruchtkörper bedeckt und nach dem Aufreißen die namengebende Scheide an der Basis hinterlässt.

Familie PLUTEACEAE	Art *Pluteus cervinus*	Jahreszeit Spätfrühling – Spätherbst

Rehbrauner Dachpilz

Diese sehr variable Art hat üblicherweise einen dunkelbraunen Hut und einen weißen Stiel mit dunklen Fasern, besonders deutlich an der keulenförmigen Basis. Der Hut kann gewölbt bis gebuckelt oder flach sein, die Oberfläche ist in der Mitte filzig und bei Nässe schmierig. Der Pilz ist essbar, schmeckt aber fad und riecht ranzig.

VORKOMMEN: Auf allen rottenden Laubholzresten in Wäldern, Parks und Gärten; besonders groß wird er auf Sägemehl oder Holzhäcksel. Im gemäßigten Klima der Nordhalbkugel weit verbreitet, auch weiter südlich vorkommend.

ÄHNLICHE ARTEN: *P. pouzarianus* wächst an Nadelgehölzen und ist geruchlos. Mikroskopisch unterscheidet er sich durch erkennbare Schnallenverbindungen (s. S. 11) des Myzels.

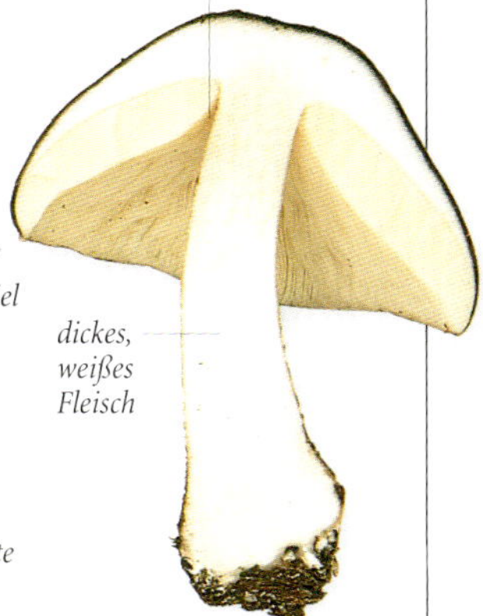

Längsschnitt

FRUCHTKÖRPER: Einzeln oder in kleinen Gruppen.

Maße HUT ↔ 4 – 10 cm | STIEL ↕ 4 – 10 cm ↔ 0,5 – 1,5 cm	Sporen blassrosa	Wert

Familie Pluteaceae	Art *Pluteus umbrosus*	Jahreszeit Sommer – Herbst

Schwarzflockiger Dachpilz

Mit ihrem samtig dunkelbraunen Hut und Stiel sowie dunklen Lamellenschneiden lässt sich diese Art leicht identifizieren. Die Oberfläche des gebuckelten Huts zeigt eine radiale Aderung, der helle Stiel ist stark mit braunen Schuppen besetzt. Das weiße bis blassbraune Fleisch riecht sauer; über die Essbarkeit ist nichts bekannt.

VORKOMMEN: Oft auf natürlich rottenden, großen Laubbaumstümpfen; häufig neben anderen Dachpilzen. Im gemäßigten Klima der Nordhalbkugel weit verbreitet, aber in den meisten Regionen selten.

ÄHNLICHE ARTEN: Der Rehbraune Dachpilz (S. 171) ist dunkler, ohne Aderung auf dem Hut. *P. plautus* hat weiße Lamellenschneiden.

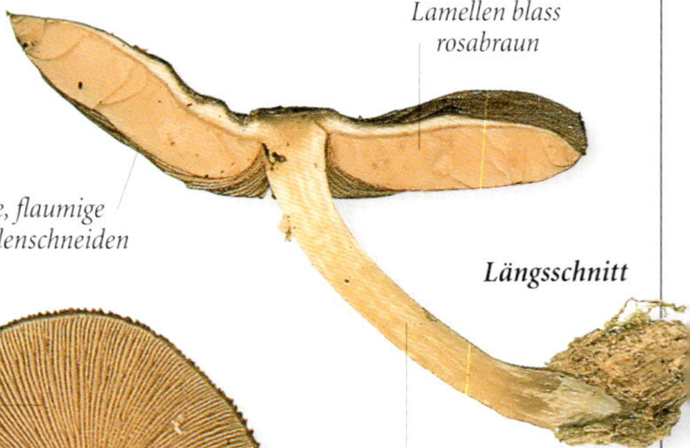

Längsschnitt

FRUCHTKÖRPER: Einzeln oder in kleinen Gruppen.

Maße Hut ↔ 4–11 cm | Stiel ↕ 5–8 cm ↔ 0,4–2 cm	Sporen blassrosa	Wert

Familie PLUTEACEAE	Art *Pluteus aurantiorugosus*	Jahreszeit Sommer – Herbst

Orangeroter Dachpilz

Dieser Pilz hat einen lebhaft orangeroten, gewölbten oder fast flachen Hut; seine Färbung erleichtert die Unterscheidung von verwandten Arten. Die Hutoberfläche besteht aus runden Zellen und ist deshalb sehr zart, im Gegensatz zum filzigen Rehbraunen Dachpilz (S. 171). Der blasse, mehr oder weniger gelbe Stiel krümmt sich so, dass der Fruchtkörper in die Risse und Hohlräume morschen Holzes passt. Der Pilz ist fast geruch- und geschmacklos.

VORKOMMEN: Auf umgestürzten Stämmen und Strünken oder an gekappten Bäumen wie Pappeln, Eschen und Ulmen. Im gemäßigten Klima der Nordhalbkugel weit verbreitet, aber selten.

ÄHNLICHE ARTEN: *P. admirabilis*, eine nordamerikanische Art, ist mehr goldgelb.

FRUCHTKÖRPER: Einzeln oder zu wenigen auf Totholz.

Maße HUT ⊕ 2–5 cm	STIEL ↕ 3–8 cm ↔ 3–6 mm	Sporen blassrosa	Wert

Familie PLUTEACEAE	Art *Pluteus chrysophaeus*	Jahreszeit Sommer – Herbst

Goldbrauner Dachpilz

Von dieser auffälligen Art gibt es viele Formen; alle haben zwar gelbe Hüte und hellgelbe Stiele, aber Farbverteilung und -intensität können stark variieren. Deshalb wird sie von manchen Experten in verschiedene Arten unterteilt. Der gewölbte bis gebuckelte Hut hat eine glatte Oberfläche, sein Rand ist bei Nässe gerieft; der Stiel ist heller als der Hut. Das weißliche bis gelbe Fleisch ist geruch- und geschmacklos.

VORKOMMEN: An stark verrotteten Laubbaumstümpfen und moosbedeckten, umgestürzten Stämmen. In Europa weit verbreitet, weltweite Verbreitung ungeklärt.

ÄHNLICHE ARTEN: Gelbstieliger Dachpilz *(R. romellii)* mit dunklerem Hut und fast nur an der Stielbasis gelb gefärbt. Er wächst meist an mit Erde vermischtem Holz.

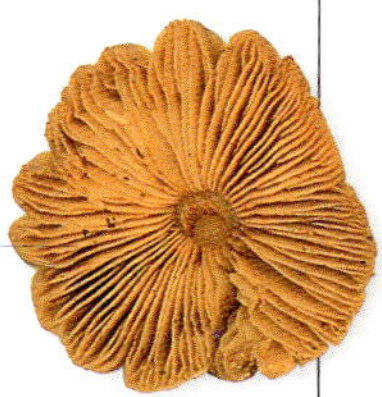

FRUCHTKÖRPER: Einzeln oder zu wenigen auf Totholz.

Maße HUT ⊕ 1–6 cm	STIEL ↕ 3–8 cm ↔ 3–8 mm	Sporen blassrosa	Wert

Im Alter tintenartig

In dieser Untergruppe kann nur eine Auswahl aus der großen Gattung der Tintlinge *(Coprinus)* vorgestellt werden. Bei den meisten Tintlingen lösen sich die Lamellen vom Rand her nach innen auf, werden dabei schwarzflüssig („tintig"), gefärbt von reifen Sporen. Andere Sporen werden in die Luft geschleudert, gerade bevor der Auflösungsprozess die Stelle der Lamellen erreicht, wo die Sporen gebildet werden. Die Lamellen stehen gewöhnlich viel enger als bei den meisten Blätterpilzen. Oft sind die Tintlinge winzig und dünnfleischig. Viele wachsen auf dem Dung Pflanzen fressender Tiere wie Rotwild, Kühe, Pferde und Kaninchen.

Familie COPRINACEAE	Art *Coprinus comatus*	Jahreszeit Herbst

Schopftintling

Der 5 – 20 cm hohe Hut dieses Pilzes ist entweder länglich eiförmig oder breit kegelförmig, mit einer zottigen oder schuppigen, weißlichen bis rosa Oberfläche, die vom Rand her bald schwärzt. Auch der deutlich erkennbare Stielring ist bald von ausfallenden Sporen schwarz gefärbt. Diese früh zerfließende Art ist fleischiger als die meisten anderen Tintlinge. Ihre Beschaffenheit und der milde, angenehme Geschmack machen die jungen Fruchtkörper zu geschätzten Speisepilzen. Sie sollten früh am Tag gesammelt und bald danach gekocht werden.
VORKOMMEN: Auf Rasen, an Straßen und an Waldwegen auf gestörten Böden. Im gemäßigten Klima der Nordhalbkugel weit verbreitet und häufig.

Hut länglich eiförmig oder breit kegelförmig

FRUCHTKÖRPER:
In großen Scharen.

Maße HUT ⊕ 2 – 6 cm | STIEL ↕ 10 – 35 cm ↔ 1 – 2 cm	Sporen schwarz	Wert

Familie Coprinaceae	Art *Coprinus atramentarius*	Jahreszeit Frühling – Herbst

Faltentintling

Der Hut dieser fleischigen Art ist eiförmig, schirmt dann etwas auf und wird mit dem Alter leicht gebuckelt. Grau bis graubraun, zerfließt er langsam vom Rand her. In Verbindung mit Alkohol – selbst wenn dieser einige Tage nach der Pilzmahlzeit getrunken wird – führt der Verzehr zu Herzrasen und Übelkeit. Eine rotbraune, schuppige Form wird manchmal als *C. romagnesianus* geführt.

VORKOMMEN: In Wäldern, Parks und Gärten, gewöhnlich in Bodenhöhe an Laubbaumstümpfen oder absterbenden Bäumen; oft an der Basis kranker Stadtbäume. Im gemäßigten Klima der Nordhalbkugel weit verbreitet und häufig.

ÄHNLICHE ARTEN: Der Spitzhuttintling *(C. acuminatus)* ist spitz gebuckelt und verursacht bei Alkoholkonsum ähnliche Nebenwirkungen. Der Große Rausportintling *(C. alopecia)* hat warzige Sporen (die des Faltentintlings sind glatt).

FRUCHTKÖRPER: In dichten Büscheln.

Maße Hut ↔ 3 – 7 cm | Stiel ↕ 5 – 12 cm ↔ 0,8 – 1,5 cm	Sporen schwarz	Wert ☠

Familie Coprinaceae	Art *Coprinus picaceus*	Jahreszeit Herbst

Spechttintling

Der kegel- oder glockenförmige, 5 – 10 cm hohe Hut dieses unverwechselbaren Pilzes ist weißdunkel gemustert, dies aufgrund der hellen Flocken, die nach dem Aufreißen der Fruchtkörperhülle zurückbleiben. Der Stiel ist lang, weiß und fein flaumig überzogen. Der Pilz riecht unangenehm bis widerlich und wird zum Verzehr nicht empfohlen.

VORKOMMEN: In Laubwäldern, zwischen Sägemehl oder Holzhäcksel; gelegentlich in großer Zahl auf mit Holzhäcksel gemulchten Beeten. Weit verbreitet, aber hauptsächlich in den Buchenregionen Europas vorkommend.

FRUCHTKÖRPER: Einzeln oder in kleinen Büscheln.

Maße Hut ↔ 2 – 6 cm | Stiel ↕ 8 – 30 cm ↔ 0,6 – 2 cm	Sporen schwarz	Wert 🍴

Familie	Art	Jahreszeit
Coprinaceae	*Coprinus micaceus*	Spätfrühling – Frühwinter

Glimmertintling

Körnige Hüllenreste lassen den winzigen, braunen Hut dieser Art schimmern bzw. „glimmern“. Er ist eiförmig bis kegelig, plisseeartig und hat einen rissigen oder lappigen Rand. Das Fleisch ist hell. Das Myzel kann in einer Saison zahlreiche Fruchtkörper hervorbringen.

VORKOMMEN: Zahlreich sowohl in städtischen Gebieten als auch inmitten von Wäldern, auf und neben alten Baumstümpfen und kranken Bäumen. Im gemäßigten Klima weit verbreitet und häufig.

ÄHNLICHE ARTEN: Einige nah verwandte Arten bilden dicke, orangegelbe Matten (Ozonium). Eine davon, der Haustintling *(C. domesticus)*, wird oft in feuchten Kellern gefunden, zusammen mit anderen auch hinter losen Badkacheln und an anderen feuchten Stellen. Der Weidentintling *(C. truncorum)* hat einen glatteren Stiel und elliptische, nicht abgeflachte Sporen mit kleinen Poren; die des Glimmertintlings sind flach elliptisch mit verkürzten Keimporen.

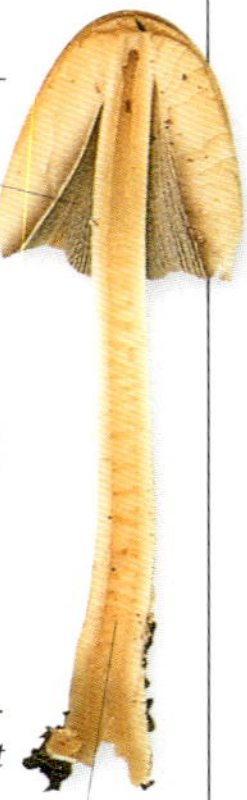

FRUCHTKÖRPER: In dichten Büscheln.

Maße	Sporen	Wert
Hut ↔ 2 – 4 cm | Stiel ↕ 4 – 10 cm ↔ 2 – 5 mm	schwarz	

Familie	Art	Jahreszeit
Coprinaceae	*Coprinus niveus*	Sommer – Herbst

Schneeweißer Tintling

Am besten lässt sich der Pilz an seiner schneeweißen Farbe und den lose haftenden, mehligen Hüllenresten auf dem Hut erkennen. Obwohl recht klein, gehört er noch nicht zu den winzigen Tintlingen. Der kegelförmige Hut hat einen aufwärts gebogenen Rand. Die eng stehenden Lamellen sind jung grau, in der Reife schwarz. Der Stiel hat eine leicht verdickte Basis. Das ungenießbare Fleisch ist sehr dünn und blass.

VORKOMMEN: Fast immer auf recht frischem Pferdedung im nassen Gras. In Europa weit verbreitet und häufig; weltweite Verbreitung nicht bekannt.

ÄHNLICHE ARTEN: *C. cortinatus* wächst auf Erde, der winzige *C. friesii* auf verrottetem Gras. *C. cothurnatus* hat oft braune Schuppen in der Hutmitte. *C. stercoreus* riecht leicht widerlich.

FRUCHTKÖRPER: In kleinen Gruppen.

Maße	Sporen	Wert
Hut ↔ 1 – 3 cm | Stiel ↕ 5 – 8 cm ↔ 1 – 3 mm	schwarz	

Lamellen zu Kollar verbunden

Bei den Pilzen dieser Untergruppe sind die Lamellen weder mit dem Stiel verbunden noch frei im üblichen Sinn, sondern nah am Stiel zu einem Ring, dem Kollar, verwachsen. Die Anordnung erinnert an die Speichen eines Fahrradreifens. Man findet sie bei vielen Schwindlingen *(Marasmius)* und bei einigen Tintlingen *(Coprinus)*.

Familie TRICHOLOMATACEAE	Art *Marasmius rotula*	Jahreszeit Mitte Sommer – Herbst

Rädchenschwindling

Die Lamellen dieser Art münden in einen radartigen Kollarring. Der gewölbte, elfenbeinfarbene Hut hat eine dunkle, nabelähnliche Mitte, tiefe, radiale Furchen und dünnes, zähes, weißliches Fleisch. Der Pilz kann, wie viele Schwindlinge, völlig austrocknen, um dann bei Feuchte wieder aufzuquellen.
VORKOMMEN: In Mischwäldern, auf Laubholzzweigen- und ästen. Im gemäßigten Klima der Nordhalbkugel weit verbreitet und häufig.
ÄHNLICHE ARTEN: Viele Schwindlinge haben einen Kollarring; die meisten sind im tropischen Regenwald beheimatet, aber einige winzige Arten kommen auch im gemäßigten Klima vor: Der Orangerote Schwindling *(M. curreyi)* wächst im Gras, das blassbraune Käsepilzchen *(M. bulliardii)* scharenweise auf Blattstreu in feuchten Wäldern, der bleiche *M. limosus* an Schilf. Vgl. auch Ästchen-Zwergschwindling auf S. 139.

FRUCHTKÖRPER: In Scharen auf Falllaub.

Maße HUT ⊕ 0,5 – 2 cm	STIEL ↕ 2 – 4 cm ↔ 1 mm	Sporen weißlich	Wert

Familie COPRINACEAE	Art *Coprinus plicatilis*	Jahreszeit Frühsommer – Herbst

Schirmchentintling

Wenn der Hut dieses kleinen Tintlings ganz entfaltet ist, hat er eine plisseeartige Oberfläche, die an einen japanischen Regenschirm erinnert. Der glatte Hut hat weder Haare noch Hüllenreste. Die Lamellen sind zu einem Kollar verbunden, stehen weiter und werden nicht so stark schwarzflüssig wie bei den meisten Tintlingen (S.174 – 176).
VORKOMMEN: Auf Rasen, nach Regen über Nacht erscheinend, bis zum Mittag oft verdorrt. Im gemäßigten Klima weit verbreitet und häufig.
ÄHNLICHE ARTEN: *C. auricomus* wird meist etwas größer und hat einen brauneren Hut; unterm Mikroskop sieht man dickwandige, braune Haare. Sehr ähnlich sind auch die kleinen Tintlinge *C. kuehneri*, *C. leiocephalus* und *C. nudiceps*, die nur durch sorgfältiges Messen der Sporen unterschieden werden können.

FRUCHTKÖRPER: Einzeln oder in kleinen Gruppen im Gras.

Maße HUT ⊕ 0,8 – 2 cm	STIEL ↕ 4 – 8 cm ↔ 1 – 2 mm	Sporen schwarz	Wert

HUTPILZE, STIEL NICHT MITTIG ODER FEHLEND

Unter den Lamellenpilzen gibt es einige Arten, deren Stiel nicht mittig (exzentrisch) unter dem Hut steht. Der Stiel kann seitlich am Hut ansetzen und sehr kurz sein. Einige Lamellenpilze haben überhaupt keinen Stiel. All diese Pilze sind als Austernpilze bekannt, obgleich sie nicht miteinander verwandt sein müssen.

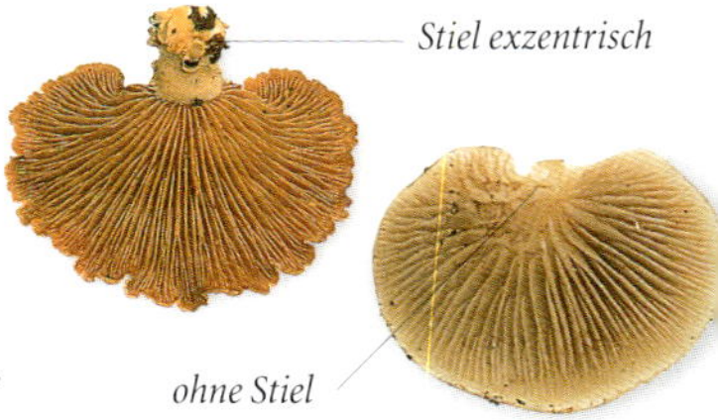

Familie POLYPORACEAE	Art *Pleurotus ostreatus*	Jahreszeit Herbst – Winter

Austernseitling

Der Hut dieser Art erinnert an die Form von Austern. Junge Exemplare sind blaugrau gefärbt und werden im Lauf der Zeit braun bis dunkel graublau. Der weiße Stiel ist gewöhnlich randständig oder fehlt völlig. Das weißliche Fleisch des bekannten Speisepilzes ist fest und hat einen angenehmen Geschmack. Er wird, wie auch manche Verwandte, kommerziell kultiviert. Kälte bevorzugend, erscheint er später als ähnliche Arten und ist bis in den Winter hinein zu finden.

VORKOMMEN: Auf dem Holz abgestorbener Laubbäume; selten auch an Nadelholz. Im gemäßigten Klima der Nordhalbkugel weit verbreitet.

ÄHNLICHE ARTEN: *P. dryinus* hat in der Jugend eine Hülle am Stiel. Der Löffelförmige Seitling *(P. pulmonarius)*, cremefarben bis blassbräunlich, erscheint früher.

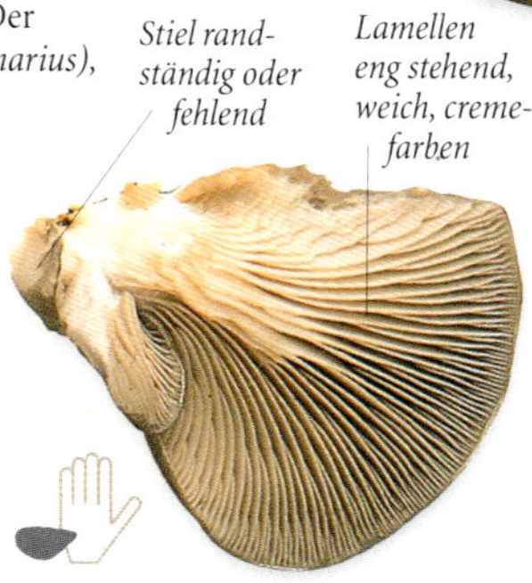

FRUCHTKÖRPER: Meist dachziegelartig auf Laubholz.

△ ***Lentinellus ursinus***
Ein essbarer, aber bitterer Zähling. Der Hut ist dicht behaart, trüb bräunlich; die Lamellen sind gezähnt.

Maße HUT ↔ 6 – 20 cm | STIEL ↕ 0 – 5 cm ↔ 1 – 2 cm	Sporen trüb lilagrau	Wert

Familie POLYPORACEAE	Art *Pleurotus cornucopiae*	Jahreszeit Frühling – Herbst

Rillstieliger Seitling

Dieser Seitling hat einen ausgeprägt trichter- bzw. trompetenförmigen, blass lederbraunen Hut und einen nur mäßig exzentrischen, längs gefurchten Stiel. Weiteres Kennzeichen sind die herablaufenden Lamellen, die am Stiel netzartig zusammenlaufen. Das weiße Fleisch ist schmackhaft und riecht nach Mehl.

VORKOMMEN: Weißfäuleerreger an Laubholz, meist Ulmen. Weit verbreitet, in Europa vornehmlich im Süden und Westen.

ÄHNLICHE ARTEN: Der Löffelförmige Seitling *(P. pulmonarius)* hat einfache Lamellen und keinen Stiel. *P. citrinopileatus* ist in Ostasien verbreitet und gelb.

△ **Kräuterseitling**
P. eryngii wächst auf Doldenblütlern wie der Stranddistel, hat einen blassen Hut mit wildlederartiger Oberfläche und eingerolltem Rand. Stiel randständig oder fehlend.

FRUCHTKÖRPER: Einzeln oder büschelweise an Laubholz.

Maße HUT ↔ 4 – 12 cm | STIEL 1 – 5 cm ↔ 0,5 – 2,5 cm	Sporen blass lila	Wert

Familie AURISCALPIACEAE	Art *Lentinellus cochleatus*	Jahreszeit Spätsommer – Herbst

Aniszähling

Der Hut ist trichter- oder muschelförmig, glatt, rotbraun und hat einen eingerollten Rand. Der Stiel ist randständig. Die blassbräunlichen Lamellen laufen am Stiel herab und haben, wie bei allen Zählingen, eine gezähnte Schneide. Ein Kennzeichen ist der angenehme Anisgeruch; es gibt jedoch auch geruchlose Exemplare. Das Fleisch schmeckt bitter.

VORKOMMEN: An abgestorbenem Laubholz. Im gemäßigten Klima der Nordhalbkugel verbreitet, örtlich häufig.

ÄHNLICHE ARTEN: *L. castoreus* und *L. vulpinus* sind etwas fleischiger. *L. micheneri* wächst nicht in Büscheln.

FRUCHTKÖRPER: Wachsen in Büscheln auf abgestorbenem Laubholz.

Maße HUT ↔ 2 – 6 cm | STIEL ↕ 2 – 5cm ↔ 0,8 – 1,5 cm	Sporen weiß	Wert

Familie TRICHOLOMATACEAE | Art *Pleurocybella porrigens* | Jahreszeit Herbst

Ohrförmiger Seitling

Diese Art ist aus der Entfernung aufgrund ihres schneeweißen Fruchtkörpers leicht auf dem dunklen Untergrund auszumachen. Der stiellose, anfangs eingerollte Hut mit den eng stehenden Lamellen ist zwar essbar, dennoch gehört die Art nicht zu den guten Speisepilzen. Der ohrförmige Fruchtkörper ist zunächst schneeweiß und im Alter etwas gelblich. Das dünne weiße Fleisch ist geruch- und geschmacklos.
VORKOMMEN: Wächst in dachziegelartigen Rasen nur an Nadelholzstümpfen, vorzugsweise in Gebirgswäldern der gemäßigten Breiten, örtlich häufig.
ÄHNLICHE ARTEN: *Panellus mitis* ist kleiner und wächst auf Ästchen und Zweigen von toten und lebenden Nadelbäumen.

FRUCHTKÖRPER: Wächst in dachziegelartigen Rasen an Nadelstämmen, vorzugsweise in Gebirgswäldern.

Maße FRUCHTKÖRPER ↕ 2 – 10 cm ↔ 2 – 7 cm | Sporen weiß | Wert

Familie TRICHOLOMATACEAE | Art *Panellus serotinus* | Jahreszeit Spätherbst

Gelbstieliger Muschelseitling

Der Fruchtkörper des Gelbstieligen Muschelseitlings ähnelt dem der Austernpilze (*Pleurotus*, S. 178 f.) ist jedoch oliv bis gelblich gefärbt, hat eine samtige Hutoberfläche sowie einen unscheinbaren Stiel und ist leicht zu erkennen. Sein gallertartiges, mild bis etwas bitter schmeckendes Fleisch ist kein besonderer Genuss und riecht schwach „nach Pilz". Einige Mykologen ordnen diesen Muschelseitling der Gattung *Sarcomyxa* zu.
VORKOMMEN: An toten oder lebenden Stümpfen und Stämmen verschiedener Laubbäume. Im gemäßigten Klima der Nordhalbkugel weit verbreitet.
ÄHNLICHE ARTEN: Der stiellose Orangeseitling (*Phyllotopsis nidulans*) ähnelt alten oder atypischen Exemplaren, hat jedoch ockerviolette Sporenlager.

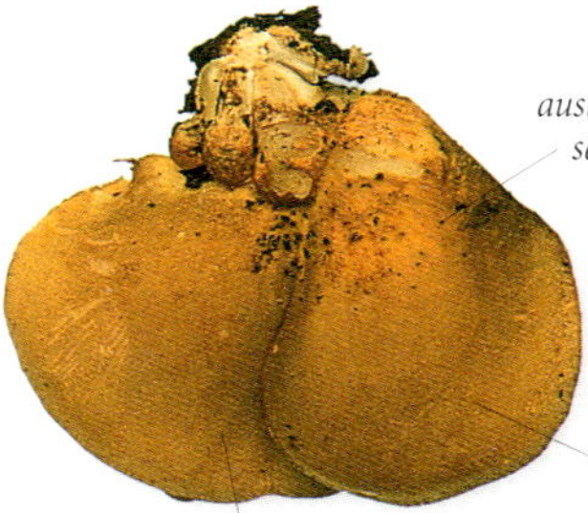

FRUCHTKÖRPER: Stehen oft in engen Reihen.

Maße HUT ⊕ 3 – 10 cm | STIEL ↕ 0,8 – 1,5 cm ↔ 0,5 – 1 cm | Sporen Weiß | Wert

Familie Tricholomataceae	Art *Panellus stypticus*	Jahreszeit Herbst – Winter

Herber Zwergknäueling

Diese kleine, austernförmige, blass lederfarbene Art hat zähe Fruchtköper, die bis zum Frühjahr bestehen können. Der Hut ist fein schorfschuppig und hat einen kurzen Stiel. Das weißliche bis hellgelbliche Fleisch riecht fruchtig aromatisch, hat jedoch einen zusammenziehenden, brennenden Geschmack und ist ungenießbar. Die Lamellen amerikanischer Arten leuchten im Dunkeln, die europäischer nicht.
VORKOMMEN: In Wäldern auf Stümpfen von Laubbäumen, vorzugsweise Buchen und Eichen. Im gemäßigten Klima der Nordhalbkugel weit verbreitet.
ÄHNLICHE ARTEN: Der Milde Zwergknäueling *(P. mitis)* ist kleiner, eher weiß und erscheint spät im Jahr auf Nadelbäumen; milder Geschmack.

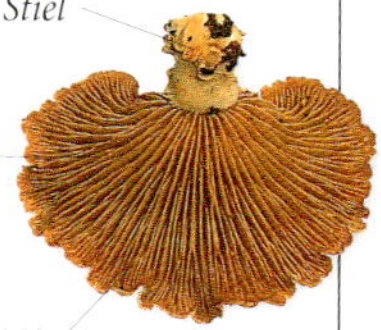

FRUCHTKÖRPER: Wächst dachziegelartig oder in Reihen.

Maße Hut ↔ 1 – 4 cm | Stiel ↕ 0,1 – 1 cm ↔ 2 – 7 mm	Sporen cremefarben	Wert

Familie Schizophyllaceae	Art *Schizophyllum commune*	Jahreszeit ganzjährig

Spaltblättling

Dieser muschelförmige Pilz hat lamellenähnliche Gebilde, die von der stielförmig verschmälerten Ansatzstelle strahlig ausgehend längs gespalten sind und bei Trockenheit als Verdunstungsschutz für die Fruchtschicht längs einrollen. Der stiellose oder auf kurzem, stielähnlichem Strunk sitzende Pilz ist mit grauweißlichem Filz überzogen. Das zähe, blasse Fleisch wird wohl in manchen Gegenden verzehrt, teils auch wie Kaugummi gekaut. Leicht auf künstlichen Substraten zu kultivieren, erfreut sich diese Art in der Forschung, wie z. B. der Erblehre und der Anatomie, großer Beliebtheit.
VORKOMMEN: Auf totem Laub- und Nadelholz, auch auf Strohballen, vor allem auf Ästen und Stämmen, die an trockenen, sonnenbeschienenen Stellen liegen, sogar auf Treibholz. Im gemäßigten Klima der Nordhalbkugel weit verbreitet und häufig, jedoch nicht in den nördlichen Regionen.

FRUCHTKÖRPER: Fächerförmiger, gedrängter Wuchs.

Maße Fruchtkörper ↔ 1 – 5 cm	Sporen weiß	Wert

Familie PAXILLACEAE	Art *Paxillus atrotomentosus*	Jahreszeit Sommer – Herbst

Samtfußkrempling

Die dickfleischige, mit dickem samtigem Filz überzogene Art hat einen dunkelbraunen, mittig niedergedrückten Hut mit eingerolltem Rand. Der dicke Stiel sitzt meist exzentrisch am Hut an. Die weichen, cremefarbenen bis braunen Lamellen stehen eng; das Fleisch ist fast geruchlos und schmeckt säuerlich. Die Fruchtkörper werden zum Färben von Wolle verwendet.
VORKOMMEN: In Wäldern und Schonungen auf oder in der Nähe von Nadelholzstümpfen. Im gemäßigten Klima der Nordhalbkugel weit verbreitet und häufig.
ÄHNLICHE ARTEN: Der Muschelkrempling *(P. panuoides)* ist dünner, blasser, hat keinen eigentlichen Stiel und wächst auf Nadelholz, auch in Innenräumen. Wie der Samtfußkrempling wird er manchmal der Gattung *Tapinella* zugeordnet.

Längsschnitt

FRUCHTKÖRPER: Einzeln oder in Gruppen an Baumstümpfen.

Maße HUT ↔ 10 – 25 cm | STIEL ↕ 5 – 10 cm ↔ 2 – 5 cm	Sporen gelblich braun	Wert

Familie PAXILLACEAE	Art *Paxillus corrugatus*	Jahreszeit Sommer – Herbst

Gefurchtblättriger Krempling

Deutlich gefurchte und gerunzelte Lamellen sind die besten Erkennungsmerkmale dieses stiellosen, mehrfach geschichteten Pilzes mit gelblich brauner bis olivoranger Färbung. Die gelben bis orange Lamellen unter dem austernförmigen Hut stehen weit. Soweit bekannt, ist das feste gelbe, unangenehm riechende und bitter schmeckende Fleisch nicht essbar.
VORKOMMEN: Auf toten Bäumen, sowohl auf Laub- wie auf Nadelholz. Weit verbreitet und häufig im Osten Nordamerikas; nicht in Europa.
ÄHNLICHE ARTEN: Der in Europa und Asien vorkommende Muschelkrempling *(P. panuoides)* ist ähnlich, hat jedoch meist gerade Lamellen.

FRUCHTKÖRPER: Große, mehrfach geschichtete Büschel im Wald und in Parks.

Maße FRUCHTKÖRPER ↔ 5 – 10 cm	Sporen olivbraun	Wert

Familie CREPIDOTACEAE	Art *Crepidotus mollis*	Jahreszeit Herbst

Gallertfleischiges Krüppelfüßchen

Von anderen, meist kleineren Arten der Gattung *Crepidotus* unterscheidet sich diese durch die gallertartige Huthaut und das gallertartige Fleisch. Der glatte, austern- bis fächerförmige graubraune Hut wird beim Trocknen weiß; der Hutrand ist bei Feuchtigkeit durchscheinend gerieft. Der Stiel fehlt oder ist nur rudimentär vorhanden. Die Huthaut ist einfach vom blassen Fleisch zu lösen; das Fleisch riecht schwach.

VORKOMMEN: Auf toten Stämmen von Laubbäumen wie Ulme, Esche, Pappel und Buche. Im gemäßigten Klima der Nordhalbkugel weit verbreitet.

ÄHNLICHE ARTEN: Das Schuppige Krüppelfüßchen *(C. calolepis)* ist nahe der Ansatzstelle am Holzsubstrat blassbraun beschuppt.

Lamellen von der Ansatzstelle ausstrahlend

mäßig eng stehende Lamellen im austernförmigen Hut

nasser Hut, graubraun

Hutrand bei Feuchtigkeit durchscheinend gerieft

blass graubraune Lamellen

trockener, weißer Hut

FRUCHTKÖRPER: Einzeln oder dachziegelartig stehend.

Maße HUT ⊕ 2–7 cm	Sporen tabakbraun	Wert 🍽

Familie CREPIDOTACEAE	Art *Crepidotus variabilis*	Jahreszeit Sommer – Frühherbst

Gemeines Krüppelfüßchen

Der kleine weiße Pilz gehört zu einer Artengruppe mit muschelförmigen Fruchtkörpern und braunem Sporenpulver, deren Vertreter am besten unter dem Mikroskop an den elliptisch bis mandelförmigen, etwas bauchigen Sporen (6,5 x 3 µm) zu identifizieren sind. Die Huthaut ist glatt, teils auch feinfaserig. Der Stiel fehlt oder ist nur rudimentär vorhanden; der Hut sitzt meist randständig am Substrat auf und die Lamellen zeigen nach unten.

VORKOMMEN: An toten Laubholzzweigen, oft in Reisighaufen in feuchten Waldgebieten. Im gemäßigten Klima der nördlichen Halbkugel weit verbreitet und häufig.

ÄHNLICHE ARTEN: *C. cesatii* hat mehr rundliche Sporen; die von *C. inhonestus* sind glatt. *C. luteolus* hat einen gelb überhauchten Hut und bevorzugt andere Lebensräume, meist die Stängel von krautigen Pflanzen.

FRUCHTKÖRPER: Einzeln oder dachziegelartig auf Laubholz.

weißer Hut

Huthaut trocken feinfaserig

austernförmiger Hut

Lamellen von der Ansatzstelle ausstrahlend

Lamellen blass graubraun bis zimtfarben

Stiel fehlend oder nur rudimentär

Maße HUT ⊕ 0,5–3 cm	Sporen tabakbraun	Wert 🍽

HUT- UND STIELPILZE MIT POREN

Die hier vorgestellte Gruppe von Pilzen bildet ihre Sporen in Röhren. Die Sporen werden durch die Poren an der Fruchtkörperunterseite entlassen. Einige dieser Arten ähneln den Blätterpilzen (s. S. 28). Röhrenpilze haben weiches Fleisch (s. unten), Porlinge dagegen zähes Fleisch (s. S. 202). Konsolenartige Pilze mit Poren s. S. 211.

Mit weichem Fleisch

Die Pilze dieser Untergruppe sind als Röhrenpilze bekannt. Sie haben alle nur recht kurzlebige Fruchtkörper, deren Kennzeichen das weiche, aber feste Fleisch ist, kombiniert mit Poren auf der Unterseite des Huts. Die Fruchtkörper der meisten hier vorgestellten Arten werden nicht nur vom Menschen, sondern auch von vielen Tieren als Nahrung geschätzt. Allerdings gibt es auch einige giftige Röhrenpilze. Alle Röhrenpilze gehen gegenseitig nutzbringende Mykorrhizaverbindungen mit Laub- oder Nadelbäumen ein (s. S. 18 – 19).

Familie	Art	Jahreszeit
Strobilomycetaceae	*Porphyrellus porphyrosporus*	Sommer – Herbst

Düsterer Röhrling

Dieser dunkle Röhrenpilz ist seiner nadelstreureichen Umgebung gut angepasst. Sein halbkugeliger, sepiabrauner Hut hat eine feinsamtige Huthaut, die bisweilen rissig aufspringt. Der Stiel ist wie der Hut gefärbt und ebenfalls feinsamtig bis glatt. Die breit bis ausgebuchtet angewachsenen, 1 – 2cm langen, dunkelbraun gefärbten Poren verfärben sich auf Druck blaugrün bis schwarz. Geruch und Geschmack des blassen Fleisches sind unangenehm; bei Schnitt läuft es blau, grün, schwarz oder auch rot an. Es gibt Berichte über Vergiftungen.
VORKOMMEN: Mykorrhizapilz sowohl von Laubbäumen wie Buchen als auch von Nadelbäumen. Im gemäßigten Klima der Nordhalbkugel weit verbreitet und häufig, in Europa jedoch nicht überall.

FRUCHTKÖRPER: Einzeln oder in Scharen in Wäldern, oft tief in der Laub- oder Nadelstreu.

Maße	Sporen	Wert
Hut ↔ 5 – 15 cm | Stiel ↕ 5 – 12 cm ↔ 1 – 3 cm	purpurbraun	☠

Familie STROBILOMYCETACEAE	Art *Strobilomyces strobilaceus*	Jahreszeit Sommer – Herbst

Strubbelkopfröhrling

Der gewölbte Hut dieses ungewöhnlichen Röhrlings ist mit grauschwarzen groben Schuppen, zwischen denen die weiße Oberfläche durchschimmert, bedeckt und ähnelt einem Kiefernzapfen. Der Stiel ist fest, längs gefasert, flockig-schuppig und wie der Hut gefärbt; das zähe Fleisch verfärbt bei Schnitt erst rosa, dann schwarz. Die Poren sind rundlich bis eckig. Es gibt Berichte über Vergiftungen.
VORKOMMEN: Unter Nadel- wie Laubbäumen, meist auf besseren Böden. In Europa weit verbreitet, jedoch nur örtlich häufig.
ÄHNLICHE ARTEN: Nordamerikanische und japanische Verwandte wie *S. confusus* haben dünnere Schuppen.

FRUCHTKÖRPER: Einzeln oder in kleinen Gruppen.

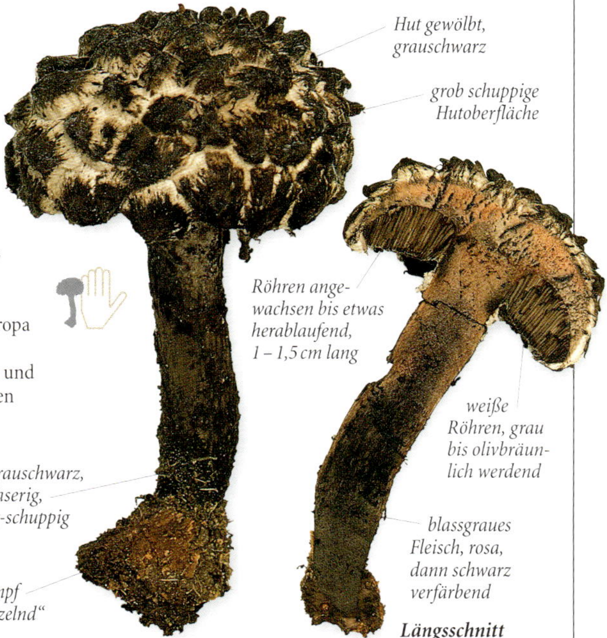

Maße HUT ↔ 5 – 10 cm | STIEL ↕ 8 – 16 cm ↔ 1 – 2 cm	Sporen purpurschwarz	Wert ☠

Familie BOLETACEAE	Art *Chalciporus piperatus*	Jahreszeit Sommer – Herbst

Pfefferröhrling

Der sehr kleine Röhrling zeigt bis auf das gelbe Fleisch eine zimtbraune Färbung. Das Fleisch verfärbt sich bei Druck nicht blau. Der leicht schmierige Hut ist gewölbt, der Stiel schlank; die Röhren sind 0,3 – 1cm lang. Das Fleisch ist aufgrund seiner pfeffrigen Schärfe ungenießbar, eignet sich in pulverisierter Form jedoch als Würze.
VORKOMMEN: Mykorrhizapilz von Laub- und Nadelbäumen. Im gemäßigten Klima der Nordhalbkugel weit verbreitet.
ÄHNLICHE ARTEN: Bitterlicher Zwergröhrling *(C. amarellus)*, mehr rosa gefärbt und weniger scharf schmeckend; Kurzsporiger Zwergröhrling *(C. rubinus)*, rubinrote Poren, wärmeliebend, wächst unter Laubbäumen.

FRUCHTKÖRPER: Meist in kleinen Gruppen oder einzeln.

Maße HUT ↔ 3 – 5 cm | STIEL ↕ 4 – 6 cm ↔ 0,3 – 1 cm	Sporen rostbraun	Wert 🍽

Familie STROBILOMYCETACEAE	Art *Tylopilus felleus*	Jahreszeit Sommer – Herbst

Gallenröhrling

Zart- bis kräftig rosa gefärbte Poren auf der Unterseite des halbkugeligen braunen Huts und ein dunkles Netz auf dem dicken Stiel sind Kennzeichen dieses Pilzes. Das weiße bis cremefarbene Fleisch hat einen unangenehmen Geruch und einen sehr bitteren Geschmack (s. auch ÄHNLICHE ARTEN).

VORKOMMEN: Mykorrhizapilz von Nadel- und Laubbäumen auf sauren Böden. Im gemäßigten Klima der Nordhalbkugel weit verbreitet, vielerorts häufig.

ÄHNLICHE ARTEN: Junge Gallenröhrlinge ähneln essbaren Steinpilzen (S. 187) und Sommersteinpilzen (S. 189).

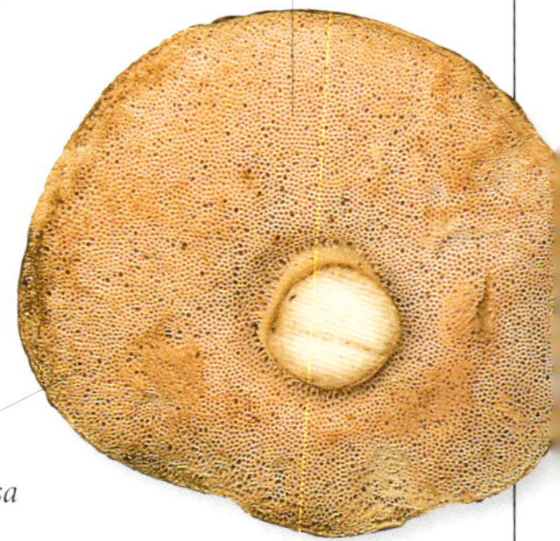

FRUCHTKÖRPER: Einzeln oder in Gruppen auf saurem Waldboden.

Maße HUT ↔ 6 – 15 cm | STIEL ↕ 5 – 12 cm ↔ 2,5 – 5 cm	Sporen trübrosa	Wert

Familie BOLETACEAE	Art *Boletus barrowsii*	Jahreszeit Sommer

Bleicher Röhrling

Diese Art hat einen anfangs gewölbten, dann abgeflachten weißen, grauen oder gelbbraunen Hut. Die Poren sind jung weiß, im Alter gelblich grün. Die 2 – 3 cm dicke Röhrenschicht ist angewachsen und am keulenförmigen Stiel leicht eingebuchtet. Den weißen Stiel überzieht ein schmutzig weißes Netzmuster. Das dicke, weiße Fleisch schmeckt süßlich.

VORKOMMEN: Mykorrhizapilz von Laub- und Nadelbäumen. In Nordamerika verbreitet und häufig, nicht in Europa.

ÄHNLICHE ARTEN: Der Steinpilz (S. 187) und andere eng verwandte Röhrlinge tragen ein weißes Netzmuster, haben aber dunklere Hüte.

FRUCHTKÖRPER: In großen Gruppen oder verstreut sowohl unter Nadel- wie Laubbäumen.

Maße HUT ↔ 7,5 – 25 cm | STIEL ↕ 10 – 25 cm ↔ 2 – 4 cm	Sporen olivbraun	Wert

Familie	Art	Jahreszeit
Boletaceae	*Boletus edulis*	Sommer – Herbst

Steinpilz

Besondere Merkmale des Pilzes sind das weiße Netz am oberen Teil des Stiels und die blass gelblichen bis olivgrünen Röhren. Der halbkugelige, später flach gewölbte Hut ist hell- bis dunkelbraun und hat einen fass- oder keulenförmigen Stiel. Diese Art gehört zu den beliebtesten Speisepilzen der Welt. Das weiße Fleisch riecht äußerst angenehm, schmeckt mild und nussig und verfärbt sich bei Schnitt nicht.
VORKOMMEN: Mykorrhizapilz von Laub- und Nadelbäumen, auf Lichtungen und an Waldrändern. Im gemäßigten Klima der Nordhalbkugel weit verbreitet und häufig.
ÄHNLICHE ARTEN: Der ungenießbare Gallenröhrling (S. 186); ansonsten essbare Verwandte wie der Sommersteinpilz (S. 189).

Längsschnitt

FRUCHTKÖRPER: Einzeln oder gesellig auf trockenen Böden.

△ **Kiefernsteinpilz**
Der tiefbraune *B. pinophilus* gedeiht unter Kiefern und hat ein blassbraunes Stielnetz. Die Hutoberfläche ist leicht klebrig; trocken filzig oder körnig und ausgeprägt runzelig.

△ **Röhrlingsparasit**
Sepedonium chrysospermum erscheint auf Röhrlingen erst als weißer Schimmelbelag und wird dann durch seine ungeschlechtlichen Sporen pulvrig goldgelb.

Maße	Sporen	Wert
Hut ↔ 10–25 cm | Stiel ↕ 10–20 cm ↔ 3–10 cm	olivbraun	

Familie Boletaceae	Art *Boletus appendiculatus*	Jahreszeit Sommer – Herbst

Anhängselröhrling

Die Röhren dieser Art sind lebhaft zitronengelb, werden beim Reifen olivgelblich und verfärben auf Druck blau. Ähnlich gelb ist das Netzmuster auf dem Stiel, der sich zur Basis stark verjüngt und dort einen wurzelähnlichen Fortsatz aufweist. Das Fleisch des wertvollen Speisepilzes ist fest, blassgelb bis rostfarben, verfärbt bei Schnitt bläulich und hat einen angenehmen Geruch.
VORKOMMEN: Mykorrhizapilz von Laubbäumen wie Eichen. Weit verbreitet, vorwiegend in Südeuropa.
ÄHNLICHE ARTEN: *B. radicans* hat einen helleren Hut und einen stämmigeren Stiel.

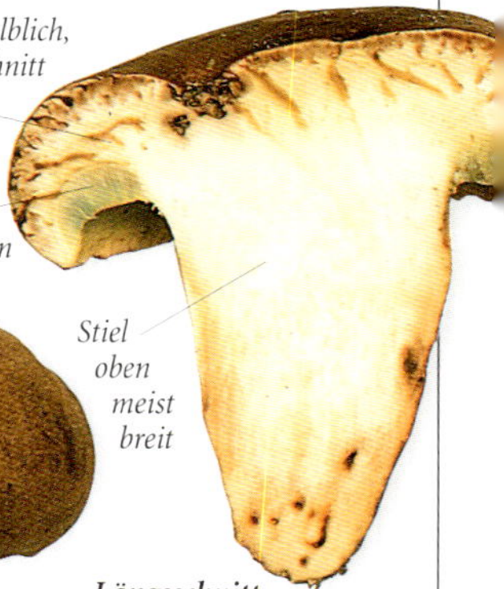

Längsschnitt

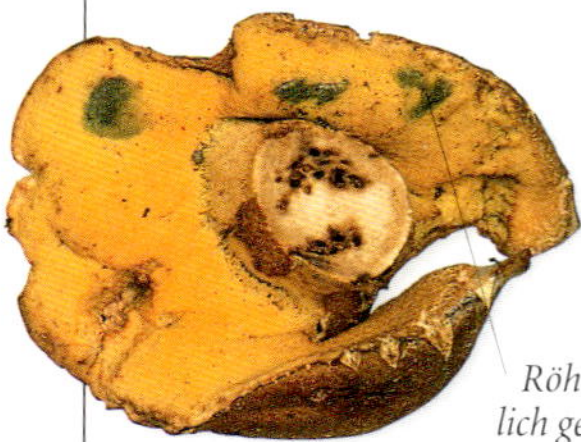

FRUCHTKÖRPER: Einzeln oder in kleinen Gruppen.

Maße Hut ↔ 8 – 20 cm | Stiel ↕ 7 – 15 cm ↔ 2,5 – 6 cm	Sporen olivbraun	Wert

Familie Boletaceae	Art *Boletus badius*	Jahreszeit Spätherbst

Maronenröhrling

Der polsterförmig gewölbte Hut dieser Art ist glatt, ziemlich schmierig, dunkel kastanienbraun mit weißen bis gelboliven Röhren, die auf Druck blau verfärben. Der zylindrische Stiel ist braun, ohne Netzmuster. Die beste Sammelzeit für diesen beliebten Speisepilz ist der Spätherbst, wenn andere Röhrlinge nicht mehr so häufig auftreten. Jegliche Blaufärbung des weißen Fleischs verflüchtigt sich beim Kochen.
VORKOMMEN: Mykorrhizapilz der Kiefer; auch unter Laubbäumen. Im gemäßigten Klima der Nordhalbkugel weit verbreitet und örtlich häufig.
ÄHNLICHE ARTEN: Der Steinpilz (S. 187) hat einen fassförmigen Stiel mit Netzmuster.

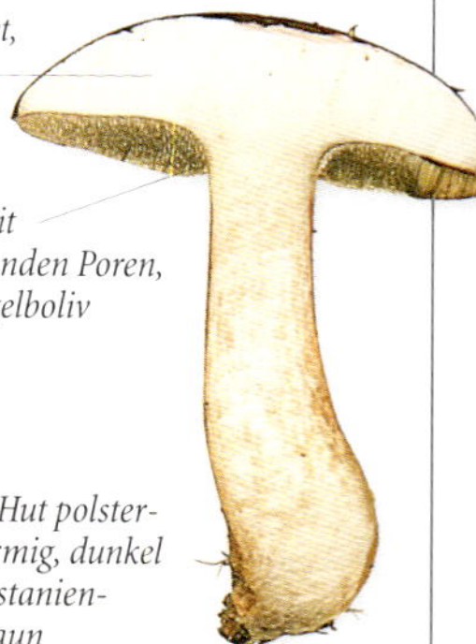

Längsschnitt

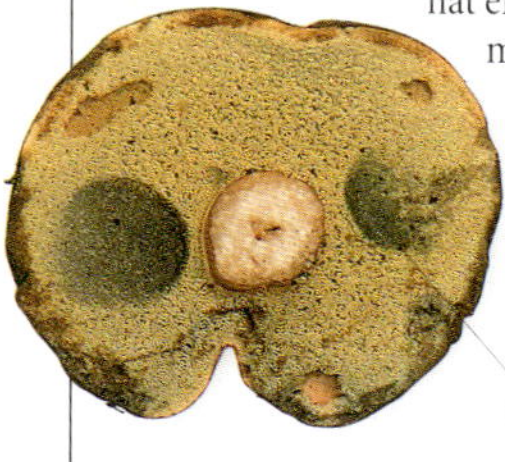

FRUCHTKÖRPER: Einzeln oder in kleinen Gruppen im Wald.

Maße Hut ↔ 4 – 15 cm | Stiel ↕ 4 – 12 cm ↔ 1 – 4 cm	Sporen olivbraun	Wert

Familie BOLETACEAE	Art *Boletus reticulatus*	Jahreszeit Sommer – Herbst

Sommersteinpilz

Der polsterförmig gewölbte Hut dieser Art hat eine trockene, matte Haut mit warmer orangebrauner Färbung, die bei Trockenheit leicht aufreißt. Ein weißes bis bräunliches Netz bedeckt den fassförmigen, blassbraunen Stiel. Das feste, weiße Fleisch des ausgezeichneten Speisepilzes hat einen nussartigen Geschmack und verfärbt bei Schnitt nicht blau.
VORKOMMEN: Mykorrhizapilz von Laubbäumen wie Buche und Eiche; örtlich mit dem Flockenstieligen Hexenröhrling (unten). Im gemäßigten Klima der Nordhalbkugel weit verbreitet und örtlich sehr häufig; nicht in Nordamerika.
ÄHNLICHE ARTEN: Der Steinpilz hat einen dunkleren Hut und ein blasseres, weniger ausgeprägtes Netz am Stiel.

△ **Bronzeröhrling**
Der spät im Jahr fruchtende, kastanienbraune *B. aereus* hat einen samtigen Hut und ein helles Stielnetz; Fleisch nicht blauend.

FRUCHTKÖRPER: Gesellig oder zu wenigen im Laubwald.

Maße HUT ↔ 7 – 15 cm | STIEL ↕ 6 – 15 cm ↔ 2 – 5 cm	Sporen olivbraun	Wert

Familie BOLETACEAE	Art *Boletus luridiformis*	Jahreszeit Sommer – Herbst

Flockenstieliger Hexenröhrling

Dieser gute Speisepilz gehört zur Gruppe von Röhrlingen mit bei Schnitt blau verfärbendem Fleisch. Sein Hut ist polsterförmig, dunkelbraun, unterseits mit tief blutroten Poren und gelben Röhren. Der gelbe Stiel ist dicht mit roten Punkten übersät und hat kein Netzmuster.
VORKOMMEN: Mykorrhizapilz von Laub- und Nadelbäumen, auf durchlässigen, meist sauren, moosbewachsenen Waldböden. In Europa weit verbreitet.
ÄHNLICHE ARTEN: Eine gelbe Form wurde früher als eigene Art, *B. junquilleus*, geführt. Der Netzstielige Hexenröhrling *(B. luridus)* hat am Stiel das namengebende Netzmuster.

FRUCHTKÖRPER: Einzeln oder in kleinen Gruppen.

Maße HUT ↔ 5 – 20 cm | STIEL ↕ 5 – 15 cm ↔ 2 – 6 cm	Sporen braun bis olivbraun	Wert

Familie BOLETACEAE	Art *Boletus calopus*	Jahreszeit Sommer – Herbst

Schönfußröhrling

Die Haut des polsterförmig gewölbten Huts hängt am Rand über, ist leicht filzig, fein geadert und rauchgrau oder graubraun. Der bauchige bis zylindrische oder nach unten verjüngende Stiel ist an der Basis meist rot, zur Spitze hin gelb. Er wird von einem Netz überzogen, das oben blassgelb, nach unten dunkler und rötlich erscheint. Das ungenießbare, möglicherweise leicht giftige, gelbliche Fleisch schmeckt bitter und verfärbt bei Schnitt blassblau.

VORKOMMEN: Mykorrhizapilz von Nadel- und Laubbäumen auf sauren, sandigen Böden. Im gemäßigten Klima der Nordhalbkugel weit verbeitet, nur örtlich häufig.

ÄHNLICHE ARTEN: Andere hellhütige, rotstielige Röhrlinge wie der Falsche Satanspilz (S. 191) haben oft rote Poren. Ausnahme: der gelbporige Ochsenröhrling *(B. torosus)*; sein Fleisch schmeckt jedoch mild und verfärbt blauschwarz.

△ **Netzstieliger Hexenröhrling**
B. luridus hat ein orangerotes Stielnetz und zitronengelbes Fleisch, das sich wie die Poren auf Druck schwarzblau verfärbt. Oberhalb der Röhren ist das Fleisch rot.

△ **Zweifarbiger Röhrling**
Der im östlichen Nordamerika häufige *B. bicolor* hat einen leuchtend rosaroten Hut und Stiel und gelbe Poren. Das dicke gelbe Fleisch blaut auf Druck.

FRUCHTKÖPRER: Einzeln oder gesellig unter Bäumen.

Maße HUT ↔ 6 – 14 cm | STIEL ↕ 6 – 10 cm ↔ 3 – 5 cm	Sporen olivbraun	Wert

Familie Boletaceae	Art *Boletus satanas*	Jahreszeit Sommer – Frühherbst

Satansröhrling

Der fleischige Röhrling hat einen polsterförmig gewölbten, glatten, blassen, fast weißen Hut. Er ist an seinen orangefarbenen bis blutroten Poren und dem auffälligen gelben bis blutroten Netz am dicken, gelben Stiel gut zu erkennen. Das gelbliche bis weiße Fleisch verfärbt ebenso wie die Poren schwach blau. Die ausgebuchteten Röhren sind 1 – 3 cm lang und gelblich grün. Im Geschmack mild, ist er doch leicht giftig und kann sogar ernsthafte Magenstörungen hervorrufen. Reife Fruchtkörper riechen unangenehm.

VORKOMMEN: Mykorrhizapilz von Laubbäumen. Weit verbreitet, jedoch v. a. in Südeuropa und nur örtlich auftretend.

FRUCHTKÖRPER: Einzeln, in kleinen Gruppen oder gesellig unter Buchen und Eichen.

Maße Hut ⟷ 10 – 25 cm | Stiel ↕ 5 – 15 cm ⟷ 4 – 12 cm	Sporen olivbraun	Wert ☠

Familie Boletaceae	Art *Boletus pulcherrimus*	Jahreszeit Spätsommer – Herbst

Prächtiger Röhrling

Dieser prächtig gefärbte Röhrling ist leicht an seinen blutroten, auf Druck blauschwarzen Poren sowie am polsterförmigen, filzigen, rötlich bis olivbraunen Hut zu erkennen, dessen festes gelbes Fleisch bei Schnitt blaut. Den bauchigen rötlich braunen Stiel schmückt im oberen Teil ein dunkelrotes Netzmuster. Die ausgebuchtet angewachsenen Röhren sind 0,5 – 1,5cm lang und gelb grünlich.

VORKOMMEN: Mykorrhizapilz in Mischwäldern mit Gerber-Eichen *(Lithocarpus),* Douglasien *(Pseudosuga menziesii)* und Riesentannen *(Abies grandis).* Weit verbreitet an der Westküste von Nordamerika und Neumexiko; in Europa nicht vorkommend.

FRUCHTKÖRPER: Einzeln oder gesellig in Mischwäldern.

Maße Hut ⟷ 7,5 – 25 cm | Stiel ↕ 7,5 – 15 cm ⟷ bis 10 cm	Sporen braun	Wert ☠

Familie Boletaceae	Art *Boletus legaliae*	Jahreszeit Sommer – Frühherbst

Falscher Satanspilz

Der Falsche Satanspilz gehört zu einer Gruppe rötlich gefärbter, netzstieliger Röhrlinge, die schwierig zu unterscheiden sind. Er hat einen glatten, rosaorange Hut und einen ähnlich gefärbten Stiel, oben mit rotem Netzmuster. Die Poren sind rot, die ausgebuchteten Röhren 1 – 2 cm lang. Das weißliche bis blassgelbe Fleisch duftet schwach und angenehm, läuft bei Druck bläulich an und verfärbt sich an der Stielbasis hellrosa. Trotz seines milden Geschmacks ist der Pilz giftig.

VORKOMMEN: Mykorrhizapilz von Laubbäumen, bevorzugt auf basischen Böden. In Europa weit verbreitet, aber nur regional auftretend, v. a. im Süden.

ÄHNLICHE ARTEN: Blasshütiger Purpurröhrling (B. rhodoxanthus) mit purpurorange Hut.

FRUCHTKÖRPER: Einzeln oder zu wenigen, selten in größeren Gruppen.

Maße Hut ⟷ 5 – 15 cm | Stiel ↕ 8 – 16 cm ⟷ 2,5 – 5 cm	Sporen olivbraun	Wert ☠

Familie Boletaceae | Art *Boletus pulverulentus* | Jahreszeit Sommer – Herbst

Schwarzblauender Röhrling

Dieser nahezu unverwechselbare Röhrling läuft bei Berührung sofort schwarz an. An der Unterseite seines gewölbten, braunen bis rotbraunen Huts sitzen die trübgelben Poren. Der rot gepunktete, gelbe Stiel ist vergleichsweise dünn. Die leicht ausgebuchteten bis herablaufenden Röhren sind 0,5 – 1,5 cm lang und blassgelb bis olivgelblich gefärbt; das feste Fleisch ist gelb. Trotz seines milden Geschmacks kein guter Speisepilz.
VORKOMMEN: Mykorrhizapilz von Laubgehölzen, meist Eichen, auf besseren Böden. Im gemäßigten Klima der Nordhalbkugel weit verbreitet, aber nur örtlich häufig.
ÄHNLICHE ARTEN: Der Flockenstielige Hexenröhrling (S. 189) hat einen ähnlichen, aber dickeren Stiel, rote Poren und bei Schnitt blauendes Fleisch.

Hut braun bis rotbraun, gewölbt

Poren blassgelb, auf Druck blauend

Stiel gelb mit roten Punkten

FRUCHTKÖRPER: Einzeln oder in kleinen, selten in größeren Gruppen.

Maße Hut ↔ 4 – 10 cm | Stiel ↕ 4 – 10 cm ↔ 1 – 3 cm | Sporen olivbraun | Wert

Familie Boletaceae | Art *Boletus pascuus* | Jahreszeit Sommer – Herbst

Rotfußröhrling

Ein kleinerer, weniger fleischiger Röhrling mit gewölbtem, rotbraunem Hut; dessen Haut reißt leicht auf und enthüllt die darunter liegende rote Schicht. Der dünne, zylindrische, gelbe bis rote Stiel zeigt Streifen, aber kein ausgeprägtes Muster. Die eckigen, gelben bis olivfarbenen Poren verfärben auf Druck leicht blau, das weiße oder gelbliche Fleisch dagegen kaum. Es ist essbar, jedoch geschmacklos.
VORKOMMEN: Mykorrhizapilz von Laubgehölzen, meist Buche, auf durchlässigen, trockenen Moor- bzw. torfigen Böden. In Teilen der gemäßigten Klimazone verbreitet und häufig.
ÄHNLICHE ARTEN: *B. pruinatus* hat keine aufreißende Huthaut.

△ **Blassrissiger Rotfußröhrling**
Der braune Hut von *B. porosporus* zeigt weiße Risse. Fleisch, Poren und Röhren sind gelb und verfärben blau. Bestes Merkmal: abgestumpfte, spindelförmige Sporen (1,3 x 5 µm).

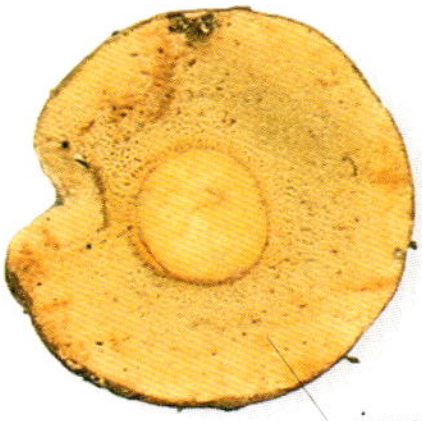

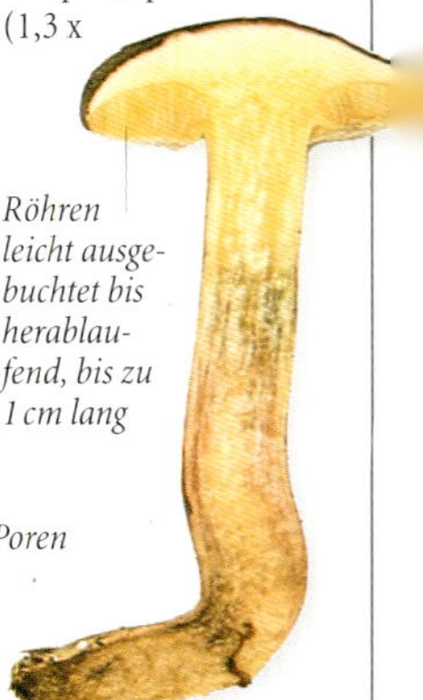

Längsschnitt

FRUCHTKÖRPER: Meist in Scharen, aber auch einzeln.

Maße Hut ↔ 3 – 10 cm | Stiel ↕ 3 – 10 cm ↔ 0,5 – 2 cm | Sporen olivbraun | Wert

Familie BOLETACEAE	Art *Boletus rubellus*	Jahreszeit Sommer – Herbst

Blutroter Röhrling

Ein kleiner Röhrling mit tiefrotem Hut und Stiel. Der Hut ist gewölbt, die Stielbasis bisweilen verdickt und am Grund spitz zulaufend. Die olivgelben Poren blauen auf Druck; die gelben Röhren sind 0,5 – 1 cm lang. Das blassgelbe Fleisch färbt sich langsam bläulich. Zusammen mit ähnlich gefärbten Arten wie dem Rotfußröhrling (S. 192) wird er oft auch der Gattung *Xerocomus* (Filzröhrlinge) zugeordnet.

VORKOMMEN: Mykorrhizapilz von Laubgehölzen, häufig auf Grasflächen, an Waldlichtungen und in Parks. Im gemäßigten Klima der Nordhalbkugel weit verbreitet, jedoch nur örtlich häufig.

ÄHNLICHE ARTEN: Zweifarbiger Röhrling (S. 190). *B. sensibilis* hat blauendes Fleisch.

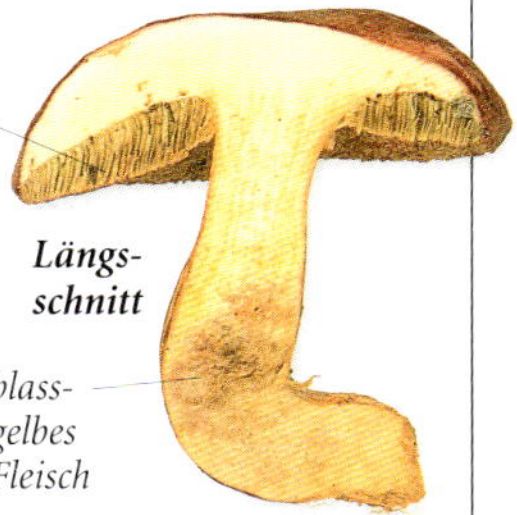

FRUCHTKÖRPER: Meist in Scharen.

Maße HUT ⊕ 3 – 6 cm | STIEL ↕ 3 – 8 cm ↔ 0,5 – 1 cm	Sporen olivbraun	Wert

Familie BOLETACEAE	Art *Boletus subtomentosus*	Jahreszeit Sommer – Herbst

Ziegenlippe

Die Ziegenlippe ähnelt dem Rotfußröhrling (S. 192), doch die Oberfläche ihres polsterförmigen, goldbraunen Huts reißt nur sehr selten auf. Der Stiel ist ähnlich gefärbt; die eckigen Poren und die 0,5 –1,5 cm langen Röhren sind gelb. Die Poren laufen bei Druck nur leicht blau an. Das weiche, blasse Fleisch ist essbar, schmeckt aber fad.

VORKOMMEN: Mykorrhizapilz von Laub- und Nadelgehölzen. Im gemäßigten Klima der Nordhalbkugel weit verbreitet und häufig, bis hin zu subarktischen und alpinen Regionen.

ÄHNLICHE ARTEN: *B. pruinatus* ist kleiner. Der Braune Filzröhrling *(B. ferrugineus)*, evtl. nur eine Form der Ziegenlippe, ist dunkler mit auffällligem Stielnetz.

FRUCHTKÖRPER: Einzeln oder in kleinen Gruppen.

Maße HUT ⊕ 6 – 10 cm | STIEL ↕ 6 – 10 cm ↔ 1 – 2,5 cm	Sporen olivbraun	Wert

Familie BOLETACEAE | Art *Boletus parasiticus* | Jahreszeit Sommer – Herbst

Schmarotzerröhrling

Ein kleiner Röhrling mit ungewöhnlicher Lebensweise (s. VORKOMMEN). Der nicht blauende Fruchtkörper ist fast völlig ockerfarben mit gewölbtem Hut und relativ dünnem Stiel. Die gelben bis ockerfarbenen, herablaufenden Röhren sind 3 – 7 mm lang. Da das blassgelbe Fleisch ohnehin kein Genuss ist, sollte man den seltenen Schmarotzerröhrling schonen.
VORKOMMEN: Mykorrhizapilz von Laubgehölzen, zugleich vergesellschaftet mit Kartoffelbovisten (S. 256), die er parasitiert, aber kaum schädigt. In Europa und zumindest im östlichen Nordamerika weit verbreitet.

FRUCHTKÖRPER: In Büscheln auf Kartoffelbovisten.

Maße HUT ↔ 2 – 7 cm | STIEL ↕ 3 – 6 cm ↔ 0,8 – 1,5 cm | Sporen olivbraun | Wert

Familie PAXILLACEAE | Art *Gyroporus castaneus* | Jahreszeit Sommer – Herbst

Hasenröhrling

Der Hasenröhrling hat, wie alle *Gyroporus*-Arten, blassgelbe Sporen und einen zerbrechlichen, gekammerten Stiel sowie weißliche bis blassbraune, fast freie Röhren von 3 – 6 mm Länge. Typisch für die Art ist die tief orangebraune Farbe des gewölbten bis flachen Huts und des glatten Stiels. Das Fleisch, das sich beim Schneiden nicht verfärbt, schmeckt angenehm nussig.
VORKOMMEN: Mykorrhizapilz von Laubgehölzen, v. a. der Eiche, aber auch von Kiefern; oft auf Sandböden. Im gemäßigten Klima der Nordhalbkugel weit verbreitet, aber nur örtlich häufig.
ÄHNLICHE ARTEN: Eine ähnliche, offenbar giftige Art gibt es an der portugiesischen Küste.

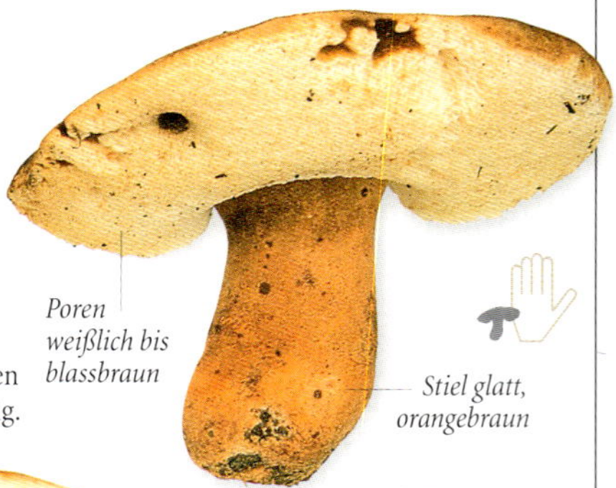

Längsschnitt

FRUCHTKÖRPER: Einzeln oder in kleinen Gruppen.

Maße HUT ↔ 3 – 8 cm | STIEL ↕ 4 – 7 cm ↔ 1 – 3 cm | Sporen blassgelb | Wert

Familie PAXILLACEAE | Art *Gyroporus cyanescens* | Jahreszeit Sommer – Herbst

Kornblumenröhrling

Das deutlichste Kennzeichen dieses Pilzes wird sichtbar, wenn man ihn durchschneidet oder an der Röhrenschicht kratzt: Das weißliche Fleisch verfärbt sich dann kornblumenblau. Andere blauende Röhrlinge (meist *Boletus*-Arten) nehmen dagegen eine viel dunkler blaue Färbung an. Weitere Merkmale sind gattungstypisch, so das brüchige Fleisch, die fast freien Röhren, 5 – 10 mm lang, und der gekammerte Stiel. Die Poren sind klein und rundlich. Der knollig verdickte Stiel verjüngt sich an der Basis stark und läuft spitz zu. Ein guter Speisepilz mit angenehm nussartigem Geschmack.

VORKOMMEN: Mykorrhizapilz von Nadel- und Laubgehölzen. Weit verbreitet, aber in vielen Regionen des gemäßigten Klimas selten, nur örtlich häufig.

FRUCHTKÖRPER: Einzeln oder in kleiner Gruppe auf Sandböden.

Maße HUT 5 – 8 cm | STIEL ↕ 6 – 10 cm ↔ 2 – 3 cm | Sporen blassgelb | Wert

Familie BOLETACEAE | Art *Leccinum tesselatum* | Jahreszeit Sommer – Herbst

Gelber Raufuß

Die gelbe Färbung und die rissige Huthaut dieser Art sind für die Gattung *Leccinum* untypisch (vgl. S. 196 ff.). Die ockergelben Poren verfärben sich lilabraun; der gelbe Stiel ist mit ockergelben Punkten überzogen, die sich zur Basis hin netzähnlich verdichten und bräunlich werden. Der polsterförmige, gelbbraune Hut hat eine feinsamtige Oberfläche. Das blassgelbe Fleisch färbt sich nach Anschneiden langsam weinrot bis schwarzviolett. Der Pilz ist essbar, hat aber wenig Eigengeschmack.

VORKOMMEN: Mykorrhizapilz der Eiche. Vorwiegend in wärmeren Gebieten Europas; weltweite Verbreitung noch ungeklärt.

FRUCHTKÖRPER: Einzeln oder in kleinen Gruppen.

Maße HUT 4 – 10 cm | STIEL ↕ 5 – 12 cm ↔ 1 – 3 cm | Sporen olivocker | Wert

Familie Boletaceae	Art *Leccinum scabrum*	Jahreszeit Sommer – Herbst

Birkenpilz

Es ist sehr schwierig, den Birkenpilz von nah verwandten Arten abzugrenzen. Deshalb wird die Bezeichnung *Leccinum scabrum* oft als Sammelbegriff für alle *Leccinum*-Arten mit braunem Hut verwendet, so auch hier. Kennzeichnend für diese Art(en) sind grauweiße Poren und ein weißer bis grauer, mit grauschwarzen Schuppen übersäter Stiel. Das Fleisch des polsterförmigen Huts ist weich, das des keulenförmigen Stiels faserig. Anders als bei einigen Verwandten verfärbt es sich kaum. Der Birkenpilz ist essbar, aber kein guter Speisepilz und hält sich nach dem Sammeln nicht lange.

VORKOMMEN: Mykorrhizapilz der Birke, oft auf feuchten Böden. Im gemäßigten Klima der Nordhalbkugel weit verbreitet, doch genaue Verbreitung ungeklärt.

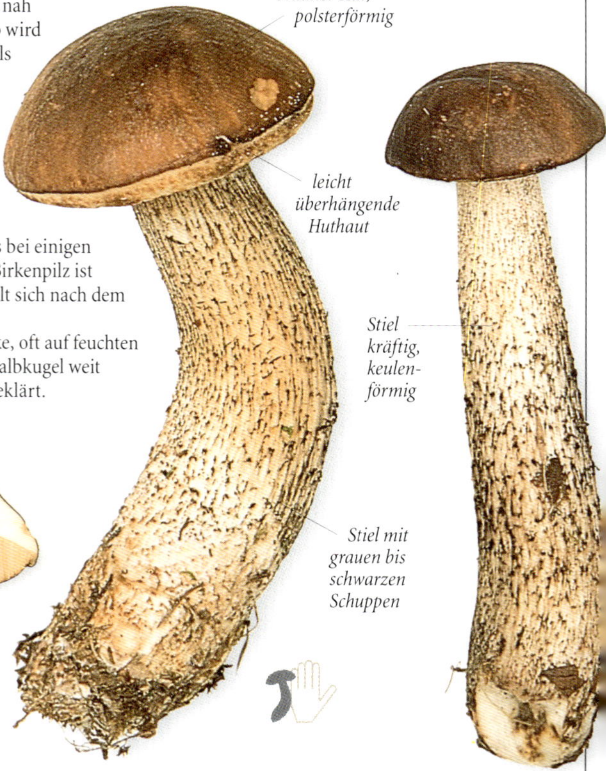

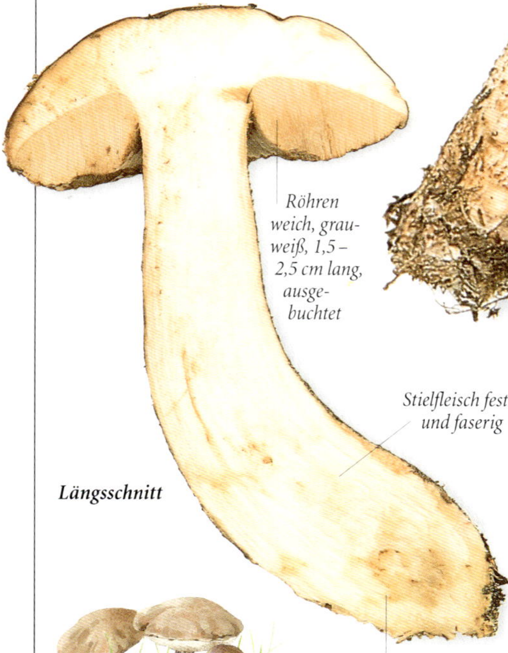

Längsschnitt

FRUCHTKÖRPER: Einzeln, in kleinen Gruppen oder Scharen.

△ **Buntfärbender Birkenpilz**
L. variicolor hat einen weiß gesprenkelten, rußbraunen Hut. Die Basis des graubeschuppten weißen Stiels verfärbt sich meist blau. Das Fleisch des weißen Stiels verfärbt sich rosa, dann türkis; das des Huts ist rosa mit weißgrauen Röhren.

Maße Hut ⊕ 6–15 cm | Stiel ↕ 10–20 cm ↔ 1–3 cm	Sporen ockerbraun	Wert

Familie	Art	Jahreszeit
Boletaceae	*Leccinum versipelle*	Sommer – Herbst

Birkenrotkappe

Ein sehr schöner Pilz mit polsterförmigem Hut, dessen orange Färbung einen aparten Kontrast zum schwarz beschuppten, weißen Stiel bildet. Die feinfilzige Huthaut steht über den Hutrand. Die Poren variieren zwischen blassgrau und ockergrau; die ausgebuchteten, 1 – 3 cm langen Röhren sind schmutzig weiß. Das feste, weißliche Fleisch verfärbt sich an der Luft schwarzgrau und schmeckt recht gut, doch die Speisequalität mancher *Boletus*-Arten erreicht der Pilz nicht.
VORKOMMEN: Mykorrhizapilz der Birke in feuchten Waldgebieten. Im gemäßigten Klima der Nordhalbkugel weit verbreitet und häufig.

Längsschnitt

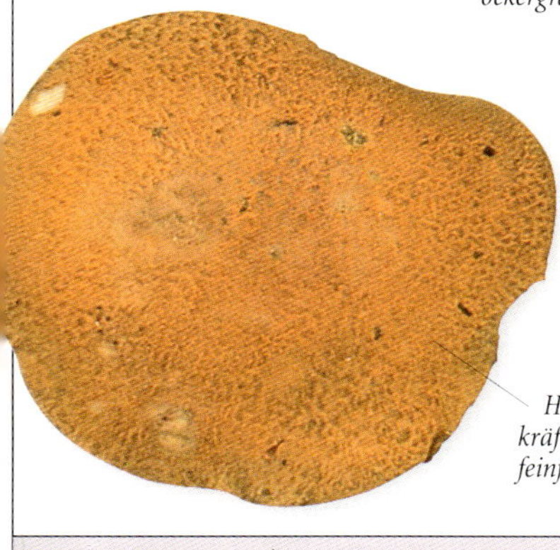

FRUCHTKÖRPER: Einzeln oder zu wenigen.

Maße	Sporen	Wert
Hut ↔ 8 – 15 cm | Stiel ↕ 10 – 18 cm ↔ 1,5 – 4 cm	ockerbraun	

Familie	Art	Jahreszeit
Boletaceae	*Leccinum quercinum*	Sommer – Herbst

Eichenrotkappe

Dieser gute Speisepilz gehört zu einer Gruppe rothütiger *Leccinum*-Arten, wobei er sich von den anderen durch den namengebenden Mykorrhizapartner und die rötlich braunen Stielschuppen unterscheidet. Der polsterförmige Hut ist rotbraun, die Poren sind weißlich bis grau oder olivgelb. Das feste, weiße Fleisch verfärbt sich bei Schnitt fast schwarz.

VORKOMMEN: Mykorrhizapilz der Eiche in Wäldern. In Teilen der gemäßigten Klimazone verbreitet und häufig.

ÄHNLICHE ARTEN: Die Espenrotkappe *(L. aurantiacum)* hat einen mehr orange Hut; sie wächst unter Espen und Pappeln. *L. piccinum* und *L. vulpinum* sind Fichten- bzw. Kiefernbegleiter.

polsterförmiger Hut

Huthaut dunkel haselnussbraun, am Rand überhängend

Stiel mit rötlich braunen Schuppen bedeckt

Stiel fast zylindrisch, zur Basis verbreitert

Röhren blassgrau, ausgebuchtet, 2 – 3 cm lang

Längsschnitt

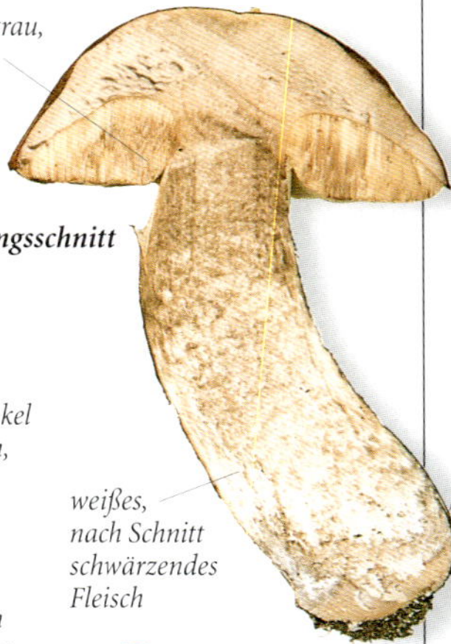

weißes, nach Schnitt schwärzendes Fleisch

FRUCHTKÖRPER: Meist in kleinen Gruppen.

Maße	Sporen	Wert
Hut ↔ 8 – 15 cm | Stiel ↕ 10 – 15 cm ↔ 1,5 – 3 cm	ockerbraun	

Familie	Art	Jahreszeit
Gomphidiaceae	*Suillus luteus*	Spätsommer – Herbst

Butterpilz

Diese kurzstielige, schleimige Art hat einen gewölbten, purpurbraunen Hut, dessen Haut sich leicht abziehen lässt. Die Röhren sind angewachsen bis leicht herablaufend, mit zitronengelben Poren. Der Stielring ist unterseits dunkelpurpurn; der Stiel darunter weiß, im Alter purpurbraun, über dem Ring blassgelb und dunkel gepunktet. Vorsicht beim Verzehr, der Pilz kann allergische Reaktionen verursachen.

VORKOMMEN: Mykorrhizapilz der Kiefer. Im gemäßigten Klima der Nordhalbkugel weit verbreitet und häufig.

FRUCHTKÖRPER: Meist gesellig unter Kiefern.

Hut purpurbraun

Stielring oben weißlich, unten purpurn

Röhren kurz, 0,8 – 1,2 cm, blassgelb

Fleisch weißlich oder blassgelb, nicht verfärbend

Längsschnitt

feine Poren, blass zitronengelb

Maße	Sporen	Wert
Hut ↔ 5 – 10 cm | Stiel ↕ 5 – 10 cm ↔ 1,5 – 3 cm	ockerbraun	

Familie GOMPHIDIACEAE	Art *Suillus grevillei*	Jahreszeit Herbst

Goldröhrling

Der lebhaft gefärbte Röhrling hat einen gewölbten, leuchtend gelben bis gelborange, stark schleimigen Hut. Die zitronengelben Poren laufen bei Druck zimtbraun an. Der weißgelbe Ring, am gelbbraunen Stiel weit oben, ist ebenfalls schleimig. Das essbare Fleisch hat keinen ausgeprägten Geschmack; bei jungen Pilzen ist es fest und gelb, ohne sich zu verfärben. Die schleimige Huthaut sollte vor dem Zubereiten des Pilzes abgezogen werden.

VORKOMMEN: Mykorrhizapilz der Lärche in Wäldern, Parks und Gärten; kann auch etwas von seinem Wirtsbaum entfernt wachsen. Im gemäßigten Klima der Nordhalbkugel weit verbreitet und häufig.

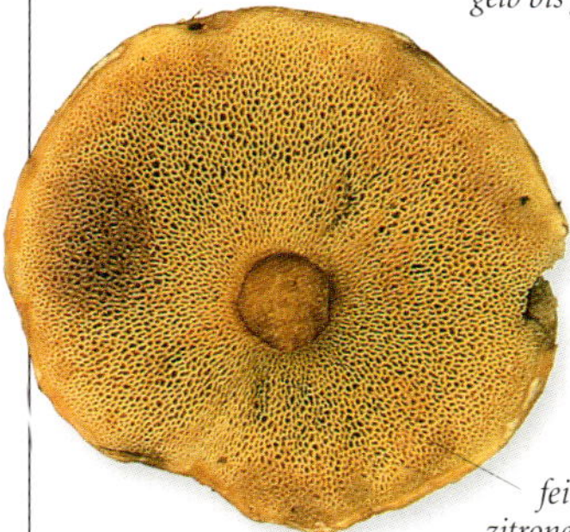

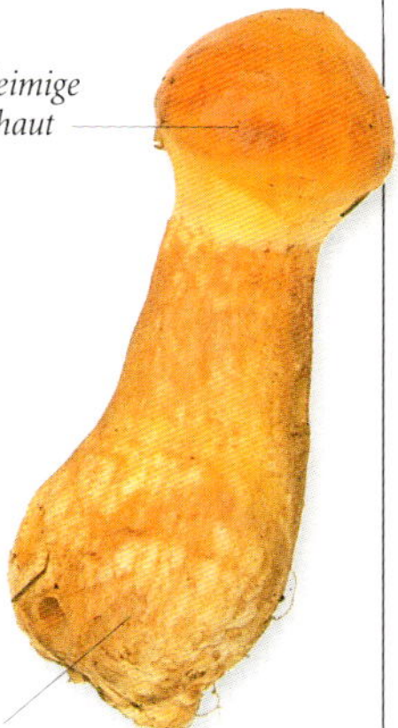

△ **Grauer Lärchenröhrling**
S. aeruginascens, ebenfalls Lärchenbegleiter, ist olivgrau, mit weißen Hüllenresten am schleimigen Hut; Poren weißlich bis grau, auf Druck olivgrün verfärbend.

△ **Zirbenröhrling**
Der gelbbraune *S. plorans* wächst unter Zirben *(Pinus cembra)* und anderen fünfnadligen Kiefern; scheidet über Poren und Stieldrüsen milchige Tröpfchen aus.

FRUCHTKÖRPER: Gesellig in der Nähe von Lärchen.

Maße HUT ↔ 5–10 cm | STIEL ↕ 4–10 cm ↔ 1–2 cm	Sporen gelblich braun	Wert

Familie Gomphidiaceae	Art *Suillus bovinus*	Jahreszeit Spätsommer – Herbst

Kuhröhrling

Dieser normalerweise kleine rostorange Röhrling hat einen gewölbten bis flachen Hut und einen kurzen, ringlosen Stiel, den man oft erst sieht, wenn man den Pilz pflückt. Charakteristisch sind seine olivgrünen, zusammengesetzten Poren: Die größeren eckigen Poren sind jeweils durch innere, kürzere Röhrenwände in feinere Poren unterteilt. Das weiche, rosa überhauchte bis cremebraune Fleisch des Kuhröhrlings ist essbar, schmeckt aber recht fad.

VORKOMMEN: Mykorrhizapilz der Kiefer (zweinadlige Arten), häufig gemeinsam mit Sandröhrling (S. 201) und Rosenrotem Schmierling (S. 38). In Europa und Teilen Asiens weit verbreitet und häufig.

1 cm

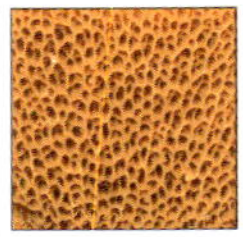

Porenoberfläche

zusammengesetzte Poren, olivgrünlich

Hut nur bei Feuchtigkeit schmierig

Röhren angewachsen bis herablaufend, gelb bis olivgelb

Hut rostorange

FRUCHTKÖRPER: Gesellig, oft auf sandigen Böden.

Maße	Hut ↔ 3 – 7 cm	Stiel ↕ 3 – 6 cm ↔ 0,5 – 1 cm	Sporen bräunlich oliv	Wert

Familie Gomphidiaceae	Art *Suillus granulatus*	Jahreszeit Spätsommer – Herbst

Körnchenröhrling

Der ringlose Stiel dieses Röhrlings ist mit auffälligen gelben Punkten (Drüsen) überzogen und läuft an der Basis spitz zu. Der Hut ist rostbraun bis gelborange. Junge Fruchtkörper sondern aus den feinen, runden Poren und den Stieldrüsen milchige Tröpfchen ab. Das weiße bis blassgelbe Fleisch ist fest und schmeckt nussig.

VORKOMMEN: Mykorrhizapilz der Kiefer (zweinadlige Arten), auf mehr oder weniger basischen Böden. Im gemäßigten Klima der Nordhalbkugel weit verbreitet und örtlich häufig.

ÄHNLICHE ARTEN: Der Ringlose Butterpilz *(S. collinitus)* hat einen dunkleren Hut und ist am Stielgrund rosa. Butterpilz (S. 198) und Zirbenröhrling (S. 199) wachsen unter fünfnadligen Kiefern.

Röhren angewachsen, blassgelb oder blassbraun

Längsschnitt

Huthaut bei Feuchtigkeit schmierig-schleimig

Stiel blassgelb mit gelben Drüsen

gewölbter bis flacher Hut

FRUCHTKÖRPER: Meist gesellig unter Kiefern.

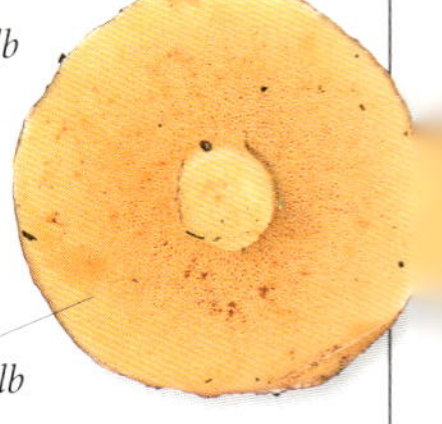

Poren fein, rundlich, gelb

Maße	Hut ↔ 4 – 10 cm	Stiel ↕ 4 – 8 cm ↔ 1 – 1,5 cm	Sporen blassbraun	Wert

Familie Gomphidiaceae	Art *Suillus variegatus*	Jahreszeit Sommer – Herbst

Sandröhrling

Anders als bei den meisten Schmierröhrlingen *(Suillus)* ist der Hut des langstieligen, fleischigen Sandröhrlings kaum schmierig. Der gewölbte, orangebraune Hut hat eine filzige bis feinschuppige Oberfläche. Die kleinen Poren sind braun bis olivbraun und verfärben sich ebenso wie das blassgelbe Fleisch auf Druck bläulich. Der Stiel ist braun mit olivgrüner oder blassroter Tönung. Der an und für sich essbare Pilz schmeckt nicht besonders gut und riecht metallisch.

VORKOMMEN: Mykorrhizapilz der Kiefer (zweinadlige Arten), oft zwischen Heidekraut und anderen Säure liebenden Pflanzen auf sandigen Böden. In Europa und Teilen Asiens verbreitet und häufig.

ÄHNLICHE ARTEN: Kartoffelboviste (S. 256, 263) riechen ähnlich, sehen jedoch anders aus.

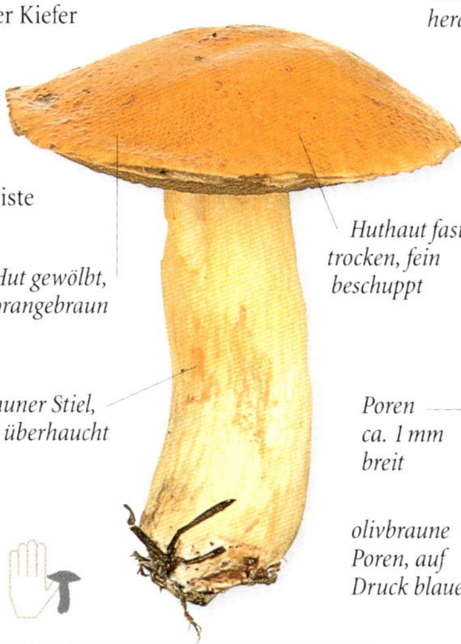

FRUCHTKÖRPER: Meist in Scharen.

Maße Hut ↔ 7 – 13 cm | Stiel ↕ 6 – 10 cm ↔ 1,5 – 2 cm	Sporen bräunlich oliv	Wert

Familie Gomphidiaceae	Art *Suillus spraguei*	Jahreszeit Sommer – Herbst

Rotfleckiger Röhrling

Diese Art lässt sich an ihrem trockenen, rissig gefelderten roten Hut, teils mit weißen Hüllenresten, und den großen, gelben Poren leicht erkennen. Der Hut ist gewölbt, der gelbe, rot gefleckte Stiel kann keulenförmig sein. Die Hülle, die zunächst die unreifen Poren bedeckt, hinterlässt einen spinnwebartigen Ring am oberen Teil des Stiels. Die Röhren sind angewachsen bis leicht herablaufend. Das gelbe Fleisch läuft an der Luft rosa an, ist fest und hat einen milden Geschmack.

VORKOMMEN: Mykorrhizapilz der Weymouthskiefer *(Pinus strobus)* in Wäldern und Parks. Im östlichen Nordamerika weit verbreitet und häufig.

FRUCHTKÖRPER: Verstreut oder in großen Gruppen unter Weymouthskiefern.

Maße Hut ↔ 3 – 12 cm | Stiel ↕ 4 – 12 cm ↔ 1 – 2,5 cm	Sporen olivbraun	Wert

Mit zähem Fleisch

Die Pilze dieser Untergruppe sind als Porlinge bekannt und haben Röhren auf der Hutunterseite. Anders als bei den Röhrlingen (S. 184 – 201) ist ihr Fleisch zäh, außerdem lässt sich die Röhrenschicht nur schwer vom Fleisch lösen. Die hier vorgestellten Porlinge haben alle einen mehr oder weniger deutlichen Stiel (weitere Porlinge mit ungestieltem, konsolenartigem Fruchtkörper s. S. 211 – 233). Die meisten leben saprophytisch auf totem Holz.

Familie ALBATRELLACEAE	Art *Albatrellus ovinus*	Jahreszeit Sommer – Herbst

Schafporling

Von oben betrachtet ähnelt dieser cremefarbene bis blass graubraune Porling einem Blätterpilz (S. 28 ff.) oder dem Stoppelpilz (S. 238), doch auf der Unterseite sieht man die winzigen Poren. Auf Druck färbt er gelb oder grüngelblich, besonders an den Poren. Die Haut des gewölbten Huts reißt im Alter häufig auf. Der Pilz hat einen gedrungenen Stiel und sehr festes, weißes, mild bis leicht bitter schmeckendes Fleisch.

VORKOMMEN: Sehr wahrscheinlich Mykorrhizapilz der Fichte, an moosbewachsenen Stellen. Im gemäßigten Klima der Nordhalbkugel weit verbreitet und örtlich häufig.

ÄHNLICHE ARTEN: Der Semmelporling *(A. confluens)* ist mehr orange und gilbt auf Druck nicht; schmeckt bitter. *A. subrubescens* färbt auf Druck orange.

Hutrand oft gewellt

eckige Poren, 2 bis 4 pro mm

Stiel kurz, gedrungen, creme bis grau

Hut gewölbt, cremefarben bis blass graubraun

FRUCHTKÖRPER: In Scharen und Gruppen unter eingewachsenen Fichtenbeständen.

Maße Hut ↔ 7 – 18 cm | Stiel ↕ 3 – 7 cm ↔ 1 – 3 cm	Sporen weiß	Wert

Familie POLYPORACEAE	Art *Polyporus umbellatus*	Jahreszeit Sommer – Frühherbst

Eichhase

Dieser große, büschelartige, fleischige Pilz entwickelt sich, anders als die meisten Porlinge, aus einem Pseudosklerotium, einer Zusammenballung von Myzelklumpen und Erdpartikeln, die beim Aufschneiden schwarzweiß marmoriert aussieht. Als Basis hat er einen stark verästelten Stamm, an den vielen „Ästchen" sitzen; kleine, runde, hellgraue Einzelhüte, unterseits mit eckigen, weißen bis gelblichen Poren, 1 bis 3 pro mm. Ein guter Speisepilz mit festem, mild schmeckendem, cremeweißem Fleisch.

VORKOMMEN: Am Boden in lichten Laubwäldern. Im gemäßigten Klima der Nordhalbkugel, verstreut.

ÄHNLICHE ARTEN: Die Hütchen des Klapperschwamms (S. 216) haben keine mittigen Stiele.

Hüte blassgrau bis grau und überlappend

jeder Hut mittig gestielt

Haufenpilz, bis zu 50 cm hoch

FRUCHTKÖRPER: Am Boden als großes Büschel aus einem Pseudosklerotium wachsend.

Maße Hut ↔ 1 – 4 cm | Stiel ↕ 5 – 7,5 cm ↔ 2 – 3 cm	Sporen weiß	Wert

Familie POLYPORACEAE	Art *Polyporus squamosus*	Jahreszeit Spätfrühling – Sommer

Schuppiger Porling

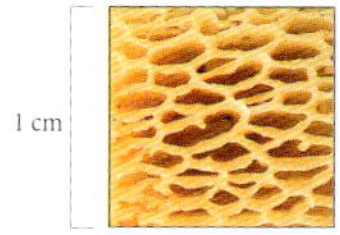

Porenoberfläche

Konsolenartige runde bis fächerförmige, braunschuppige Hüte, seitlich an einem schwarzen Stiel sitzend, machen diesen Pilz unverwechselbar. Die 0,5 – 1 cm dicke Röhrenschicht läuft am Stiel herab. Schon früh im Jahr erscheinen die Fruchtkörper schlagartig an absterbenden Bäumen oder Stümpfen und werden schnell sehr groß; doch ebenso rasch machen sich unzählige Insekten darüber her und lassen nur einen ausgetrockneten „Kadaver" zurück, der dann von anderen Pilzen abgebaut wird. Das weiße Fleisch ist weich und riecht auffallend mehlig; sehr junge Exemplare sind essbar.

VORKOMMEN: Parasitisch oder saprophytisch an Laubbäumen in Wäldern, an Straßenrändern und in Parks. Im gemäßigten Klima der Nordhalbkugel weit verbreitet und häufig.

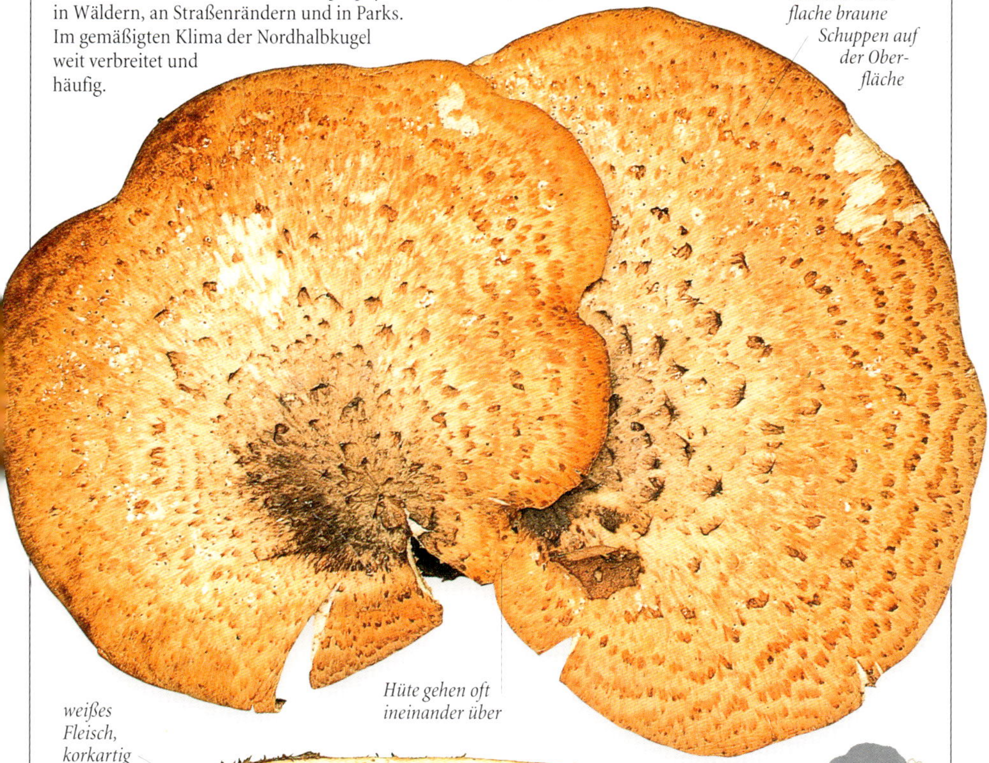

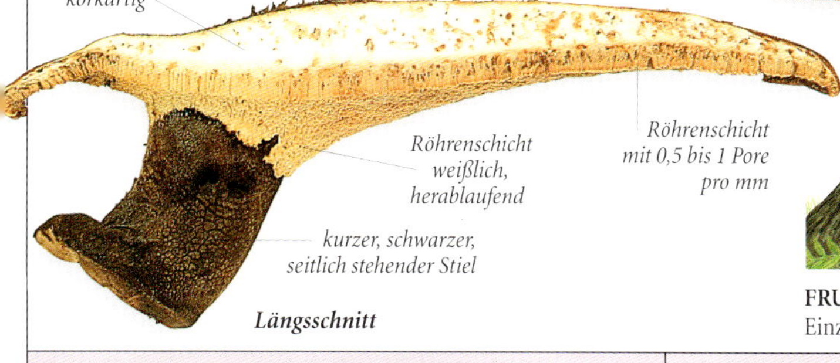

Längsschnitt

FRUCHTKÖRPER: Einzeln oder in Büscheln.

Maße KONSOLE ↔ 10 – 60 cm × 10 – 30 cm ↕ bis 5 cm	Sporen weiß	Wert

Familie POLYPORACEAE | Art *Polyporus tuberaster* | Jahreszeit Spätfrühling – Herbst

Kleiner Schuppenporling

Diese Art hat einen flachen, in der Mitte deutlich niedergedrückten Hut mit braunen, aufgebogenen Schuppen auf hellerem Untergrund. Der mittige Stiel wurzelt manchmal in einem im Boden befindlichen Sklerotium, einige kleine Formen haben dieses Organ jedoch nicht. Das Fleisch ist essbar, aber recht zäh. Die weißen Röhren sind bis zu 5 mm lang.

VORKOMMEN: In Laubwäldern, oft auf basischen Böden; Holz abbauend. Im gemäßigten Klima der Nordhalbkugel weit verbreitet, aber nur örtlich häufig.

ÄHNLICHE ARTEN: Der Schuppige Porling (S. 203) hat einen exzentrischen Stiel und flache Hutschuppen.

FRUCHTKÖRPER: Einzeln, oft aus unterirdischen Sklerotien.

Maße HUT ↔ 5 – 20 cm | STIEL ↕ bis 8 cm ↔ 1,5 cm | Sporen weiß | Wert

Familie POLYPORACEAE | Art *Polyporus badius* | Jahreszeit Spätfrühling – Herbst

Schwarzroter Porling

Der trichterförmige Hut dieser Art ist glatt und glänzend, anfangs blass graubraun, dann tief kastanienbraun mit hell orangebraunem Rand. Bei feuchtem Wetter wird er schmierig. Der kurze, grauschwarze Stiel steht exzentrisch oder seitlich. Die herablaufende, 0,5 – 2 mm dicke Röhrenschicht hat 4 bis 8 Poren pro mm. Das weiße Fleisch ist zäh und ungenießbar.

VORKOMMEN: In feuchten Wäldern an Laubbäumen. Im gemäßigten Klima der Nordhalbkugel weit verbreitet, örtlich häufig.

ÄHNLICHE ARTEN: Der seltene Schwarzstielige Porling *(P. melanopus)* hat einen filzigen Hut; meist an Holz auf basischen Böden.

Porenoberfläche

FRUCHTKÖRPER: Einzeln oder zu wenigen.

Maße HUT ↔ 5 – 20 cm | STIEL ↕ 2 – 4 cm ↔ 0,5 – 2 cm | Sporen weiß | Wert

Familie	Art	Jahreszeit
POLYPORACEAE	*Polyporus varius*	Spätfrühling – Herbst

Löwengelber Porling

Der glatte Hut des Löwengelben Porlings hat einen gewellten Rand und eine durchgängig goldgelbe bis zimtbraune Farbe. Der exzentrische Stiel wird mit dem Alter schwarz und kontrastiert dann mit dem helleren Hut und der weißen bis blass cremefarbenen, herablaufenden, kaum 1 mm dicken Röhrenschicht. Das ungenießbare, weiße bis bräunliche Fleisch ist zäh und riecht leicht „pilzartig". Man findet auch kleine, mittig gestielte Formen.

VORKOMMEN: Auf absterbendem oder totem Laubholz in Wäldern und Parks. Im gemäßigten Klima weit verbreitet und häufig.

FRUCHTKÖRPER: Zu wenigen auf morschem Laubholz.

Maße	Sporen	Wert
HUT ⊕ 3 – 12 cm | STIEL ↕ bis 8 cm ↔ 0,8 – 1,5 cm	weiß	

Familie	Art	Jahreszeit
POLYPORACEAE	*Polyporus brumalis*	Spätherbst – Frühjahr

Winterporling

Der rundliche, dunkel graubraune Hut dieser zähfleischigen Art ist in der Mitte niedergedrückt, hat einen ausgefransten Rand und rollt sich bei Trockenheit nach innen. Der mittig stehende Stiel ist dunkel graubraun, das Fleisch weiß. Die 2 mm dicke, weiße bis cremefarbene Röhrenschicht hat große Poren, anfangs rund, später länglich. Die Fruchtkörper entwickeln sich erst spät im Herbst, ihre volle Größe erreichen sie zu Anfang des Winters, um dann bis zum zeitigen Frühjahr zu überdauern.

VORKOMMEN: Weißfäuleerreger auf Reisighaufen und abgefallenen Laubbaumästen. Im gemäßigten Klima der Nordhalbkugel weit verbreitet und häufig.

ÄHNLICHE ARTEN: Der Maiporling *(P. ciliatus)* erscheint im Frühjahr und hat sehr feine Poren (5 bis 6 pro mm). Eine Reihe ähnlicher Porlinge kommt v. a. im warmgemäßigten Klima vor.

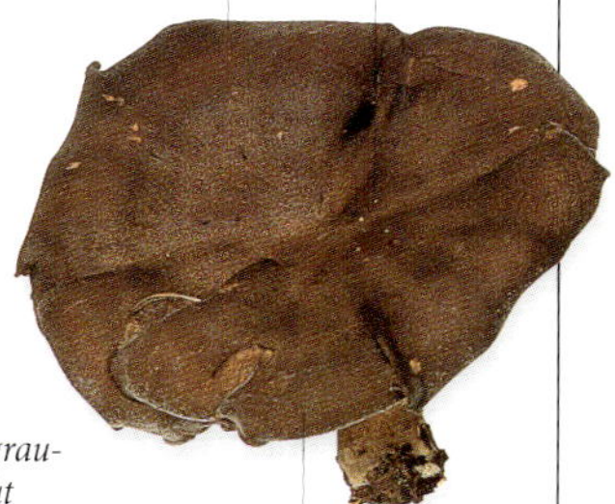

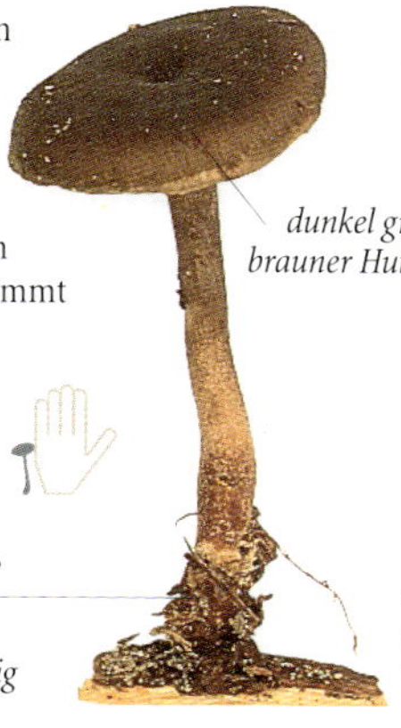

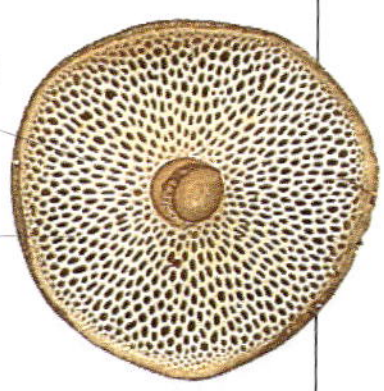

FRUCHTKÖRPER: Einzeln oder zu wenigen.

Maße	Sporen	Wert
HUT ⊕ 3 – 8 cm | STIEL ↕ 2 – 6 cm ↔ bis 5 mm	weiß	

Familie	Art	Jahreszeit
COLTRICIACEAE	*Coltricia perennis*	Sommer – Winter

Dauerporling

Anders als die meisten Porlinge wächst dieser Pilz nicht auf totem Holz, sondern am Boden. Sein Hut ist mehr oder weniger trichterförmig mit recht zähem, rostbraunem Fleisch. Die glänzende Oberfläche weist konzentrische Ringe in verschiedenen Braunschattierungen auf, für die Familie der *Coltriciaceae* typisch. Die 2 mm langen Röhren laufen am kurzen, filzigen Stiel herab.

VORKOMMEN: Meist auf sandigen Böden in Nadelwäldern oder Schonungen, sehr selten unter Laubbäumen. Im gemäßigten Klima der Nordhalbkugel weit verbreitet und recht häufig.

ÄHNLICHE ARTEN: Mehrere Stachlinge (s. S. 234 ff.) sehen von oben ähnlich aus, haben jedoch unterseits Stacheln.

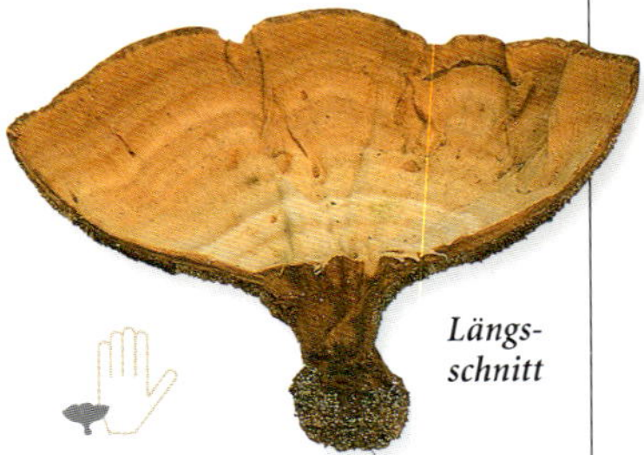

FRUCHTKÖRPER: In kleinen Gruppen.

Maße	Sporen	Wert
HUT ⊕ 2 – 10 cm | STIEL ↕ 2 – 6 cm ↔ 3 – 8 mm	goldbraun	

Familie	Art	Jahreszeit
COLTRICIACEAE	*Ganoderma lucidum*	ganzjährig

Glänzender Lackporling

Diese Art hat einen austernförmigen, glänzenden, rot und violettschwarz gefärbten Hut mit konzentrisch gerippter Oberfläche und hellerem Rand sowie einen lackiert erscheinenden, dunkelbraunen, randständigen Stiel. Die Röhrenschicht ist braun, mit 3 bis 4 weißlichen Poren pro mm. Das zähe Fleisch ist zunächst weißlich, dann braun. Der ungenießbare Pilz wird in der chinesischen Volksmedizin eingesetzt.

VORKOMMEN: Auf Laubholzstümpfen, v. a. in extensiv bewirtschafteten Wäldern. Im gemäßigten Klima der Nordhalbkugel weit verbreitet, aber nur örtlich häufig.

ÄHNLICHE ARTEN: Es gibt mehrere nah verwandte Arten, etwa *G. carnosum*; einige wachsen auf Nadelholz.

FRUCHTKÖRPER: Einzeln oder in Gruppen an Laubholzstümpfen.

Maße	Sporen	Wert
HUT ⊕ 10 – 30 cm ⇕ bis 3 cm | STIEL ↕ 5 – 20 cm ↔ 1 – 3 cm	braun	

WABEN-, HIRN- ODER SATTELARTIGER HUT

Viele Arten dieser Gruppe werden als Abkömmlinge der Becherpilze (S. 264 ff.) angesehen. Ihr „Becher" ist stark gefaltet und steht auf einem Stiel. Die Sporen bildende Fruchtschicht ist glatt und sitzt in den Falten. Auch die Morcheln mit bienenwabenartigen Hüten sind hier zu finden.

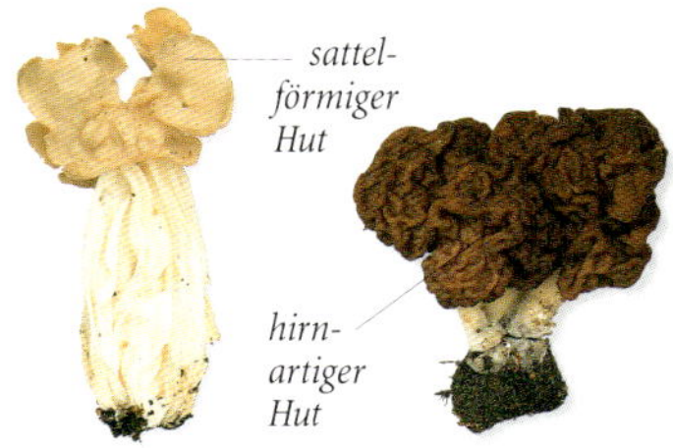

Familie HELVELLACEAE	Art *Helvella crispa*	Jahreszeit Sommer – Herbst

Herbstlorchel

Dieser Pilz ist an seinem gefurchten, hohlen, gekammerten Stiel, dem sattelförmigen Hut und der blass cremeweißen Färbung leicht zu erkennen. Seine Maße können variieren, doch meist ist er recht groß. Das ziemlich dünne Fleisch ist frisch ungenießbar, wohl sogar giftig; es darf nur nach sorfältigem Trocknen oder längerem Abkochen gegessen werden.
VORKOMMEN: In Laub- und Nadelwäldern auf sauren Böden, oft an Weg- und Straßenrändern; ebenso wie andere Lorcheln häufig zusammen mit Becherlingen (S. 266 f.) und Risspilzen (S. 98 ff.). Im gemäßigten Klima der Nordhalbkugel weit verbreitet und vielerorts häufig.

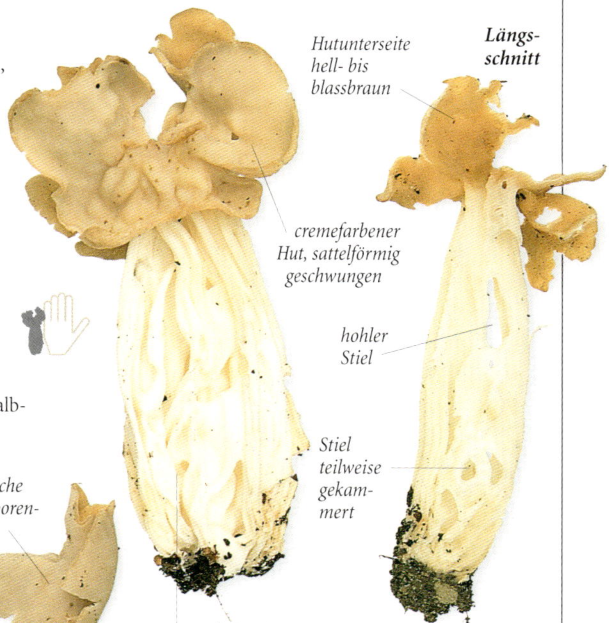

△ ***Stereopsis humphreyi***
Dieser nordamerikanische Pilz hat einen sattelförmigen, trübweißen Hut und einen weißen Stiel. Er gilt als Verwandter der Korallenpilze (s. S. 248–251) und erscheint in Scharen.

FRUCHTKÖRPER:
In Scharen oder einzeln.

Maße HUT ↔ 2–6 cm | STIEL ↕ 3–12 cm ↔ 0,5–2,5 cm	Sporen weiß	Wert

Familie HELVELLACEAE	Art *Helvella lacunosa*	Jahreszeit Sommer – Herbst

Grubenlorchel

Die Grubenlorchel ist womöglich die häufigste *Helvella*-Art und in Größe, Form und Farbe äußerst variabel. Sie erscheint in den verschiedensten Grautönen; der Hut ist entweder sattelförmig oder unregelmäßig gelappt. Der Stiel zeigt deutliche Furchen, innen ist er gekammert. Das dünne, grauweiße Fleisch kann zum Verzehr nicht empfohlen werden und ist wie das der Herbstlorchel (S. 207) höchstens nach sorgfältigem Trocknen oder längerem Abkochen essbar.
VORKOMMEN: In Wäldern, auch in offenerem Gelände, auf sauren Böden und Schotter. Im gemäßigten Klima und in alpinen Regionen, auf der Nord- wie Südhalbkugel, weit verbreitet.

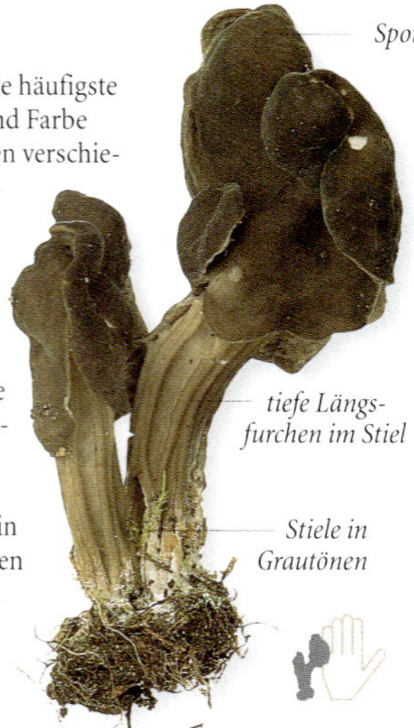

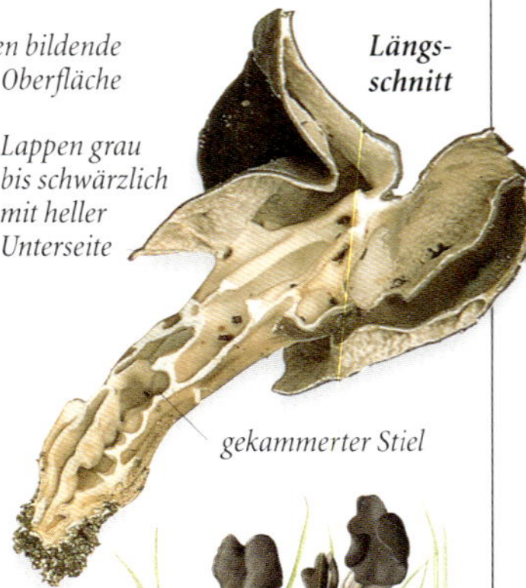

FRUCHTKÖRPER: Gesellig oder einzeln auf gestörten Böden.

Maße HUT ↔ 1–5 cm | STIEL ↕ 2–8 cm ↔ 0,5–1,5 cm	Sporen weiß	Wert

Familie HELVELLACEAE	Art *Gyromitra esculenta*	Jahreszeit Frühling

Frühjahrslorchel

Diese Art lässt sich an ihrem hirnartig gewundenen, dunkelbraunen Hut mit gekammertem Inneren leicht erkennen. Der kurze weiße Stiel ist fast hohl und weißfleischig. Obwohl der Pilz giftig ist, wird er in Teilen Europas nach sorgfältigem Trocknen oder wiederholtem Kochen (in jeweils neuem Wasser) verzehrt.
VORKOMMEN: In Nadelwäldern auf sandigen Böden oder auf Holzhäcksel. Im gemäßigten Klima der Nordhalbkugel weit verbreitet, örtlich häufig.
ÄHNLICHE ARTEN: In Nordamerika, teils auch in Europa, treten etwas größere, meist kräftiger orangebraune Arten auf, etwa *G. gigas*, *G. brunnea* und *G. caroliniana*.

△ **Bischofsmütze** *G. infula* erscheint im Herbst, hat einen gelappten, braunen Hut und einen lavendelfarbenen bis weißen Stiel.

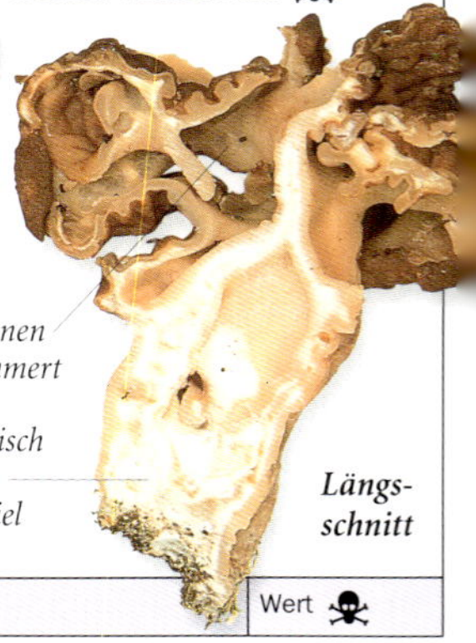

FRUCHTKÖRPER: Gesellig, oft in der Nähe von Kiefern.

Maße HUT ↔ 5–15 cm | STIEL ↕ 1–5 cm ↔ 2–4 cm	Sporen weiß	Wert

Familie MORCHELLACEAE	Art *Verpa conica*	Jahreszeit Frühling

Fingerhutverpel

Der glatte, kapuzenartige Hut dieses Pilzes ist nur mit der Stielspitze verwachsen. Anfangs eiförmig, wird er mit dem Alter glockenförmig, dunkelbraun und innen blasser. Der zylindrische Stiel ist weißlich mit mehliger Oberfläche. Das Fleisch ist essbar, aber sehr dünn; es bedarf vieler Fruchtkörper, damit sich das Sammeln der Fingerhutverpel lohnt. In manchen Gegenden ist sie so selten, dass sie geschont werden sollte (s. auch ÄHNLICHE ARTEN).

VORKOMMEN: Auf kalkhaltigen Böden in Parks, Wäldern und auf Sanddünen. Im gemäßigten Klima der Nordhalbkugel weit verbreitet, örtlich häufig; in kalten Gegenden selten.

ÄHNLICHE ARTEN: Ebenfalls essbar ist die Böhmische Verpel *(V. bohemica)*, mit runzeligem Hut und 2sporigen Asci (Fingerhutverpel: 8sporig). Kann in Massen auftreten.

FRUCHTKÖRPER: Gesellig im Laub, oft unter Hecken.

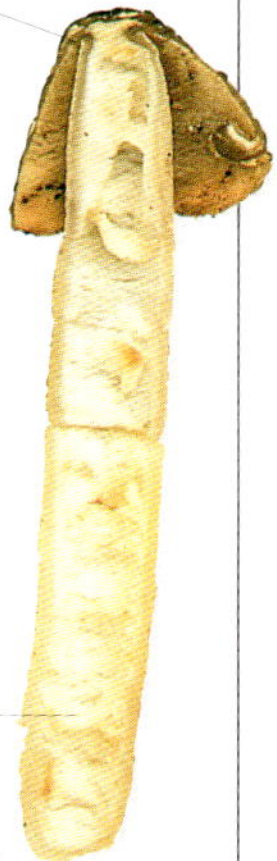

Längsschnitt

Maße HUT ↔ 2–3 cm ↕ 2–4 cm | STIEL ↕ 3–10 cm ↔ 0,5–1,5 cm	Sporen cremefarben	Wert

Familie MORCHELLACEAE	Art *Morchella esculenta*	Jahreszeit Frühling

Speisemorchel

Typisch für die Speisemorchel ist die wabenartige Struktur des Huts, der eiförmig, rundlich oder kegelig geformt sein kann; die anfangs dunkelbraune, Sporen bildende Oberfläche (in den „Waben“) hellt im Lauf der Reife auf. Der weiße bis cremefarbene, mehlig bereifte Stiel hat meist eine verdickte Basis. Das weißliche bis blassbraune Fleisch riecht und schmeckt angenehm. Da sie in Größe und Form stark variiert, wird *M. esculenta* manchmal in mehrere Arten unterteilt.

VORKOMMEN: Oft zwischen krautigen Pflanzen in Laub- oder Nadelwäldern. Fast weltweit verbreitet, mit Ausnahme extrem heißer und sehr kalter Regionen.

ÄHNLICHE ARTEN: Vorsicht vor der giftigen Frühjahrslorchel (S. 208); sie hat einen hirnartig geformten Hut.

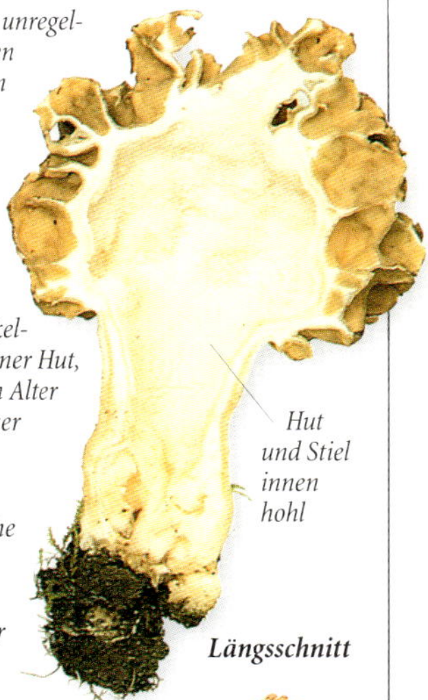

Längsschnitt

FRUCHTKÖRPER: Einzeln oder gesellig auf nährstoffreichen Böden.

Maße HUT ↔ 2–10 cm ↕ 5–12 cm | STIEL ↕ 3–15 cm ↔ 1–6 cm	Sporen ockerbraun	Wert

Familie MORCHELLACEAE	Art *Morchella elata*	Jahreszeit Frühling

Spitzmorchel

Diese Morchel hat einen spitzkegeligen Hut mit deutlichen schwarzen Rippen (Leisten) und braunen „Waben". Der weiße Stiel hat eine raue, mehlige oder körnige Oberfläche und ist innen hohl. Das Fleisch des beliebten Speisepilzes ist fest-elastisch und schmeckt nussig, kann aber gelegentlich Magenstörungen verursachen.
VORKOMMEN: Auf dem Boden, in Parks und lichten Wäldern; eine andere Form tritt im Sommer in Gebirgslagen auf. Im gemäßigten Klima der Nordhalbkugel weit verbreitet.
ÄHNLICHE ARTEN: Die Speisemorchel (S. 209) ist gelblicher und hat hellere Rippen (Wabenleisten). Die giftige Frühjahrslorchel (S. 208) hat keine Hutwaben und eher gekammerte als hohle Stiele.

FRUCHTKÖRPER: In Scharen unter Laub- und Nadelbäumen; oft an Brandstellen.

Maße HUT ↔ 5–10 cm ↕ 2,5–5 cm | STIEL ↕ 5–10 cm ↔ 2,5–5 cm	Sporen weiß bis creme	Wert

Familie MORCHELLACEAE	Art *Morchella semilibera*	Jahreszeit Frühling

Halbfreie Morchel

Der kegelige, dunkel graubraune Hut dieser kleinen Morchel ist am Rand nicht mit dem Stiel verwachsen und hat wabenartige Rippen und Grübchen. Ihr schlanker, hohler, weißer bis cremefarbener Stiel ist mehlig bereift. Das cremefarbene Fleisch ist essbar, gibt aber, da sehr dünn, wenig her.
VORKOMMEN: In dichtem Baumbestand auf besseren Böden und an bodenfeuchten Wegrändern. Weit verbreitet; häufiger in den wärmeren Gebieten Europas.
ÄHNLICHE ARTEN: Verpeln (S. 209) haben kleine kapuzenartige Hüte, die nur mit der Stielspitze verwachsen sind.

Längsschnitt

FRUCHTKÖRPER: Oft gesellig zwischen dichtem Bewuchs.

Maße HUT ↔ 1–2,5 cm ↕ 1–4 cm | STIEL ↕ 3–10 cm ↔ 1–2 cm	Sporen cremefarben	Wert

KONSOLEN- ODER HAUTARTIG

Die Pilze dieser Gruppe haben meist ungestielte Fruchtkörper, die seitlich an Bäumen und Ästen sitzen (Konsolen), oder sie wachsen flach in Form einer hautartigen Kruste (resupinat) auf dem Holzsubstrat. Die Sporen produzierende Fruchtschicht kann in Röhren mit Poren gebildet werden oder die glatte bis runzelige Oberfläche überziehen.

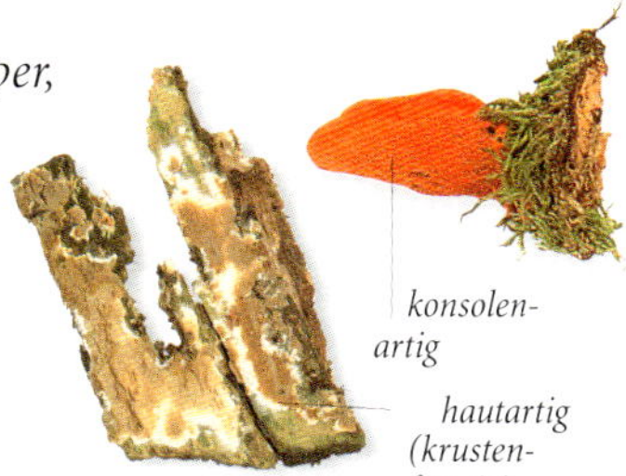

Mit Poren

Die Arten dieser Untergruppe gehören zu den Porlingen. Die Sporen reifen in Röhren auf der Hutunterseite heran und fallen durch die Poren aus, die rund bis elliptisch oder eckig geformt, teils auch labyrinthisch angeordnet sind. Die Fruchtkörper können jährlich neu erscheinen oder so lange ausdauern, bis das hölzerne Wirtssubstrat vollständig abgebaut ist.

Familie PHAEOLACEAE	Art *Tyromyces stipticus*	Jahreszeit hauptsächlich Herbst

Bitterer Saftporling

Der sehr bittere Geschmack ist eins der besten Kennzeichen dieses Porlings, der halbkreis- bis nierenförmige, weißliche einjährige Konsolen bildet, im Längsschnitt mit deutlich dreieckiger Grundform und 0,5 – 1 cm dicker Röhrenschicht. Die Oberfläche ist rau und warzenartig, das weiße Fleisch weich; unterseits sitzen 4 bis 6 Poren pro mm. Bei feuchter Witterung scheiden die Poren eine weißliche, cremefarben eintrocknende Flüssigkeit ab.

VORKOMMEN: Auf Nadelholzstümpfen und -stämmen in Wäldern und Schonungen; seltener auf Laubholz. Im gemäßigten Klima weit verbreitet und häufig, v. a. in nördlichen Regionen.

ÄHNLICHE ARTEN: Verwandte weiße Saftporlinge schmecken milder; einige röten auf Druck, andere wachsen auf Laubholz.

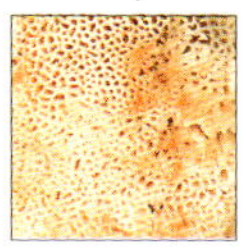

Porenoberfläche

FRUCHTKÖRPER: Einzeln oder wenige in Nadelwäldern.

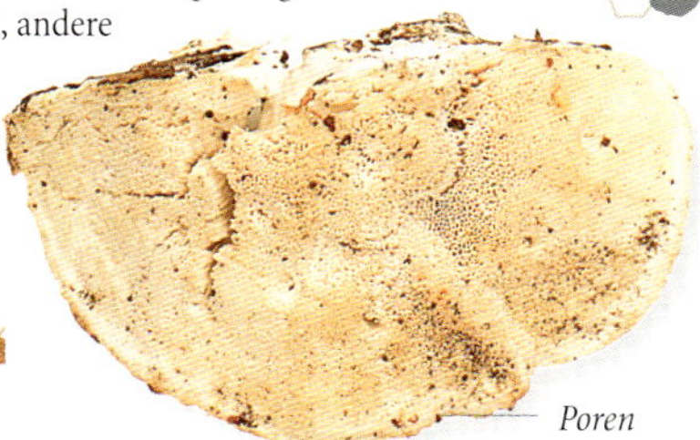

△ **Blauender Saftporling**
Die halbrunden Konsolen von *Postia caesia* sind weich und schwammig; die leicht filzige, weiße Oberfläche wird im Alter blauschwarz.

Maße KONSOLE ⟷ 5 – 12 cm × 3 – 7 cm ↕ bis 2,5 cm	Sporen weiß	Wert

Familie Fomitopsidaceae	Art *Piptoporus betulinus*	Jahreszeit ganzjährig

Birkenporling

Der halbkreisförmige, einjährige Birkenporling hat eine hautartige, braune Oberfläche. Er ist ungestielt oder zeigt einen rudimentären Stielansatz. Das weiche, aber feste weiße Fleisch riecht angenehm, ist jedoch ungenießbar. Früher wurde es zum Schleifen von Rasiermessern und als Poliermittel in der Uhrenindustrie genutzt. Die Konsolen werden am Baum oft von dem Schlauchpilz *Hypocrea pulvinata* befallen und später dann vom orange *Hypomyces aurantius* weiter zersetzt.
VORKOMMEN: In feuchten Wäldern, oft gemeinsam mit Echtem Zunderschwamm (S. 219). Parasitischer Braunfäuleerreger auf älteren Birken; wenn der Baum abstirbt, kann der Porling auf ihm noch eine Zeit lang weiterleben. Im gemäßigten Klima der Nordhalbkugel weit verbreitet und häufig.

FRUCHTKÖRPER: Zu wenigen an morschen Birken.

Maße	Konsole ↔ 5–30 cm × 5–20 cm ↕ 2–6 cm	Sporen weiß	Wert

Familie BJERKANDERACEAE | Art *Hapalopilus rutilans* | Jahreszeit ganzjährig

Zimtfarbener Weichporling

Dieser fächerförmige einjährige Porling ist durch und durch rötlich zimtbraun, sowohl die Oberfläche und das Fleisch als auch die bis zu 1 cm dicke Röhrenschicht. Interessant ist die intensive purpurviolette Verfärbung, wenn der Porling mit Laugen in Berührung kommt; dies wird beim Färben von Wolle genutzt. Das relativ weiche, saftige Fleisch ist ungenießbar.
VORKOMMEN: Im Wald auf totem Laubholz, auf dem er Weißfäule erzeugt. Im gemäßigten Klima der Nordhalbkugel weit verbreitet und örtlich häufig.
ÄHNLICHE ARTEN: Der Zinnoberschwamm (S. 225) ist zäher und leuchtender zinnoberrot.

Fruchtkörper breit am Substrat angewachsen

jung mit flaumiger Oberfläche

FRUCHTKÖRPER: Oft dachziegelartig auf totem Holz.

Längsschnitt

Röhrenschicht zimtbraun

2 bis 4 Poren pro mm

1 cm

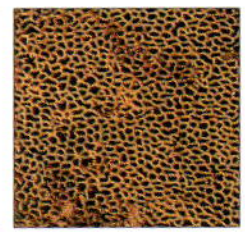

Porenoberfläche

Maße KONSOLE ↔ 2–12 cm × 2–8 cm ↕ 1–4 cm | Sporen weiß | Wert

Familie FISTULINACEAE | Art *Fistulina hepatica* | Jahreszeit Spätsommer – Herbst

Leberreischling

Diese Art bildet zungenförmige einjährige Konsolen mit roten, 1–1,5 cm langen Röhren und 2 bis 3 Poren pro mm auf der blassroten Porenschicht. Die Poren lassen sich ungewöhnlich leicht voneinander lösen. Der Fruchtkörper ist erst rosa- bis orangerot, später purpurbraun und hat oft einen kurzen Stiel. Das dicke, faserige Fleisch wirkt wie Rindfleisch oder Leber. Es enthält einen blutähnlichen Saft, riecht angenehm, schmeckt jedoch stark säuerlich.
VORKOMMEN: An lebenden Eichen und Edelkastanien; verursacht eine braune Kernfäule. Im gemäßigten Klima weit verbreitet, nur örtlich häufig.

Längsschnitt

Fruchtkörper zungenförmig

Fleisch geadert, mit blutrotem Saft

Oberfläche klebrig oder feucht

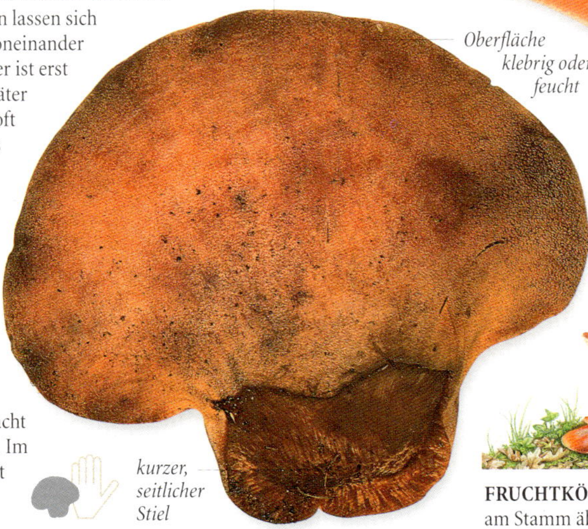

kurzer, seitlicher Stiel

FRUCHTKÖRPER: Unten am Stamm älterer Bäume.

Maße KONSOLE ↔ 10–25 cm × 10–20 cm ↕ 2–6 cm | Sporen weiß | Wert

Familie Bjerkanderaceae	Art *Meripilus giganteus*	Jahreszeit Herbst

Riesenporling

Dieser riesige Pilz besteht aus mehreren übereinander geschichteten einjährigen Konsolen, die an einem gemeinsamen kurzen Stiel ansitzen; insgesamt kann er bis 1 m Durchmesser erreichen. Die fächerförmigen Konsolen sind oberseits glatt mit konzentrischen goldbraunen Zonen und gewelltem Rand. Das weiße, weiche, faserige Fleisch riecht angenehm. Junge Exemplare sind essbar, schmecken aber fad; das Fleisch verfärbt sich beim Kochen grauschwarz. Die Röhrenschicht ist bis zu 1 cm dick.
VORKOMMEN: In Wäldern oder Parks, um tote oder absterbende Laubbäume, kaum an Nadelbäumen. Im gemäßigten Klima der Nordhalbkugel weit verbreitet und recht häufig.

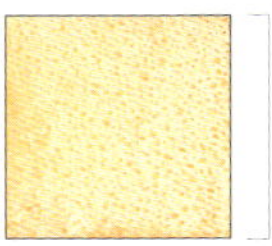

Porenoberfläche

FRUCHTKÖRPER: In dichten Büscheln dachziegelartig.

Maße Konsole ↔ 10 – 30 cm × 10 – 30 cm ↕ 1 – 3 cm	Sporen weiß	Wert

Familie	Art	Jahreszeit
Phaeolaceae	*Laetiporus sulphureus*	Frühsommer – Spätherbst

Schwefelporling

Die großen, schnell wachsenden, einjährigen Fruchtkörper des prächtigen Schwefelporlings leuchten gelb oder gelborange. Die dicken, fleischigen Konsolenhüte sind fächerartig oder unregelmäßig halbkreisförmig und haben eine unebene, wildlederartige Oberfläche. Das Fleisch ist blassgelb und spröde, besonders bei älteren Exemplaren, und riecht zunächst nach Zitrone, später nach Mäusen. Er gilt als guter Speisepilz, muss aber gründlich gekocht werden; manche Menschen reagieren auf den Pilz allergisch.

VORKOMMEN: In einigen Regionen auf Laub-, in anderen auf Nadelbäumen; greift oft das Kernholz an. Im gemäßigten Klima der Nordhalbkugel weit verbreitet und häufig.

Längsschnitt

FRUCHTKÖRPER: Meist dachziegelartig, oft hoch am Baum.

Maße	Sporen	Wert
Konsole ↔ 10–50 cm × 10–30 cm ↕ 1–5 cm	weiß	

Familie	Art	Jahreszeit
BJERKANDERACEAE	*Grifola frondosa*	Sommer – Herbst

Klapperschwamm

Der einjährige Fruchtkörper des Pilzes besteht aus zungenförmigen Hüten, die aus einem gemeinsamen Strunk herauswachsen. Die Hüte haben eine lederartige graue Oberfläche, die im Alter braun wird, und einen gewellten Rand. Die herablaufende Röhrenschicht ist bis zu 5 mm dick und weißlich. Im Alter riecht das weiße Fleisch nach Mäusen. Junge Exemplare sind essbar, der seltene Pilz sollte jedoch geschont werden.
VORKOMMEN: Bei Eichen und Edelkastanien, Weißfäuleerreger. Im gemäßigten Klima der Nordhalbkugel weit verbreitet, aber vielerorts selten.
ÄHNLICHE ARTEN: Riesenporling (S. 214).

FRUCHTKÖRPER: Büschel mit vielen Einzelhüten, an einem dicken, gemeinsamen Strunk sitzend.

Maße	Sporen	Wert
KONSOLE ↔ 2–6 cm × bis 7 cm ↕ 0,2–1 cm	weiß	

Familie	Art	Jahreszeit
GANODERMATACEAE	*Ganoderma pfeifferi*	ganzjährig

Kupferroter Lackporling

Die mehrjährigen hufeisenförmigen Konsolen dieser Art haben oberseits konzentrisch angeordnete orangebraune Rippen und sind von einer dünnen, kupferfarbenen Lackkruste überzogen, die bei Erhitzen schmilzt. Die braune, bis zu 10 cm starke Röhrenschicht wird im Winter durch einen dicken, gelben, wachsartigen Überzug geschützt. Das holzartige braune Fleisch riecht angenehm. **VORKOMMEN:** Am Fuß lebender Buchen, selten an anderen Bäumen; Weißfäuleerreger. In Mittel- und Südeuropa weit verbreitet, aber nur örtlich häufig.

FRUCHTKÖRPER: Dachziegelartig im unteren Stammbereich.

Maße	Sporen	Wert
KONSOLE ↔ 20–50 cm × bis 25 cm ↕ bis 15 cm	braun	

Familie GANODERMATACEAE	Art *Ganoderma applanatum*	Jahreszeit ganzjährig

Flacher Lackporling, Malerpilz

Die Oberfläche des halbkreisförmigen, mehrjährigen Konsolenpilzes ist uneben, mit konzentrischen Rippen, von einer leicht aufzubrechenden Lackkruste überzogen und hat einen dünnen Rand. Jung weißlich, später blass ockerbraun, ist sie häufig mit einer braunen Sporenschicht bedeckt. Kratzt man mit einem spitzen Gegenstand an der cremeweißen Unterseite, entsteht ein braunes „Kunstwerk", daher der Name Malerpilz. Die Röhrenschicht ist braun und 0,5 – 4 cm dick. Das dünne, dunkelbraune Fleisch, oft mit weißen Flecken durchsetzt, schmeckt bitter und riecht „nach Pilz".
VORKOMMEN: An Baumstümpfen und -stämmen in Parks und Wäldern. Im gemäßigten Klima der Nordhalbkugel weit verbreitet und häufig.
ÄHNLICHE ARTEN: Der Wulstige Lackporling *(G. australe)*, weiter südlich verbreitet, hat kräftigere Hüte mit dicker Lackkruste und dunklerem Fleisch.

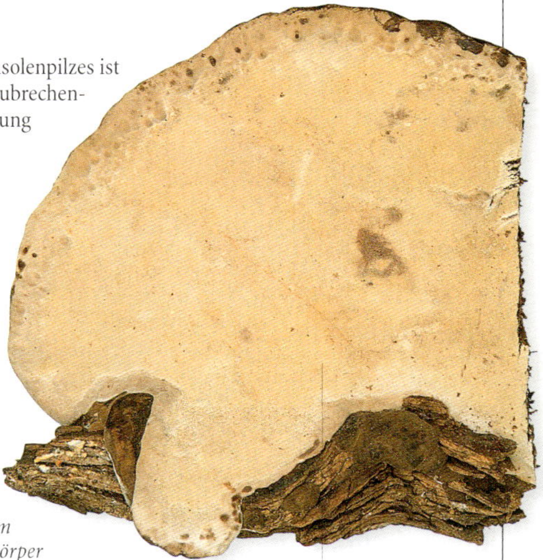

FRUCHTKÖRPER: Einzeln oder in Gruppen, meist an Totholz.

Maße KONSOLE ↔ 10 – 60 cm × bis 30 cm ↕ 2 – 8 cm	Sporen braun	Wert

Familie Hymenochaetaceae	Art *Phellinus igniarius*	Jahreszeit ganzjährig

Falscher Zunderschwamm

Der graue bis fast schwarze Fruchtkörper dieser Art ist hufförmig, extrem holzig und hat einen dicken Rand; er kann viele Jahre an lebenden Wirtsbäumen überdauern. Das harte Fleisch und die 1 – 5 mm langen Röhren sind rostbraun; sie werden jährlich durch nachwachsende Röhren ersetzt. Typisch für diese Familie sind feine Härchen (Spinulae) in der Fruchtschicht. Die genaue Klassifizierung dieser formenreichen Art ist noch umstritten.

VORKOMMEN: Parasit an verschiedenen Laubbäumen, meist Birke, Weide und Apfel; Weißfäuleerreger. Im gemäßigten Klima der Nordhalbkugel weit verbreitet und recht häufig.

1 cm

Porenoberfläche

FRUCHTKÖRPER: Zu wenigen an lebenden Bäumen.

Maße Konsole ↔ 10 – 40 cm × 10 – 20 cm ↕ bis 20 cm	Sporen weiß	Wert

Familie FOMITACEAE	Art *Fomes fomentarius*	Jahreszeit ganzjährig

Echter Zunderschwamm

Dieser Porling hat hufförmige, holzige, mehrjährige Fruchtkörper. Die Oberfläche ist gezont, in älteren Bereichen dunkelbraun, an den nachwachsenden flaumigen oder filzigen Rändern hellbraun. Die braune, 5 mm dicke Röhrenschicht wächst jährlich nach. Die Porenfläche ist grau bis graubraun. Der Pilz tritt, je nach Wirtsbaum, in unterschiedlichen Formen auf. Er wurde früher als Zunder zum Feuermachen verwendet, aber auch bei der Herstellung von Hüten und Textilien eingesetzt.
VORKOMMEN: Parasit an Laubbäumen, besonders an Buche und Birke; Weißfäuleerreger. Er fruchtet auf abgestorbenem Holz. Im gemäßigten Klima weit verbreitet, vielerorts häufig.
ÄHNLICHE ARTEN: Rotrandiger Baumschwamm (Abb. rechts).

Rotrandiger Baumschwamm △
Der mehrjährige graue *Fomitopsis pinicola* ist am Rand leuchtend gelb und rot gezont und mit einer Lackschicht überzogen, die beim Erhitzen schmilzt. Die Poren sind blassgelb; das harte Fleisch ist weiß bis gelb mit typisch stechendem Geruch.

Längsschnitt

FRUCHTKÖRPER: Einzeln oder aufgereiht an Laubholz.

Maße KONSOLE ↔ 5–30 cm × bis 25 cm ↕ 5–30 cm	Sporen weiß	Wert

Familie PHAEOLACEAE	Art *Phaeolus schweinitzii*	Jahreszeit Sommer – Winter

Kiefernbraunporling

Dieser einjährige Konsolenpilz entfaltet sich auf einem sehr kurzen, annähernd mittigen braunen Stiel. Während der Wachstumsphase bietet er mit seinem leuchtend schwefelgelbem Rand, der die konzentrisch rostbraun gezeichnete Oberfläche umfasst, einen auffälligen Anblick. Im Alter wird er schmutzig braun und verfault langsam. Die schwefelgelbe, ca. 1 cm dicke Röhrenschicht mündet in Poren mit 1 – 4 mm Durchmesser, die jung grüngelb sind und bei Berührung dunkelbraun verfärben. Das ungenießbare, faserige, gelbe bis braune Fleisch enthält ein Pigment, das zum Färben verwendet wird.
VORKOMMEN: Um lebende oder tote Nadelbäume, v. a. Kiefern; Braunfäuleerreger. Weltweit verbreitet, im gemäßigten Klima der Nordhalbkugel häufig.

junge Fruchtkörper schwefelgelb

unebene, farbig gezonte Oberfläche

Oberfläche stark filzig oder behaart

alte Exemplare in allen Teilen dunkelbraun

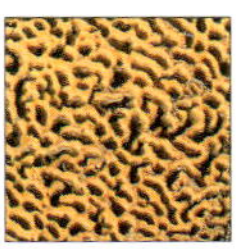

1 cm

Porenoberfläche

FRUCHTKÖRPER: Meist einzeln neben Nadelbäumen.

Maße KONSOLE ↔ 15 – 30 cm × 10 – 25 cm ↕ 1 – 4 cm	Sporen weiß	Wert

Familie HYMENOCHAETACEAE	Art *Inonotus hispidus*	Jahreszeit Sommer – Herbst

Zottiger Schillerporling

Der dickfleischige, fächerförmige einjährige Fruchtkörper des Porlings hat eine charakteristische filzig zottige Oberfläche; jung feuerrot, wird sie später von innen nach außen braun. Die Unterseite, mit 2 bis 3 Poren pro mm, ist weiß bis blassbraun, im Alter dunkler und oft glänzend. Die blassbraune Röhrenschicht ist 1 – 3 cm dick. In die Sporen bildende Fruchtschicht (Hymenium) sind verstreut kurze, dicke Borsten (Spinulae) eingebettet.

VORKOMMEN: Parasitischer Weißfäuleerreger an Laubbäumen wie Esche, Birne, Apfel und Walnuss. Im gemäßigten Klima der Nordhalbkugel weit verbreitet, mancherorts häufig.

ÄHNLICHE ARTEN: Die kleineren Schillerporlinge *I. cuticularis* (an Buchen und Eichen) und *I. rheades*, an Espen wachsend.

feuerrote Fruchtkörper, im Alter braun

weiße bis blassbraune Porenschicht, später dunkler

sehr zottige Hutoberfläche

FRUCHTKÖRPER: Einzeln oder in zerstreuten Gruppen an lebenden Laubbäumen.

Maße KONSOLE ↔ 15 – 40 cm × 10 – 20 cm ↕ bis 10 cm	Sporen gelb	Wert

Familie HYMENOCHAETACEAE	Art *Inonotus radiatus*	Jahreszeit ganzjährig

Erlenschillerporling

Dieser Porling bildet halbkreisförmige einjährige Fruchtkörper mit stark gewelltem Rand. Bei jungen Exemplaren ist die Oberseite gelb bis orangerot, später dann rostbraun gezont. In der Wachstumsphase scheidet die Porenoberfläche oft bernsteinfarbene Tröpfchen ab, die im Alter je nach Lichteinfall silbrig „schillern". Die Röhren sind 1 cm lang, die Fruchtschicht umschließt winzige, gekrümmte Härchen (Spinulae).

VORKOMMEN: Parasit, bevorzugt an noch stehenden Erlen und Birken. Auf umgestürzten Stämmen bildet er meist nur die flache Röhrenschicht über der Rinde aus (resupinat). Im gemäßigten Klima der Nordhalbkugel weit verbreitet und häufig.

ÄHNLICHE ARTEN: Der Knotige Schillerporling *(I. nodulosus)* wächst an Birken.

Längsschnitt

zähes Fleisch, gezont in rostbraunen Schattierungen

Röhrenschicht meist herablaufend, oft bis zum Substrat

junge Fruchtkörper oberseits orange

halbkreisförmige Fruchtkörper mit stark gewelltem Rand

Porenfläche je nach Lichteinfall silbrig schillernd

2 bis 4 Poren pro mm

FRUCHTKÖRPER: Meist dachziegelartig an Bäumen.

Maße KONSOLE ↔ 3 – 8 cm × 1 – 3 cm ↕ bis 3 cm	Sporen blass gelbbraun	Wert

Familie Perenniporiaceae | Art *Heterobasidion annosum* | Jahreszeit ganzjährig

Wurzelschwamm

Der mehrjährige Fruchtkörper dieses Pilzes ist korkartig und unregelmäßig geformt mit unebener Oberfläche. Die hellbraune Kruste dunkelt im Alter nach; der Rand ist außen weiß, nach innen oft durch einen orange Streifen abgegrenzt. Die ca. 1 cm dicke Röhrenschicht ist weiß bis creme, das ungenießbare Fleisch blassgelb. Diese Art wächst auch ohne Konsolenbildung flach auf dem Substrat (resupinat).
VORKOMMEN: An Nadelholzstümpfen, selten an Laubbäumen; kann sich in dicht bepflanzten Schonungen unterirdisch ausbreiten und auch gesunde Bäume befallen. Im gemäßigten Klima der Nordhalbkugel weit verbreitet und häufig.

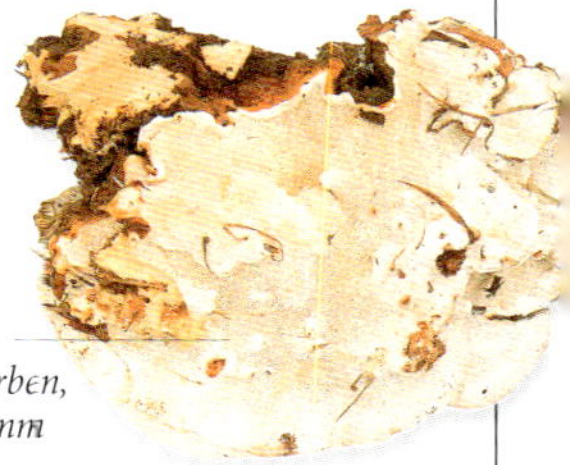

Poren weiß bis cremefarben, 2 bis 4 pro mm

nachwachsender Rand weiß

hellbraune Kruste, im Alter dunkler werdend

Längsschnitt

Fleisch blass gelblich, korkig

1 cm

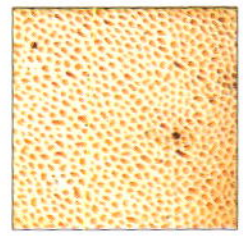

Porenoberfläche

FRUCHTKÖRPER: Einzeln oder in Gruppen an Stümpfen.

Maße Konsole ⟷ 5–25 cm × 3–15 cm ↕ 1–3 cm | Sporen weiß | Wert

Familie Fomitopsidaceae | Art *Gloeophyllum odoratum* | Jahreszeit ganzjährig

Fenchelporling

Dieser Pilz bildet mehrjährige kissenförmige, leicht filzige Konsolen. Die äußere Zuwachszone ist gelb bis orange, ältere Bereiche sind fast schwarz. Auf der goldgelben Unterseite stehen 1 bis 2 Poren pro mm; die Röhrenschicht ist ca. 1 cm dick. Das rostbraune Fleisch ist korkartig und riecht angenehm nach Fenchel und Orange.
VORKOMMEN: Auf Nadelholz, meist Fichte; Braunfäuleerreger. Im gemäßigten Klima der Nordhalbkugel weit verbreitet.
ÄHNLICHE ARTEN: Tannenblättling *(G. abietinum)* und Zaunblättling *(G. sepiarium)* haben lamellenartige Poren; beide häufig, oft auf Nadelholz an offenen, sonnenbeschienenen Plätzen.

ältere Bereiche dunkelbraun

Rand goldgelb bis orange

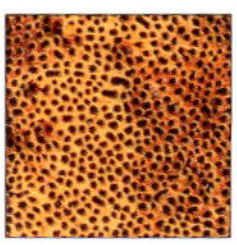

1 cm

Porenoberfläche

junger Fruchtkörper goldgelb

FRUCHTKÖRPER: Einzeln oder in Gruppen auf Stümpfen.

Maße Konsole ⟷ 5–20 cm × 5–20 cm ↕ 2–5 cm | Sporen weiß | Wert

Familie CORIOLACEAE	Art *Trametes gibbosa*	Jahreszeit ganzjährig

Gebuckelte Tramete

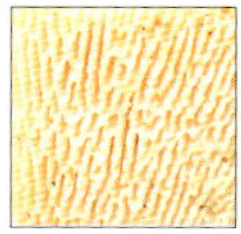

Porenoberfläche

Die ein- oder mehrjährigen Konsolen dieser Art sind groß, halbkreisförmig und in der Mitte der gebuckelten Oberfläche meist durch Algen grün gefärbt. Parallel zum glatten Rand verlaufen konzentrische Farbzonen. Junge Exemplare sind kreideweiß, mit flaumiger oder fein behaarter Oberfläche, die später glatt wird. Das weiße Fleisch ist zäh und ungenießbar; die bis zu 4 mm dicke Röhrenschicht hat längliche cremefarbene Poren.
VORKOMMEN: In Laubwäldern, oft als Weißfäuleerreger an Buchen. Im gemäßigten Klima der Nordhalbkugel weit verbreitet und recht häufig.
ÄHNLICHE ARTEN: Die Striegelige Tramete (S. 224) ist dünner und stärker behaart, die Poren sind eckig und grau.

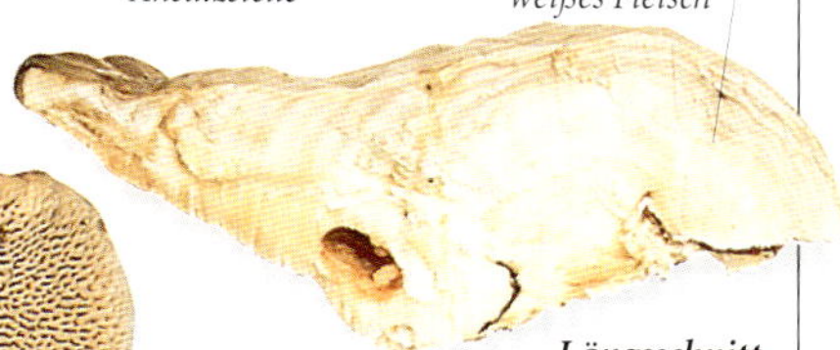

Längsschnitt

FRUCHTKÖRPER: Einzeln oder dachziegelartig.

Maße KONSOLE ↔ 10 – 30 cm × 5 – 20 cm ↕ 1 – 4 cm	Sporen weiß	Wert

Familie CORIOLACEAE	Art *Trametes hirsuta*	Jahreszeit ganzjährig

Striegelige Tramete

Die einjährigen Konsolen dieser Art sind oberseits mit geraden, zur Mitte hin aufrecht steifen Haaren bedeckt, konzentrisch gerippt und weißlich bis gelbbraun, später dunkel gezont. Die weiße, 1 – 4 mm dicke Röhrenschicht mündet in eckige Poren. Das weiße Fleisch ist zäh.
VORKOMMEN: Im Wald an sonnenexponierten Stellen wie Kahlschlägen oder Windbruchflächen; Weißfäuleerreger an verschiedenen Laubbaumarten. Im gemäßigten Klima der Nordhalbkugel weit verbreitet und recht häufig.
ÄHNLICHE ARTEN: *T. pubescens*, mit gelben Poren, tritt weiter nördlich auf; ebenso die Einfarbige Tramete *(Cerrena unicolor)* mit unregelmäßigen, labyrinthartigen Poren.

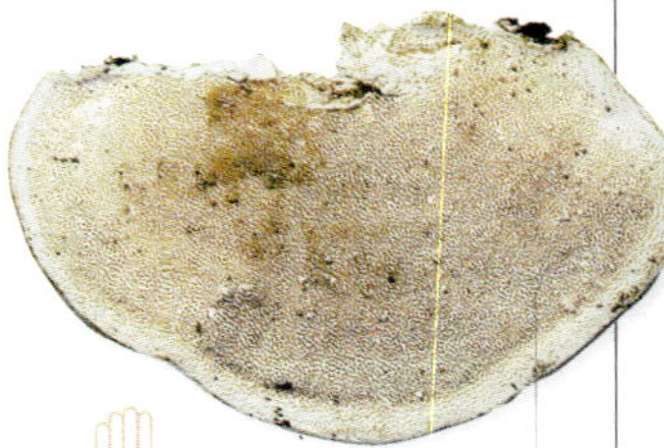

weißliche, später graue Poren, 1 bis 4 pro mm

FRUCHTKÖRPER: In Reihen oder dachziegelartig.

Maße KONSOLE ↔ 5 – 12 cm × 3 – 8 cm ↕ 0,3 – 1 cm	Sporen weiß	Wert

Familie CORIOLACEAE	Art *Trametes versicolor*	Jahreszeit ganzjährig

Schmetterlingstramete

Dünne, breit fächerförmige, geschichtete Konsolen, oberseits in verschiedenen Grau- und Brauntönen gezont, kennzeichnen diesen Pilz. Die dicht am Substrat anliegenden Fruchtkörper sind einjährig, können sich aber im Frühjahr weiterentwickeln. Die weiße Röhrenschicht, bis zu 3 mm dick, wird bei Trockenheit gelb und trägt 3 bis 4 Poren pro mm. Das zähe Fleisch ist weiß. Das rechts abgebildete kleinere Exemplar ist eine häufig vorkommende Form mit grauen und dunkel blaugrauen Zonen.
VORKOMMEN: Auf Laubbäumen, in Wäldern, Parks und Gärten; Weißfäuleerreger. Im gemäßigten Klima der Nordhalbkugel weit verbreitet und sehr häufig.
ÄHNLICHE ARTEN: Die Zonentramete *(T. ochracea)*, weiter nördlich verbreitet, ist etwas dicker und brauner, mit größeren Poren.

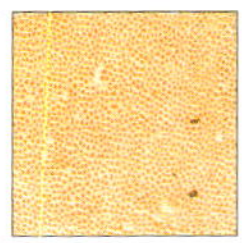

Porenoberfläche

FRUCHTKÖRPER: In dichten Reihen oder dachziegelartig.

Maße KONSOLE ↔ 2 – 7 cm × 1 – 5 cm ↕ 1 – 5 mm	Sporen weiß	Wert

Familie Bjerkanderaceae | Art *Bjerkandera adusta* | Jahreszeit ganzjährig

Angebrannter Rauchporling

An günstigen Standorten tritt diese stark „nach Pilz“ riechende Art oft massenweise auf. Die einjährigen Konsolenhüte sind konzentrisch graubraun gezont, haben eine gewellte, filzige Oberfläche und einen gelappten Rand. Die bis zu 2 mm dicke Röhrenschicht zeigt charakteristische winzige, aschgraue Poren; im Längsschnitt ist eine dünne, dunkle Schicht zwischen dem weißlichen Fleisch und der Röhrenschicht sichtbar.
VORKOMMEN: Parasitisch oder saprophytisch an Laubbäumen im Wald, v. a. an Buche; Weißfäuleerreger. Im gemäßigten Klima der Nordhalbkugel weit verbreitet und häufig.
ÄHNLICHE ARTEN: Der seltenere *B. fumosa* ist größer, hat blassere Poren und wächst an Weide sowie Esche.

Porenoberfläche

FRUCHTKÖRPER: In Reihen oder dachziegelartig.

Maße Konsole ⟷ 3 – 7 cm × 1 – 5 cm ↕ bis 8 mm | Sporen cremeweiß | Wert

Familie Coriolaceae | Art *Pycnoporus cinnabarinus* | Jahreszeit ganzjährig

Zinnoberschwamm

Die durchgehend leuchtend zinnoberroten Fruchtkörper machen diesen Pilz unverwechselbar. Der einjährige Konsolenhut ist halbkreis- bis fächerförmig, mit feinsamtiger Oberfläche. Im Alter wird er blasser und fast glatt, mit dünnem, scharfem Rand. Das Fleisch über der 4 – 6 mm dicken Röhrenschicht wird beim Trocknen korkartig.
VORKOMMEN: Auf totem Laubholz an warmen, sonnenexponierten Stellen; Weißfäuleerreger. Im gemäßigten Klima der Nordhalbkugel weit verbreitet, regional häufig.
ÄHNLICHE ARTEN: Der ebenfalls rote, dünnfleischige *P. sanguineus* kommt in wärmeren Klimaten vor.

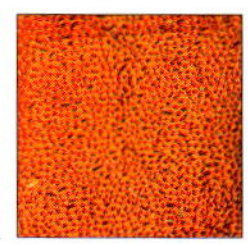

Porenoberfläche

FRUCHTKÖRPER: Einzeln oder zu wenigen.

Maße Konsole ⟷ 3 – 10 cm × 2 – 6 cm ↕ 0,5 – 2 cm | Sporen weiß | Wert

Familie STECCHERINACEAE	Art *Trichaptum abietinum*	Jahreszeit ganzjährig

Tannentramete

Der meist in Massen auftretende Pilz hat einen breit fächerförmigen, einjährigen Konsolenhut, oberseits konzentrisch gefurcht und filzig blassgrau, aber häufig von Algen grün verfärbt. Der purpurne Rand ist charakteristisch gewellt und gelappt. Bei jüngeren Exemplaren ist die bis zu 5 mm dicke Röhrenschicht purpurn, später verfärbt sie sich rötlich braun. Die eckigen Poren reißen im Alter häufig auf. Das Fleisch ist zäh, blass- oder purpurbraun.

VORKOMMEN: An Nadelbäumen, meist an Fichte; Weißfäuleerreger. Im gemäßigten Klima der Nordhalbkugel weit verbreitet und häufig.

ÄHNLICHE ARTEN: *T. biforme* bildet dickere, weniger resupinate Konsolen auf Laubholz. Andere *Trichaptum*-Arten wachsen an Nadelbäumen, *T. fusco-violaceum* z. B. an Kiefern, und unterscheiden sich durch Zähnchen oder Lamellen auf der Unterseite.

FRUCHTKÖRPER: In Reihen, dachziegelartig in Gruppen.

Maße KONSOLE ↔ 2–4 cm × 2 cm ↕ 2–3 mm	Sporen weiß	Wert

Familie FOMITOPSIDACEAE	Art *Daedalea quercina*	Jahreszeit ganzjährig

Eichenwirrling

Diese Art bildet dicke, halbkreisförmige mehrjährige Konsolen mit unebener, aber glatter Oberfläche, cremegelb oder trüb ockerbraun bis blassgrau. In frischem Zustand leicht biegsam, wird er trocken holzhart. Das ungenießbare holzbraune Fleisch riecht leicht „nach Pilz". Die jungen Poren im randlichen Zuwachsbereich sind rund, entwickeln sich dann aber zu Labyrinthgängen mit 1,5–2 mm starken Wänden, die von der Ansatzstelle her radial verlaufen. Die Röhrenschicht ist 1–3 cm dick.

VORKOMMEN: Parasitisch oder saprophytisch an Eichen und Edelkastanien in Wäldern und Parks; Weißfäuleerreger. Im gemäßigten Klima der Nordhalbkugel weit verbreitet und recht häufig.

ÄHNLICHE ARTEN: Andere Porlinge mit labyrinthartigen Poren wie Rötende Tramete und Birkenblättling (beide S. 227) bilden flachere Konsolen und wachsen nicht an Kernholz.

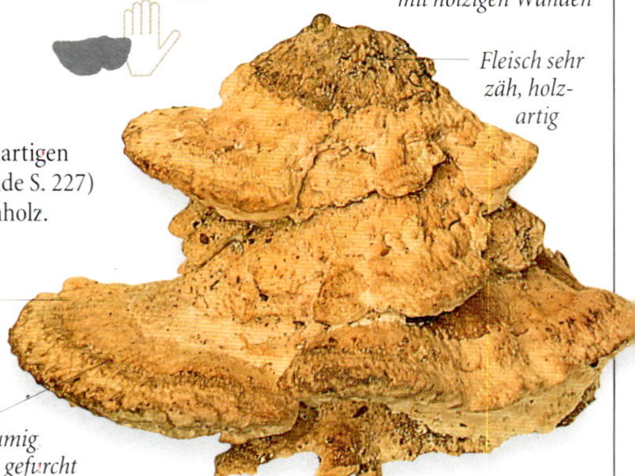

FRUCHTKÖRPER: Einzeln oder dachziegelartig geschichtet.

Maße KONSOLE ↔ 10–30 cm × 5–20 cm ↕ 3–7 cm	Sporen weiß	Wert

Familie CORIOLACEAE	Art *Daedaleopsis confragosa*	Jahreszeit ganzjährig

Rötende Tramete

Der einjährige fächerförmige Fruchtkörper dieser Art ist sehr dünn, nur zur Ansatzstelle am Substrat hin etwas dicker. Die glatte bis warzige Oberfläche ist blassgrau bis gelb, im Alter trüb rotbraun, manchmal gezont. Das hellbraune Fleisch ist aufgrund seiner korkartigen Konsistenz ungenießbar. Die Poren sind jung hellgrau und verfärben sich auf Druck rot. Die rötlich braune Röhrenschicht ist 0,5 – 1 cm dick.
VORKOMMEN: In einigen Regionen an verschiedensten Laubholzarten, in anderen mehr spezialisiert, oft auf Weide; Weißfäuleerreger. Im gemäßigten Klima der Nordhalbkugel weit verbreitet und recht häufig.

Ansatzstelle meist verdickt

dünner Rand

rötlich braune Röhrenschicht

Längsschnitt

graue bis cremeweiße Poren, rundlich bis labyrinthisch

junge Poren an Druckstellen rötend

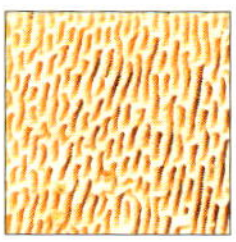

1 cm

Porenoberfläche

FRUCHTKÖRPER: In Reihen auf morschem Holz.

Maße KONSOLE ↔ 8 – 15 cm × 5 – 10 cm ↕ 0,5 – 4 cm	Sporen weiß	Wert

Familie CORIOLACEAE	Art *Lenzites betulina*	Jahreszeit ganzjährig

Birkenblättling

Dieser Pilz bildet einjährige halbkreisförmige, ledrige Konsolen, oberseits fein behaart und in Brauntönen gezont. Auf der Unterseite trägt er lamellenartige Poren, ein Kennzeichen dieser kleinen Art. Das zähe, ungenießbare Fleisch ist weiß und korkartig.
VORKOMMEN: Meist an Laub-, nur selten an Nadelbäumen. Bevorzugt in manchen Gegenden Birken, in anderen Eichen und Buchen; Weißfäuleerreger. Im gemäßigten Klima weit verbreitet, aber nur örtlich häufig.
ÄHNLICHE ARTEN: Die Gebuckelte Tramete (S. 223) hat runde bis längliche Poren.

Rand recht dünn, heller

unebene Oberfläche mit brauner Zonierung

FRUCHTKÖRPER: Einzeln, in Reihen oder dachziegelartig.

Poren lamellenartig, von der Ansatzstelle radial verlaufend

Maße KONSOLE ↔ 3 – 10 cm × 1 – 5 cm ↕ 1 – 2 cm	Sporen weiß	Wert

Unterseits runzelig oder glatt

Nicht alle Pilze mit konsolenartigen Fruchtkörpern haben unterseits eine Röhrenschicht mit Poren (vgl. S. 211 – 227); bei einigen entwickeln sich die Sporen bildenden Zellen (Basidien) ohne solche Vorrichtungen direkt an der Unterseite der Fruchtkörper; diese kann gerunzelt, geadert, warzig, stachelig oder auch völlig glatt sein. Diese Pilze werden hier vorgestellt; außerdem einige Röhrenpilze, deren Fruchtkörper gelegentlich flach auf der Substratoberfläche wachsen (resupinat). In diesem Fall bilden sie – ähnlich wie die „röhrenlosen" Pilze – eine spezielle Fleischschicht aus, die das Sporen bildende Gewebe schützt.

Familie	Art	Jahreszeit
SCHIZOPHYLLACEAE	*Phlebia tremellosa*	Herbst – Frühwinter

Gallertfleischiger Fältling

Unter den meist resupinaten *Phlebia*-Arten eine Ausnahme, bringt der Gallertfleischige Fältling deutlich ausgeprägte einjährige Konsolen hervor, obwohl ein Teil der Sporen bildenden Schicht flach an der Rinde hinab wächst. Die Oberseite ist samtartig und fast weiß, die Unterseite dagegen gelb bis orange, dicht gerippt und geadert. Die Fruchtkörper sind weich und gallertartig.

VORKOMMEN: Auf Stümpfen von Laubbäumen wie Birke und Buche, äußerst selten auf Nadelbäumen. Im gemäßigten Klima der Nordhalbkugel weit verbreitet und recht häufig.

ÄHNLICHE ARTEN: Der eng verwandte Orangerote Kammpilz *(P. radiata)* lebt auf ähnlichen Substraten, ist jedoch kräftiger orange, dünner und völlig resupinat mit radial gerunzelter und geaderter Unterseite.

FRUCHTKÖRPER: Dicht dachziegelartig geschichtet.

Maße	Sporen	Wert
KONSOLENVERBAND ↔ 4 – 15 cm × 2 – 4 cm ↕ 1 – 3 mm	weiß	

Familie THELEPHORACEAE	Art *Thelephora terrestris*	Jahreszeit ganzjährig

Edelwarzenpilz

In der Erscheinung manchen Flechten nicht unähnlich, sind die fächerartigen, fransigen Fruchtkörper dieses Pilzes mit ihren Erdfarben gut getarnt. Die Oberfläche ist uneben und faserig, die Sporen bildende Unterseite warzig und etwas blasser gefärbt. Das ungenießbare Fleisch ist dünn und braun.

VORKOMMEN: Mykorrhizapilz von Bäumen in Wäldern und Heiden, auf sauren Böden oder morschen Stümpfen; oft am Rand von Wegen und Pfaden. Auch in Baumschulen an Koniferensämlingen. Im gemäßigten Klima der Nordhalbkugel weit verbreitet und häufig.

ÄHNLICHE ARTEN: *T. caryophyllea* zeigt meist ausgeprägte Trichterform und hat eine weniger filzige Oberfläche. Eine seltene resupinate Form des Erdwarzenpilzes ähnelt den Arten der Gattung *Tomentella*.

FRUCHTKÖRPER: Übereinander geschichtete Konsolen.

Maße KONSOLENVERBAND ↔ 4–10 cm × 1–6 cm ↕ 2–3 mm	Sporen braun	Wert

Familie CONIOPHORACEAE	Art *Serpula lacrymans*	Jahreszeit ganzjährig

Hausschwamm

Dieser bekannte Braunfäuleerreger verursacht Schäden an Holz in Innenräumen und wird gefährlich, wenn er tragende Balken angreift. Der halbkreisförmige, geaderte, resupinate oder konsolenbildende Fruchtkörper ist in Brauntönen gezont und scheidet am nachwachsenden Rand säurehaltige weiße Tröpfchen aus. Er verfärbt sich auf Druck rotbraun und hat eine gummiartige Konsistenz. Der Pilz bildet auch ein üppiges weißes Myzelgeflecht.

VORKOMMEN: Gedeiht in schlecht gelüfteten Räumen, in denen alkalische Substanzen wie Mörtel seine säurehaltigen Tropfen neutralisieren, die andernfalls das Lebensumfeld zu sauer machen würden. Weit verbreitet und häufig in Gebäuden; im Freien an der nordamerikanischen Westküste und den Vorgebirgen des Himalaya in Indien beobachtet.

FRUCHTKÖRPER: Resupinat oder konsolenförmig an Holz und Wänden.

Maße FRUCHTKÖRPER ↔ 1–50 cm × 1–10 cm ↕ 0,5–2 cm	Sporen gelb bis olivbraun	Wert

Familie AURICULARIACEAE | Art *Auricularia mesenterica* | Jahreszeit ganzjährig

Gezonter Ohrlappenpilz

Auf den ersten Blick könnte man diesen einjährigen Konsolenpilz für eine Tramete (S. 223 ff.) oder einen Schichtpilz (S. 232 und unten) halten, doch von diesen Gattungen unterscheidet er sich u. a. durch sein gallertartiges Fleisch Die Zonierung auf der Oberfläche kommt durch die feinen, samtigen Härchen zustande. Die Sporen bildende Unterseite der Fruchtkörper ist runzelig und geadert. Der Pilz ist essbar, aber nicht zu empfehlen.
VORKOMMEN: Fast ausschließlich an abgestorbenen Ulmen, oft gemeinsam mit anderen Ulmensaprophyten, in Parks und Wäldern; kann dort sehr zahlreich auftreten, obwohl allgemein seltener als das verwandte Judasohr (S. 281). Im gemäßigten Klima der Nordhalbkugel weit verbreitet und örtlich häufig; selten oder fehlend im Norden und in tropischen Gebieten.

FRUCHTKÖRPER: Dachziegelartig an morschen Ulmen.

Maße KONSOLE ↔ 4–15 cm × 1–5 cm ↕ 2–5 mm | Sporen weiß | Wert

Familie PENIOPHORACEAE | Art *Stereum hirsutum* | Jahreszeit ganzjährig

Zottiger Schichtpilz

Diese Art bildet langlebige, fächerförmige, leuchtend gelbe bis gelbbräunliche Konsolen mit einer glatten Sporen bildenden Schicht, die häufig am Substrat herabwächst. Die undeutlich konzentrisch gezonte Oberfläche ist haarig und zum Rand hin etwas blasser. Das ähnlich getönte, dünne, aber zähe Fleisch verfärbt auf Druck nicht. Die Sporen sind amyloid.
VORKOMMEN: An Laubbäumen, v. a. Eiche, Birke und Buche; meist an der Rinde und der Stirnseite von Lagerholz. Im gemäßigten Klima der Nordhalbkugel weit verbreitet und häufig.
ÄHNLICHE ARTEN: Eichenschichtpilz *(S. gausapatum)* und Runzeliger Schichtpilz (S. 232) wachsen mehr resupinat und verfärben auf Druck rot. Außerdem: Samtiger Schichtpilz (vgl. Abb. rechts).

△ **Samtiger Schichtpilz**
S. subtomentosum hat weniger resupinate, deutlich gezonte Fruchtkörper. Das Fleisch verfärbt sich auf Druck gelb.

FRUCHTKÖRPER: Zahlreiche verbundene Konsolen.

Maße KONSOLE ↔ 2–6 cm × bis 3 cm ↕ 1–2 mm | Sporen weiß | Wert

Familie	Art	Jahreszeit
Schizophyllaceae	*Chondrostereum purpureum*	ganzjährig

Violetter Schichtpilz

Dieser Pilz ist an den zahlreichen kleinen Konsolen mit gewelltem Rand gut zu erkennen. Jung sind die Fruchtkörper purpurn, später oberseits flaumig weiß, an der Unterseite glatt und purpurbraun. Getrocknet hat der Pilz eine hornartige Konsistenz. Das Fleisch ist wachsartig und etwas gallertartig. Im Unterschied zu den *Stereum*-Arten verfärben sich die Sporen mit Jodreagenzien nicht bläulich.
VORKOMMEN: Parasitisch oder saprophytisch an vielen Laubbäumen; verursacht Bleiglanz an Apfel, Kirsche, Pflaume und anderen Obstarten, evtl. auch Weißfäule an Waldbäumen. Im gemäßigten Klima der Nordhalbkugel weit verbreitet, vielerorts häufig.

FRUCHTKÖRPER: Dachziegelartig oder in Reihen angeordnet.

Maße	Sporen	Wert
Konsolenverband ↔ 2–5 cm × bis 4 cm ↕ 1–2,5 mm	weiß	

Familie	Art	Jahreszeit
Hymenochaetaceae	*Hymenochaete rubiginosa*	ganzjährig

Rotbraune Borstenscheibe

Die mehrjährigen, aufgrund ihrer Färbung gut getarnten, steifen Konsolen mit gewellten Rändern erscheinen zahlreich in dachziegelartiger Schichtung. Die Oberfläche des Fruchtkörpers zeigt konzentrische Zonen, die mit dem Alter mehr und zugleich dunkler werden. Die kakaobraune Unterseite scheint glatt, doch mit einer starken Lupe erkennt man winzige, steife Härchen (Spinulae). Das Fleisch ist zäh, dünn und kakaobraun.
VORKOMMEN: An Stümpfen oder abgefallenen Ästen von Eichen und Edelkastanien. Im gemäßigten Klima der Nordhalbkugel weit verbreitet.

FRUCHTKÖRPER: Dachziegelartig, dicht gedrängt.

Maße	Sporen	Wert
Konsole ↔ 1–6 cm × 1–4 cm ↕ 1 mm	weiß bis creme	

Hautartig, flach oder krustenartig

In dieser Untergruppe werden einige der zahlreichen Pilze vorgestellt, die völlig resupinate, haut- oder krustenähnliche Fruchtkörper bilden und damit z. B. morsche Stämme oder die Unterseite abgefallener Äste überziehen. Die Oberfläche der Sporen bildenden Schicht *(Hymenium)* kann glatt, warzig, stachelig oder geadert sein (vgl. auch S. 228 – 231).

Familie	Art	Jahreszeit
PENIOPHORACEAE	*Stereum rugosum*	ganzjährig

Runzeliger Schichtpilz

Dieser in Wäldern zahlreich auftretende, bisweilen mehrjährige Pilz bildet auf Rinden dicke, flache, meist formlose blassgraue Überzüge; Konsolen werden kaum angelegt. Ritzt man die Oberfläche, bilden sich schnell blutrote Linien und Flecken. Die Sporen sind amyloid.

VORKOMMEN: Meist an noch stehenden, aber abgestorbenen Laubbäumen; häufig an Hasel, Birke und Erle. In Europa weit verbreitet und häufig; wahrscheinlich auch in anderen Regionen des gemäßigten Klimas.

ÄHNLICHE ARTEN: Auch der Blutende Schichtpilz *(S. sanguinolentum)* verfärbt bei Verletzung rot, bildet jedoch ausgeprägte Konsolen an Nadelbäumen.

FRUCHTKÖRPER: Hautähnliche Überzüge auf Totholz.

Maße	Sporen	Wert
FRUCHTKÖRPER ↔ 10 – 50 cm × 1 – 6 cm ↕ 2 – 5 mm	weiß	

Familie	Art	Jahreszeit
CHAETOPORELLACEAE	*Hyphodontia paradoxa*	ganzjährig

Veränderlicher Spaltporling

Dieser Pilz wächst meist flach, auf vertikalen Flächen bildet er jedoch auch winzige Konsolen. Er ist ziemlich zäh, weiß bis cremebraun gefärbt mit baumwollartigen weißen Rändern und bis zu 4 mm langen Stacheln in der Mitte. Die Röhrenschicht ist 1 – 4 mm dick, mit 1 bis 3 Poren pro mm. Unter einer starken Lupe betrachtet, ähneln die Poren häufig flachen Zähnen.

VORKOMMEN: Meist auf Laubbäumen, besonders auf Buchen, im Wald. Weltweit vorkommend; im gemäßigten Klima der Nordhalbkugel weit verbeitet und häufig.

FRUCHTKÖRPER: Hautähnlich, sich fleckenartig auf der Unterseite von abgefallenen Ästen ausbreitend.

Maße	Sporen	Wert
FRUCHTKÖRPER ↕ 5 – 50 cm × 2 – 10 cm ↕ 3 – 7 mm	weiß	

Familie CONIOPHORACEAE	Art *Coniophora puteana*	Jahreszeit ganzjährig, vornehmlich Herbst

Kellerschwamm

Die weichen, sich schnell ausbreitenden Fruchtkörper des Nassfäuleerregers wachsen als flach anliegende Krusten an Wänden und bilden keine Konsolen aus. Reife Sporen färben die Krustenmitte gelb bis olivbraun, während die Ränder weiß und fransig sind. Im Alter werden die Oberflächen runzelig und warzig. Anders als die meisten resupinaten Fruchtkörper, die fest mit dem Substrat verbunden sind, können die des Kellerschwamms von der Unterlage abgenommen werden.
VORKOMMEN: In Gebäuden auf feuchtem Holz, wo er Braunfäule verursacht, sowie auf Holz aller Art im Freien. Im gemäßigten Klima der Nordhalbkugel weit verbreitet, in der Natur wie in Baulichkeiten.
ÄHNLICHE ARTEN: Der Hausschwamm (S. 229) scheidet Tröpfchen aus und bildet Konsolen.

FRUCHTKÖRPER: Resupinate Fruchtkörper auf Holz.

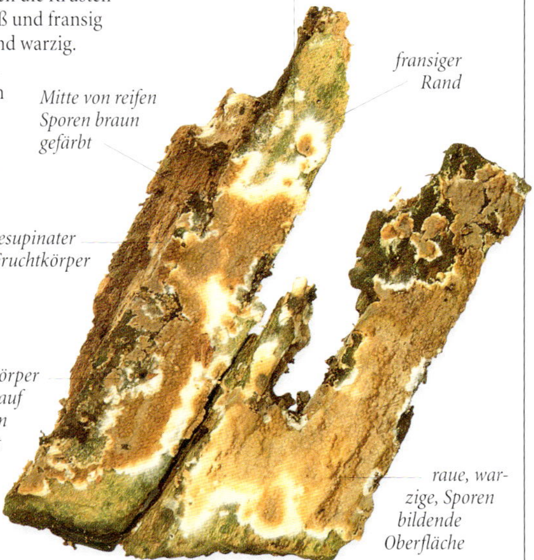

Maße FRUCHTKÖRPER ↔ 5–100 cm × 2–20 cm ↕ 0,5–1 mm	Sporen gelbbraun	Wert

Familie PHAEOLACEAE	Art *Oligoporus rennyi*	Jahreszeit Herbst

Stäubender Porling

Der sich rasch ausbreitende Porling ist gut an seinen beiden Wachstumsphasen zu erkennen, die fast gleichzeitig stattfinden. Im resupinaten, krustenartigen sexuellen Stadium ist er cremeweiß mit weißen Rändern und trägt 2 bis 3 Poren pro mm. Mit der Zeit reißen die Poren auf und die weißen Sporen fallen aus. Das asexuelle (ungeschlechtliche) Stadium erinnert im Aussehen an Stäublinge; bei Reife reißt der bovistartige Körper auf und enthüllt unzählige pulvrige, olivbraune Sporen.
VORKOMMEN: Als kleine Flecken an Nadelholzstümpfen und abgefallenen Ästen im Wald; Braunfäuleerreger. Im gemäßigten Klima der Nordhalbkugel weit verbreitet, je nach Region selten bis häufig, wird jedoch oft übersehen.

FRUCHTKÖRPER: Als kleine Flecken, teils zahlreich, an Totholz.

Maße FLECKEN ↔ bis 7,5 cm | STÄUBLING ↕ ↔ 2–4 cm	Sporen olivbraun / weiß	Wert

PILZE MIT STACHELN

Die Pilze dieser Gruppe sind nicht eng miteinander verwandt, aber sie alle legen ihre Sporen bildenden Zellen (Basidien) auf Stacheln oder Zähnen an. Diese Gebilde befinden sich auf der Hut- bzw. Konsolenunterseite oder sitzen an Ästen korallenähnlicher Fruchtkörper. Einige resupinate Arten (hier nicht vorgestellt) sind völlig mit Stacheln bedeckt.

Familie AURISCALPIACEAE	Art *Auriscalpium vulgare*	Jahreszeit ganzjährig

Ohrlöffelstacheling

Der Ohrlöffelstacheling ist mit seinem typischen nierenförmigen, pelzigen Hut und dem seitlich ansitzenden Stiel kaum mit einem anderen Pilz zu verwechseln. Der Hut ist braun, mit hellerem Rand; an seiner Unterseite sitzen die langen, grauen Stacheln. Der filzig überzogene Stiel zeigt eine dunkler braune Färbung und ist über einen blassbraunen Myzelfilz mit dem Substrat verbunden. Obwohl er häufig vorkommt, wird der Pilz aufgrund seiner braunen Farbe leicht übersehen. Das Fleisch ist zäh und ungenießbar.

VORKOMMEN: Auf streubedeckten, verrottenden Zapfen von Kiefern, seltener auch von Fichten, in Nadelwäldern und Schonungen. In Kiefern- und Fichtenwäldern der gemäßigten Klimazone weit verbreitet und häufig.

FRUCHTKÖRPER: Einzeln oder paarweise.

Maße HUT ↔ 0,5–2 cm | STIEL ↕ 3–10 cm ↔ 2–3 mm	Sporen weiß	Wert

Familie Hyaloriaceae	Art *Pseudohydnum gelatinosum*	Jahreszeit Herbst – Winter

Zitterzahn

Der variabel gefärbte, fast weiße bis dunkel graubraune, gallertartige Pilz hat einen konsolenartigen, mehr oder weniger halbkreisförmigen Hut, mit einer leicht rauen bis flaumigen Oberfläche. Der kurze, kräftige Stiel ist meist randständig. Die Hutunterseite überziehen helle Stacheln. An und für sich essbar, lohnt er als Speisepilz kaum.
VORKOMMEN: An Holz in eingewachsenen Nadelwäldern wie Schonungen, kaum an Laubbäumen. Im gemäßigten Klima der Nordhalbkugel weit verbreitet. Er tritt auch weiter südlich in wärmeren Gegenden auf.

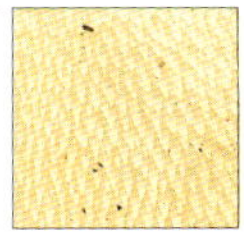

Stacheln

FRUCHTKÖRPER: In kleinen Gruppen an Nadelholzstümpfen.

Maße Hut ↔ 1 – 8 cm | Stiel ↕ 0,5 – 3 cm ↔ 0,5 – 1,5 cm	Sporen weiß	Wert

Familie Bankeraceae	Art *Bankera fuligineoalba*	Jahreszeit Herbst

Schmutziger Stacheling

Verformte und „schmutzige" Hüte sind bei dieser Art häufig, da sie beim Hervorbrechen aus dem Boden oft Erdteilchen mit anheben. Der blassbraune Hut ist im Alter rot überhaucht; die Sporen tragenden Stacheln auf der Unterseite stehen eng und sind grau bis weiß. Der Stiel ist oben weiß, an der Basis braun. Das relativ weiche Fleisch nimmt im Alter einen Rosaton an.
VORKOMMEN: Mykorrhizapilz der Kiefer auf trockenen Waldböden. Im gemäßigten Klima der Nordhalbkugel weit verbreitet, örtlich häufig.
ÄHNLICHE ARTEN: *B. violascens* hat einen sauberen, gleichmäßig geformten, lila getönten Hut und wächst unter Fichten. *Sarcodon*-Arten (S. 237) haben farbige Sporen.

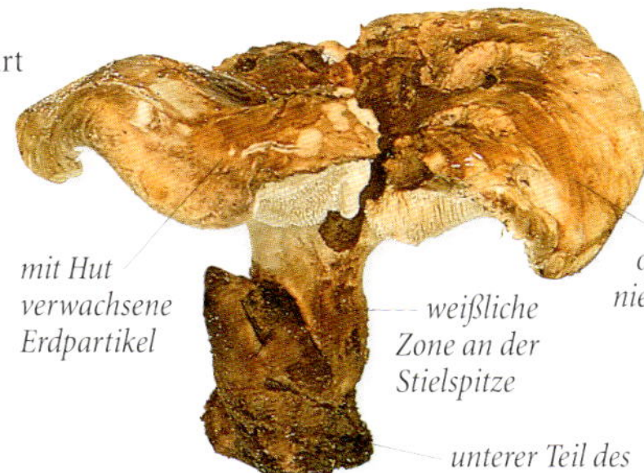

Längsschnitt

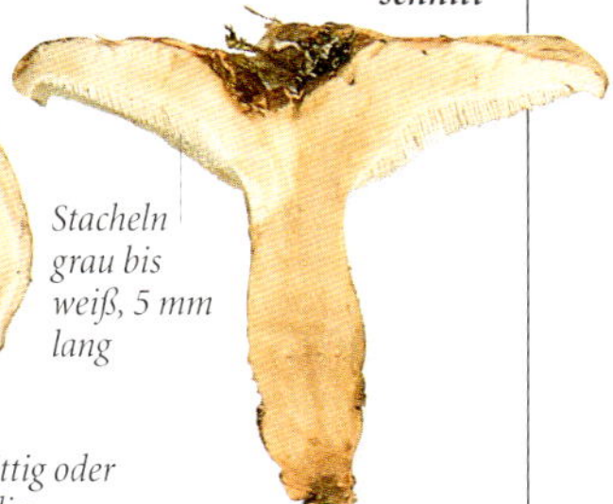

FRUCHTKÖRPER: Einzeln oder in kleinen Büscheln.

Maße Hut ↔ 5 – 10 cm | Stiel ↕ 2 – 6 cm ↔ 1 – 3 cm	Sporen weiß	Wert

Familie Bankeraceae	Art *Phellodon niger*	Jahreszeit Spätsommer – Herbst

Schwarzer Duftstacheling

Die Fruchtkörper dieser Art sind oft miteinander verwachsen. Der flache oder in der Mitte leicht niedergedrückte Hut ist hellgrau bis purpurschwarz, der Rand bei jungen Exemplaren deutlich blassblau. Die anfangs blaugrauen Stacheln werden später grau. Das ledrige, schwarze Fleisch riecht würzig, besonders wenn es trocken ist.

VORKOMMEN: Mykorrhizapilz von Nadelbäumen in Wäldern und Schonungen, seltener unter Laubbäumen, auf basischen Böden. Im gemäßigten Klima der Nordhalbkugel weit verbreitet.

ÄHNLICHE ARTEN: Der ähnlich riechende Schwarzweiße Duftstacheling *(P. melaleucus)* ist dünner, blasser und weniger filzig; wächst auf mageren, sauren Böden in Wäldern. Korkstachelinge (S. 237) haben braune Sporen.

FRUCHTKÖRPER: Einzeln oder in dichten Büscheln.

Maße Hut 3 – 10 cm | Stiel 2 – 5 cm ↔ 0,5 – 2 cm	Sporen weiß	Wert

Familie Bankeraceae	Art *Phellodon tomentosus*	Jahreszeit Spätsommer – Herbst

Becherförmiger Duftstacheling

Dieser Stacheling hat einen mittig niedergedrückten Hut mit deutlich braun gezonter Oberfläche, vertikal angeordneten Stacheln an der Unterseite und einem faserigen braunen Stiel. Die Zuwachszone am Rand ist dünn und weißlich, die Hüte sind oft miteinander verwachsen. Das ungenießbare, zähe Fleisch ist dünn und braun. Getrocknete Fruchtkörper riechen nach Curry oder Bockshornklee.

VORKOMMEN: Mykorrhizapilz von Nadel-, seltener Laubbäumen, im Wald auf sandigen Böden. Im gemäßigten Klima der Nordhalbkugel weit verbreitet, aber nur örtlich häufig.

ÄHNLICHE ARTEN: Mehrere Stachelpilze sehen ähnlich aus, darunter auch die Korkstachelinge (S. 237) mit braunen Sporen. *P. confluens* hat unregelmäßiger geformte Hüte, stärker filzig, weniger gezont und heller.

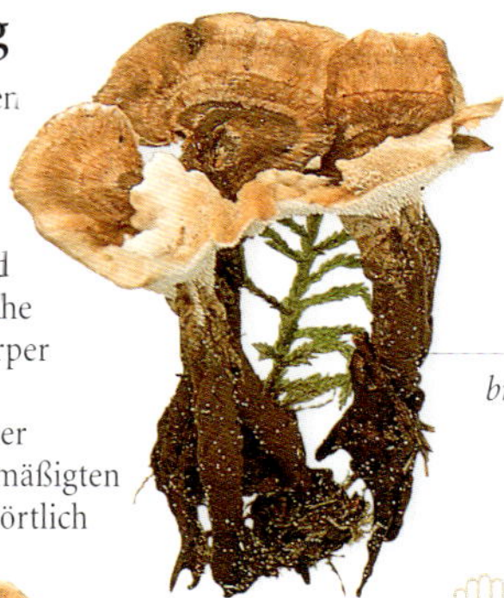

FRUCHTKÖRPER: In Gruppen zwischen Moos und Flechten.

Maße Hut 2 – 6 cm | Stiel 2 – 5 cm ↔ 4 – 7 mm	Sporen weiß	Wert

Familie Bankeraceae	Art *Hydnellum peckii*	Jahreszeit Herbst

Scharfer Korkstacheling

Der Hut dieser fleischigen Art ist flach bis niedergedrückt, oberseits buckelig und trägt an der Unterseite Stacheln. Anfangs samtig weiß, wird sie durch butrote Tropfen, die der wachsende Fruchtkörper ausscheidet, dunkler, später dann braun mit weinroter Tönung. Der sich nach unten verjüngende Stiel ist ähnlich gefärbt. Das korkige braune Fleisch schmeckt unangenehm.

VORKOMMEN: Mykorrhizapilz von Kiefer und Fichte in Wäldern und Schonungen, auch in Kiefernpflanzungen auf Sanddünen. Im gemäßigten Klima weit verbreitet, aber nur örtlich häufig.

ÄHNLICHE ARTEN: *H. ferrugineum* schmeckt mild. Andere Arten scheiden keine roten Tröpfchen aus.

Sporen bildende Unterseite mit 3–4 mm langen Stacheln

junge Fruchtkörper scheiden blutrote Tröpfchen aus

reifer Hut, dunkel, buckelig

FRUCHTKÖRPER: Kleine Büschel zwischen Moos, Flechten.

Maße Hut ↔ 3–7 cm | Stiel ↕ 1–6 cm ↔ 0,5–2 cm	Sporen braun	Wert

Familie Bankeraceae	Art *Sarcodon scabrosus*	Jahreszeit Herbst

Gallenstacheling

Wie alle anderen Arten der Gattung ist auch der Gallenstacheling groß und fleischig. Der meist mittig niedergedrückte Hut hat eine unebene, schuppige, dunkelbraune Oberfläche und einen dunkelbraunen Stiel mit stahlblauer Basis. Das blasse Fleisch ist käseartig und riecht mehlig. Die meist bitter schmeckenden *Sarcodon*-Arten werden durch Einsalzen geniessbar. Sie sollten jedoch aufgrund ihrer Seltenheit geschont werden.

VORKOMMEN: Mykorrhizapilz von Laub- und Nadelbäumen. Im gemäßigten Klima der Nordhalbkugel weit verbreitet, aber vielerorts selten. *Sarcodon*-Arten sind rückläufig, einige davon gefährdet.

ÄHNLICHE ARTEN: Habichtspilz, vgl. Abb. rechts. *S. glaucopus* hat eine blaue Stielbasis, aber einen glatteren Hut.

Stacheln purpurbraun mit hellen Spitzen

Hut dunkelbraun geschuppt

kurzer, dicker Stiel, an der Basis stahlblau

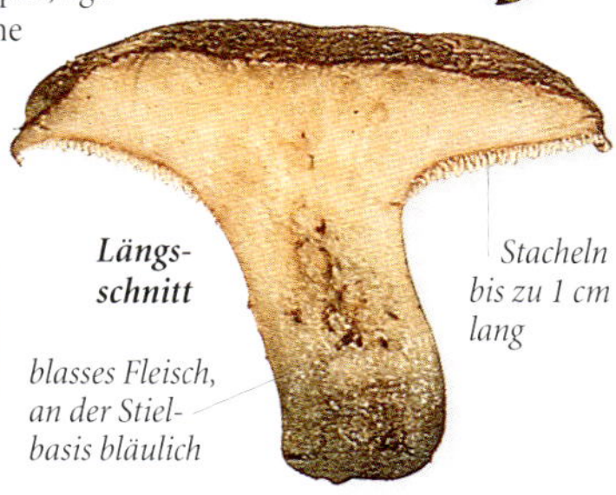

Längsschnitt

Stacheln bis zu 1 cm lang

blasses Fleisch, an der Stielbasis bläulich

FRUCHTKÖRPER: In Büscheln oder Ringen.

Habichtspilz △
Der braune *S. imbricatum* hat keine blaue Stielbasis; schuppiger Hut bis zu 20 cm Durchmesser, mild bis scharf schmeckendes Fleisch.

Maße Hut ↔ 4–14 cm | Stiel ↕ 3–8 cm ↔ 1–3,5 cm	Sporen braun	Wert

Familie	Art	Jahreszeit
HYDNACEAE	*Hydnum repandum*	Herbst

Semmelstoppelpilz

Dieser fleischige Pilz hat einen kompakten, leicht exzentrischen Stiel und einen großen, gewölbten, mittig eingedrückten Hut, oft unregelmäßig geformt. Oberseits ist er glatt oder leicht filzig, die Stacheln auf der Unterseite splittern leicht ab. Der blass creme- bis ockerfarbene Fruchtkörper verfärbt sich im Alter und auf Druck orange. Ältere Exemplare dieses guten Speisepilzes sollten sorgfältig gekocht werden, da das Fleisch bitter werden kann.

VORKOMMEN: Mykorrhizapilz von Laub- und Nadelbäumen in Wäldern. Im gemäßigten Klima der Nordhalbkugel weit verbreitet, auch in kühleren Regionen.

ÄHNLICHE ARTEN: Der Rotgelbe Semmelstoppelpilz *(H. rufescens)* ist kleiner und orange. *H. albidum* hat einen weißen Hut, kleinere Sporen und wächst auf basischen Böden.

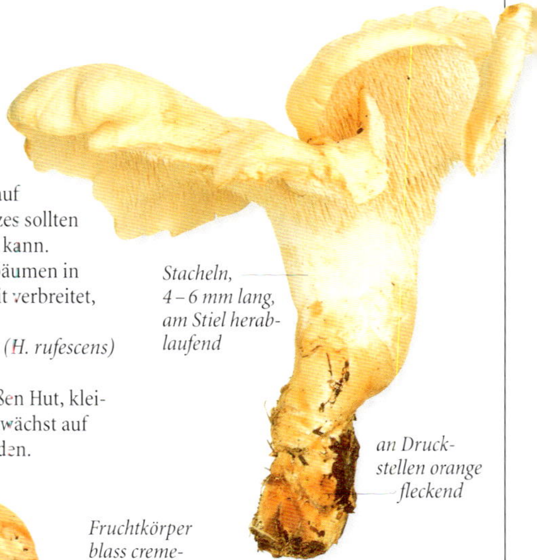

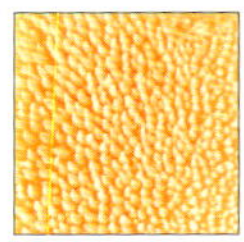

Hutunterseite

△ ***Hydnum umbilicatum***
Dies ist ein Speisepilz, der dem Semmelstoppelpilz ähnelt, jedoch kleiner, dünner und deutlich orange ist und einen trichterförmig vertieften Hut hat. Weit verbreitet in Nordamerika.

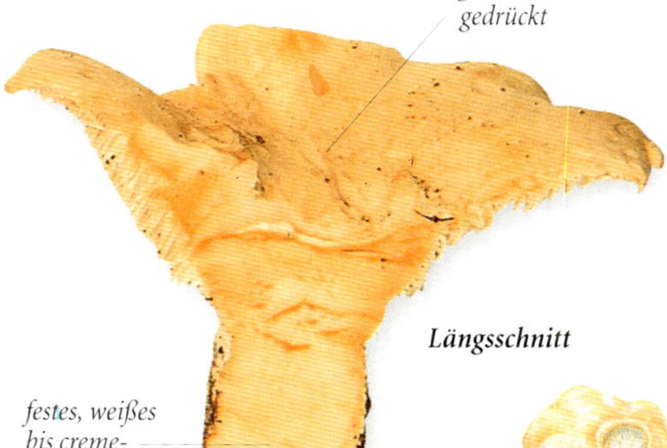

Längsschnitt

FRUCHTKÖRPER: In Scharen und Büscheln.

Maße HUT ↔ 5–15 cm | STIEL ↕ 3–7 cm ↔ 1–3 cm | Sporen weiß | Wert

Familie HERICIACEAE	Art *Hericium coralloides*	Jahreszeit Spätsommer – Spätherbst

Ästiger Stachelbart

Wenn der Pilz am Boden liegende Baumstämme oder Stümpfe besiedelt, bietet er einen eindrucksvollen Anblick. Sein weißlicher bis schmutzig gelber Fruchtkörper besteht aus unzähligen korallenähnlichen, brüchigen Ästchen, deren Unterseite dicht mit langen, hängenden Stacheln besetzt ist. Das weißliche bis cremefarbene Fleisch schmeckt nach Rettich. Der Pilz ist essbar, aber vielerorts so selten, dass er geschont werden sollte.
VORKOMMEN: An abgestorbenen, umgefallenen und noch stehenden Laubbäumen wie Buchen und Birken. Im gemäßigten Klima der Nordhalbkugel weit verbreitet, örtlich häufig.

FRUCHTKÖRPER: Einzeln oder gesellig an Totholz.

Maße FRUCHTKÖRPER ↔ 10 – 40 cm × 5 – 20 cm ↕ 10 – 30 cm	Sporen weiß	Wert

Familie HERICIACEAE	Art *Creolophus cirrhatus*	Jahreszeit Herbst

Dorniger Stachelbart

Diese Art bildet fleischige, halbkreisförmige, cremeweiße Fruchtkörper, die dachziegelartig übereinander stehen. Die Unterseite trägt lange herabhängende Stacheln; die Oberfläche ist filzig. Obwohl das dicke, weiche Fleisch angenehm schmeckt und riecht, sollte der seltene Pilz nicht gesammelt werden. Er gehört zu einer sehr kleinen Gattung, die mit *Hericium* (oben) verwandt und dieser ähnlich ist.
VORKOMMEN: An Laubholzstümpfen und -stämmen in Wäldern. Im gemäßigten Klima weit verbreitet.
ÄHNLICHE ARTEN: Der riesige *Climacodon septentrionalis* bildet regelmäßigere, größere Konsolen und hat feinere Stacheln. Er kommt in Nordosteuropa, Sibirien, Japan und Nordamerika vor.

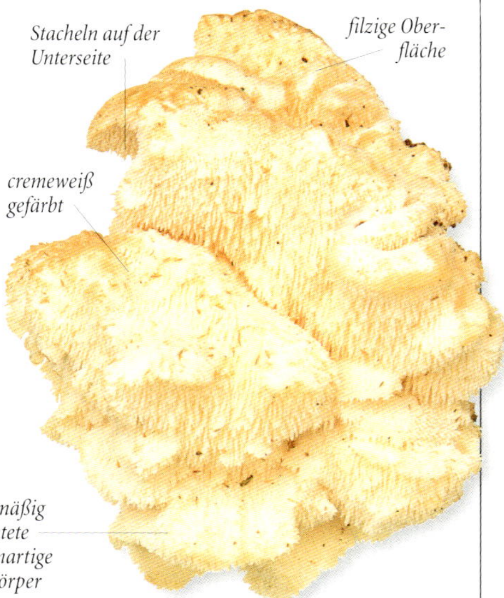

FRUCHTKÖRPER: Dachziegelartig an Laubholzstümpfen.

Maße FRUCHTKÖRPER ↔ 10 – 20 cm ↕ bis 10 cm dick	Sporen weiß	Wert

KEULENFÖRMIGE PILZE

Die Pilze dieser Untergruppe haben mehr oder weniger keulenförmige Fruchtkörper. Bei vielen der hier Vorgestellten kann die ganze Fruchtkörperoberfläche Sporen bilden; teils ist die Basis steril. Bei Kernpilzen (s. S. 244) dagegen reifen die Sporen in winzigen rundlichen Fruchtkörpern heran, die in fleischiges Gewebe (Stroma) eingebettet sind.

Glatt oder behaart

Die hier vorgestellten Arten haben keulenförmige Fruchtkörper mit glatter oder behaarter Oberfläche (Arten mit Pusteln oder mehliger Oberfläche s. S. 244 f.). Zu dieser Untergruppe gehören zierliche Fadenkeulchen (S. 242) ebenso wie die kräftige Herkuleskeule (S. 241). Einige, wie die Gallertköpfchen (S. 243), bilden ihre Sporen in deutlich abgegrenzten Köpfen, aber bei den meisten überzieht die Fruchtschicht fast den ganzen Fruchtkörper.

Familie	Art	Jahreszeit
CLAVARIACEAE	*Clavulinopsis helvola*	Herbst

Gelbes Mooskeulchen

Eine von mehreren gelben Keulen mit unverzweigten Fruchtkörpern ist das Gelbe Mooskeulchen. Eine exakte Unterscheidung ist nur durch eine mikroskopische Untersuchung der Sporen möglich, die bei dieser Art deutlich warzig, bei ihren Verwandten dagegen glatt sind. Das blassgelbe Fleisch ist ziemlich spröde und geruchlos.

VORKOMMEN: Auf moosreichen Wiesen und Rasenflächen, auch in waldigem Gebiet. Im gemäßigten Klima weit verbreitet; in Europa häufig.

ÄHNLICHE ARTEN: *C. fusiformis* bildet große Keulen in dichten Büscheln. *C. laeticolor* ist geruchlos und gelb bis orangegelb. Der aprikosenfarbene *C. luteoalba* riecht unangenehm. *Clavaria angillacea* ist trüb gelbbraun und wächst an Heidestandorten.

△ **Wurmförmige Keule**
Die unverzweigten Fruchtkörper von *Clavaria vermicularis* stehen in dichten Büscheln. Die Spitzen trocknen gelb oder braun. Die brüchigen Keulen mit sprödem Fleisch sind hohl, im Alter oft abgeflacht.

FRUCHTKÖRPER: Einzeln oder in kleinen Gruppen.

Maße	Sporen	Wert
KEULE ↕ 3–7 cm ↔ 2–4 mm	weiß	

Familie CLAVARIADELPHACEAE | Art *Clavariadelphus pistillaris* | Jahreszeit Herbst

Herkuleskeule

Die für einen Keulenpilz beeindruckend großen, jung zitronengelb überhauchten Fruchtkörper werden später trüb gelbbraun, wenn die Sporen auf ihrer Oberfläche reifen. Druckstellen verfärben sich rotbraun. Das weiße, anfangs feste Fleisch wird im Alter weich und schwammig. Es riecht angenehm, schmeckt aber bitter.

VORKOMMEN: In Laubwäldern, oft unter Buchen. Im gemäßigten Klima weit verbreitet; örtlich begrenzt, aber in zusagenden Lebensräumen häufig.

ÄHNLICHE ARTEN: Zungenkeule *(C. ligula)* und *C. sachalinensis* sind kleiner und weniger keulenförmig. Die Abgestutzte Keule *(C. truncatus)* hat eine abgeflachte Spitze. Alle drei wachsen unter Nadelbäumen.

FRUCHTKÖRPER: Gesellig auf basischen Böden zwischen Laubstreu.

Maße KEULE ↕ 10 – 20 cm ↔ 2 – 6 cm | Sporen weiß bis blassgelb | Wert

Familie CLAVARIADELPHACEAE | Art *Macrotyphula fistulosa* | Jahreszeit Spätherbst

Röhrige Keule

Die unverwechselbare Röhrige Keule hat einen schlanken, keulenförmigen, gelben bis gelbbraunen Fruchtkörper, der einem Blattstiel ähnelt und deshalb leicht übersehen wird. Eine verkümmert bzw. verkrüppelt wirkende, schwerer zu identifizierende Form des Pilzes wird bisweilen als eigenständige Art, *M. contorta,* angesehen.

VORKOMMEN: Auf rottendem Laubholz zwischen feuchtem, Falllaub im Wald, besonders unter Buchen. Im gemäßigten Klima der Nordhalbkugel und in subarktischen Regionen weit verbreitet; in Europa häufig.

ÄHNLICHE ARTEN: Die Binsenkeule *(M. juncea)* hat noch viel dünnere Fruchtkörper; häufig in der Streu feuchter Wälder.

FRUCHTKÖRPER: Einzeln auf faulenden Ästchen.

Maße KEULE ↕ 5 – 20 cm ↔ 2 – 8 mm | Sporen weiß | Wert

Familie	Art	Jahreszeit
Typhulaceae	*Typhula erythropus*	Herbst – Frühwinter

Rotstieliges Fadenkeulchen

Der winzige Keulenpilz hat einen weißen fertilen Kopfteil und einen langen, rotbraunen Stiel, der einem unterirdischen Sklerotium entspringt und an der Basis rot gefärbt ist. Die winzigen *Typhula*-Arten werden oft übersehen. Die meisten erscheinen im Spätherbst und entwickeln sich aus kleinen überwinternden Sklerotien. Sie wachsen je nach Art auf unterschiedlichen Substraten, z. B. an Farnen. Einige können erheblichen Schaden an Nutzpflanzen wie Weidegras und Klee anrichten.
VORKOMMEN: Auf Falllaub, meist von Esche, Ahorn und Erle, in feuchten Laubwäldern. Im gemäßigten Klima weit verbreitet; in Europa häufig.

FRUCHTKÖRPER: Einzeln oder in kleinen Gruppen.

Maße	Sporen	Wert
Keule ↕ 0,5 – 3 cm ↔ 1 – 2mm	weiß	

Familie	Art	Jahreszeit
Geoglossaceae	*Geoglossum fallax*	Herbst

Feinschuppige Erdzunge

Der keulenförmige Fruchtkörper dieser Art ist am oberen Stielteil fein beschuppt und dunkelbraun; die meisten anderen *Geoglossum*-Arten haben schwarze Fruchtkörper. Die Sporen werden im fertilen Kopfteil der Keule gebildet, der von der Fruchtschicht überzogen ist.
VORKOMMEN: Auf naturnahen Weideflächen; Grünlanddüngung und das Aufforsten mit Nadelbäumen haben *Geoglossum*-Arten zurückgedrängt. Weit verbreitet und recht häufig in Europa und im östlichen Nordamerika.
ÄHNLICHE ARTEN: *Trichoglossum*-Arten unterscheiden sich durch steife, ins Fleisch eingebettete Haare, die die Oberfläche durchdringen.

FRUCHTKÖRPER: In kleinen Gruppen im Moos oder Gras.

△ **Rauhaarige Erdzunge** *Trichoglossum hirsutum* hat borstige, schwarze Keulenfruchtkörper. Der obere, verdickte Teil enthält Asci, die lange Sporen bilden; der Stiel ist steril.

Maße	Sporen	Wert
Keule ↕ 3 – 7 cm ↔ 3 – 7mm	dunkelbraun	

Familie LEOTIACEAE	Art *Leotia lubrica*	Jahreszeit Herbst

Grüngelbes Gallertköpfchen

Diese auffällige Art bildet kleine, stößelförmige Fruchtkörper mit gummiartiger Konsistenz und gallertartigem Fleisch. Der deutlich abgegrenzte gewölbte, gelappte grüngelbliche Kopf mit zurückgebogenem Rand enthält das Sporen bildende Gewebe. Der orangegelbe Stiel ist mit winzigen grünen Schuppen oder Punkten besetzt und meist hohl. Eine schwarzgrüne Verfärbung kann aufgrund einer Pilzinfektion auftreten, doch auch gesunde Exemplare werden im Alter oft olivgrün.
VORKOMMEN: In feuchten Wäldern zwischen Laubstreu und Moos. Weltweit vorkommend; im gemäßigten Klima der Nordhalbkugel verbreitet und häufig.

FRUCHTKÖRPER: Büschelig, oft in großen Scharen.

Längsschnitt

Maße KEULE ↕ 2 – 5 cm ↔ 0,3 – 1 cm	Sporen weiß	Wert

Familie GEOGLOSSACEAE	Art *Mitrula paludosa*	Jahreszeit Frühsommer – Herbst

Sumpfhaubenpilz

Ein hübscher kleiner keulenförmiger Pilz mit leuchtend orange schimmerndem Kopf und zylindrischem weißem Stiel. Er hat eine glatte Oberfläche und wässriges, weiches, gelbes Fleisch. Der keulenförmige Kopf enthält das Hymenium; der Stiel ist steril.
VORKOMMEN: In unbelasteten stehenden Gewässern auf Pflanzenresten. Im gemäßigten Klima der Nordhalbkugel, v. a. in nördlichen Regionen und Höhenlagen.
ÄHNLICHE ARTEN: *Bryoglossum rehmii* tritt an trockeneren Standorten auf und gehört zur selben Familie wie die Gallertköpfchen (oben). *Heyderia*-Arten sind kleiner und wachsen auf Nadelstreu, ebenso *Spathularia flavida* mit flachem, etwas gelapptem Kopf.

FRUCHTKÖRPER: In kleinen oder auch größeren Gruppen.

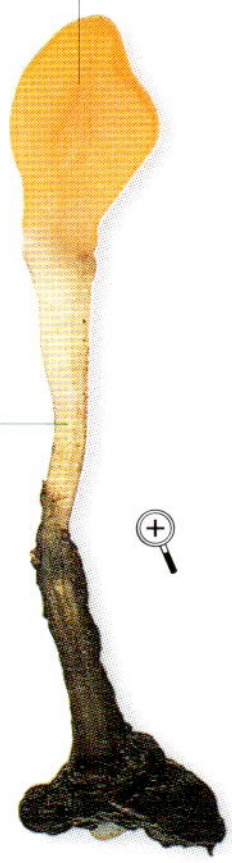

Maße KEULE ↕ 2 – 5 cm ↔ 0,2 – 1 cm	Sporen weiß	Wert

Mit Pusteln oder mehliger Oberfläche

Die Pilze dieser Untergruppe sind v. a. durch ihre raue, pustelartige Oberfläche gekennzeichnet. Bei den „Pusteln" handelt es sich um winzige runde bis flaschenförmige Fruchtkörper, die Perithezien, die in das fleischige Gewebe (Stroma) eingebettet sind und im Längsschnitt sichtbar werden. Eine der hier vorgestellten Arten, die Mehlkeule, bildet auf ihrer Oberfläche zahlreiche lose, ungeschlechtliche Sporen und wirkt dadurch staubig-mehlig.

Familie CLAVICIPITACEAE	Art *Cordyceps militaris*	Jahreszeit Sommer – Herbst

Orangegelbe Puppenkernkeule

Der Kernpilz erscheint auf parasitierten Larven mit keulenförmigem, orangerotem Sammelfruchtkörper, auch Stroma genannt. Die Sporen bildenden Asci befinden sich in Perithezien, die stachelartig den oberen, leicht verdickten Teil der Keule durchbrechen. Die Sporen sind lang, zylindrisch und zerfallen in Segmente. Der Stiel ist glatt und etwas heller.
VORKOMMEN: Das Myzel befällt Schmetterlingsraupen und -puppen in Wäldern und auf Wiesen. Im gemäßigten Klima der Nordhalbkugel weit verbreitet. Andere *Cordyceps*-Arten parasitieren Insekten, Spinnen oder auch Hirschtrüffel (s. S. 259); die meisten kommen in den Tropen vor.
ÄHNLICHE ARTEN: *C. bifusispora*, ebenfalls ein Schmetterlingsparasit, ist gelber und hat Sporen mit keulenförmigen Endzellen.

FRUCHTKÖRPER: Einzeln oder in kleinen Gruppen.

Maße KEULE ↕ 2 – 5 cm ↔ 3 – 8mm	Sporen weiß	Wert

Familie TRICHOCOMACEAE	Art *Paecilomyces farinosus*	Jahreszeit Sommer – Herbst

Mehlkeule

Der Pilz befällt Schmetterlingsraupen und -puppen, die er zersetzt, um dann aufrechte, keulenförmige, gelbe oder orange Gebilde hervorzubringen. Diese erscheinen allerdings weißlich, da sie von zahllosen flockigen ungeschlechtlichen Sporen (Konidien) bedeckt sind, die sich leicht ablösen lassen.
VORKOMMEN: Auf meist im Boden befindlichen Schmetterlingsraupen oder -puppen, im Wald und auf Wiesen. Im gemäßigten Klima der Nordhalbkugel weit verbreitet und häufig.
ÄHNLICHE ARTEN: Puppenkernkeule (oben) mit pustelartiger Oberfläche.

FRUCHTKÖRPER: Einzeln oder in kleinen Gruppen auf Schmetterlingslarven und -puppen.

Maße KEULE ↕ 2 – 5 cm ↔ 2 – 5 mm	Sporen weiß	Wert

Familie Clavicipitaceae	Art *Cordyceps ophioglossoides*	Jahreszeit Herbst – Frühwinter

Zungenkernkeule

Der Kernpilz wächst parasitisch auf unterirdischen Hirschtrüffeln (s. S. 259); er umspinnt sie mit gelben Myzelsträngen, die sich am oberen Ende zu einem über dem Boden stehenden Stiel vereinen. Der keulenförmig erweiterte obere Teil ist olivbraun bis schwarz, seine Oberfläche aufgeraut durch die winzigen eingesenkten Perithezien, in denen sich die Sporen bildenden Asci befinden.

VORKOMMEN: Parasitisch auf Hirschtrüffeln *(Elaphomyces granulatus, E. muricatus)* in Laub- und Nadelwäldern. Im gemäßigten Klima der Nordhalbkugel weit verbreitet und örtlich häufig.

ÄHNLICHE ARTEN: Kopfige Kernkeule *(C. capitata)* und *C. longisegmentatis*, ebenfalls Hirschtrüffelparasiten, haben rundliche Köpfe.

FRUCHTKÖRPER: Einzeln oder in Gruppen auf Trüffeln.

Maße Keule ↕ 5 – 13 cm (inkl. „Wurzeln") ↔ 0,5 – 1 cm	Sporen weiß	Wert

Familie Xylariaceae	Art *Xylaria polymorpha*	Jahreszeit Sommer – Winter

Vielgestaltige Holzkeule

Der bekannte Kernpilz bildet keulenförmige Fruchtkörperverbände (Stromata) mit dickem weißem Fleisch, rundlicher Spitze und kurzem, zylindrischem Stiel. Direkt unter der Oberfläche sind die Perithezien eingesenkt, die die Sporen bildenden Asci enthalten. Diese stoßen die langen, reifen Sporen durch eine winzige Öffnung auf der Oberfläche, das Ostiolum, aus.

VORKOMMEN: Meist in Bodenhöhe an rottenden Baumstümpfen, v. a. von Buche und Ulme, auch Birke und Linde. Im gemäßigten Klima der Nordhalbkugel weit verbreitet und recht häufig, auch in Teilen der Subtropen.

ÄHNLICHE ARTEN: Die schlankere Langstielige Holzkeule *(X. longipes)* hat kürzere Sporen und wächst fast ausschließlich auf toten Bergahornbäumen.

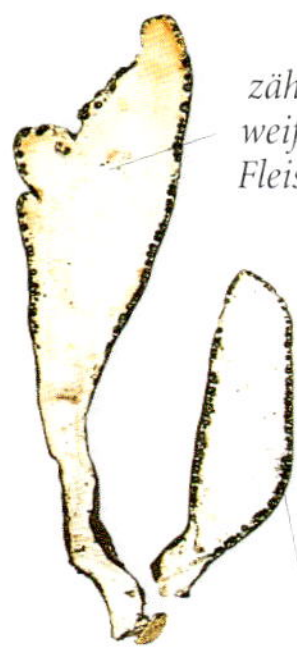

Längsschnitt

FRUCHTKÖRPER: Oft in kleinen, dichten Büscheln.

Maße Keule ↕ 3 – 10 cm ↔ 1 – 4 cm	Sporen schwarz	Wert

Phallusartig

Diese kleine Untergruppe umfasst Pilze mit charakteristischer Phallusform, die Stinkmorcheln, die zu den Gattungen *Phallus* und *Mutinus* gehören. Die Sporen werden in einer klebrigen Gewebemasse, Gleba genannt, angelegt. Bei den *Phallus*-Arten befindet sich die Gleba in einem hutartigen Gebilde, bei den *Mutinus*-Arten im Kopfteil des Stiels. Die jungen, eiförmigen Fruchtkörper („Hexeneier") sind von einer Art Haut umgeben, der Peridie. Darunter schützt eine gallertartige Schicht die heranreifende Gleba. Der durchdringende Gestank des reifen Sporenschleims lockt Insekten an, die ihn dann verbreiten

Familie	Art	Jahreszeit
PHALLACEAE	*Mutinus caninus*	Sommer – Herbst

Hundsrute

Der langstielige, weißliche bis schmutzig orange Fruchtkörper der Hundsrute entfaltet sich aus einem taubeneigroßen Hexenei mit ledriger weißlicher Haut. Die orange Spitze hebt sich mit dem Stiel empor und ist mit einer schleimigen, olivgrünen Sporenmasse bedeckt, deren fauliger Geruch Insekten anlockt, die die Sporen verteilen.
VORKOMMEN: Auf Falllaub oder Nadelstreu, meist nahe verrottenden Stümpfen in Laub- und Nadelwäldern sowie auf Wiesen. In Europa recht häufig, weltweite Verbreitung noch ungeklärt.
ÄHNLICHE ARTEN: Der nordamerikanische rotstielige *Mutinus ravenelii* verbreitet sich zunehmend auch in Europa, v. a. in Gärten und Parks. Die Stinkmorchel (S. 247) und ihre Verwandten tragen hutartige Gebilde.

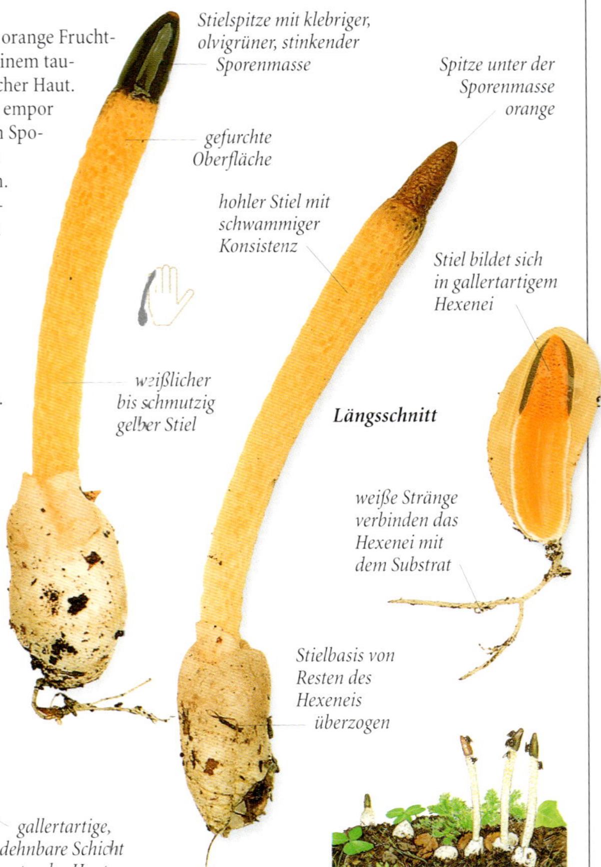

FRUCHTKÖRPER: Einzeln oder in kleinen Gruppen.

Maße	Sporen	Wert
FRUCHTKÖRPER ↕ 6 – 12 cm ↔ 1 – 1,5 cm	olivgrün	

Familie PHALLACEAE	Art *Phallus impudicus*	Jahreszeit Sommer – Herbst

Stinkmorchel

Die Stinkmorchel riecht man meist, bevor man sie sieht, da sie wie alle Arten der Familie *Phallaceae* übelriechende Fruchtkörper hervorbringt, um Insekten anzulocken, die die Sporen verteilen. Reife Exemplare sind leicht an ihrer Phallusform zu erkennen, mit schleimigem, olvigrünem Hut auf weißem Stiel. Das Hexenei unreifer Fruchtkörper wird von einer dünnen, lederartigen Haut umgeben, die der wachsende Stiel durchbricht. Die Anlage des späteren Stiels in jungen Hexeneiern ist essbar und kann herausgelöst werden.

VORKOMMEN: In Laub- und Nadelwäldern sowie auf Sanddünen. Im gemäßigten Klima der Nordhalbkugel weit verbreitet und häufig.

ÄHNLICHE ARTEN: Das Hexenei der Dünenstinkmorchel *(P. hadriani)* ist violett; sie wächst auf Dünen. Andere Arten wie *P. duplicatus* (Abb. unten) haben einen reifrockartigen Schleier.

Längsschnitt

FRUCHTKÖRPER: Einzeln oder in Grüppchen auf sauren Böden.

△ ***Phallus duplicatus***
Bei dieser Art hängt unterhalb des schleimigen, dunkelgrünen Huts ein reifrockartiger, feiner, netzartiger Schleier herab.

Maße FRUCHTKÖRPER ↕ 15 – 20 cm ↔ 1,5 – 3 cm	Sporen olivbraun	Wert

GEWEIH- ODER KORALLENARTIGE PILZE

Diese Arten kann man als spezielle Ausprägung der keulenförmigen Pilze (S. 240 ff.) ansehen. Einige haben nur leicht verzweigte Fruchtkörper, andere sind sehr komplex aufgebaut. Meist werden die Zweige ganz von Sporen bildendem Gewebe überzogen, die der Krausen Glucke (S. 252) sind jedoch nur auf einer Seite fertil; die Holzkeule (unten) ist ein Schlauchpilz.

Familie XYLARIACEAE	Art *Xylaria hypoxylon*	Jahreszeit ganzjährig

Geweihförmige Holzkeule

Die jungen Stromata, oder Sammelfruchtkörper, dieses Kernpilzes sind sehr auffällig. Geweihförmig und mit ungeschlechtlichen weißen Sporen (Konidien) bestäubt, heben sie sich markant von ihrem Substrat, den Laubholzstümpfen, ab. Die geschlechtlichen Sporen entwickeln sich in winzigen, schlauchähnlichen Fruchtkörpern in der Oberfläche der Stromata und färben diese bis zum Spätherbst völlig schwarz, wobei die Spitzen verdorren. Das Fleisch ist wie bei den meisten *Xylaria*-Arten weiß.
VORKOMMEN: Auf Laubholz, meist auf Stümpfen, in Parks und Wäldern. In den gemäßigten Breiten der Nordhalbkugel weit verbreitet und häufig.
ÄHNLICHE ARTEN: Der reife *X. mellisii* ist verzweigter und hat glattere Stromata.

asexuelles Stadium

sexuelles Stadium

Längsschnitt

FRUCHTKÖRPER: Einzeln oder in kleinen Gruppen.

Maße FRUCHTKÖRPER ↕ 1–6 cm | ZWEIG ↔ 1–4 mm × 0,5 mm	Sporen schwarz	Wert

Familie CLAVARIACEAE	Art *Clavulinopsis corniculata*	Jahreszeit Spätherbst

Gelbe Wiesenkoralle

Eine der häufigeren *Clavulinopsis*-Arten ist die Gelbe Wiesenkoralle mit ihren typischen geweihartigen Verästelungen; die Gestalt variiert jedoch je nach Standort. Der Fruchtkörper ist schwefelgelb, orange oder braun; die Stielbasis ist weiß und hat eine filzartige Oberfläche, die sich in Kontakt mit gelöstem oder auch ungelöstem Eisensulfat ($FeSO_4$) grün verfärbt. Das trübere, dünne, leicht brüchige Fleisch riecht mehlig.
VORKOMMEN: Meist auf moosreichen, unbewirtschafteten Wiesen, auch an der Küste unter Hagebuttenbüschen und in feuchtem, mit Esche bewachsenem Wald. Weit verbreitet in gemäßigtem Klima.
ÄHNLICHE ARTEN: *Ramariopsis crocea* hat spitz zulaufendere Enden, ist goldfarbener und reagiert nicht mit $FeSO_4$; wächst in Waldgebieten.

FRUCHTKÖRPER: Einzeln oder in kleinen Gruppen.

Maße FRUCHTKÖRPER ↕ 2 – 8 cm | ZWEIG ↔ 0,5 – 2 cm	Sporen weiß	Wert

Familie CLAVULINACEAE	Art *Clavulina cristata*	Jahreszeit Sommer – Frühwinter

Kammkoralle

Dieser häufige Pilz variiert stark in Form und Farbe, ist jedoch leicht an den vielen recht dicken, meist miteinander verwachsenen Ästen mit den typischen kammartigen Spitzen zu erkennen. Es gibt weiße und graue Formen, die kaum zu trennen sind, da es auch Übergangsformen gibt. Das leicht brüchige Fleisch ist weiß. Die Arten der *Clavulinaceae*-Familie haben vergleichsweise große Basidien, die in der Regel nur zwei Sporen auf den stark gekrümmten, hornartigen Sterigmen (s. S. 10 – 11) tragen.
VORKOMMEN: An feuchten Stellen in Wäldern, an Gräben und Wegrändern. Weit verbreitet und häufig in den gemäßigten Breiten der Nordhalbkugel.
ÄHNLICHE ARTEN: *Clavulina rugosa* ist schlanker, runzeliger und hat weniger Äste. Die Astspitzen der *Ramariopsis kunzei* sind nicht kammartig oder gefranst.

FRUCHTKÖRPER: Einzeln oder in kleinen Gruppen.

Maße FRUCHTKÖRPER ↕ 2 – 6 cm ↔ 0,5 – 3 cm	Sporen weiß	Wert

Familie DACRYOMYCETACEAE	Art *Calocera viscosa*	Jahreszeit Herbst – Winter

Klebriger Hörnling

Der vielästige Fruchtkörper des Gallertpilzes ist kräftig orange und zäh gummiartig. Die Arten dieser Familie *(Dacryomycetaceae)* sind mikroskopisch an ihren stimmgabelförmigen Basidien (s. S. 11) zu unterscheiden; die Sporenschicht überzieht fast den ganzen Fruchtkörper.
VORKOMMEN: Auf morschem Nadelholz in Schonungen und Wäldern. Im gemäßigten Klima der Nordhalbkugel weit verbreitet und häufig.
ÄHNLICHE ARTEN: Der Pfriemige Hörnling *(C. cornea)* hat kleine, unverzweigte Keulen und wächst auf Laubholz. *C. furcata*, meist gegabelt, gedeiht auf Kiefern. Der blasse *C. pallidospathulata* ist flach und unregelmäßig. *Gymnosporangium clavariiforme*, eher flach auf Wachholder wachsend, hat keine verzweigten Spitzen.

FRUCHTKÖRPER: Einzeln oder büschelweise in Grüppchen.

Maße FRUCHTKÖRPER ↕ 3 – 10 cm ↔ 0,5 – 4 cm	Sporen weiß	Wert

Familie RAMARIACEAE	Art *Ramaria abietina*	Jahreszeit Herbst

Grünende Koralle

Jung trübbraun bis olivbraun, verfärbt sich der gesamte Fruchtkörper mit der Zeit spangrün, wodurch sich der Pilz leicht von anderen kleinen, dünnfleischigen *Ramaria*-Arten unterscheiden lässt. Er ist dicht verzweigt, mit blassbraunem, recht festem Fleisch.
VORKOMMEN: Auf dicken Nadelstreuschichten, besonders unter Fichten. Im gemäßigten Klima der Nordhalbkugel weit verbreitet und recht häufig.
ÄHNLICHE ARTEN: *R. eumorpha*, *R. flaccida* und *R. myceliosa* sind ähnlich, verfärben jedoch nicht grün. Der größere *R. apiculata* wird nur an den Astspitzen grün.

FRUCHTKÖRPER: Meist in Hexenringen.

Maße FRUCHTKÖRPER ↕ 3 – 8 cm ↔ 1,5 – 4 cm	Sporen ockerfarben	Wert

Familie Ramariaceae | Art *Ramaria botrytis* | Jahreszeit Herbst

Hahnenkamm

Dicht stehende, weiße bis blassbraune Ästchen mit purpurnen Spitzen helfen diesen meist fleischigen Pilz zu identifizieren. Der Strunk ist dick und untersetzt. Das weiße, feste Fleisch riecht angenehm; der Verzehr kann jedoch nicht empfohlen werden, da der Pilz zum einen selten, zum andern leicht zu verwechseln ist (s. ÄHNLICHE ARTEN).

VORKOMMEN: In älteren Laub- und Nadelwäldern. Im gemäßigten und warmgemäßigten Klima weit verbreitet, nur örtlich häufig.

ÄHNLICHE ARTEN: Der giftige *R. formosa* ist kräftiger orangerosa und hat keine kontrastierenden Spitzen. Es gibt mehr als 20 ähnliche Arten.

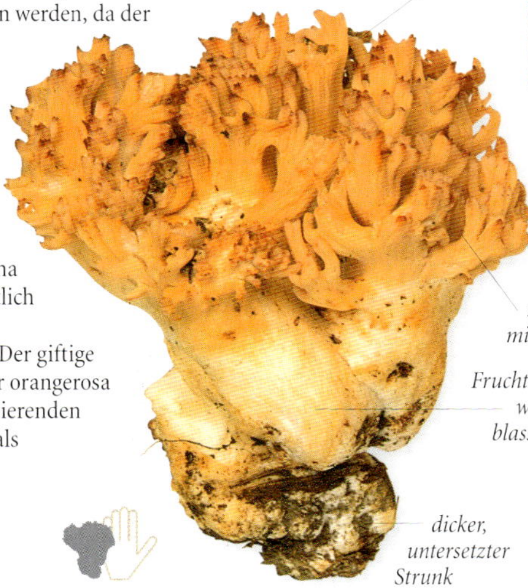

Blutrotfleckende Koralle △
Die seltenere *R. sanguinea* hat dicke gelbe Äste, auf deren Unterseiten sich mit dem Alter und auf Druck rote Flecken bilden.

FRUCHTKÖRPER: Einzeln, in Hexenringen oder Reihen.

Maße Fruchtkörper ↕ ↔ 7 – 15 cm | Sporen ockerfarben | Wert

Familie Ramariaceae | Art *Ramaria stricta* | Jahreszeit Spätsommer – Winter

Steife Koralle

Dieser stark verzweigte Pilz wächst meist aufrecht und ist höher als breit, doch Form und Farbe variieren stark. Die Zweige sind jung blass orangegelb, später ockerbraun und haben blassgelbe Spitzen. Das recht feste, bitter schmeckende Fleisch verfärbt weinrot und riecht würzig. Junge Fruchtkörper können gänzlich zitronengelb sein.

VORKOMMEN: Meist auf halb vergrabenen Laubholzästen, v. a. von Buche, auch auf Sägemehl. Im gemäßigten Klima der Nordhalbkugel weit verbreitet und meist häufig.

ÄHNLICHE ARTEN: Die hellere *R. gracilis* riecht deutlich anisartig und wächst v. a. auf Nadelstreu.

FRUCHTKÖRPER: Einzeln oder in Reihen auf morschen Ästen.

Maße Fruchtkörper ↕ 4 – 12 cm ↔ 3 – 8 cm | Sporen ockerfarben | Wert

Familie Sparassidaceae	Art *Sparassis crispa*	Jahreszeit Spätsommer – Herbst

Krause Glucke

Zahlreiche Äste bilden den für diese Art typischen fleischigen, cremefarbenen bis blass gelbbraunen Fruchtkörper, der von einem kurzen, dicken, wurzelartigen Strunk getragen wird. Die Äste sind stark verzweigt, flach oder bänderartig und recht fest; wie bei allen Arten dieser Familie überzieht die Fruchtschicht nur eine Seite der Äste. Obwohl schwer zu putzen, ist die Krause Glucke ein lohnender Speisepilz mit gutem Geschmack.
VORKOMMEN: Meist an Kiefern in Schonungen und Wäldern; Braunfäuleerreger. Im gemäßigten Klima der Nordhalbkugel weit verbreitet; örtlich recht häufig.
ÄHNLICHE ARTEN: Die blassere, zähere Eichenglucke *(S. brevipes)* wächst meist an Eichen, Buchen oder Tanne.

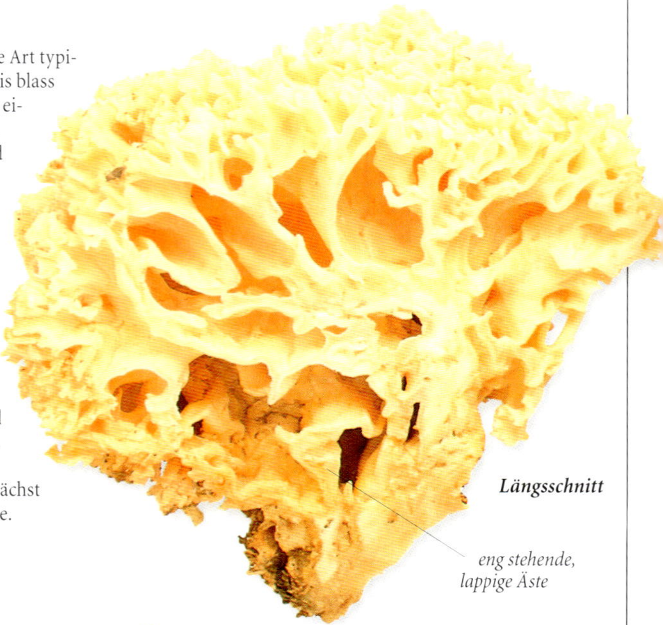

Längsschnitt

eng stehende, lappige Äste

stark verzweigter, blumenkohlähnlicher Fruchtkörper

Sporen bildende Fruchtschicht nur auf einer Seite

Fruchtkörper wiegt 1 – 9 kg, im Extremen bis zu 14 kg

FRUCHTKÖRPER: Meist einzeln an geschädigten Stämmen.

Maße Fruchtkörper ↕ ↔ 10 – 40 cm	Sporen weiß bis blassgelb	Wert

RUNDLICHE PILZE

Die Pilze dieser Gruppe sind recht unterschiedlich, doch alle haben rundliche Fruchtkörper. Bei den oberirdisch wachsenden Arten handelt es sich hauptsächlich um Stäublinge bzw. Boviste und Kernpilze (vgl. S. 244). Die rundlichen Pilze unter dem Erdboden sind Trüffel (S. 258–259), zu denen einige gute Speisepilze zählen.

Oberirdisch wachsend

Die Pilze dieser Untergruppe haben alle ungestielte, runde Fruchtkörper (rundliche Fruchtkörper mit Stiel s. S. 260–263). Einige dieser Arten sind Ständerpilze (s. S. 11), die ihre Sporen im Fruchtkörper bilden. Die Sporen fallen aus, wenn die Haut altersbedingt aufreißt oder im Reifezustand eine Öffnung an der Spitze gebildet wird. Andere hier vorgestellte Pilze gehören zu den Schlauch- bzw. Kernpilzen (s. S. 244). Diese haben winzige rundliche Fruchtkörper, die Perithezien, die in fleischiges Stroma eingebettet sind.

Familie ENTOLOMATACEAE	Art *Entoloma abortivum*	Jahreszeit Herbst

Klumpiger Rosablättling

Dieser Speisepilz bildet meist rundliche, klumpige weiße Fruchtkörper. Dies resultiert wohl daraus, dass er ursprünglich ein Parasit des Honiggelben Hallimasch *(Armillaria mellea*, S. 80) ist. Manchmal werden auch Hut und Stiel ausgebildet, wobei die Hüte bis zu 10 cm breit, die Stiele bis 10 cm hoch und 1,5 cm dick sein können. Der graue Pilz hat herablaufende, rosa Lamellen. Das Fleisch riecht gurken- oder mehlartig; klumpige Formen sind rosa geadert.

VORKOMMEN: Auf Laubbäumen in lichten Wäldern. In Nordamerika weit verbreitet und häufig.

ÄHNLICHE ARTEN: Kein anderer Pilz bringt solche Formveränderungen hervor; Hut und Stiel ähneln jedoch anderen *Entoloma*-Arten, die aber auf dem Boden wachsen und keine herablaufenden Lamellen haben. Viele sind giftig, weshalb man Hut- und Stielformen dieser Art besser stehen lässt.

FRUCHTKÖRPER: Büschelweise rundliche Formen mit Hut und Stiel.

Maße KLUMPENFORM ↕ 2,5–5 cm ↔ 2,5–10 cm	Sporen rosa bis lachsfarben	Wert

Familie LYCOPERDACEAE	Art *Calvatia gigantea*	Jahreszeit Sommer – Herbst

Riesenbovist

Dies ist einer der bekanntesten Speisepilze. Die riesigen, ballförmigen, weißen oder cremefarbenen Fruchtkörper werden oft über 4 kg schwer, doch wurden auch schon Rekordfunde mit 20 kg getätigt. Das Innere des Fruchtkörpers besteht überwiegend aus Sporen, der sterile Basisteil ist stark reduziert. Das Fleisch ist fest, bei jungen Exemplaren weiß.

VORKOMMEN: Saprophyt; oft an von Menschen beeinflussten, nährstoffreichen Standorten, wie Feldern, Hecken, Waldrändern und Parks. Im gemäßigten Klima der Nordhalbkugel weit verbreitet und örtlich häufig.

riesiger, ballförmiger, weißer oder cremefarbener Fruchtkörper

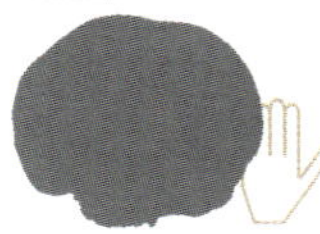

Längsschnitt

Fleisch nur essbar, solange es weiß und fest ist

lederartige, glatte Außenhaut, im Alter faulend, um Sporen freizusetzen

Sporen bildendes Gebilde zuerst gelblich, im Alter olivbraun

FRUCHTKÖRPER: Meist in kleinen Hexenringen.

Maße FRUCHTKÖRPER ↕ ↔ 20 – 50 cm	Sporen olivbraun	Wert

Familie LYCOPERDACEAE	Art *Bovista plumbea*	Jahreszeit Sommer – Herbst

Bleigrauer Bovist

Wenn die weiße Außenhaut des reifen rundlichen Pilzes eierschalenartig abblättert, wird die graue Innenschicht sichtbar. Darunter befindet sich blassgelbes Gewebe, das massenhaft Sporen bildet. Im Alter lösen sich die Fruchtkörper der Boviste oft vom Substrat und „rollen", z. B. unter Windeinfluss, umher. Dabei werden die Sporen, die bei dieser Art aus einer Öffnung an der Spitze austreten, weit verstreut. Der Pilz ist essbar, aber kein besonderer Genuss.

VORKOMMEN: Saprophyt; auf Grünland, v. a. auf trockenen Wiesen; gedeiht auch auf gedüngten Böden. Nahezu weltweit, nur in den feuchten Tropenregionen fehlend.

ÄHNLICHE ARTEN: Der Schwärzende Bovist *(B. nigrescens)* ist größer und dunkelbraun.

Längsschnitt

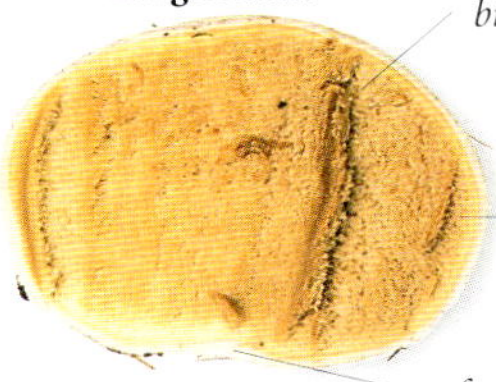

FRUCHTKÖRPER: Meist in Gruppen oder zu wenigen.

Maße FRUCHTKÖRPER ↕ ↔ 1 – 3 cm	Sporen oliv bis sepiabraun	Wert

Familie LYCOPERDACEAE	Art *Vascellum pratense*	Jahreszeit Sommer – Herbst

Wiesenstäubling

Das Hauptmerkmal der stacheligen, weißen bis blassbraunen Art ist oft schwer zu sehen: eine Art Membran, die den fertilen, runden Kopfteil vom sterilen, kurzen Basisteil trennt. Reife Fruchtkörper sind meist oben abgeflacht und haben eine Öffnung, aus der die Sporen entweichen können. Der sterile Teil überdauert meist bis zum nächsten Frühjahr. Feste, junge Exemplare sind essbar, schmecken aber fad.

VORKOMMEN: Saprophyt; auf der Erde und auf Humus, auf Weiden, Rasenflächen, in Parks und auf Heideflächen. Nahezu weltweit, nur in den feuchten Tropenregionen fehlend.

Längsschnitt

FRUCHTKÖRPER: Meist in kleinen Gruppen.

Maße FRUCHTKÖRPER ↕ 1,5 – 3,5 cm ↔ 2 – 4,5 cm	Sporen olivgrau bis olivbraun	Wert

Familie Sclerodermataceae	Art *Scleroderma citrinum*	Jahreszeit Sommer – Herbst

Dickschaliger Kartoffelbovist

Der harte, kartoffelähnliche Pilz mit blassgelber, braunschuppiger Haut ist in feuchten Wäldern ein vertrauter Anblick. Unter der zähen, blassgelben, 2 – 5 mm dicken Außenhaut findet man die charakteristische schwarze, leicht marmorierte Sporenmasse. Der ungenießbare und giftige Pilz hat einen streng metallischen Geruch.

VORKOMMEN: Mykorrhizapilz von Laubbäumen, meist in feuchten Wäldern; oft gemeinsam mit dem Schmarotzerröhrling (S. 194). Im gemäßigten Klima der Nordhalbkugel weit verbreitet und häufig.

ÄHNLICHE ARTEN: Die essbaren *Lycoperdon*-Arten (S. 260 – 261) und Trüffel (S. 258 – 259) unterscheiden sich in Form, Farbe, Geruch und Sporenform.

FRUCHTKÖRPER: Meist in Büscheln an moosigen Stellen.

Maße Fruchtkörper ↔ 4 – 10 cm	Sporen purpurschwarz	Wert ☠

Familie Russulaceae	Art *Zelleromyces cinnabarinus*	Jahreszeit Sommer – Herbst

Milchlingstrüffel

Äußerlich wie ein missgestalteter Bovist aussehend, zeigt diese Art unter dem Mikroskop dieselben Merkmale wie die Milchlinge (S. 43 ff.) und sondert wie diese bei Verletzung weiße „Milch" ab. Die mild schmeckende Milch verfärbt sich beim Trocknen nicht. Die Sporen werden in Kammern des zimtbraunen Fleischs gebildet und freigesetzt, wenn der Pilz verrottet, oder von Tieren verbreitet, die die Fruchtkörper fressen.

VORKOMMEN: Mykorrhizapilz der Kiefer in Wäldern. Im östlichen Nordamerika weit verbreitet und häufig, aber oft übersehen.

FRUCHTKÖRPER: Verstreut oder gesellig unter Kiefern, auf oder knapp unter dem Boden.

Maße Fruchtkörper ↔ 3 – 5 cm	Sporen blass zimtbraun	Wert

Familie XYLARIACEAE	Art *Daldinia concentrica*	Jahreszeit ganzjährig

Gezonter Holzkohlepilz

Dieser Kernpilz bildet große, runde, rostbraune Sammelfruchtkörper (Stromata), deren Fleisch mit hellen und dunklen Bändern gezont ist. Die reifen Sporen werden von den Asci in den Perithezien, die direkt unter der Oberfläche sitzen, aktiv ausgeschleudert. Die ausdauernden Fruchtkörper können sich mit der Zeit schwarz verfärben und bröckelig werden.

VORKOMMEN: Meist auf toten oder absterbenden, noch stehenden Stämmen, v. a. der Esche, aber auch von Birke und anderen Laubbäumen, in Parks und Wäldern; häufig auch auf Brandflächen. Im gemäßigten Klima der Nordhalbkugel weit verbreitet; häufig auf den Britischen Inseln, seltener im übrigen Europa.

ÄHNLICHE ARTEN: *Hypoxylon*-Arten (unten) mit ungezontem Fleisch.

Längsschnitt

FRUCHTKÖRPER: Einzeln oder in Gruppen.

Maße SAMMELFRUCHTKÖRPER ↔ 2 – 10 cm	Sporen schwarz	Wert

Familie XYLARIACEAE	Art *Hypoxylon fragiforme*	Jahreszeit ganzjährig

Buchenkohlenbeere

Die halbkugeligen Sammelfruchtkörper (Stromata) dieses Kernpilzes haben keinen Stiel, sind rosa bis ziegelrot und werden überreif schwarz. Sie haben eine harte, raue, warzige Oberfläche, direkt darunter sitzen die Sporen bildenden kammerartigen Perithezien. Das Fleisch ist schwarz und hart.

VORKOMMEN: Auf der Rinde frisch umgestürzter Buchen in Wäldern. In den Buchenwäldern des gemäßigten Klimas verbreitet und häufig.

ÄHNLICHE ARTEN: *H. howeianum* tritt an anderen Laubbäumen auf. Die Ziegelrote Kohlenkruste *(H. rubiginosum)* ist flach ausgebreitet und rötlich braun. Die Rotbraune Kohlenbeere *(H. fuscum)*, meist an Hasel und Erle, ist purpurbraun.

FRUCHTKÖRPER: Scharenweise auf Buchenrinde.

Maße SAMMELFRUCHTKÖRPER ↔ 0,5 – 3 cm	Sporen schwarz	Wert

Unteriridsch wachsend

Die hier vorgestellten Arten sind Schlauchpilze mit trüffelartigen, unterirdischen Fruchtkörpern, die die Sporen tragenden Asci enthalten. Die Tuber-Arten, die eigentlichen Trüffeln, haben recht festes Fleisch und sind mit den Becherlingen (S. 266 f.) eng verwandt. Die Hirschtrüffeln (Elaphomyces), deren Inneres bei Reife pulvrig-körnig wird, sind dagegen eine recht eigenständige Gattung, ohne nähere Verwandschaft zu den Trüffeln.

Familie TUBERACEAE	Art *Tuber aestivum*	Jahreszeit Sommer

Sommertrüffel

Die Sommertrüffel, auf dem Markt die preisgünstigste unter den essbaren Echten Trüffeln, hat einen mehr oder weniger runden Fruchtkörper mit rauer Oberfläche, die mit pyramidenförmigen schwarzen Warzen bedeckt ist. Das feste Fleisch im Innern des Pilzes ist graubraun und weiß geadert. Es riecht nach Seetang, sein Geschmack ist schwach nussartig. Die Fruchtkörper ziehen Fliegen an – für den Trüffelsammler ein hilfreiches Indiz bei der Suche.

VORKOMMEN: Zwischen Wurzeln von Buchen, Birken und Eichen. In Mittel- und Südeuropa sowie in Südskandinavien verbreitet und häufig.

FRUCHTKÖRPER: Meist einzeln zwischen Baumwurzeln.

Maße FRUCHTKÖRPER ↔ 2–5 cm	Sporen gelbbraun	Wert

Familie TUBERACEAE	Art *Tuber melanosporum*	Jahreszeit Spätherbst – Frühjahrsbeginn

Perigordtrüffel

Die raue, kohlschwarze Oberfläche des unregelmäßig geformten Perigordtrüffels besteht aus vielen kleinen, polygonalen Warzen. Das feste Fleisch färbt sich durch die Sporen zuerst braun, später schwarz. Es ist von weißen Adern durchzogen und hat einen ausgeprägten Geruch und Geschmack. Perigordtrüffeln werden von professionellen Sammlern mit Hilfe speziell abgerichteter Hunde oder Schweine gesucht. Mit Trüffelmyzel beimpfte Wirtsbaumsämlinge erlauben mittlerweile aber auch die Kultur des Pilzes.

VORKOMMEN: Unter bestimmten mediterranen Eichen und anderen Bäumen auf kalkhaltigen, roten Böden im Mittelmeerraum. Die jährliche Gesamternte in Südfrankreich, Italien und Spanien liegt bei ca. 300 Tonnen.

ÄHNLICHE ARTEN: *T. brumale* wächst weiter nördlich, auch auf den Britischen Inseln. *T. macrosporum* hat eine fast glatte Oberfläche.

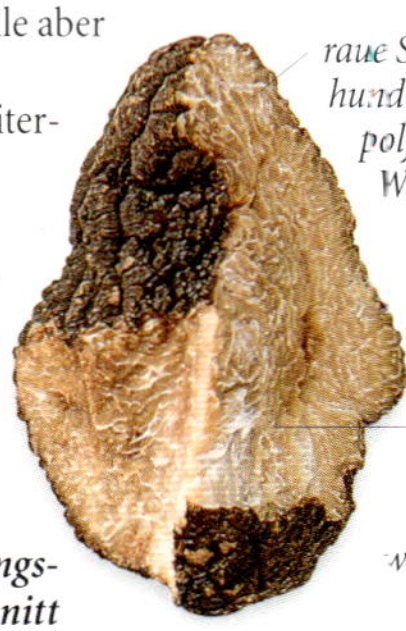

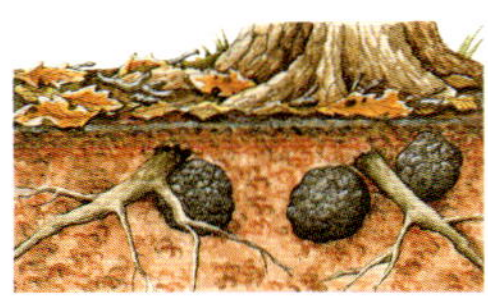

FRUCHTKÖRPER: Einzeln zwischen Baumwurzeln.

Maße FRUCHTKÖRPER ↔ 2–7 cm	Sporen dunkelbraun	Wert

Familie Tuberaceae	Art *Tuber magnatum*	Jahreszeit Herbst – Winter

Weiße Trüffel

Der Fruchtkörper dieses vorzüglichen Speisepilzes ist unregelmäßig rund, blass ocker- bis cremefarben und hat eine glatte Oberfläche. Das cremefarbene Fleisch riecht und schmeckt würzig; die Sporen sind darin als dunkle cremebraune Bereiche sichtbar. Es gibt Bemühungen, den Pilz durch die Beimpfung geeigneter Wurzeln zu kultivieren, was bei Erfolg zu einer spürbaren Preissenkung führen könnte.
VORKOMMEN: Auf basischen Böden zwischen den Wurzeln von Eichen, aber auch Pappeln und Weiden. Häufig in der Region Piemont im Nordosten Italiens und in Frankreich.
ÄHNLICHE ARTEN: *T. gibbosum*, ebenfalls essbar mit hellem Fleisch, wächst in Nordamerika.

△ ***Tuber canaliculatum***
Ein rundlicher warziger, rotbrauner Trüffel. Das braune Fleisch ist mit weißen Linien durchzogen. Der reife Fruchtkörper durchstößt den Boden oder wird von Tieren ausgegraben. Wächst in Nordamerika.

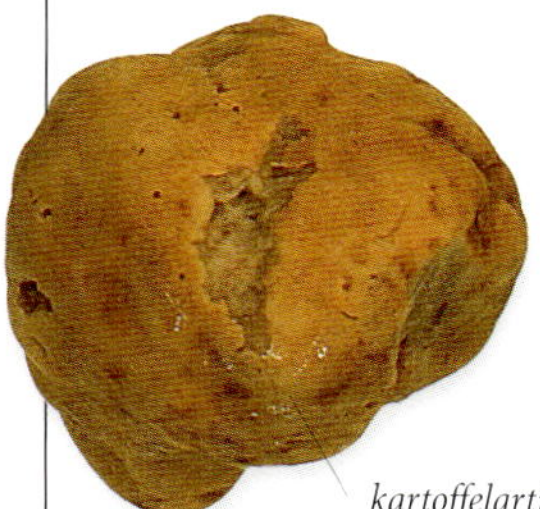

kartoffelartiger Fruchtkörper

cremefarbenes Fleisch adrig marmoriert

Längsschnitt

FRUCHTKÖRPER: Meist einzeln zwischen Baumwurzeln.

Maße Fruchtkörper ↔ 2 – 8 cm	Sporen braun	Wert

Familie Elaphomycetaceae	Art *Elaphomyces granulatus*	Jahreszeit ganzjährig

Warzige Hirschtrüffel

Diese Trüffel hat eine dickfleischige, schuppige, warzige, durchgehend gelbbraune Oberfläche. Wenn die Fruchtkörper reif sind, reißt die Haut auf, sodass die pulvrige schwarze Sporenmasse verstreut werden kann.
VORKOMMEN: Mykorrhizpilz vieler Laub- und Nadelbäume in Wäldern und Parks. Häufig wächst auf ihm die parasitische Zungenkernkeule (S. 245) und hilft so, den Pilz zu finden. Weit verbreitet und häufig in Europa; auch in Nordamerika und Japan.
ÄHNLICHE ARTEN: *E. muricatus* hat direkt unter der warzigen, gelbbraunen Rinde eine marmorierte Außenschicht.

im Alter pulvrig schwarze Sporenmasse

Längsschnitt

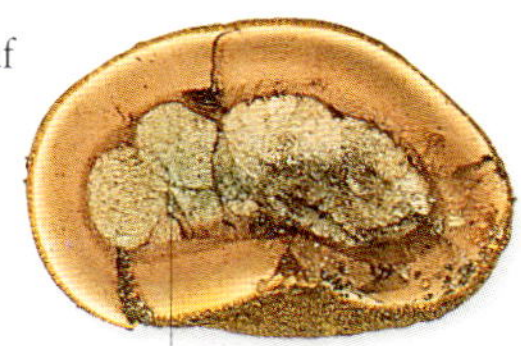

Längsschnitt

unreifes fertiles Gewebe blassbraun

Oberfläche schuppig, warzig, goldbraun

FRUCHTKÖRPER: In Gruppen unter der Erde.

Maße Fruchtkörper ↔ 1,5 – 4,5 cm	Sporen schwärzlich braun	Wert

BIRNEN- BIS MÖRSER-FÖRMIGE PILZE

Diese Gruppe umfasst Stäublinge und Boviste mit üblicherweise rundem, fertilem Kopfteil auf einer kurzen, sterilen, stielartigen Basis (vgl. auch S. 253–257). Die reifen Sporen entweichen entweder über eine Öffnung am Kopf oder durch die aufreißende bzw. abblätternde Außenhaut und werden dann durch Regentropfen, Wind usw. verteilt.

Familie LYCOPERDACEAE	Art *Lycoperdon pyriforme*	Jahreszeit Herbst – Winter

Birnenstäubling

Dies ist eine der leichter zu bestimmenden *Lycoperdon*-Arten, zu deren Kennzeichen die längliche Birnenform, die glatte Oberfläche des reifen Fruchtkörpers, die weißen Myzelstränge an der Basis und das Auftreten an Totholz gehören. Andere Vertreter der Gattung wachsen auf dem Boden. Junge Fruchtkörper haben eine warzige bis stachelige Oberfläche. Ihr weißes, festes Fleisch ist essbar, aber kein besonderer Genuss.

VORKOMMEN: Saprophytisch auf verrottendem Laubholz, seltener auch an Nadelholz, in Wäldern, Parks und Gärten. Nahezu weltweit, außer in Gebieten mit extremem Klima.

ÄHNLICHE ARTEN: Der auf sandigen Böden wachsende *L. lividum* ist ebenfalls glatt, aber grauer, mit warzigen Sporen (die des Birnenstäublings sind glatt).

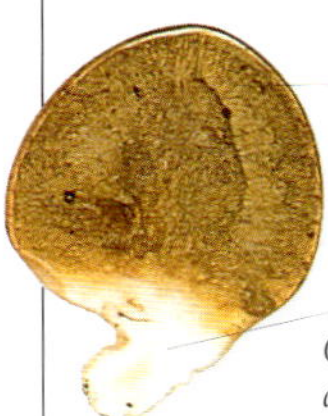

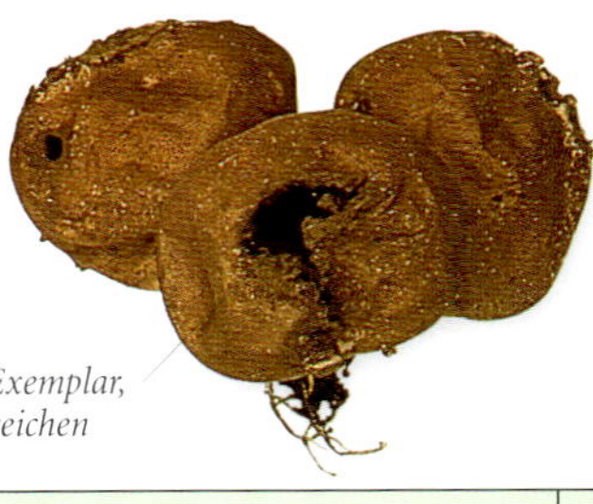

FRUCHTKÖRPER: In großen, büscheligen Gruppen.

Maße FRUCHTKÖRPER ↕ 1,5–5 cm ↔ 1–2,5 cm	Sporen olivbraun	Wert

Familie LYCOPERDACEAE	Art *Lycoperdon echinatum*	Jahreszeit Herbst

Igelstäubling

Die langen braunen Stacheln des rundlichen, zur Basis hin sich verjüngenden Fruchtkörpers gaben dem Igelstäubling seinen Namen. Die Stacheln fallen vom reifen Fruchtkörper ab und hinterlassen ein deutliches Netzmuster auf der dunkelbraunen Oberfläche. Bei jungen Exemplaren ist das Sporen bildende Gewebe weiß und fest, bei reifen braun. Die braunen, lila getönten Sporen entweichen über eine Öffnung an der Spitze. Das sterile Stielfleisch dunkelt im Alter.

VORKOMMEN: Saprophyt; auf basischen Böden, v. a. in Buchenwäldern; manchmal zusammen mit dem selteneren Flockenstäubling *(L. mammiforme)*. In wärmeren Gebieten Europas und Asiens.

ÄHNLICHE ARTEN: Der sehr ähnliche *L. americanum* wächst in Nordamerika.

FRUCHTKÖRPER: Zu wenigen, oft an Grabenrändern.

Maße FRUCHTKÖRPER ↕ 3–7 cm ↔ 1–3 cm	Sporen schokoladenbraun	Wert

Familie LYCOPERDACEAE	Art *Lycoperdon perlatum*	Jahreszeit Herbst

Flaschenstäubling

Der runde, weiße bis gelblich braune Pilz mit deutlich ausgeprägtem Stiel ist mit kurzen Stacheln bedeckt, die von kleinen, körnigen Wärzchen umgeben sind. Eine Wölbung am Scheitel zeigt, wo die Öffnung zum Entlassen der Sporen entstehen wird. Die vom reifen Pilz abfallenden Stacheln hinterlassen ein gleichmäßiges Muster auf der Oberfläche. Das feste, weiße Fleisch junger Pilze ist essbar, später wird es ungenießbar.

VORKOMMEN: Saprophyt; auf dem Boden, v. a. in Wäldern, aber auch auf Wiesen. Im gemäßigten Klima der Nordhalbkugel weit verbreitet und häufig.

ÄHNLICHE ARTEN: Der Stinkende Flaschenstäubling *(L. nigrescens)* hat dunklere, längere, Stacheln, etwa wie der Igelstäubling (oben). Nach Abfallen der Stacheln zeigt er ein ähnliches Muster.

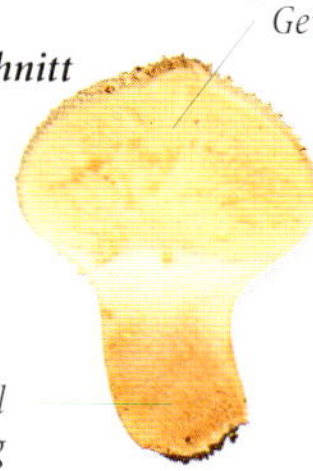

FRUCHTKÖRPER: Meist in dicht gedrängten Gruppen.

Maße FRUCHTKÖRPER ↕ 4–7 cm ↔ 2–4 cm	Sporen blassgelb bis olivbraun	Wert

Familie	Art	Jahreszeit
Lycoperdaceae	*Handkea excipuliformis*	Herbst

Beutelstäubling

Der rundliche, fertile Kopfteil des gelbbraunen Beutelstäublings sitzt überlicherweise auf einem hohen Stiel; es gibt jedoch auch kurzstielige Exemplare. Die Haut des reifen Fruchtkörpers platzt auf, sodass die unzähligen braunen Sporen von Wind und Regen verbreitet werden können. Die jungen festen Fruchtkörper sind essbar, schmecken aber fad. Der Stiel wird im Alter sehr zäh und kann bis zum nächsten Jahr überdauern.

VORKOMMEN: Saprophyt; auf dem Boden oder in der Grasnarbe in offenem Gelände. Im gemäßigten Klima der Nordhalbkugel weit verbreitet und meist häufig; Verbreitung bis hin zu subarktischen und subtropischen Regionen.

ÄHNLICHE ARTEN: Kurz gestielte Beutelstäublinge ähneln sehr dem Weichen Stäubling *(L. molle)* und können nur durch mikroskopische Merkmale unterschieden werden.

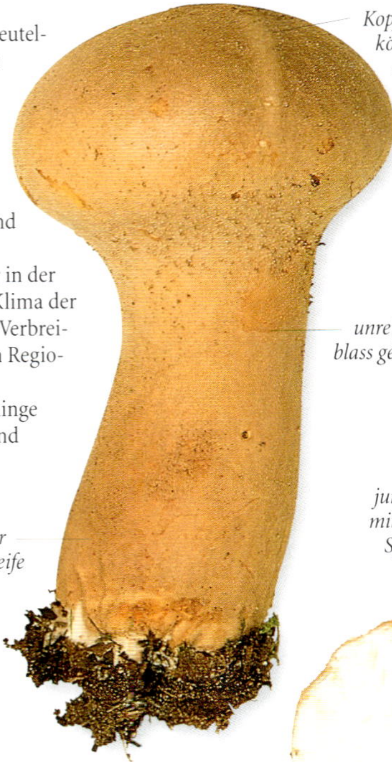

Kopfteil junger Fruchtkörper mit feinen spitzen Stacheln bedeckt

unreifer Fruchtkörper blass gelbbraun

recht langer Stiel, bei Reife gefurcht

bei Reife aufbrechende Hülle gibt braune Sporenmasse frei

wächst zwischen Moos oder Falllaub

schwammiges Stielgewebe

Stiel bildet keine Sporen

Längsschnitt

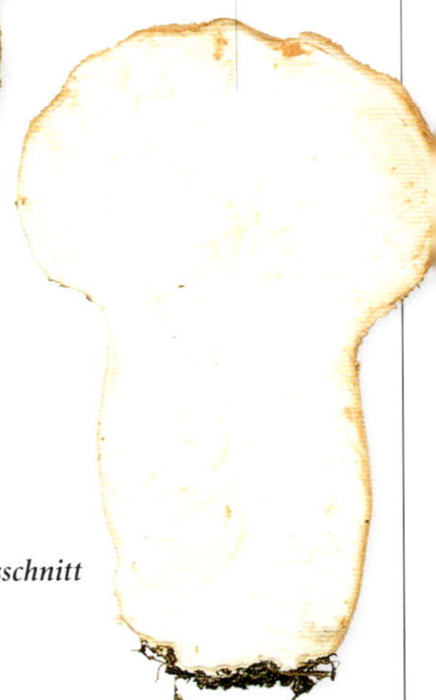

junge Fruchtkörper mit festem, weißem, Sporen bildendem Gewebe

Längsschnitt

FRUCHTKÖRPER: Meist in kleinen Gruppen.

Maße	Sporen	Wert
Fruchtkörper ↕ 5 – 20 cm ↔ 5 – 10 cm	olivbraun bis braun	

Familie	Art	Jahreszeit
Lycoperdaceae	*Handkea utriformis*	Sommer – Herbst

Hasenbovist

Dieser große Bovist bildet birnenförmige Fruchtkörper, die nie höher als breit sind. Sie tragen recht grobe, mehlige Schuppen, die bei reifen Exemplaren ganz oder weitgehend abfallen. Die Haut an der Spitze löst sich auf und gibt die braune, teils oliv getönte, pulvrige Sporenmasse frei. Der untere, sterile weiße Teil wird später braun. Der Pilz ist jung essbar, aber fad.
VORKOMMEN: Saprophyt; in offenem Gelände, oft in Küstennähe. Im gemäßigten Klima der Nordhalbkugel weit verbreitet.

FRUCHTKÖRPER: Meist in kleinen Gruppen im Gras und zwischen Flechten.

Maße	Sporen	Wert
Fruchtkörper ↕ 5 – 10 cm ↔ 5 – 15 cm	schokoladenbraun	

Familie	Art	Jahreszeit
Sclerodermataceae	*Scleroderma verrucosum*	Herbst

Warziger Kartoffelbovist

Diese recht große, blassgelbe bis braune Art ist mit unregelmäßigen braunen Schuppen bzw. Warzen bedeckt, hat eine sehr dünne, ca. 1 mm starke Haut und eine stielartige Basis. Die Sporenmasse im Innern riecht metallisch und färbt sich während der Reife dunkel purpurbraun. Wenn sich die Haut dann ablöst, werden die Sporen durch den Wind verteilt.
VORKOMMEN: Mykorrhizapilz von Laubbäumen wie Eiche und Buche. Im gemäßigten Klima weit verbreitet und häufig.

FRUCHTKÖRPER: Meist gesellig oder einzeln auf nacktem Boden.

Maße	Sporen	Wert
Fruchtkörper ↕ 5 – 10 cm ↔ 2 – 5 cm	purpurschwarz	

Familie	Art	Jahreszeit
Calostomataceae	*Calostoma cinnabarina*	Spätsommer – Herbst

Zinnoberroter Stäubling

Diese Art hat eine gallertartige Außenhaut und eine rote Innenschicht; beim Aufbrechen umhüllt diese den Stiel mit einer dicken, von roten Teilchen durchsetzten Gallertschicht. Das hervorstehende eiförmige Kopfteil ist zunächst mit einer Art rotem Pulver bestäubt, das bei Reife einen blassgelben „Ball" freigibt, aus dessen kreuzförmiger Öffnung die Sporen entweichen.
VORKOMMEN: Am Boden lichter Wälder. In Nordamerika weit verbreitet und häufig.
ÄHNLICHE ARTEN: *C. lutescens* ist ähnlich geformt, aber gelb. *C. ravenelii* ist strohgelb und nicht gallertartig.

FRUCHTKÖRPER: In kleinen Gruppen auf dem Boden in offenem Gelände.

Maße	Sporen	Wert
Fruchtkörper ↕ 2 – 5 cm ↔ 1 – 2 cm	weiß bis cremefarben	

BECHER- BIS SCHEIBEN-FÖRMIGE PILZE

Alle Pilze dieser Gruppe bilden becher- oder scheibenförmige Fruchtkörper, lassen sich aber in zwei Untergruppen unterteilen. Die erste hat mehr oder weniger kreisrunde Fruchtkörper, die oft nur schwach becherartig und eher flach sind (s. S. 264 – 273); die zweite dagegen hat tiefe, vogelnestartige Fruchtkörper, die winzige, linsen- oder eiähnliche Gebilde enthalten (s. S. 274).

Ohne „Eier“

Diese Untergruppe umfasst Pilze mit becher- oder scheibenförmigen Fruchtkörpern, bei denen die Sporen bildende Fruchtschicht (Hymenium) die glatte Innenseite des Bechers oder die Oberfläche der Scheibe überzieht. Nach dem Ausreifen werden die Sporen aktiv ausgeschleudert (vgl. S. 16 – 17). Die Morcheln (s. S. 209 – 210) entwickelten sich aus einfachen Becherpilzen, haben jedoch Stiele und eine differenziertere Form.

Familie SARCOSCYPHACEAE	Art *Sarcoscypha austriaca*	Jahreszeit Spätherbst – Frühsommer

Scharlachroter Kelchbecherling

Der Pilz trägt winzige, korkenzieherartige, weiße Haare auf der Außenseite des dauerhaften, becherförmigen Fruchtkörpers. Anders als die leuchtend scharlachrote Innenfläche wirkt die „Becherwand“ deshalb blass, ebenso der manchmal fein gezahnte Rand. Der helle Stiel ist häufig im Substrat verborgen. Das blassrote Fleisch ist recht fest, aber brüchig. Es gibt auch rein weiße Formen.

VORKOMMEN: An morschem Laubholz in Wäldern. In Europa weit verbreitet, wahrscheinlich auch in anderen Regionen des gemäßigten Klimas.

ÄHNLICHE ARTEN: Der Zinnoberrote Kelchbecherling *(S. coccinea)* hat gerade Haare auf der Becheraußenseite. Andere *Sarcoscypha*-Arten treten nur örtlich begrenzt auf und unterscheiden sich in Sporen und Keimverhalten.

FRUCHTKÖRPER: In Gruppen auf morschem Holz.

Maße BECHER ↔ 1 – 8 cm ↕ 0,5 – 3 cm | STIEL ↕ 0 – 3 cm ↔ 3 – 5mm	Sporen weiß	Wert

Familie OTIDEACEAE	Art *Tarzetta cupularis*	Jahreszeit Sommer – Herbst

Kerbrandiger Napfbecherling

Der pokalförmige Fruchtkörper des Napfbecherlings hat kleine, dreieckige Zacken auf dem Becherrand und einen kurzen Stiel. Im Gegensatz zu anderen Becherpilzen, die sich im Alter öffnen, behält der Fruchtkörper seine Gestalt bis zur Reife bei. Die Außenseite ist körnig und blass gelbbraun; die Becherinnenseite wird von der gräulich cremefarbenen Fruchtschicht (Hymenium) überzogen.
VORKOMMEN: Auf nährstoffreichen, basischen, Tonböden in Parks und Wäldern. Im gemäßigten Klima der Nordhalbkugel weit verbreitet und häufig.
ÄHNLICHE ARTEN: Andere Vertreter der kleinen Gattung bevorzugen dieselben Standorte, so etwa *T. caninus* mit einem Becher von bis zu 5 cm Durchmesser. Die Arten sind selbst mit dem Mikroskop nur schwer zu unterscheiden.

Längsschnitt

FRUCHTKÖRPER: In kleinen Gruppen meist auf nacktem Boden.

Maße BECHER ↔ 0,5 – 1,5 cm ↕ 0,5 – 2,5 cm | STIEL ↕ 0,3 – 1 cm ↔ 2 – 4 mm	Sporen weiß	Wert

Familie MORCHELLACEAE	Art *Disciotis venosa*	Jahreszeit Frühling – Frühsommer

Adriger Scheibenbecherling

Der jung becherförmige, sattbraune Fruchtkörper dieses Pilzes flacht mit der Zeit ab und kann sich im Alter sogar konvex wölben. Besonders bei größeren Exemplaren ist die Oberfläche oft starkt gerippt und gefurcht; die weißliche Unterseite wird von Schuppen überzogen. Der stark reduzierte, dicke Stiel ist weißlich. Das brüchige, helle Fleisch kann man essen; beim Kochen verflüchtigt sich der unangenehme Chlorgeruch.
VORKOMMEN: In Parks und Wäldern, häufig gemeinsam mit der Halbfreien Morchel (S. 210) und oft mit Pestwurz *(Petasites-*Arten) vergesellschaftet. In vielen Regionen weit verbreitet, aber weltweite Verteilung noch ungeklärt; nicht in den Tropen sowie im arktisch-alpinen Bereich.

FRUCHTKÖRPER: Einzeln oder in Gruppen auf der Erde, immer auf nährstoffreichen Böden.

Maße BECHER ↔ 4 – 10 cm | STIEL ↕ ↔ 2mm	Sporen cremefarben	Wert

Familie PEZIZACEAE	Art *Peziza vesiculosa*	Jahreszeit ganzjährig

Blasenbecherling

Dieser Pilz hat eine charakteristische blasenähnliche Form mit schmal eingerolltem, gewelltem Rand. Die körnige Außenhaut ist blass lederbraun, die Sporen tragende Innenseite (Hymenium) blass gelbbraun. Im Gegensatz zu den meisten anderen *Peziza*-Arten breitet sich der Fruchtkörper im Alter kaum aus, sodass die Öffnung zum Entweichen der Sporen recht schmal bleibt. Das blassgelbe Fleisch ist brüchig und für die Gattung sehr dick.
VORKOMMEN: In Parks, Gärten und Bauernhöfen, auf nährstoffreichen Substraten wie Kompost, Misthaufen und Strohmieten oder auf gemulchten Beeten; oft gemeinsam mit anderen Becherpilzen und Tintlingen (s. S. 174 – 176). Im gemäßigten Klima der Nordhalbkugel weit verbreitet und häufig.

FRUCHTKÖRPER: In dichten Büscheln oder einzeln.

Maße BECHER ↔ 3 – 10 cm ↕ 1 – 4 cm	Sporen weiß	Wert

Familie PEZIZACEAE	Art *Peziza badia*	Jahreszeit Sommer – Herbst

Kastanienbrauner Becherling

Typisch für diese Art ist die leberbraune Becherinnenfläche, die mit der Reife dunkel olivbraun wird. Trotzdem lässt sie sich von anderen braunen *Peziza*-Arten nur mit Hilfe eines Mikroskops exakt unterscheiden; darunter sieht man u. a. auf den Sporen ein unvollständiges Netzmuster. Der ungestielte Fruchtkörper hat eine körnige rötlich braune Außenseite und dünnes, rötlich braunes Fleisch.
VORKOMMEN: Auf sandigen Böden an Wegrändern von Schonungen oder an Gräben in der Nähe von Birkenbeständen. Im gemäßigten Klima der Nordhalbkugel weit verbreitet und häufig.
ÄHNLICHE ARTEN: Heller braune Arten wie *P. micropus*, *P. repanda* und *P. varia* wachsen auf morschen Stämmen.

FRUCHTKÖRPER: Gesellig oder in kleinen Büscheln.

Maße BECHER ↔ 1,5 – 7 cm ↕ 0,5 – 3 cm	Sporen weiß	Wert

Familie	Art	Jahreszeit
Pezizaceae	*Peziza succosa*	Sommer – Herbst

Gelbmilchender Becherling

Dieser gelb- bis graubraune Becherling unterscheidet sich von den meisten anderen *Peziza*-Arten durch eine deutliche Reaktion: Das dünne gelbbraune Fleisch sondert an verletzten Stellen einen milchig gelben Saft ab und verfärbt sich langsam hellgelb. Im Alter breitet sich der Becher aus und nimmt eine unregelmäßige Form an.
VORKOMMEN: An Wegrändern in Laubwäldern; oft zusammen mit Lorcheln und Risspilzen. In Europa weit verbreitet und häufig.
ÄHNLICHE ARTEN: Andere, meist kleinere *Peziza*-Arten mit gelber Milch, wie der lila überhauchte *P. michelii* sowie *P. succosella* mit grün fleckendem Fleisch und kleineren Sporen.

FRUCHTKÖRPER: Einzeln oder gesellig auf Tonböden.

Maße	Sporen	Wert
Becher ↔ 0,5 – 5 cm ↕ 0,5 – 2 cm	weiß	

Familie	Art	Jahreszeit
Otideaceae	*Geopora arenicola*	Sommer – Herbst

Eingesenkter Sandborstling

Diese Art bildet ziemlich große, becherförmige, braune Fruchtkörper mit behaarter Außenseite. Auf der glatten Innenseite wächst manchmal ein winziger parasitischer Kernpilz, *Melanospora brevirostris*. Die Sporen des Eingesenkten Sandborstlings gehören zu den größten innerhalb dieser Gattung.
VORKOMMEN: Halb unterirdisch in Kies oder Sand auf Straßen und in Kiesgruben, wird er oft übersehen. In Europa weit verbreitet und häufig; weltweite Verbreitung noch unklar.
ÄHNLICHE ARTEN: Alle *Geopora*-Arten wachsen abgesenkt im Boden, wobei einige nur eine kleine Öffnung bilden, andere dagegen bei Reife sternartig aufspringen; sie sind schwer zu unterscheiden. Der Halbkugelige Borstling *(Humaria hemisphaerica)* wächst an der Erdoberfläche.

FRUCHTKÖRPER: Gesellig, den Erdboden durchbrechend.

Maße	Sporen	Wert
Becher ↔ 0,5 – 2 cm ↕ 1 – 2 cm	weiß	

Familie	Art	Jahreszeit
OTIDEACEAE	*Aleuria aurantia*	Sommer – Herbst

Orangebecherling

Der lebhaft orange gefärbte, an der Außenseite flaumig behaarte Orangebecherling gehört zu den schönsten Becherpilzen. Der zunächst eingerollte Becherrand wird später wellig. Der Becher breitet sich im Alter flach aus. Das dünne, brüchige, weiße bis sehr blasse Fleisch wird gelegentlich gegessen.
VORKOMMEN: Auf kiesiger Erde auf gestörtem Boden z. B. zwischen Pflastersteinen, am Rand von Schotterstraßen oder auf neu angelegten Rasenflächen. Manche Schildborstlinge (s. unten) werden an ähnlichen Stellen gefunden. Im gemäßigten Klima der Nordhalbkugel weit verbreitet und häufig.
ÄHNLICHE ARTEN: Andere *Aleuria*-Arten sind seltener und haben kleinere Becher. An ähnlichen Standorten wächst der kleinere, rötlich orange *Melastiza chateri* mit blassbraunen Härchen am Becherrand.

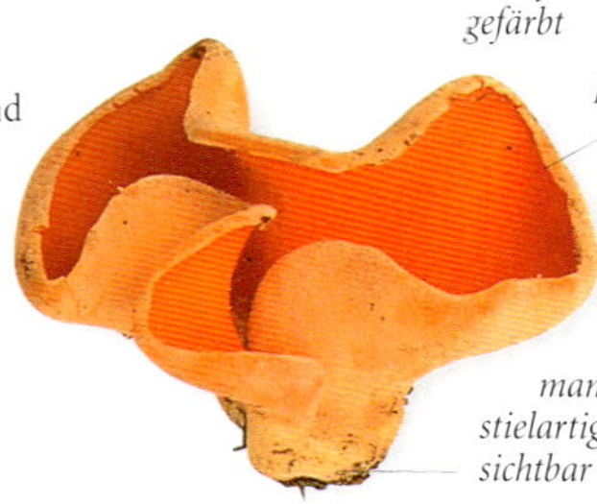

FRUCHTKÖRPER: In großen Gruppen und Büscheln.

Maße	Sporen	Wert
BECHER ↔ 2 – 10 cm ↕ 0,2 – 3 cm	weiß	

Familie	Art	Jahreszeit
OTIDEACEAE	*Scutellinia scutellata*	Frühsommer – Herbst

Gemeiner Schildborstling

Dieser auffällige Becherpilz hat am Rand des scheibenförmigen, lebhaft orange Bechers auffällig lange schwarze „Wimpern". Die Außenseite ist blass orangebraun. Es gibt viele ähnliche Arten in dieser schwer zu differenzierenden Gattung; am besten lassen sie sich unter dem Mikroskop anhand von Sporenform und -muster identifizieren.
VORKOMMEN: Auf nassem, moosbewachsenem Holz an Gewässerrändern, seltener auf humusreichem Boden. Häufig unter Weiden, in Mooren und an anderen sumpfigen Stellen. Andere Arten der Gattung bervorzugen Kalkböden. Im gemäßigten Klima der Nordhalbkugel weit verbreitet und häufig.

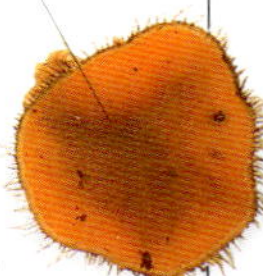

FRUCHTKÖRPER: In dicht gedrängten Scharen auf Holz.

Maße	Sporen	Wert
BECHER ↔ 0,5 – 1 cm ↕ 2 mm	weiß	

Familie	Art	Jahreszeit
OTIDEACEAE	*Otidea onotica*	Herbst

Eselsohr

Der auffällige gelborange Fruchtkörper, häufig mit rosa getönter Innenseite, macht diese Art leicht erkennbar. Der ohrähnliche Becher ist auf einer Seite bis zur stielartigen weißen Basis gespalten. Auf der Oberfläche des sehr dünnen, blassen Fleisches können im Alter rostige Flecken auftreten. *Otidea*-Arten gelten als essbar, sollten aufgrund ihrer Seltenheit jedoch geschont werden.

VORKOMMEN: Unter Laubbäumen wie Hasel und Eiche, auch unter Nadelbäumen, nicht wirtsspezifisch. Im gemäßigten Klima weit verbreitet, aber verstreut.

ÄHNLICHE ARTEN: *O. cantharella* ist kleiner, ohne Rosaton. *O. concinna* hat weniger gestreckte, zitronengelbe Fruchtkörper. Das kleinere, braune Hasenohr *(O. leporina)* wächst fast nur in Nadelwäldern.

Längsschnitt

FRUCHTKÖRPER: In kleinen Büscheln auf Falllaub.

Maße	Sporen	Wert
BECHER ↔ 1–3 cm ↕ 3–10 cm	weiß	

Familie	Art	Jahreszeit
LEOTIACEAE	*Chlorociboria aeruginascens*	ganzjährig

Kleinsporiger Grünspanbecherling

Dieser Pilz färbt das von ihm bewachsene Holz blaugrün. Die ähnlich blaugrünen Fruchtkörper erscheinen nur gelegentlich, wenn die Bedingungen optimal sind. Sie sind zäh und becherförmig mit glatter Oberfläche und teils gewelltem Rand. Die Unterseite und der kurze Stiel sind etwas heller. Das verfärbte Holz wird manchmal für Holzarbeiten verwendet.

VORKOMMEN: In Laubwäldern, oft an abgefallenen Eichen- oder Haselästen. Im gemäßigten Klima der Nordhalbkugel weit verbreitet und recht häufig.

ÄHNLICHE ARTEN: Einige verwandte Arten färben Holz ebenfalls grün, v. a. der Großsporige Grünspanbecherling *(C. aeruginosa)*, mit Sporengröße 11,5 x 3 µm. Bei der beschriebenen kleinsporigen Art sind sie nur 7,5 x 2 µm groß.

FRUCHTKÖRPER: Verstreut oder büschelig auf Totholz.

Maße	Sporen	Wert
BECHER ↔ 0,2–1 cm | STIEL ↕ 1–5 mm ↔ 1–3 mm	weiß	

Familie Sclerotiniaceae	Art *Dumontinia tuberosa*	Jahreszeit Frühling

Anemonenbecherling

Dieser Pilz hat einen kastanienbraunen Fruchtkörper, der einem schwarzen, unterirdischen Sklerotium entspringt. Becherinnen- wie außenseite sind glatt, ebenso der Rand. Der Stiel ist lang und schwarz. Die Fruchtkörper des Anemonenbecherlings gehören unter den oft winzigen Sklerotienbecherlingen *(Sclerotiniacea)* zu den größten.

VORKOMMEN: Parasit an Buschwindröschen *(Anemone*-Arten); die Sklerotien werden in den Rhizomen der Wirtspflanze gebildet. Weit verbreitet, in manchen Teilen Europas häufig.

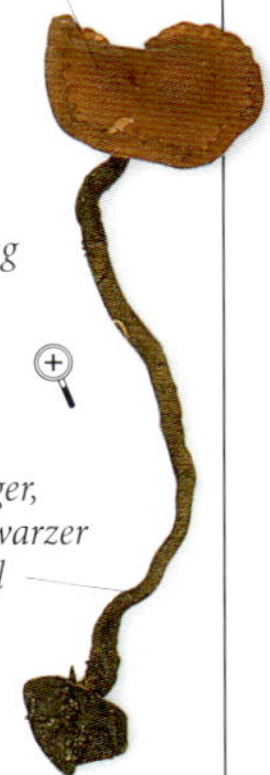

FRUCHTKÖRPER: In Wäldern auf nacktem Boden.

Maße Becher ↔ 0,5 – 3 cm | Stiel ↕ 2 – 10 cm ↔ 2 – 4 mm	Sporen weiß	Wert

Familie Sclerotiniaceae	Art *Rutstroemia firma*	Jahreszeit Herbst

Zäher Stromabecherling

Die becherförmigen, braunen Fruchtkörper dieser Art haben eine nabelartig vertiefte Mitte, einen glatten Rand und sind auf der Unterseite fein gerunzelt. Ein Stiel verbindet den Becher mit der Holzunterlage. Obwohl der Pilz kein richtiges Sklerotium ausbildet, hat er mit den anderen, meist noch kleineren Sklerotienbecherlingen seiner Familie einiges gemein. Auch er ist z. B. auf eine bestimmte Wirtspflanze, nämlich die Eiche, spezialisiert.

VORKOMMEN: Auf abgefallenen Eichenästen, die er schwarz färbt. In Europa weit verbreitet und recht häufig.

ÄHNLICHE ARTEN: *R. bolaris* ist kleiner und hat breitere Sporen. Der Eichelbecherling *(Ciboria batschiana)* wächst auf Eicheln.

FRUCHTKÖRPER: Einzeln oder in kleinen Gruppen.

Maße Scheibe ↔ 0,5 – 1,5 cm | Stiel ↕ 0,2 – 1 cm ↔ 0,2 – 2 cm	Sporen weiß	Wert

Familie	Art	Jahreszeit
Leotiaceae	*Neobulgaria pura*	Spätherbst

Blassroter Gallertbecher

Die Fruchtkörper dieser Art sind blassrosa, gallertartig durchscheinend und haben eine flache Sporen bildende Oberfläche mit fein gezahnten Rändern. Die sich zur Basis hin stark verjüngenden Fruchtkörper zeigen im Längsschnitt eine konische Form. Junge Exemplare des Gallertbecherlings sind sehr fest und gummiartig. Durch die Witterungseinflüsse werden sie quasi „aufgeweicht“ und viel dünner; dennoch überdauern sie bis in den Winter.
VORKOMMEN: Auf relativ frischer Rinde am Boden liegender Buchenstämme und -äste, oft zusammen mit Buchenkohlenbeere (S. 257). In den meisten Buchenregionen des gemäßigten Klimas der Nordhalbkugel.
ÄHNLICHE ARTEN: Der Schmutzbecherling (unten) wächst an ähnlichen Standorten, ist aber härter und deutlich dunkler.

FRUCHTKÖRPER: In dichten Büscheln auf Buchenrinde.

Maße	Sporen	Wert
Scheibe ↔ 0,5 – 3 cm ↕ 1 cm	weiß	

Familie	Art	Jahreszeit
Leotiaceae	*Bulgaria inquinans*	Herbst – Winter

Schmutzbecherling

Die scheibenförmigen, reifen Fruchtkörper dieses lakritzeartigen Pilzes sind schwarz, erscheinen manchmal auch bläulich. Ungewöhnlich für die Familie der *Leotiaceae* sind die sehr auffälligen, schwarzen Sporen, die sich auf der Rinde der Wirtsbäume ablagern, bei Berührung die Finger schwärzen und schon zum Färben von Wolle verwendet worden sind. Von den acht in jedem Ascus gebildeten Sporen (vgl. S. 11) nehmen nur die obersten vier die schwarze Farbe an.
VORKOMMEN: Auf der Rinde frisch gefällter Buchen- oder Eichenstämme. Im gemäßigten Klima der Nordhalbkugel weit verbreitet und häufig.
ÄHNLICHE ARTEN: Drüslinge (S. 283) sind noch stärker gallertartig und überstehen selbst völliges Austrocknen.

Längsschnitt

FRUCHTKÖRPER: In Scharen auf Buchen- oder Eichenrinde.

Maße	Sporen	Wert
Scheibe ↔ 0,5 – 4 cm ↕ 0,5 – 2 cm	schwarz	

Familie LEOTIACEAE	Art *Ascocoryne cylichnium*	Jahreszeit Herbst – Winter

Großsporiger Gallertbecher

Diese Art bildet scheibenförmige, gallertartige, purpurrötliche Fruchtkörper mit glatter, glänzender Sporen bildender Oberfläche und häufig unregelmäßig gelapptem Rand. Der kurze Stiel lässt den Fruchtkörper von der Seite betrachtet kegelförmig erscheinen.

VORKOMMEN: An der Rinde abgestorbener Laubbäume. Im gemäßigten Klima der Nordhalbkugel weit verbreitet und recht häufig.

ÄHNLICHE ARTEN: Der Fleischrote Gallertbecher (unten) hat schmalere Scheiben und kürzere Sporen. Es gibt noch weitere kleinere Arten, die am besten anhand der Sporen und anderer mikroskopischer Merkmale zu unterscheiden sind.

FRUCHTKÖRPER: In Scharen auf Stümpfen und Ästen.

Maße SCHEIBE ↔ 0,5 – 2 cm ↕ 2 – 4 mm | STIEL ↕ bis 5mm ↔ bis 2 mm	Sporen weiß	Wert

Familie LEOTIACEAE	Art *Ascocoryne sarcoides*	Jahreszeit Herbst - Winter

Fleischroter Gallertbecher

Der scheibenförmige, gallertartige, purpurrötliche Fruchtkörper dieser Art hat meist nur einen rudimentären Stiel. Zusammen mit den scheibenförmigen Fruchtkörpern erscheint auch ein asexuelles Stadium mit hirnartiger Struktur, das heller und grauer ist.

VORKOMMEN: Meist auf Stümpfen und Stämmen von Laubbäumen. Im gemäßigten Klima der Nordhalbkugel und wahrscheinlich darüber hinaus weit verbreitet und häufig.

ÄHNLICHE ARTEN: Der Großsporige Gallertbecher (oben) lässt sich am besten mikroskopisch durch die größeren, mehrfach septierten Sporen unterscheiden. Der seltenere *A. turficola* ist bunter gefärbt und wächst auf Torfmoos.

FRUCHTKÖRPER: Büschelartig oder einzeln, oft zugleich sexuelles und asexuelles Stadium.

Maße SCHEIBE ↔ 0,2 – 1 cm ↕ 1 – 4 mm	Sporen weiß	Wert

Familie LEOTIACEAE	Art *Bisporella citrina*	Jahreszeit Herbst – Frühwinter

Zitronengelber Reisigbecherling

Den büschelig wachsenden, lebhaft gelb gefärbten Pilz erkennt man oft schon aus einiger Entfernung. Die Fruchtkörper haben eine glatte, flache oder leicht konkav gewölbte Oberseite und eine blassere Unterseite ohne echten Stiel. Es gibt auch weiße Exemplare.
VORKOMMEN: Auf totem, vorzugsweise entrindetem Laubholz am Boden, meist von Buche, Eiche und Hasel. Im gemäßigten Klima der Nordhalbkugel weit verbreitet und häufig.
ÄHNLICHE ARTEN: Bei einigen *Bisporella*-Arten erscheinen die Fruchtkörper auf oder in der Nähe ihrer schwarz-pulvrigen asexuellen Nebenformen, *Bispora* genannt. Daneben gibt es eine Vielzahl eng verwandter gelber Becherpilze, teils mit Stiel, oft nur mikroskopisch zu unterscheiden.

FRUCHTKÖRPER: In auffälligen Scharen auf Holz.

Maße SCHEIBE ↔ 1–3 mm ↕ weniger als 1 mm	Sporen weiß	Wert

Familie ALEURODISCACEAE	Art *Aleurodiscus amorphus*	Jahreszeit ganzjährig

Orange Krustenbecherling

Der Pilz wächst krustenähnlich auf Stämmen und Ästen; die Ränder lösen sich ab, sodass eine becherartige Form entsteht. Diese Becher sind rosaorange mit mehliger Oberfläche sowie ausgefranstem weißem Rand und zäher, ledriger als die der meisten anderen Becherpilze. An der Unterseite ist der Pilz fest mit dem Substrat verbunden. Eine gallertartige, durchscheinende oder weiße Blase zeigt an, dass er von einer parasitären *Tremella*-Art (S. 282) befallen ist.
VORKOMMEN: An Tannen, seltener an Fichten. In Europa und Nordamerika weit verbreitet und häufig.
ÄHNLICHE ARTEN: Der Becherpilz *Lachnellula subtilissima* ist stärker behaart, leuchtender orange und hat einen deutlicheren Stiel.

FRUCHTKÖRPER: Bei feuchter Witterung massenhaft auftretende, verwachsene Fruchtkörper.

Maße BECHER ↔ 1–8 mm ↕ 2–3 mm	Sporen weiß	Wert

Becherförmig mit „Eiern“

Diese Pilze haben einzigartige Fruchtkörper, die aus einem vogelnestartigen „Becher“ bestehen, in dem sich winzige eiähnliche Gebilde, die Peridiolen, befinden. Diese enthalten die Sporen. Anfangs ist der „Becher“ von einer schützenden Haut bedeckt, die während der Reife aufreißt. Die Peridiolen werden dann von Regentropfen herausgeschleudert.

Familie NIDULARIACEAE	Art *Crucibulum crucibuliforme*	Jahreszeit Herbst

Tiegelteuerling

Der einzige Vertreter der Gattung *Crucibulum* hat zylindrische, nestartige, ockerorange Fruchtkörper, in denen sich 10 bis15 (max. 20) linsenförmige weiße „Eier“ befinden. Jedes „Ei“ enthält Sporen und ist mittels eines winzigen Strangs mit dem „Nest“ verbunden. Die Nestaußenseite ist filzig bis glatt. Unreife Fruchtkörper sind mit einer ockerorange Schutzhaut überzogen, die mit der Reife verschwindet.

VORKOMMEN: Auf Streu, Mulch und Sägespänen in Wäldern, Parks und Gärten. Im gemäßigten Klima der Nordhalbkugel weit verbreitet und häufig.

ÄHNLICHE ARTEN: Die Fruchtkörper der *Cyathus*-Arten (unten) sind kegelig, die „Eier“ dunkler gefärbt.

FRUCHTKÖRPER: In Gruppen auf Humus.

Maße BECHER ↔ 5 – 8 mm ↕ 0,5 – 1 cm	Sporen weiß	Wert

Familie NIDULARIACEAE	Art *Cyathus striatus*	Jahreszeit Herbst

Striegeliger Teuerling

Die grob längs gefurchte Innenseite der nestartigen Fruchtkörper ist typisch für diese Art. Die Außenseite der „Nester“ ist dicht braun behaart. Eine dünne, weißliche Schutzhaut, die später aufreißt, bedeckt die „Nester“ bis zur Reife. Danach werden die „Eier“ durch auftreffende Regentropfen verbreitet. Ein klebriges Fädchen wird freigesetzt, mittels dessen die „Eier“ sich an der umgebenden Vegetation festheften.

VORKOMMEN: In Wäldern, häufig im Laub versteckt. Im gemäßigten Klima der Nordhalbkugel häufig und weit verbreitet.

ÄHNLICHE ARTEN: Der Torfteuerling (*C. olla*) ist nicht gefurcht und wächst an offenen Standorten. *C. stercoreus* wächst auf Dung, hat sehr dunkle „Eier“ und keine Furchen.

Längsschnitt

FRUCHTKÖRPER: Büschelig auf Laubholz.

Maße BECHER ↔ 6 – 8 mm ↕ 0,8 – 1,5 cm	Sporen weiß	Wert

TROMPETENFÖRMIGE PILZE

Die Pilze dieser Untergruppe haben trompetenförmige, hohle Fruchtkörper, deren mehr oder weniger glatte Außenseite von der Sporen bildenden Fruchtschicht überzogen ist. Die meisten Arten gehören zur Familie der Cantharellaceae *(s. auch S. 28 und 30). Die zähfleischigen Fruchtkörper können mehrere Wochen überdauern.*

Familie	Art	Jahreszeit
CANTHARELLACEAE	*Craterellus cornucopioides*	Sommer – Herbst

Herbsttrompete

Der dunkelbraune, trompetenförmige Fruchtkörper des Pilzes ist hohl und verjüngt sich zur Basis hin. Auf der Außenseite befindet sich die blassgraue Fruchtschicht. Das dünne, graue Fleisch riecht aromatisch und hat einen milden, angenehmen Geschmack. Wenn man den Pilz trotz seiner dunklen Tarnfarbe entdeckt, stößt man meist auf ganze Scharen.
VORKOMMEN: Mykorrhizapilz von Laubbäumen in Wäldern auf besseren, oft basischen Böden; selten im Nadelwald. Im gemäßigten Klima der Nordhalbkugel weit verbreitet, je nach Region häufig oder selten.
ÄHNLICHE ARTEN: Der nordamerikanische *C. fallax* hat ein noch kräftigeres Aroma.

FRUCHTKÖRPER: In Scharen und kleinen Büscheln.

Maße	Sporen	Wert
FRUCHTKÖRPER ↔ 3 – 10 cm ↕ 5 – 12 cm | BASIS ↔ 0,5 – 2 cm	weiß	

Familie	Art	Jahreszeit
CANTHARELLACEAE	*Cantharellus lutescens*	Spätherbst – Frühwinter

Goldstieliger Leistling

Der Leistling hat einen mehr oder weniger trompetenförmigen, gelbbraunen Fruchtkörper mit hohler, gelborange Basis. Das recht dünne, blassgelbe Fleisch riecht fruchtig. Die blasse, Sporen tragende Schicht an der Außenseite ist fast glatt und ähnelt der der *Craterellus*-Arten (oben).
VORKOMMEN: Mykorrhizapilz von Laub- und Nadelbäumen in feuchten, moosreichen Wäldern. Im gemäßigten und warmgemäßigten Klima weit verbreitet, aber nur örtlich häufig.
ÄHNLICHE ARTEN: Gelbe Formen des Trompetenpfifferlings (S. 30) haben ausgeprägte lamellenartige Leisten.

FRUCHTKÖRPER: In Gruppen zwischen Moos auf kalkhaltigen Waldböden.

Maße	Sporen	Wert
FRUCHTKÖRPER ↔ 2 – 7 cm ↕ 3 – 7 cm | BASIS ↔ 3 – 8 mm	blass cremefarben	

Familie CANTHARELLACEAE	Art *Cantharellus lateritius*	Jahreszeit Sommer – Herbst

Glatter Leistling

Der trompetenförmige, orangegelbe Pilz mit seinem hängenden, welligen Rand ist eng mit dem Pfifferling (S. 28) verwandt, mit etwa demselben Geschmack und Aroma. Die Außenseite ist jedoch glatter oder nur schwach oder teilweise geadert. Meist stehen die Pilze dichter und sind stämmiger. Früher wurde die Art als *Craterellus cantharellus* geführt, da sie wie eine pfifferlingsfarbene Herbsttrompete (Gattung *Craterellus*, S. 275) aussieht.

VORKOMMEN: Unter Eichen. Weit verbreitet und häufig im östlichen Nordamerika.

ÄHNLICHE ARTEN: Der Pfifferling (S. 28) hat deutliche gegabelte Leisten an der Außenseite. *C. odoratus* wächst in dichten Büscheln.

FRUCHTKÖRPER: Einzeln oder in Massen unter Eichen in Wäldern und Parks.

Maße FRUCHTKÖRPER ↔ ↕ 2,5 – 10 cm | BASIS ↔ 0,5 – 2,5 cm	Sporen blass gelborange	Wert

Familie GOMPHACEAE	Art *Gomphus floccosus*	Jahreszeit Sommer – Herbst

Orange Schweinsohr

Der große trompetenförmige, fast vasenartige Pilz fällt durch seine leuchtende Färbung auf. Die verschieden stark beschuppten Hüte sind rotorange bis orangegelb, das Fleisch hat die gleiche intensive Farbe. Die herablaufende Sporen bildende Schicht ist cremeweiß bis ocker und geadert. Vom Verzehr des Pilzes wird abgeraten, da er Magenstörungen verursachen kann.

VORKOMMEN: Am Boden unter Laubbäumen und in Mischwäldern. In Nordamerika weit verbreitet und häufig.

ÄHNLICHE ARTEN: *G. bonarii* ist leuchtend rot mit einer milchweißen Sporen bildenden Oberfläche. *G. kauffmanii* ist größer, grober beschuppt und gelbbräunlich.

FRUCHTKÖRPER: Einzeln oder in großen Gruppen unter Laubbäumen und in Mischwäldern.

Maße FRUCHTKÖRPER ↔ 5 – 15 cm ↕ 5 – 10 cm | BASIS ↔ 1,5 cm	Sporen ockergelb	Wert

STERNFÖRMIGE BIS GITTERARTIGE PILZE

Bei den Pilzen dieser Gruppe ist das Sporen bildende Gewebe (Gleba) im Fruchtkörper eingeschlossen. Die beiden Clathrus-Arten, auch Blumenpilze genannt, sind mit den Stinkmorcheln verwandt. Die Erdsterne reißen sternartig auf und tragen eine Sporenkugel im Innern.

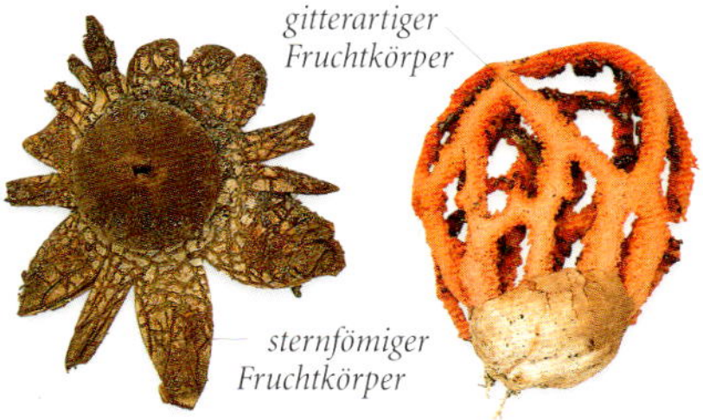

Familie CLATHRACEAE	Art *Clathrus archeri*	Jahreszeit Sommer – Herbst

Tintenfischpilz

Die Art bildet ihre Sporen in übelriechendem Schleim, um Insekten zur Verteilung derselben anzuziehen. Der auffällige Fruchtkörper mit den vier bis acht roten Armen entwächst einem braungelben bis rosabräunlichen „Hexenei". Die Sporenmasse befindet sich auf der Innenseite der Arme. Alle *Clathraceae* (Blumenpilze) haben eine außergewöhnliche Gestalt; fast alle sind rot getönt oder weißlich.
VORKOMMEN: Auf der Waldbodenstreu, auf Sägemehl oder Holzspänen; in Wäldern, Parks und Blumenbeeten. Aus Australien oder Neuseeland eingeschleppt, schon seit einiger Zeit in Europa eingebürgert.

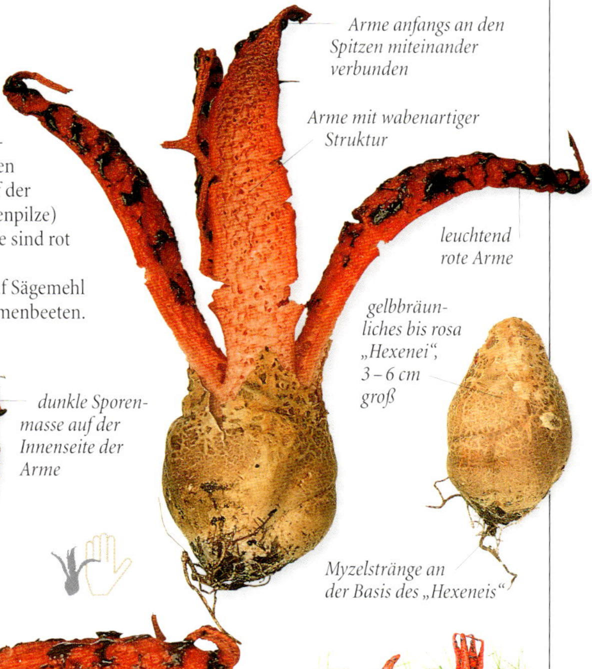

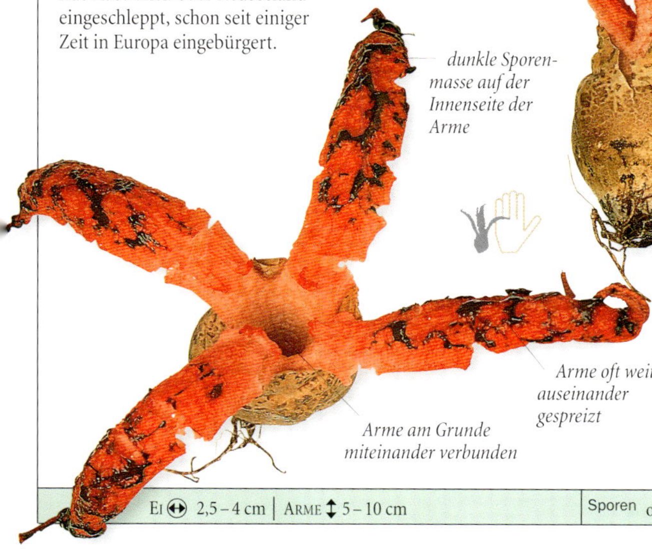

FRUCHTKÖRPER: In Gruppen, auch massenhaft.

EI ↔ 2,5–4 cm | ARME ↕ 5–10 cm	Sporen olivbraun	Wert

Familie SCLERODERMATACEAE	Art *Astraeus hygrometricus*	Jahreszeit ganzjährig

Wetterstern

Der runde, unreif rötlich braune Fruchtkörper dieser metallisch riechenden Art reißt bei Reife sternförmig auf und enthüllt die graubraune, innere Sporenkugel. Sie hat in der Mitte eine Öffnung, die Sporen werden durch Regenspritzer verteilt. Der Pilz zeigt, auch wenn er vom Myzel getrennt ist, eine ausgeprägte hygroskopische Reaktion: Bei trockener Witterung rollt er die Lappen kugelig zusammen, bei hoher Luftfeuchte breitet er sie aus.
VORKOMMEN: Mykorrhizapilz; meist in trockenen, lichten Wäldern. Nahezu weltweit, nur in kalten bis arktischen Gebieten fehlend.
ÄHNLICHE ARTEN: Erdsterne (unten, S. 279–280) unterscheiden sich mikroskopisch z. B. durch Fädchen in der Sporenkugel.

FRUCHTKÖRPER: In kleinen Gruppen auf Sandböden.

Maße FRUCHTKÖRPER ↔ 5–9 cm	SPORENKUGEL ↔ 1,5–3 cm	Sporen braun	Wert

Familie GEASTRACEAE	Art *Geastrum triplex*	Jahreszeit Herbst

Halskrausenerdstern

Der vergleichsweise große und fleischige Halskrausenerdstern gehört zu den verbreitetsten *Geastrum*-Arten. Der reife rüben- oder zwiebelförmige Fruchtkörper reißt um eine mittige Kugel in zwei Schichten auf – eine äußere sternförmige und eine innere „Halskrause". Durch eine Öffnung in der Mitte der Kugel werden die Sporen durch auftreffende Regentropfen herausgeschleudert.
VORKOMMEN: In Gärten, Parks und Wäldern. In wärmeren Regionen des gemäßigten Klimas verbreitet und häufig, nahezu weltweit.
ÄHNLICHE ARTEN: Schwarzer Haarstern *(Trichaster melanocephalus)*, Sporenkugel ohne Haut und Öffnung; Sieberdstern *(Myriostoma coliforme)* mit vielen Löchern, durch die die Sporen entweichen.

FRUCHTKÖRPER: In Gruppen oder Hexenringen.

Maße FRUCHTKÖRPER ↔ 4–12 cm	SPORENKUGEL ↔ 2–4 cm	Sporen schokoladenbraun	Wert

Familie GEASTRACEAE	Art *Geastrum fimbriatum*	Jahreszeit Herbst

Bewimperter Erdstern

Die Haut des reifen kugelförmigen gelb- bis blassbraunen Fruchtkörpers platzt sternförmig auf. Innen befindet sich die blassgraue bis graubraune Kugel, die die Sporen enthält. Regenspritzer, die auf die Kugel treffen, lassen die Sporen durch eine fein „bewimperte" Öffnung entweichen.
VORKOMMEN: Meist in der Streu unter Laub- oder Nadelbäumen auf basischen Böden. Im gemäßigten Klima der Nordhalbkugel weit verbreitet, genaue Verteilung ungeklärt.
ÄHNLICHE ARTEN: Der Halskrausenerdstern (S. 278) wächst an ähnlichen Stellen, hat aber die typische „Krause". Der Rötende Erdstern *(G. rufescens)* ist rosa getönt und bildet bei Trockenheit an der inneren Kugel einen Stiel.

FRUCHTKÖRPER: In kleinen Gruppen oder Hexenringen.

Maße FRUCHTKÖRPER ↔ 3 – 6 cm | SPORENKUGEL ↔ 1 – 2,5 cm	Sporen schokoladenbraun	Wert

Familie GEASTRACEAE	Art *Geastrum schmidelii*	Jahreszeit Herbst

Zwergerdstern

Der Erdstern ist leicht an seiner Größe und an seinem Standort – offenes, grasiges Gelände – erkennbar. Darüber hinaus trägt die innere graubraune Sporenkugel, die beim Aufreißen des Fruchtkörpers erscheint, eine schnabelartige, gefurchte und geriefte Mündung. Der unreife, braune Fruchtkörper ist nahezu rund und meist sandig; die fleischige Haut reißt in fünf bis acht Lappen auf, die reif papierartig sind.
VORKOMMEN: Auf kalkhaltigem Sand in Feldern und Dünen oder an lichten Stellen in Nadelholzschonungen. In Europa und in angrenzenden Teilen Asiens weit verbreitet.
ÄHNLICHE ARTEN: *G. elegans* hat eine ungestielte Innenkugel. *G. pectinatum*, ein Koniferenbegleiter, ist größer, seine Sporenkugel hat eine körnige Haut und einen ausgeprägten Stiel.

FRUCHTKÖRPER: In Ringen oder kleinen Gruppen.

Maße FRUCHTKÖRPER ↔ 1,5 – 3,5 cm | SPORENKUGEL ↔ 0,5 – 1,5 cm	Sporen schokoladenbraun	Wert

Familie Geastraceae	Art *Geastrum striatum*	Jahreszeit Herbst

Kragenerdstern

Wie bei allen Erdsternen reißt die äußere Hülle auf und bringt eine Sporenkugel zum Vorschein. Die fein gekörnte, grauweißliche Kugel sitzt im kragenartigen Sockel auf einem kurzen Stiel. Der unreife Fruchtkörper ist fast kugelig bis zwiebelförmig, seine Oberfläche meist mit Erd- und Streuteilchen verkrustet. Nach dem Aufreißen werden die fleischigen, graubraunen Lappen bald papierartig dünn.

VORKOMMEN: Auf nährstoffreichen Böden, meist unter Nadelbäumen in Gärten und Parks; auch in Misch- und Nadelwäldern. In Europa weit verbreitet; weltweite Verbreitung ungeklärt.

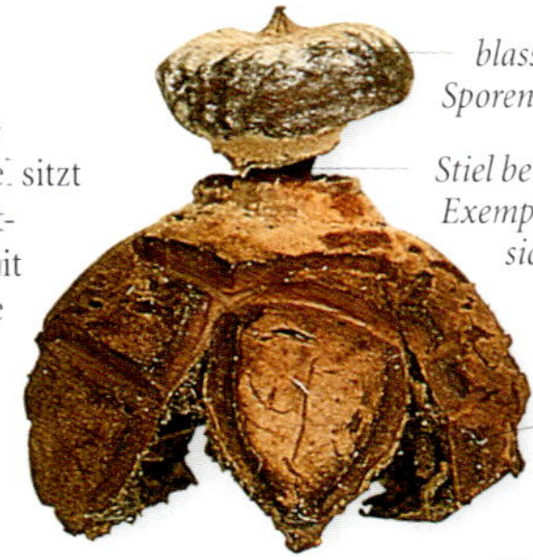

FRUCHTKÖRPER: Zu wenigen, in Reihen oder in Ringen.

Maße Fruchtkörper ↔ 3–6,5 cm | Sporenkugel ↔ 1–2,5 cm	Sporen schokoladenbraun	Wert

Familie Clathraceae	Art *Clathrus ruber*	Jahreszeit ganzjährig

Roter Gitterling

Der Pilz wird bei Reife leuchtend rot und entwickelt ein rundes, käfigartiges Gebilde. Er entwächst einem weißen oder bräunlichen „Hexenei". Die „Gitterstreben" sind innen mit olivbrauner Sporenmasse ausgekleidet, die mit fauligem Geruch Insekten für die Sporenverteilung anlockt.

VORKOMMEN: Auf Laub- und Nadelstreu in Parks und Gärten; Wärme liebend. Weit verbreitet, aber verstreut; meist im Mittelmeerraum

ÄHNLICHE ARTEN: Es gibt ungefähr 17 *Clathrus*-Arten, die meisten in den Tropen. Einige sind leuchtend rot, andere weiß.

FRUCHTKÖRPER: In kleinen Gruppen oder Scharen.

Maße Fruchtkörper ↔ bis 9 cm ↕ bis 12 cm	Sporen olivbraun	Wert

HIRN- ODER OHRFÖRMIGE, GALLERTARTIGE PILZE

Die meisten Pilze dieser Gruppe haben gallertartiges Fleisch, das völlig eintrocknen und bei Feuchte wieder aufquellen kann, um weiter Sporen zu verteilen. Bei den hirnähnlich geformten Arten überzieht die Fruchtschicht die ganze Oberfläche, bei den ohrförmigen Pilzen die meist nach unten gerichteten Innenseiten.

Familie AURICULARIACEAE	Art *Auricularia auricula-judae*	Jahreszeit ganzjährig

Judasohr

Der Fruchtkörper des Pilzes hat eine auffällig ohrförmige Gestalt. Jung gallertartig und glatt, wird er in der Reife hart und runzelig und trocknet ein. Die Außenseite ist hellbraun und flaumig behaart, die Sporen bildende Innenseite dagegen grau, geadert und runzelig. In Europa wegen des faden Geschmacks nicht sonderlich beliebt, werden das Judasohr sowie verwandte Arten in China als Speisepilze und Heilmittel geschätzt.
VORKOMMEN: Auf Laubbäumen, oft auch an Holunder, in feuchten Wäldern. In wärmeren Regionen des gemäßigten Klimas der Nordhalbkugel weit verbreitet.
ÄHNLICHE ARTEN: *A. polytricha*, hauptsächlich in den Tropen vorkommend, ist etwas dunkler, mit samtiger Oberfläche.

FRUCHTKÖRPER: Einzeln, dachziegelartig oder in Reihen.

Maße FRUCHTKÖRPER ↔ 4–12 cm ↕ bis 2 mm	Sporen weiß	Wert

Familie TREMELLACEAE	Art *Tremella mesenterica*	Jahreszeit meist Spätherbst – Winter

Goldgelber Zitterling

Die auffällig leuchtende Farbe der fast durchsichtigen Fruchtkörper machen diesen Zitterling weithin sichtbar. Längerer Regen lässt ihn stark ausbleichen, manchmal bringt er auch echte Albino-Formen hervor. Bei Trockenheit schrumpfen die Fruchtkörper ein, quellen jedoch bei Feuchtigkeit wieder auf. Obgleich der Geschmack fad ist, kann der Pilz in Suppen verwendet werden.
VORKOMMEN: Parasitisch auf Schichtpilzen *(Corticiaceae)*; auf Laubbaumästen, oft auch in Reisighaufen. Im gemäßigten Klima der Nordhalbkugel weit verbreitet und häufig.

FRUCHTKÖRPER: Meist in kleinen Gruppen.

Maße FRUCHTKÖRPERVERBAND ↔ 1 – 6 cm ↕ 0,5 – 4 cm	Sporen weiß	Wert

Familie TREMELLACEAE	Art *Tremella foliacea*	Jahreszeit Herbst – Winter

Rotbrauner Zitterling

Der hirnartig gewundene, stark gallertartige, braune Fruchtkörper sitzt ohne Stiel direkt auf der Baumrinde auf und ist recht einfach zu erkennen. Die Sporen werden auf der ganzen Fruchtkörperoberfläche gebildet.
VORKOMMEN: Parasit auf Schicht- und Rindenpilzen an Laubbäumen, aber auch an Kiefern, in Parks und Wäldern. Im gemäßigten Klima der Nordhalbkugel weit verbreitet.
ÄHNLICHE ARTEN: Schlauchzitterpilz (S. 283) und eine faltige Form des Blassroten Gallertbechers (S. 271) sind ähnlich, aber mehr purpurrot, mit runderen, gehirnartigen Lappen.

FRUCHTKÖRPER: Einzeln oder in kleinen Gruppen.

Maße FRUCHTKÖRPER ↔ 4 – 12 cm ↕ 3 – 7 cm	Sporen weiß	Wert

Familie	Art	Jahreszeit
Exidiaceae	*Exidia glandulosa*	Spätherbst – Winter

Warziger Drüsling

Der an Teerblasen erinnernde Pilz ist weniger gallertartig als die Zitterlinge (S. 282) und bei Berührung vergleichsweise fest. Die hirnartige Oberfläche besteht aus unzähligen Windungen, die im Alter noch tiefer eingeschnitten und runzeliger werden. Wie bei den anderen Gallertpilzen quellen bei Trockenheit geschrumpfte Exemplare im Feuchten wieder auf.

VORKOMMEN: Auf abgestorbenen Laubbäumen im Wald. Im gemäßigten Klima der Nordhalbkugel weit verbreitet und häufig.

ÄHNLICHE ARTEN: Der ebenfalls häufige Kreiselförmige Drüsling *(E. truncata)* wächst an Laubbäumen wie Eiche. Sein knopfartiger Fruchtkörper ist außen samtig, obenauf warzig.

FRUCHTKÖRPER: In Ketten und Verbänden.

Maße	Sporen	Wert
Fruchtkörperverband ↔ 2 – 10 cm ↕ 0,5 – 1,5 cm	weiß	

Familie	Art	Jahreszeit
Leotiaceae	*Ascrotremella faginea*	Sommer – Herbst

Schlauchzitterpilz

Der schmuddlig purpurbraune Pilz tritt häufig in großen, glänzenden, gallertartigen Gruppen auf, mit insgesamt bis zu 10 cm Durchmesser. Der Fruchtkörper besteht aus vielen gallertartigen, unregelmäßig geformten Blasen, die ihm eine hirnähnliche Gestalt verleihen. Diese ist mit dem Substrat durch eine kurze stielartige Ausbuchtung verbunden. Die äußerlich den Gallertpilzen ähnliche Art bildet ihre Sporen in Asci (vgl. S. 11) und gehört eigentlich zu den Becherpilzen.

VORKOMMEN: Auf toten Buchen, auch anderen Laubbäumen. In Europa und im nordöstlichen Nordamerika weit verbreitet, örtlich häufig.

FRUCHTKÖRPER: Meist einzeln oder in kleinen Gruppen auf Stümpfen und Ästen toter Laubbäume.

Maße	Sporen	Wert
Fruchtkörper ↕ 1 – 2 cm ↔ 2 – 4 cm	weiß	

SPORENÜBERSICHT

Sporen unterscheiden sich in Form, Farbe, Oberflächenstruktur sowie Größe und sind wichtige Indikatoren für die Bestimmung einer Art. Die Sporenfarbe ist in jedem Pilzporträt vermerkt; Größe und Form werden hier aufgeführt. Sporengrößen variieren zwischen 2 und 500 Mikrometer (µm); hier sind jeweils Durchschnittswerte angegeben. Größe und Form können nur mit dem Mikroskop bestimmt werden (s. S. 17).

Art	Größe (µm)	Form
Agaricus arvensis	7 × 5	breit ellipsenartig
Agaricus augustus	8,5 × 5	ellipsenartig
Agaricus bernardii	6,5 × 5,5	breit ellipsenartig
Agaricus bisporus	6 × 5	breit ellipsenartig
Agaricus bibisrquis	6 × 4,5	breit ellipsenartig
Agaricus californicus	5,5 × 4,5	ellipsenartig
Agaricus campestris	8 × 4,5	ellipsenartig
Agaricus hondensis	5 × 3,5	ellipsenartig
Agaricus moelleri	5,5 × 3,5	breit ellipsenartig
Agaricus porphyrizon	5 × 3,5	ellipsenartig
Agaricus sylvaticus	5,5 × 3,5	breit ellipsenartig
Agaricus sylvicola	7 × 4,5	ellipsenartig
Agaricus xanthoderma	6 × 4	ellipsenartig
Agrocybe cylindracea	10 × 5,5	ellipsenartig mit Pore
Agrocybe pediades	12 × 8	ellipsenartig mit Pore
Agrocybe praecox	9 × 5,5	ellipsenartig mit Pore
Albatrellus ovinus	4 × 3,5	fast kugelig, amyloid
Aleuria aurantia	17,5 × 9	ellipsenartig, netzartig geadert, 2 Tropfen innen
Aleurodiscus amorphus	28 × 23	fast kugelig, stachelig
Amanita caesarea	10 × 7	breit ellipsenartig
Amanita crocea	10 ⊕	fast kugelig
Amanita fulva	11 ⊕	fast kugelig
Amanita gemmata	10 × 7,5	breit ellipsenartig
Amanita mappa	9 × 8	fast kugelig, amyloid
Amanita muscaria und *A. m. var. formosa*	9 × 6,5	ellipsenartig
Amanita pantherina	11 × 7,5	breit ellipsenartig
Amanita phalloides	8,5 × 7	fast kugelig bis breit ellipsenartig, amyloid
Amanita porphyria	9 ⊕	fast kugelig, amyloid
Amanita rubescens	8,5 × 6,5	breit ellipsenartig, amyloid
Amanita smithiana	12 × 7,5	ellipsenartig, amyloid
Amanita spissa	9,5 × 7,5	fast kugelig, amyloid
Amanita vaginata	11 ⊕	fast kugelig
Amanita virosa	7,5 ⊕	fast kugelig, amyloid
Armillaria cepistipes	8,5 × 5,5	breit ellipsenartig
Armillaria mellea	8,5 × 5,5	breit ellipsenartig
Armillaria tabescens	8 × 6	breit ellipsenartig
Ascocoryne cylichnium	24 × 5	schmal ellipsenartig, 5 – 7fach septiert
Ascocoryne sarcoides	14 × 4	schmal ellipsenartig
Ascotremella faginea	8 × 4	ellipsenartig, schwach gestreift
Asterophora parasitica	5,5 × 3,5	breit ellipsenartig
Astraeus hygrometricus	9 ⊕	kugelig, stachelig
Auricularia auricula-judae	14 × 5,5	wurstförmig
Auricularia mesenterica	16,5 × 6	breit wurstförmig
Auriscalpium vulgare	5 × 4	oval, leicht stachelig
Baeospora myosura	3,5 × 1,5	ellipsenartig
Bankera fuligineoalba	5 × 3	oval, stachelig
Bispora citrina	12 × 4	ellipsenartig, 0 – 1fach septiert
Bjerkandera adusta	5 × 3	ellipsenartig
Boletus aereus	15,5 × 5,5	spindelförmig
Boletus appendiculatus	14,5 × 4,5	spindelförmig
Boletus badius	14 × 5	spindelförmig
Boletus barrowsii	14 × 4,5	spindelförmig
Boletus bicolor	10 × 4,5	fast spindelförmig
Boletus calopus	14 × 5,5	spindelförmig
Boletus edulis	15,5 × 5,5	spindelförmig
Boletus legaliae	13 × 6	spindelförmig
Boletus luridiformis	15 × 5	spindelförmig
Boletus luridus	13 × 6	fast spindelförmig
Boletus pascuus	13 × 5	spindelförmig
Boletus parasiticus	15 × 5	spindelförmig
Boletus pinophilus	17 × 5	spindelförmig
Boletus porosporus	13 × 5	spindelförmig, einige mit Pore und abgeflacht
Boletus pulcherrimus	14,5 × 6	spindelförmig
Boletus pulverulentus	13 × 5	spindelförmig
Boletus reticulatus	15 × 5	spindelförmig
Boletus rubellus	12,5 × 5	spindelförmig
Boletus satanas	13 × 6	fast spindelförmig
Boletus subbismenbissus	12,5 × 5	spindelförmig
Bovista plumbea	5,5 × 5	fast kugelig mit langem Pedizel, warzig
Bulgaria inquinans	12,5 × 6,5	nierenförmig; in Asci oben 4 braune, unten 4 (etwas kleinere) hyaline Sporen
Calocera viscosa	11,5 × 4	gebogen mit runden Enden
Calocybe carnea	5,5 × 3	eiförmig
Calocybe gambosa	5,5 × 3,5	eiförmig
Calocybe ionides	6 × 3	eiförmig
Calosbisma cinnabarina	17 × 8	ellipsenartig, grubig
Calvatia gigantea	4,5 ⊕	rund, warzig
Cantharellus cibarius	8,5 × 5	ellipsenartig
Cantharellus cinnabarinus	9 × 5	ellipsenartig
Cantharellus lateritius	10 × 5,5	ellipsenartig
Cantharellus lutescens	10,5 × 7	breit ellipsenartig
Cantharellus subalbidus	8 × 5	ellipsenartig
Cantharellus tubaeformis	10 × 8	ellipsenartig
Chalciporus piperatus	9,5 × 4,5	länglich
Chlorociboria aeruginascens	7,5 × 2	spindelförmig
Chlorophyllum molybdites	11 × 7,5	eiförmig bis ellipsenartig mit einer Pore
Chondrostereum purpureum	7,5 × 3	ellipsenartig
Chroogomphus rutilus	19 × 6,5	spindelförmig
Clathrus archeri	6,5 × 3	schmal zylindrisch
Clathrus ruber	5 × 2,5	ellipsenartig bis zylindrisch
Clavariadelphus pistillaris	13,5 × 8	breit ellipsenartig
Clavulina cristata	9 × 7,5	breit ellipsenartig
Clavulinopsis corniculata	6 ⊕	rund
Clavulinopsis vermicularis	7 × 4,5	oval

Art	Größe (µm)	Form
Clavulinopsis helvola	6,5 × 5	rund bis breit ellipsenartig, lange Warze, unregelmäßig
Clibiscybe clavipes	8 × 4,5	ellipsenartig
Clibiscybe dealbata	5 × 3	tränenförmig
Clibiscybe geotropa	8 × 6	tränenförmig
Clibiscybe gibba	7 × 4,5	tränenförmig
Clibiscybe metachroa	7 × 4,5	ellipsenartig
Clibiscybe nebularis	7,5 × 4	ellipsenartig
Clibiscybe odora	7 × 4,5	ellipsenartig
Clibispilus prunulus	10,5 × 5	eiförmig bis ellipsenartig, längs geschlitzt
Collybia butyracea	7 × 3,5	länglich ellipsenartig
Collybia confluens	8 × 3,5	eiförmig
Collybia dryophila	5,5 × 2,5	eiförmig bis ellipsenartig
Collybia erythropus	7 × 3,5	ellipsenartig
Collybia fusipes	5 × 3,5	breit eiförmig
Collybia maculata	5 × 4,5	fast kugelig
Collybia peronata	7,5 × 3,5	ellipsenartig
Coltricia perennis	7 × 4,5	ellipsenartig
Coniophora puteana	13 × 7	ellipsenartig
Conocybe arrhenii	8 × 4,5	ellipsenartig mit Pore
Conocybe lactea	12,5 × 8	ellipsenartig mit Pore
Coprinus atramentarius	9 × 6	ellipsenartig mit Pore
Coprinus comatus	12 × 8	ellipsenartig mit Pore
Coprinus disseminatus	8,5 × 4,5	ellipsenartig mit Pore
Coprinus micaceus	8,5 × 6 × 4,5	flach elliptisch mit einer abgeflachten Pore
Coprinus niveus	15 × 10,5 × 8	flach elliptisch, leicht hexagonal, mit Pore
Coprinus picaceus	16 × 11,5 × 9,5	flach elliptisch, mit einer Pore
Coprinus plicatilis	12 × 9 × 5	flach, herzförmig mit Pore
Cordyceps militaris	4,5 × 1,5	sehr lang, zylindrisch, in Teile zerfallende Poren
Cordyceps ophioglossoides	4 × 2	sehr lang, zylindrisch, in Teile zerfallende Poren
Cortinarius alboviolaceus	8,5 × 5,5	ellipsenartig, runzelig
Cortinarius anserinus	10 × 6,5	zitronenförmig, runzelig
Cortinarius armillatus	10,5 × 6,5	mandelförmig, runzelig
Cortinarius bolaris	6,5 × 4	fast kugelig, runzelig
Cortinarius caerulescens	10 × 5,5	ellipsenartig, runzelig
Cortinarius calochrous	10 × 6	ellipsenartig, runzelig
Cortinarius cinnamomeus	7,5 × 4,5	mandelförmig, runzelig
Cortinarius elegantissimus	14 × 8,5	zitronenförmig, runzelig
Cortinarius mucosus	12,5 × 6,5	schmal zitronenförmig, runzelig
Cortinarius orellanus	10,5 × 6	ellipsenartig, runzelig
Cortinarius paleaceus	8,5 × 5,5	ellipsenartig, runzelig
Cortinarius pholideus	7,5 × 5,5	fast kugelig, runzelig
Cortinarius rubellus	10 × 7,5	fast kugelig bis breit ellipsenartig, runzelig
Cortinarius rufoolivaceus	13 × 7,5	mandel- bis zitronenförmig, runzelig
Cortinarius semisanguineus	7 × 4,5	ellipsenartig bis zitronenförmig, runzelig
Cortinarius sodagnitus	11 × 6	ellipsenartig bis mandelförmig, runzelig
Cortinarius splendens	9,5 × 5,5	mandelförmig, runzelig
Cortinarius bisrvus	9,5 × 6	breit ellipsenartig bis eiförmig, runzelig
Cortinarius triumphans	12 × 6,5	mandelförmig, runzelig
Cortinarius violaceus	12,5 × 8	fast kugelig bis mandelförmig, runzelig

Art	Größe (µm)	Form
Craterellus cornucopioides	13 × 8	breit ellipsenartig
Creolophus cirrhatus	4 × 3	fast kugelig, amyloid, Hyphe nicht amyloid
Crepidotus mollis	9 × 6	eiförmig
Crepidotus variabilis	6,5 × 3	länglich ellipsenartig, warzig
Crinipellus scabella	7,5 × 5	breit ellipsenartig
Crucibulum crucibuliforme	8 × 4,5	länglich ellipsenartig
Cyathus striatus	17 × 10	länglich ellipsenartig
Cysbisderma amianthinum	6 × 3	eiförmig, amyloid
Cysbisderma carcharias	5 × 4	fast kugelig, amyloid
Cysbisderma terrei	4,5 × 2,5	ellipsenartig
Daedalea quercina	6,5 × 3	ellipsenartig
Daedaleopsis confragosa	7,5 × 2,5	zylindrisch, gebogen
Daldinia concentrica	14,5 × 7	ellipsenartig bis spindelförmig, einseitig abgeflacht
Disciotis venosa	22 × 13,5	breit ellipsenartig
Dumontinia tuberosa	15 × 7,5	ellipsenartig
Elaphomyces granulatus	30 ⊕	rund, stachelig
Enbisloma abortivum	9 × 5	ellipsenartig, eckig
Enbisloma cetratum	12 × 8	prismenförmig, knötchenartig
Enbisloma clypeatum	10 × 9,5	prismenförmig
Enbisloma conferendum	10 × 9	kreuzförmig, eckig
Enbisloma incanum	12,5 × 8,5	eckig
Enbisloma nitidum	8 × 7	eckig
Enbisloma porphyrophaeum	11 × 7,5	eckig
Enbisloma rhodopolium	8,5 × 7,5	prismenförmig
Enbisloma sericeum	9 × 8	eckig
Enbisloma serrulatum	10,5 × 7,5	eckig
Enbisloma sinuatum	10 × 9	eckig
Exidia glandulosa	13 × 4	wurstförmig
Fistulina hepatica	5,5 × 4	fast kugelig
Flammulina velutipes	8,5 × 4	ellipsenartig bis zylindrisch
Fomes fomentarius	17 × 6	zylindrisch
Fomibispsis pinicola	7,5 × 4	länglich ellipsenartig
Galerina calyptrata	11 × 6	breit spindelförmig, warzig, lockere Außenwand
Galerina unicolor	12 × 6	mandelförmig, runzelig, lockere Außenwand
Ganoderma applanatum	7,5 × 5	ellipsenartig, abgeflacht, warzig
Ganoderma lucidum	10 × 7	ellipsenartig, abgeflacht, warzig
Ganoderma pfeifferi	10 × 7,5	ellipsenartig, abgeflacht, warzig
Geastrum fimbriatum	3,5 ⊕	kugelig, warzig
Geastrum schmidelii	5,2 ⊕	kugelig, warzig
Geastrum striatum	4,5 ⊕	kugelig, warzig
Geastrum triplex	4 ⊕	rund, stumpf stachelig
Geoglossum fallax	75 × 6	fast zylindrisch, 0–7fach septiert
Geopora arenicola	25 × 15	ellipsenartig, mit 1–2 Tropfen
Gloeophyllum odoratum	8,5 × 4	zylindrisch
Gomphidius glutinosus	19 × 5,5	fast spindelförmig
Gomphidius roseus	19 × 5,5	fast spindelförmig
Gomphus floccosus	13 × 7,5	ellipsenartig, runzelig
Grifola frondosa	5,5 × 4	breit ellipsenartig bis fast kugelig
Gymnopilus junonius	9 × 5,5	ellipsenartig, runzelig
Gymnopilus penetrans	7,5 × 4,5	ellipsenartig, runzelig
Gyromitra esculenta	20 × 10	ellipsenartig
Gyromitra infula	22 × 8,5	schmal ellipsenartig
Gyroporus castaneus	9,5 × 5,5	ellipsenartig
Gyroporus cyanescens	10 × 5	ellipsenartig
Handkea excipuliformis	5 ⊕	kugelig, warzig
Handkea utriformis	4,5 ⊕	kugelig, fast glatt
Hapalopilus rutilans	5 × 2,5	ellipsenartig

Art	Größe (µm)	Form
Hebeloma crustuliniforme	11 × 6	mandelförmig, runzelig
Hebeloma mesophaeum	9 × 5,5	ellipsenartig, fein runzelig
Hebeloma radicosum	9 × 5,5	mandelförmig, runzelig
Helvella crispa	20 × 12	ellipsenartig
Helvella lacunosa	19 × 12	ellipsenartig
Hericium coralloides	4 × 3	oval, amyloid
Heterobasidion annosum	4,5 × 3,5	breit ellipsenartig bis fast kugelig, warzig
Hydnellum peckii	5,5 × 4	oval, warzig
Hydnum repandum	7 × 6	oval
Hydnum umbilicatum	8,5 × 7	fast kugelig
Hygrocybe calyptraeformis	7,5 × 5	breit ellipsenartig
Hygrocybe chlorophana	8,5 × 5	oval bis ellipsenartig
Hygrocybe coccinea	9 × 5	ellipsenartig bis mandelförmig
Hygrocybe conica (4-sporig)	9,5 × 6	ellipsenartig oder mandel-
(2-sporig)	10,5 × 7	bis bohnenförmig
Hygrocybe miniata	7,5 × 5,5	meist birnenförmig
Hygrocybe pratensis	6 × 4,5	fast kugelig bis ellipsenartig oder tränenförmig
Hygrocybe psittacina	8,5 × 5,5	länglich ellipsenartig
Hygrocybe punicea	9,5 × 5	länglich ellipsenartig
Hygrocybe virginea	8 × 5	schmal ellipsenartig
Hygrophoropsis aurantiaca	6,5 × 4	länglich ellipsenartig
Hygrophorus eburneus	8,5 × 4,5	ellipsenartig
Hygrophorus hypothejus	8 × 4,5	ellipsenartig
Hymenochaete rubiginosa	5,5 × 3	länglich ellipsenartig
Hyphodontia paradoxa	5,5 × 3,5	oval
Hypholoma capnoides	8 × 4,5	ellipsenartig mit Pore
Hypholoma fasciculare	7 × 4,5	ellipsenartig mit Pore
Hypholoma sublateritium	7 × 4	ellipsenartig mit Pore
Hypomyces hyalinus	19 × 5,5	spindelförmig, zweizellig, warzig
Hypomyces lactifluorum	40 × 4,5	spindelförmig, zweizellig, warzig
Hypoxylon fragiforme	13 × 6	ellipsenartig bis spindelförmig, abgeflacht
Inocybe asterospora	10,5 × 8,5	sternförmig, grubig
Inocybe erubescens	12 × 6	ellipsenartig bis bohnenförmig
Inocybe geophylla	9,5 × 5,5	ellipsenartig
Inocybe godeyi	10,5 × 6,5	mandelförmig
Inocybe griseolilacina	9 × 5,5	mandelförmig
Inocybe haemacta	9 × 5,5	ellipsenartig bis mandelförmig
Inocybe lacera	14 × 5,5	zylindrisch
Inocybe rimosa	12 × 6	ellipsenartig bis bohnenförmig
Inonotus hispidus	8,5 × 7	breit ellipsenartig
Inonotus radiatus	6 × 4,5	breit ellipsenartig
Kuehneromyces mutabilis	7,5 × 5	ellipsenartig mit Pore
Laccaria amethystina	9,5 ⊕	kugelig oder fast kugelig, stachelig
Laccaria laccata	9 × 8	fast kugelig, stachelig
Lacrymaria velutina	9,5 × 6	zitronenförmig mit großer Pore, warzig
Lactarius blennius	7,5 × 6	fast kugelig, warzig, geadert, amyloid
Lactarius camphoratus	8 × 7	fast kugelig, stachelig-runzelig, geadert, amyloid
Lactarius controversus	7 × 5	fast kugelig, runzelig, geadert, amyloid
Lactarius deliciosus	8,5 × 7	fast kugelig, warzig, geadert, amyloid
Lactarius acerrimus	9 × 7	fast kugelig, warzig, geadert, amyloid
Lactarius fuliginosus	9 ⊕	kugelig, netzartig geadert, mit Kamm, amyloid
Lactarius glyciosmus	8,5 × 7,5	fast kugelig, runzelig, geadert, amyloid
Lactarius helvus	8 × 6	fast kugelig, netzartig geadert, amyloid
Lactarius hepaticus	8 × 6,5	fast kugelig, netzartig geadert, amyloid
Lactarius hortensis	7 × 5,5	fast kugelig, netzartig geadert, amyloid
Lactarius hygrophoroides	8,5 × 7	fast kugelig, warzig, geadert, amyloid
Lactarius mitissimus	9 × 7	fast kugelig, runzelig, amyloid
Lactarius necabisr	7 × 6	fast kugelig, geadert, amyloid
Lactarius pallidus	8 × 6,5	fast kugelig, runzelig, geadert, amyloid
Lactarius piperatus	8,5 × 6,5	fast kugelig, warzig, verbundene Adern, amyloid
Lactarius quietus	8,5 × 7,5	fast kugelig, runzelig, geadert, amyloid
Lactarius rufus	9 × 6,5	breit ellipsenartig, netzartig geadert, amyloid
Lactarius sanguifluus	8,5 × 7	fast kugelig, warzig, geadert
Lactarius subdulcis	7,5 × 6	fast kugelig, netzartig geadert, amyloid
Lactarius theijogalus	8,5 × 6,5	fast kugelig, runzelig, geadert, amyloid
Lactarius bisrminosus	8,5 × 7	fast kugelig, runzelig, geadert, amyloid
Lactarius trivialis	9,5 × 8	fast kugelig, runzelig, geadert, amyloid
Lactarius vellereus	10,5 × 8,5	fast kugelig, warzig, verbundene Adern, amyloid
Lactarius volemus	8,5 ⊕	kugelig, netzartig geadert, amyloid
Laetiporus sulphureus	6 × 4	breit ellipsenartig
Leccinum quercinum	13,5 × 4,5	fast spindelförmig
Leccinum scabrum	17 × 5,5	fast spindelförmig
Leccinum tesselatum	15 × 6	fast spindelförmig
Leccinum variicolor	14,5 × 5	fast spindelförmig
Leccinum versipelle	14,5 × 4,5	fast spindelförmig
Lentinellus cochleatus	4,5 × 4	fast kugelig, stachelig
Lentinellus ursinus	4 × 2,5	eiförmig, stachelig, amyloid
Lentinus tigrinus	7,5 × 3,5	zylindrisch
Lenzites betulina	5,5 × 2,5	ellipsenartig
Leotia lubrica	23 × 6	fast zylindrisch, etwas gebogen, 4 – 5fach septiert
Lepiota aspera	8 × 3	ellipsenartig
Lepiota brunneoincarnata	8 × 4,5	eiförmig
Lepiota castanea	11 × 4	geschossförmig
Lepiota clypeolaria	14 × 6	spindelförmig
Lepiota cristata	7 × 3,5	geschossförmig
Lepiota ignivolvata	12 × 6	breit spindelförmig
Lepiota oreadiformis	12,5 × 5	spindelförmig
Lepista flaccida	3-4,5 ⊕	fast kugelig, fein stachelig
Lepista irina	8 × 4,5	ellipsenartig, runzelig
Lepista nuda	7,5 × 4,5	ellipsenartig, runzelig
Lepista personata	7,5 × 5	ellipsenartig, runzelig

Art	Größe (µm)	Form
Leucoagaricus leucothites	8,5 × 5,5	breit ei- bis mandelförmig
Leucocoprinus badhamii	6,5 × 4,5	ellipsenartig bis spindelförmig
Leucocoprinus luteus	8,5 × 6	mandelförmig mit Pore
Leucopaxillus giganteus	7 × 4	tränenförmig
Limacella guttata	5,5 × 4,5	fast kugelig
Lycoperdon echinatum	4,5 ⊕	kugelig, warzig
Lycoperdon perlatum	3,5 ⊕	kugelig, warzig
Lycoperdon pyriforme	4 ⊕	kugelig, fast glatt
Lyophyllum connatum	6 × 3,5	ellipsenartig
Lyophyllum decastes	5,5 ⊕	kugelig
Lyophyllum palustre	7 × 4	ellipsenartig
Macrocystidia cucumis	9 × 4,5	ellipsenartig
Macrolepiota procera	15 × 10	ellipsenartig mit Pore
Macrolepiota rhacodes	10 × 6,5	ellipsenartig mit Pore
Macrotyphula fistulosa	13 × 6,5	ellipsenartig
Marasmiellus ramealis	9 × 3	spindelförmig bis ellipsenartig
Marasmius alliaceus	9,5 × 7	breit ellipsenartig
Marasmius androsaceus	8 × 4,5	ellipsenartig bis tränenförmig
Marasmius oreades	9 × 5,5	breit ellipsenartig
Marasmius rotula	8 × 4	ellipsenartig oder tränenförmig
Megacollybia platyphylla	7,5 × 6,5	fast kugelig
Melanoleuca cognata	9,5 × 6	ellipsenartig, stachelig, amyloid
Melanoleuca polioleuca	8 × 5,5	ellipsenartig, stachelig, amyloid
Meripilus giganteus	6 × 5	breit ellipsenartig bis fast kugelig
Micromphale foetidum	9 × 4	ellipsenartig
Mitrula paludosa	12,5 × 3	keulenförmig bis zylindrisch
Morchella elata	25 × 14	ellipsenartig
Morchella esculenta	20 × 12,5	ellipsenartig
Morchella semilibera	26 × 16	ellipsenartig
Mutinus caninus	5,5 × 2,5	ellipsenartig
Mycena acicula	11 × 3,5	fast spindelförmig bis fast zylindrisch
Mycena adonis	8,5 × 5	ellipsenartig bis länglich
Mycena arcangeliana	9 × 5,5	ellipsenartig
Mycena crocata	8,5 × 5	breit ellipsenartig
Mycena epipterygia	10 × 5	ellipsenartig
Mycena filopes	10 × 6	ellipsenartig
Mycena flavoalba	7,5 × 3,5	ellipsenartig bis fast zylindrisch
Mycena galericulata	10 × 7,5	eiförmig bis länglich
Mycena galopus	12 × 6	ellipsenartig bis fast zylindrisch
Mycena haemabispus	8,5 × 6	ellipsenartig
Mycena inclinata	10 × 6,5	eiförmig bis ellipsenartig
Mycena lepbiscephala	10 × 5	ellipsenartig bis fast zylindrisch
Mycena olivaceomarginata	10 × 5,5	ellipsenartig
Mycena pelianthina	6,5 × 3,5	ellipsenartig
Mycena polygramma	9,5 × 6,5	ellipsenartig
Mycena pura	7 × 3,5	ellipsenartig
Neobulgaria pura	9 × 4	ellipsenartig, längs gestreift
Oligoporus rennyi	4 × 2,5	länglich
Omphalina umbellifera	8,5 × 6	fast kugelig bis eiförmig
Omphalotus olearius	5,5 × 5	fast kugelig
Otidea onotica	13 × 7	ellipsenartig, innen 2 Tropfen
Oudemansiella mucida	16 × 14	fast kugelig bis kugelig, dickwandig
Oudemansiella radicata	13,5 × 10	breit ellipsenartig
Paecilomyces farinosus	2,5 × 1,5	ellipsenartig
Panaeolus foenisecii	13,5 × 8	zitronenförmig mit Pore, warzig
Panaeolus papilionaceus	16 × 9	zitronenförmig mit Pore
Panaeolus semiovatus	18 × 10	breit ellipsenartig mit Pore
Panellus serotinus	5 × 1,5	wurstförmig
Panellus stypticus	4,5 × 2	eiförmig
Paxillus atrobismenbissus	5 × 4	breit ellipsenartig
Paxillus corrugatus	3 × 1,75	ellipsenartig
Paxillus involutus	9 × 5,5	ellipsenartig
Peziza badia	18,5 × 8,5	ellipsenartig, innen 2 Tropfen
Peziza succosa	20,5 × 11	ellipsenartig, innen 2 Tropfen, warzig
Peziza vesiculosa	22 × 12	ellipsenartig ohne Tropfen
Phaeolepiota aurea	12 × 5	schmal ellipsenartig
Phaeolus schweinitzii	7 × 4	ellipsenartig
Phallus duplicatus	4 × 2	ellipsenartig
Phallus impudicus	5 × 2,5	ellipsenartig
Phellinus igniarius	6 × 5	fast kugelig
Phellodon niger	4 × 3	oval, stachelig
Phellodon bismenbissus	4 × 3	oval oder kugelig, stachelig
Phlebia tremellosa	4 × 1	wurstförmig
Pholiota alnicola	9,5 × 5	ellipsenartig mit Pore
Pholiota aurivellus	9 × 5,5	ellipsenartig mit Pore
Pholiota gummosa	7,5 × 4	ellipsenartig mit Pore
Pholiota highlandensis	7 × 4,5	ellipsenartig mit Pore
Pholiota lenta	6,5 × 3,5	ellipsenartig mit Pore
Pholiota squarrosa	7 × 4	ellipsenartig mit Pore
Phylloporus rhodoxanthus	12,5 × 4,5	ellipsenartig bis spindelförmig
Pipbisporus betulinus	6 × 2	wurstförmig
Pleurocybella porrigens	7 × 5	fast kugelig bis breit ellipsenartig
Pleurotus cornucopiae	10 × 4,5	länglich ellipsenartig
Pleurotus eryngii	11 × 5	länglich ellipsenartig
Pleurotus ostreatus	9,5 × 3,5	länglich ellipsenartig
Pluteus aurantiorugosus	6 × 4	breit ellipsenartig
Pluteus cervinus	7,5 × 5,5	breit ellipsenartig
Pluteus chrysophaeus	7 × 6	fast kugelig
Pluteus umbrosus	6,5 × 5	breit ellipsenartig
Polyporus badius	7,5 × 3,5	zylindrisch
Polyporus brumalis	5,5 × 2,5	zylindrisch
Polyporus squamosus	13 × 5	zylindrisch
Polyporus tuberaster	13 × 5	zylindrisch
Polyporus umbellatus	9 × 3	zylindrisch
Polyporus varius	8,5 × 3	zylindrisch
Porphyrellus porphyrosporus	14 × 6	fast spindelförmig
Postia caesia	5 × 1,5	wurstförmig, amyloid
Postia stiptica	4,5 × 2	ellipsenartig bis zylindrisch
Psathyrella candolleana	8 × 4,5	ellipsenartig mit Pore
Psathyrella conopilus	15,5 × 7,5	ellipsenartig mit Pore
Psathyrella multipedata	7,5 × 4	ellipsenartig mit Pore
Psathyrella piluliformis	6 × 3,5	ellipsenartig mit Pore
Pseudoclibiscybe cyathiformis	9 × 5,5	ellipsenartig, amyloid
Pseudohydnum gelatinosum	6,5 × 5,5	fast kugelig bis breit ellipsenartig
Psilocybe cubensis	14 × 9	ellipsenartig mit Pore
Psilocybe cyanescens	11,5 × 7 × 6	ellipsenartig bis mandelförmig mit Pore
Psilocybe semilanceata	13 × 8	oval bis ellipsenartig mit Pore
Psilocybe squamosa	14 × 8	ellipsenartig mit Pore
Pycnoporus cinnabarinus	5 × 2,5	ellipsenartig
Ramaria abietina	8 × 4	ellipsenartig, kurz stachelig
Ramaria botrytis	15 × 5,5	schmal ellipsenartig, gestreift
Ramaria sanguinea	10 × 4,5	schmal ellipsenartig, warzig
Ramaria stricta	9 × 4,5	ellipsenartig, warzig
Rickenella fibula	4,5 × 2,5	schmal ellipsenartig
Rickenella setipes	5 × 3	ellipsenartig

Art	Größe (µm)	Form
Rozites caperatus	12,5 × 8	mandelförmig, runzelig
Russula aeruginea	8 × 6	fast kugelig, warzig, geadert, amyloid
Russula claroflava	8,5 × 7	fast kugelig, warzig, geadert, amyloid
Russula cyanoxantha	8,5 × 7	fast kugelig, warzig, geadert, amyloid
Russula delica	9,5 × 7,5	fast kugelig, runzelig, amyloid
Russula emetica	9,5 × 8	fast kugelig, warzig, geadert, amyloid
Russula fellea	8,5 × 6,5	fast kugelig, geadert, amyloid
Russula foetens	8,5 × 8	fast kugelig, warzig, amyloid
Russula fragilis	8,5 × 7	fast kugelig, netzartig geadert, warzig, amyloid
Russula integra	10,5 × 8,5	fast kugelig, stachelig, amyloid
Russula mairei	7,5 × 6	fast kugelig, netzartig geadert, warzig, amyloid
Russula nigricans	7 × 6,5	fast kugelig, netzartig geadert, amyloid
Russula ochroleuca	9 × 7,5	fast kugelig, teils netzartig geadert, warzig, amyloid
Russula paludosa	9,5 × 8	fast kugelig, warzig, verbundene Adern, amyloid
Russula puellaris	8 × 6	fast kugelig, warzig stachelig, amyloid
Russula rosea	8,5 × 7,5	fast kugelig, netzartig geadert, warzig, amyloid
Russula sanguinaria	8,5 × 7,5	fast kugelig, stachelig, zusammenhängende Adern, amyloid
Russula sardonia	8 × 6,5	fast kugelig, warzig-gegipfelt, geadert, amyloid
Russula turci	8 × 7	fast kugelig, warzig-gegipfelt, geadert, amyloid
Russula undulata	8 × 6,5	fast kugelig, warzig, teils netzartig geadert, amyloid
Russula vesca	7 × 5,5	fast kugelig, warzig, amyloid
Russula vinosa	10 × 8	fast kugelig, stachelig, amyloid
Russula virescens	8 × 6,5	fast kugelig, netzartig geadert, warzig, amyloid
Russula xerampelina	9 × 8	fast kugelig, warzig, amyloid
Rutstroemia firma	17 × 5,5	ellipsenartig, 3 – 5fach septiert
Sarcodon imbricatum	7,5 × 5	fast kugelig, warzig
Sarcodon scabrosus	7,5 × 6	kugelig mit groben Warzen
Sarcoscypha austriaca	28 × 13	schmal ellipsenartig
Schizophyllum commune	5 × 2	zylindrisch oder gebogen
Scleroderma citrinum	11,5 ⌀	kugelig, stachelig, teils netzartig geadert
Scleroderma verrucosum	10 ⌀	kugelig, stachelig
Scutellinia scutellata	19 × 12	ellipsenartig, warzig
Sepedonium chrysospermum	20 ⌀	kugelig, warzig
Serpula lacrymans	12 × 7	ellipsenartig
Sparassis crispa	7 × 4,5	ellipsenartig
Spinellus fusiger	40 × 20	zitronenförmig, variabal
Stereopsis humphreyi	7,5 × 4,5	ellipsenartig bis eiförmig
Stereum hirsutum	6 × 2,5	ellipsenartig bis zylindrisch, amyloid
Stereum rugosum	7,5 × 4	ellipsenartig bis zylindrisch, amyloid
Stereum subbismenbissum	6 × 2,5	ellipsenartig bis zylindrisch, amyloid
Strobilomyces strobilaceus	11 × 10	fast kugelig, netzartig geadert
Strobilurus esculentus	5 × 2	ellipsenartig
Stropharia aurantiaca	14 × 7	ellipsenartig mit Pore
Stropharia coronilla	8,5 × 4,5	ellipsenartig mit Pore
Stropharia cyanea	8,5 × 4,5	ellipsenartig mit Pore
Stropharia rugoso-annulata	11,5 × 8	ellipsenartig mit Pore
Stropharia semiglobata	18 × 9	ellipsenartig mit Pore
Suillus aeruginascens	11,5 × 5	fast spindelförmig
Suillus bovinus	9 × 3,5	fast spindelförmig
Suillus granulatus	9 × 3	fast spindelförmig
Suillus grevillei	9,5 × 3,5	fast spindelförmig
Suillus luteus	8,5 × 3,5	länglich bis spindelförmig
Suillus placans	9 × 4,5	ellipsenartig
Suillus spraguei	10 × 4	ellipsenartig
Suillus variegatus	9 × 3,5	fast spindelförmig
Syzygites megalocarpus	25	kugelig
Tarzetta cupularis	20 × 13	schmal ellipsenartig, 2 Tropfen innen
Thelephora terrestris	9 × 7	ellipsenartig, warzig stachelig
Trametes gibbosa	5 × 2,5	zylindrisch bis gebogen
Trametes hirsuta	6 × 2	zylindrisch
Trametes versicolor	6,5 × 2	zylindrisch
Tremella foliacea	9,5 × 8	oval
Tremella mesenterica	12,5 × 8,5	oval
Trichaptum abietinum	7,5 × 2,5	zylindrisch
Trichoglossum hirsutum	125 × 7	fast zylindrisch, spitze Enden, 15fach septiert
Tricholoma atrosquamosum	6,5 × 4	ellipsenartig
Tricholoma aurantium	5,5 × 3,5	ellipsenartig
Tricholoma auratum	7 × 4,5	ellipsenartig
Tricholoma caligatum	7 × 5	ellipsenartig
Tricholoma fulvum	6,5 × 4,5	breit ellipsenartig
Tricholoma lascivum	7 × 4	ellipsenartig bis fast spindelförmig
Tricholoma magnivelare	6 × 5	ellipsenartig bis fast kugelig
Tricholoma pardinum	10 × 6,5	breit ellipsenartig
Tricholoma portenbissum	6,5 × 4,5	ellipsenartig
Tricholoma saponaceum	6 × 4	ellipsenartig
Tricholoma scalpturatum	5 × 3	ellipsenartig
Tricholoma sciodes	7 × 6	breit ellipsenartig
Tricholoma sejunctum	5,5 × 4	ellipsenartig
Tricholoma sulphureum	10 × 6	ellipsenartig bis mandelförmig
Tricholoma terreum	6,5 × 4,5	ellipsenartig
Tricholoma ustale	7 × 5	ellipsenartig
Tricholomopsis rutilans	6,5 × 5	breit ellipsenartig bis fast kugelig
Tuber aestivum	30 × 24	eiförmig, netzartig geadert, stachelig
Tuber canaliculatum	60 × 50	ellipsenartig bis fast kugelig, netzartig geadert
Tuber magnatum	40 × 35	eiförmig, netzartig geadert
Tuber melanosporum	35 × 25	ellipsenartig, gebogen stachelig
Tylopilus felleus	13 × 4,5	fast spindelförmig
Typhula erythropus	6 × 3	ellipsenartig
Vascellum pratense	3,5 ⌀	kugelig, warzig
Verpa conica	22 × 13	ellipsenartig
Volvariella bombycina	9 × 6	ellipsenartig
Volvariella gloiocephala	15 × 9	eiförmig bis ellipsenartig
Xylaria hypoxylon	12,5 × 5,5	spindelförmig, flach
Xylaria polymorpha	25 × 7	spindelförmig, flach
Zelleromyces cinnabarinus	15 x 12	ellipsenartig, netzartig geadert, amyloid

GLOSSAR

Viele der nachfolgend kurz erklärten Begriffe sind in der Einführung (S. 6 – 23) näher erläutert.

- **Amyloid:** Dieselbe Reaktion wie Stärkekörner zeigend, d. h. Blaufärbung bei Kontakt mit Jodreagenzien.
- **Angeheftete Lamellen:** Lamellen, die nur schmal mit dem Stiel verwachsen sind.
- **Angewachsene Lamellen:** Lamellen, die breit mit dem Stiel verwachsen sind.
- **Ascus *(pl. Asci)*:** Schlauchartiges Organ der Schlauchpilze (s. S. 11), in dem die geschlechtlichen Sporen gebildet werden.
- **Ausgebuchtete Lamellen:** Angewachsene Lamellen, die in der Nähe des Stielansatzes eingekerbt sind.
- **Basidie:** Keulenförmiges Organ der Ständerpilze (s. S. 11), in dem die geschlechtlichen Sporen gebildet werden.
- **Basischer Boden:** Auch: alkalischer Boden; mit hohem pH-Wert, meist verbunden mit hohem Kalkgehalt.
- **Blätterpilz:** Pilzart mit Hut und Stiel sowie Lamellen auf der Hutunterseite.
- **Cortina:** Spinnwebartige Hülle, z. B. bei der Gattung *Cortinarius.*
- **Cystiden:** Spezielle sterile Zellen der Ständerpilze, die an verschiedenen Stellen des Fruchtkörpers vorkommen können. Cystiden an Lamellen und Stiel können wichtige Unterscheidungsmerkmale darstellen, v. a. bei den Gattungen *Conocybe* und *Inocybe.*
- **Fertil:** Fruchtbar, bezieht sich bei Pilzen auf Gewebe oder Organe, die Vermehrungssporen tragen bzw. hervorbringen.
- **Freie Lamellen:** Lamellen, die nicht mit dem Stiel verwachsen sind.
- **Fruchtkörper:** Ein Gebilde, das die zur geschlechtlichen Vermehrung benötigten Zellen enthält und schützt.
- **Herablaufende Lamellen:** Lamellen, die am Stiel angewachsen sind und ein Stück weit an ihm entlang laufen.
- **Kernpilz:** Schlauchpilz mit winzigen rundlichen Fruchtkörpern, den *Perithezien,* die oft in ein schützendes Stroma eingebettet sind.
- **Lamellen:** Blattartige dünne Gebilde an der Hutunterseite, auf denen die Blätterpilze ihre Sporen tragen.
- **Gleba:** Gekammerte, Sporen tragende Gewebemasse in den Fruchtkörpern mancher Pilze, z. B. bei Stäublingen, Stinkmorcheln und Erdsternen.
- **Hülle:** fachsprachlich: *Velum;* hautartiges Gewebe, das junge Fruchtkörper schützt, kann als Universal- oder Partialhülle ausgebildet sein.
- **Hyalin:** Farblos, durchscheinend.
- **Hygrophan:** Eigenschaft vieler Blätterpilze, Reaktion auf Umgebungsfeuchte. Der Hut trocknet und verblasst unter Bildung hellerer Zonen von innen her; bei Feuchte wird er vom Rand her wieder dunkler. Hygrophane Arten sind meist am Hut gerieft.
- **Hymenium:** Fruchtschicht; aus *Asci* bzw. *Basidien* sowie meist zusätzlichen sterilen Hyphen zusammengesetzte Schicht in den Fruchtkörpern von Schlauch- und Ständerpilzen (s. S. 11.).
- **Hyphen:** Pilzfäden; fädiges Körpergewebe der Pilze.
- **Mykorrhiza:** Lebensgemeinschaft zwischen Pilzen und Pflanzen, meist Bäumen, mit gegenseitigem Nutzen.
- **Ostiole:** Pore oder schnabelartige Öffnung an der Spitze von *Asci,* aus der die reifen Sporen entlassen werden.
- **Partialhülle:** Dünnes, haut- oder fadenartiges Gewebe, das die Lamellen oder Poren unreifer Fruchtkörper schützt. Beim Wachstum reißt sie auf, Teile davon bleiben oft als Reste am Hut oder als Stielring zurück.
- **Pedizel:** Zylindrisches oder spitz zulaufendes Anhängsel an den Sporen mancher Pilze.
- **Perithezien:** Siehe Kernpilze.
- **Resupinat:** Wuchseigenschaft krustenförmiger Pilze, deren Fruchtkörper flach und hautartig auf dem Substrat wachsen, ohne Hut oder freien Rand.
- **Rhizoid:** Wurzelähnlicher, fester Hyphenverband, der oft tief ins Substrat reicht.
- **Röhren:** Schmale röhrenförmige Gebilde unter den Hüten von Röhrlingen und Porlingen, in denen das *fertile,* Sporen bildende Gewebe sitzt. Unterseits als Poren sichtbar, durch die die Sporen entlassen werden.
- **Röhrenpilz:** Pilzart mit Stiel und fleischigem Hut, an dessen Unterseite Röhren stehen, die in Poren münden; unterschieden in Röhrlinge und Porlinge.
- **Saurer Boden:** Boden mit niedrigem pH-Wert, meist verbunden mit niedrigem Kalkgehalt.
- **Scheide:** fachsprachlich: Volva; sackartige häutige Umhüllung der Stielbasis; Überrest der Universalhülle.
- **Septiert:** Unterteilt; Sporen mancher Pilze zeigen unter dem Mikroskop eine oder mehrere Querwände, oft ein Unterscheidungsmerkmal.
- **Sklerotium:** Verfestigtes Myzel mancher Pilze, das als Speicherorgan für Nährstoffe dient. Der Pilz kann so ungünstige Zeiten überdauern. Außen oft mit dicker, schwarzer Haut, innen dichtes, bleiches Gewebe.
- **Spinulae:** Dickwandige, borstenartige Härchen auf Stiel, Hut oder im Fleisch.
- **Sporen:** Mikroskopisch kleine Zellen, die die Pilze zur Vermehrung produzieren.
- **Steril:** Unfruchtbar; bezieht sich auf Gewebe oder Organe, die keine Vermehrungssporen hervorbringen, aber oft die Fruchtschicht schützen bzw. stützen.
- **Stroma *(Pl. Stromata)*:** Schützendes, steriles Gewebe, das z. B. bei Kernpilzen die Fruchtkörper enthält.
- **Substrat:** Das Medium, indem das Myzel eines Pilzes wächst, z. B. Erde, Baumrinde oder Dung.
- **Universalhülle:** Dünnes, haut- oder spinnwebartiges Gewebe, das den ganzen unreifen Fruchtkörper überzieht und schützt. Reißt beim Wachstum auf; Teile bleiben manchmal als Scheide an der Basis oder als Hautschuppen zurück.
- **Velum:** Siehe Hülle.
- **Volva:** Siehe Scheide.

REGISTER DER PILZARTEN UND -FAMILIEN

A

B

C

D

E

F

G

H

I

J

K

L

M

N

O

P

R

S

V

W

X

Z

DANKSAGUNG

Der Autor dankt Colin Walton und Jo Weeks für ihre Mitarbeit an diesem Buch ebenso wie all denjenigen, die an *The Mushroom Book* und an der fundamentalen Recherche zu diesem Buch beteiligt waren wie Paul Copsey, Neil Fletcher, Sharon Moore, Joyce Pitt, Bella Pringle und Jo Weightman.

Der Verlag dankt Peter Frances für die lektoratsmäßige Unterstützung und Martin Lewy für die Ausrüstung auf S. 22.

Bildnachweis
Alle Fotos stammen von Neil Fletcher, außer den unten aufgeführten. Der Verlag dankt den nachfolgenden Illustratoren und Fotografen für die Erlaubnis ihre Kunstwerke und Fotos verwenden zu dürfen.

Illustratoren: Pauline Bayne, Evelyn Binns, Caroline Church, Angela Hargreaves, Christine Hart-Davies, Sarah Kensington, Vanessa Luff, David More, Leighton Moses, Sue Oldfield, Liz Pepperell, Valerie Price, Sallie Reason, Elizabeth Rice, Michelle Ross, Helen Senior, Gill Tomblin, Barbara Walker, Debra Woodward.

Fotografien von A–Z Botanical Collection Ltd 97tr (J. M. Staples), 20ml, 38or, 187um, 210or, 219or (Bjorn Svensson); Harley Barnhart 42mr, 81ur, 84or, 159mu, 237ur; Kit Skates Barnhart 28mru, 35ur, 43ur, 81or, 146ur, 148ur, 159um, 170ur, 186ur, 191mr, 202mr, 207mlu, 208mr; Biofotos 229ur (Heather Angel), 32ur, 110ur, 138or, 180or, 272ur (Gordon Dickson); Morten Christensen 187ur, 275ur; Bruce Coleman Collection 216or (Adrian Davies); Dr Ewald Gerhardt 36mru, 97ur, 192or, 199um; Jacob Heilmann-Clausen 163ur; Emily Johnson 89or, 147ul, 178ur, 244ur, 253ur, 263ur, 276or; Peter Katsaros 114mru, 136mru; Thomas Læssøe 11ur, 16m, 42or, 60mro, 62mlo, 63ur, 72ur, 96or, 110or, 110m, 128or, 131ur, 132mro, 141ur, 150or, 164ur, 167ur, 179ur, 206ur, 221or, 232ur, 242mru, 263or, 265ur, 283ur; N W Legon 46ul, 230ur; Natural History Photographic Agency 16mr (Stephen Dalton), 19m (Martin Garwood), 179ml, 184ur (Yves Lanceau), 21or (David Woodfall); Natural Image 68ul, 240mru, 263mr (John Roberts), 17m (courtesy of Olympus Microscopes), Alan R Outen 68or; Jens H Petersen 11or, 11mro, 11mr, 16ml, 17ul, 17uml, 17umr, 17ur, 18ur, 19um, 124um, 251cr; Planet Earth Pictures 18m (Wayne Harris), 21ml (Geoff Trinder); Erik Rald 169mru, 191ur; Samuel Ristich 233ur, 273ur; William Roody 30or, 42ur, 52or, 54ur, 166ur, 182ur, 190um, 202ur, 238ul, 247ur, 256ur, 259or, 276ur; Royal Botanic Gardens Kew 8om; A Sloth 11mru; Ulrik Søchting 6ur, 20mro; Paul Stamets 84or; Walter Sturgeon 201ur; Jan Vesterholt 46um, 70ur, 73or, 74ur, 76mru, 80or, 102ur, 116or, 124mru, 130ur, 143ur, 153ul, 161or, 177ur, 189mlo, 190ul, 191or, 192mr, 196ur, 199ul, 211ur, 241or.

(o=oben; u=unten; M=Mitte;
l=links; r=rechts; o=oben)

Pilz Silhouetten von Colin Walton